容器技术系列

Docker技术入门与实战

第3版

DOCKER PRIMER

杨保华 戴王剑 曹亚仑 编著

机械工业出版社
China Machine Press

图书在版编目（CIP）数据

Docker 技术入门与实战 / 杨保华，戴王剑，曹亚仑编著 . —3 版 . —北京：机械工业出版社，2018.8（2024.7 重印）
（容器技术系列）

ISBN 978-7-111-60852-3

I. D… II. ①杨… ②戴… ③曹… III. Linux 操作系统 – 程序设计 IV. TP316.85

中国版本图书馆 CIP 数据核字（2018）第 209095 号

Docker 技术入门与实战　第 3 版

出版发行：机械工业出版社（北京市西城区百万庄大街 22 号　邮政编码：100037）
责任编辑：吴　怡　　责任校对：李秋荣
印　　刷：北京捷迅佳彩印刷有限公司　　版　　次：2024 年 7 月第 3 版第 16 次印刷
开　　本：186mm × 240mm　1/16　　印　　张：26.5
书　　号：ISBN 978-7-111-60852-3　　定　　价：89.00 元

客服电话：（010）88361066　68326294

Preface 第3版前言

Docker 诞生于云计算时代第一个十年的尾巴上。眨眼间，它所领军的现代容器技术，已经占据了云计算领域的半壁江山。

过去十年里，信息科技依然保持了飞跃式的发展：深度学习的突破给人类摆脱重复劳动带来曙光；分布式账本的崛起为赛博空间奠定信任基础；物联网的成熟让整个星球都将变得更加智慧……这一切都离不开底层计算技术的持续演化，特别是新一代容器化计算平台，为经典计算结构释放出了巨大的潜力。

而计算科技的进步，一直以来就与开源技术和开放文化息息相关。无论是早期的 Unix/Linux 操作系统，还是后来包括 Docker 在内的诸多应用软件，都积极推动了整个信息产业的发展。当下正是新一波科技浪潮来临前的关键时期，掌握最前沿的科技成果，学习最先进的开源工具，对于推动我国乃至全球信息产业的进步都至关重要。

信息科技是全人类的宝贵财富，也是现代文明的基础支撑。每一个信息行业从业人员都应该意识到，持续推动科技创新和文明进步，是时代赋予的重要责任。

Docker 容器技术臻于成熟后，社区涌现出众多优秀的开源项目。这些项目或让计算更加高效便捷，或让平台更加稳定智能，共同构建了繁荣的容器计算生态。围绕这些最新进展，本书第 3 版重点介绍了容器核心技术的最新特性，让读者可以更好地掌握和使用最先进的容器技术。

出版之际，本书开源版本的访问量已经突破一千万，真诚感谢近百位同仁对图书内容的积极建议和反馈。

祝愿世界更加美好，祝愿人人都能快乐幸福！

笔者

2018 年 7 月

第2版前言 Preface

自云计算步入市场算起，新一代计算技术刚好走过了第一个十年。

在过去十年里，围绕计算、存储、网络三大基础服务，围绕敏捷服务和规模处理两大核心诉求，新的概念、模式和工具争相涌现。这些创新的开源技术成果，提高了整个信息产业的生产效率，降低了应用信息技术的门槛，让“互联网+”成为可能。

如果说软件定义网络（SDN）和网络功能虚拟化（NFV）让互联网络的虚拟化进入了崭新的阶段，那么容器技术的出现，毫无疑问称得上计算虚拟化技术的又一大创新。从 Linux Container 到 Docker，看似是计算技术发展的一小步，却是极为重要的历史性突破。容器带来的不仅仅是技术体验上的改进，更多的是新的开发模式、新的应用场景、新的业务可能……

容器技术自身在快速演进的同时，笔者也很欣喜地看到，围绕着容器的开源生态系统越发繁盛。Docker 三剑客 Machine、Compose、Swarm 相辅相成，集团作战；搜索巨人则推出 Kubernetes，领航新一代容器化应用集群平台；还有 Mesos、CoreOS，以及其他众多的开源工具。这些工具的出现，弥补了现有容器技术栈的不足，极大地丰富了容器技术的应用场景，增强了容器技术在更多领域的竞争力。

在第 2 版中，笔者参照容器技术最新进展对全书内容进行了修订完善，并增加了第四部分专门介绍与容器相关的知名开源项目，利用好这些优秀的开源平台，可以更好地在生产实践中受益。

成书之际，Docker 发布了 1.13 版本，带来了更稳定的性能和更多有趣的特性。

再次感谢容器技术，感谢开源文化，希望开源技术能得到更多的支持和贡献！

最后，IBM 中国研究院的刘天成、李玉博等帮忙审阅了部分内容，在此表达最深厚的感谢！

笔者

2016 年 12 月

Preface 第1版前言

在一台服务器上同时运行一百个虚拟机，肯定会被认为是痴人说梦。而在一台服务器上同时运行一千个 Docker 容器，这已经成为现实。在计算机技术高速发展的今天，昔日的天方夜谭正在一个个变成现实。

多年的研发和运维（DevOps）经历中，笔者时常会碰到这样一个困境：用户的需求越来越多样，系统的规模越来越庞大，运行的软件越来越复杂，环境配置问题所造成的麻烦层出不穷……为了解决这些问题，开源社区推出过不少优秀的工具。这些方案虽然在某些程度上确能解决部分"燃眉之急"，但是始终没有一种方案能带来"一劳永逸"的效果。

让作为企业最核心资源的工程师们花费大量的时间，去解决各种环境和配置引发的 Bug，这真的正常吗？

回顾计算机的发展历程，最初，程序设计人员需要直接操作各种枯燥的机器指令，编程效率之低可想而知。高级语言的诞生，将机器指令的具体实现成功抽象出来，从此揭开了计算机编程效率突飞猛进的大时代。那么，为什么不能把类似的理念（抽象与分层）也引入到现代的研发和运维领域呢？

Docker 无疑在这一方向上迈出了具有革新意义的一步。笔者在刚接触 Docker 时，就为它所能带来的敏捷工作流程而深深吸引，也为它能充分挖掘云计算资源的效能而兴奋不已。我们深信，Docker 的出现，必将给 DevOps 技术，甚至整个信息技术产业的发展带来深远的影响。

笔者曾尝试编写了介绍 Docker 技术的中文开源文档。短短一个月的时间，竟收到了来自全球各个地区超过 20 万次的阅读量和全五星的好评。这让我们看到国内技术界对于新兴开源技术的敏锐嗅觉和迫切需求，同时也倍感压力，生怕其中有不妥之处，影响了大家学习和推广 Docker 技术的热情。在开源文档撰写过程中，我们一直在不断思考，在生产实践中到底怎么用 Docker 才是合理的？

与很多技术类书籍不同，本书中避免一上来就讲述冗长的故事，而是试图深入浅出、直奔主题，在最短时间内让读者理解和掌握最关键的技术点，并且配合实际操作案例和精炼的点评，给读者提供真正可以上手的实战指南。

本书在结构上分为三大部分。第一部分是 Docker 技术的基础知识介绍，这部分将让读者对 Docker 技术能做什么有个全局的认识；第二部分将具体讲解各种典型场景的应用案例，供读者体会 Docker 在实际应用中的高效秘诀；第三部分将讨论一些偏技术环节的高级话题，试图让读者理解 Docker 在设计上的工程美学。最后的附录归纳了应用 Docker 的常见问题和一些常用的参考资料。读者可根据自身需求选择阅读重点。全书主要由杨保华和戴王剑主笔，曹亚仑写作了编程开发和实践之道章节。

本书在写作过程中参考了官方网站上的部分文档，并得到了 DockerPool 技术社区网友们的积极反馈和支持，在此一并感谢！

成稿之际，Docker 已经发布了增强安全特性的 1.3.2 版本。衷心祝愿 Docker 及相关技术能够快速成长和成熟，让众多 IT 从业人员的工作和生活都更加健康、更加美好！

笔者

2014 年 11 月

Contents 目　录

第 3 版前言

第 2 版前言

第 1 版前言

第一部分　**基础入门**

第 1 章　初识 Docker 与容器 …… 3

1.1　什么是 Docker …… 3

1.2　为什么要使用 Docker …… 6

1.3　Docker 与虚拟化 …… 8

1.4　本章小结 …… 9

第 2 章　核心概念与安装配置 …… 10

2.1　核心概念 …… 10

2.2　安装 Docker 引擎 …… 11

2.2.1　Ubuntu 环境下安装 Docker …… 12

2.2.2　CentOS 环境下安装 Docker …… 14

2.2.3　通过脚本安装 …… 15

2.2.4　macOS 环境下安装 Docker …… 15

2.2.5　Windows 环境下安装 Docker …… 23

2.3　配置 Docker 服务 …… 26

2.4　推荐实践环境 …… 27

2.5　本章小结 …… 27

第 3 章　使用 Docker 镜像 …… 28

3.1　获取镜像 …… 28

3.2　查看镜像信息 …… 30

3.3　搜寻镜像 …… 32

3.4　删除和清理镜像 …… 33

3.5　创建镜像 …… 35

3.6　存出和载入镜像 …… 36

3.7　上传镜像 …… 37

3.8　本章小结 …… 38

第 4 章　操作 Docker 容器 …… 39

4.1　创建容器 …… 39

4.2　停止容器 …… 44

4.3　进入容器 …… 46

4.4　删除容器 …… 47

4.5　导入和导出容器 …… 48

4.6　查看容器 …… 49

4.7　其他容器命令 …… 50

4.8　本章小结 …… 52

第 5 章　访问 Docker 仓库 ······ 53

5.1　Docker Hub 公共镜像市场 ······ 53
5.2　第三方镜像市场 ······ 55
5.3　搭建本地私有仓库 ······ 56
5.4　本章小结 ······ 58

第 6 章　Docker 数据管理 ······ 59

6.1　数据卷 ······ 59
6.2　数据卷容器 ······ 60
6.3　利用数据卷容器来迁移数据 ······ 62
6.4　本章小结 ······ 62

第 7 章　端口映射与容器互联 ······ 63

7.1　端口映射实现容器访问 ······ 63
7.2　互联机制实现便捷互访 ······ 64
7.3　本章小结 ······ 67

第 8 章　使用 Dockerfile 创建镜像 ······ 68

8.1　基本结构 ······ 68
8.2　指令说明 ······ 70
8.2.1　配置指令 ······ 71
8.2.2　操作指令 ······ 74
8.3　创建镜像 ······ 75
8.3.1　命令选项 ······ 76
8.3.2　选择父镜像 ······ 77
8.3.3　使用 .dockerignore 文件 ······ 77
8.3.4　多步骤创建 ······ 78
8.4　最佳实践 ······ 79
8.5　本章小结 ······ 80

第二部分　**实战案例**

第 9 章　操作系统 ······ 83

9.1　BusyBox ······ 83
9.2　Alpine ······ 85
9.3　Debian/Ubuntu ······ 86
9.4　CentOS/Fedora ······ 88
9.5　本章小结 ······ 89

第 10 章　为镜像添加 SSH 服务 ······ 90

10.1　基于 commit 命令创建 ······ 90
10.2　使用 Dockerfile 创建 ······ 93
10.3　本章小结 ······ 95

第 11 章　Web 服务与应用 ······ 96

11.1　Apache ······ 96
11.2　Nginx ······ 100
11.3　Tomcat ······ 104
11.4　Jetty ······ 108
11.5　LAMP ······ 109
11.6　持续开发与管理 ······ 111
11.7　本章小结 ······ 114

第 12 章　数据库应用 ······ 115

12.1　MySQL ······ 115
12.2　Oracle Database XE ······ 117
12.3　MongoDB ······ 118
12.4　Redis ······ 124
12.5　Cassandra ······ 126
12.6　本章小结 ······ 129

第 13 章　分布式处理与大数据平台 ······ 130

13.1　Hadoop ······ 130
13.2　Spark ······ 133
13.3　Storm ······ 136
13.4　Elasticsearch ······ 140
13.5　本章小结 ······ 141

第 14 章 编程开发 …… 142

14.1 C/C++ …… 142
14.2 Java …… 146
14.3 Python …… 149
14.3.1 使用 Python 官方镜像 …… 150
14.3.2 使用 PyPy …… 151
14.3.3 使用 Flask …… 151
14.3.4 相关资源 …… 154
14.4 JavaScript …… 154
14.4.1 使用 Node.js …… 154
14.4.2 相关资源 …… 158
14.5 Go …… 158
14.6 本章小结 …… 161

第 15 章 容器与云服务 …… 162

15.1 公有云容器服务 …… 162
15.1.1 AWS …… 162
15.1.2 Google Cloud Platform …… 163
15.1.3 Azure …… 164
15.1.4 腾讯云 …… 165
15.1.5 阿里云 …… 165
15.1.6 华为云 …… 166
15.1.7 UCloud …… 167
15.2 容器云服务 …… 168
15.3 阿里云容器服务 …… 172
15.4 时速云介绍 …… 174
15.5 本章小结 …… 175

第 16 章 容器实战思考 …… 176

16.1 Docker 为什么会成功 …… 176
16.2 研发人员该如何看待容器 …… 177
16.3 容器化开发模式 …… 178
16.4 容器与生产环境 …… 180
16.5 本章小结 …… 182

第三部分 **进阶技能**

第 17 章 核心实现技术 …… 185

17.1 基本架构 …… 185
17.2 命名空间 …… 187
17.3 控制组 …… 191
17.4 联合文件系统 …… 193
17.5 Linux 网络虚拟化 …… 195
17.6 本章小结 …… 197

第 18 章 配置私有仓库 …… 199

18.1 安装 Docker Registry …… 199
18.2 配置 TLS 证书 …… 201
18.3 管理访问权限 …… 202
18.4 配置 Registry …… 205
18.5 批量管理镜像 …… 211
18.6 使用通知系统 …… 214
18.7 本章小结 …… 217

第 19 章 安全防护与配置 …… 218

19.1 命名空间隔离的安全 …… 218
19.2 控制组资源控制的安全 …… 219
19.3 内核能力机制 …… 219
19.4 Docker 服务端的防护 …… 221
19.5 更多安全特性的使用 …… 221
19.6 使用第三方检测工具 …… 222
19.6.1 Docker Bench …… 222
19.6.2 clair …… 223
19.7 本章小结 …… 224

第 20 章 高级网络功能 …… 225

20.1 启动与配置参数 …… 225

20.2 配置容器 DNS 和主机名 …… 227
20.3 容器访问控制 …… 228
20.4 映射容器端口到宿主主机的实现 …… 229
20.5 配置容器网桥 …… 231
20.6 自定义网桥 …… 232
20.7 使用 OpenvSwitch 网桥 …… 233
20.8 创建一个点到点连接 …… 235
20.9 本章小结 …… 236

第 21 章 libnetwork 插件化网络功能 …… 237

21.1 容器网络模型 …… 237
21.2 Docker 网络命令 …… 238
21.3 构建跨主机容器网络 …… 241
21.4 本章小结 …… 243

第四部分 **开源项目**

第 22 章 Etcd——高可用的键值数据库 …… 247

22.1 Etcd 简介 …… 247
22.2 安装和使用 Etcd …… 248
22.3 使用客户端命令 …… 253
22.3.1 数据类操作 …… 255
22.3.2 非数据类操作 …… 258
22.4 Etcd 集群管理 …… 260
22.4.1 构建集群 …… 260
22.4.2 集群参数配置 …… 263
22.5 本章小结 …… 264

第 23 章 Docker 三剑客之 Machine …… 265

23.1 Machine 简介 …… 265
23.2 安装 Machine …… 265
23.3 使用 Machine …… 266
23.4 Machine 命令 …… 268
23.5 本章小结 …… 272

第 24 章 Docker 三剑客之 Compose …… 273

24.1 Compose 简介 …… 273
24.2 安装与卸载 …… 274
24.3 Compose 模板文件 …… 277
24.4 Compose 命令说明 …… 292
24.5 Compose 环境变量 …… 299
24.6 Compose 应用案例一：Web 负载均衡 …… 300
24.7 Compose 应用案例二：大数据 Spark 集群 …… 304
24.8 本章小结 …… 309

第 25 章 Docker 三剑客之 Swarm …… 310

25.1 Swarm 简介 …… 310
25.2 基本概念 …… 311
25.3 使用 Swarm …… 313
25.4 使用服务命令 …… 316
25.5 本章小结 …… 319

第 26 章 Mesos——优秀的集群资源调度平台 …… 321

26.1 简介 …… 321
26.2 Mesos 安装与使用 …… 322
26.3 原理与架构 …… 330
26.3.1 架构 …… 330
26.3.2 基本单元 …… 331
26.3.3 调度 …… 331
26.3.4 高可用性 …… 332
26.4 Mesos 配置解析 …… 333

26.4.1 通用项 …… 333
26.4.2 master 专属配置项 …… 333
26.4.3 slave 专属配置项 …… 335
26.5 日志与监控 …… 338
26.6 常见应用框架 …… 340
26.7 本章小结 …… 341

第 27 章 Kubernetes——生产级容器集群平台 …… 343

27.1 简介 …… 343
27.2 核心概念 …… 345
27.3 资源抽象对象 …… 348
27.3.1 容器组 …… 348
27.3.2 服务 …… 349
27.3.3 存储卷 …… 350
27.4 控制器抽象对象 …… 351
27.5 其他抽象对象 …… 353
27.6 快速体验 …… 355
27.7 重要组件 …… 359
27.7.1 Etcd …… 360
27.7.2 kube-apiserver …… 360
27.7.3 kube-scheduler …… 361
27.7.4 kube-controller-manager …… 362
27.7.5 kubelet …… 363
27.7.6 kube-proxy …… 364
27.8 使用 kubectl …… 365
27.8.1 获取 kubectl …… 365
27.8.2 命令格式 …… 366
27.8.3 全局参数 …… 367
27.8.4 通用子命令 …… 369
27.9 网络设计 …… 372
27.10 本章小结 …… 374

第 28 章 其他相关项目 …… 375

28.1 持续集成 …… 375
28.2 容器管理 …… 377
28.2.1 Portainer …… 377
28.2.2 Panamax …… 378
28.2.3 Seagull …… 378
28.3 编程开发 …… 380
28.4 网络支持 …… 381
28.4.1 Pipework …… 381
28.4.2 Flannel 项目 …… 382
28.4.3 Weave Net 项目 …… 382
28.4.4 Calico 项目 …… 383
28.5 日志处理 …… 383
28.6 服务代理 …… 385
28.7 标准与规范 …… 389
28.8 其他项目 …… 392
28.9 本章小结 …… 396

附录

附录 A 常见问题总结 …… 398
附录 B Docker 命令查询 …… 404
附录 C 参考资源链接 …… 411

第一部分 Part 1

基础入门

- 第 1 章　初识 Docker 与容器
- 第 2 章　核心概念与安装配置
- 第 3 章　使用 Docker 镜像
- 第 4 章　操作 Docker 容器
- 第 5 章　访问 Docker 仓库
- 第 6 章　Docker 数据管理
- 第 7 章　端口映射与容器互联
- 第 8 章　使用 Dockerfile 创建镜像

本部分共8章，将介绍Docker以及容器的基础知识。

第1章将介绍容器和Docker的来源以及它与现有的虚拟化技术，特别是Linux容器技术的关系。

第2章将介绍Docker的三大核心概念，以及如何在常见的操作系统环境中安装Docker。

第3章～第5章通过具体的示例操作，讲解使用Docker的常见操作，包括镜像、容器和仓库。

第6章将剖析如何在Docker中使用数据卷来保存持久化数据。

第7章将介绍如何使用端口映射和容器互联来方便外部对容器服务的访问。

第8章将介绍如何编写Dockerfile配置文件，以及如何使用Dockerfile来创建镜像的具体方法和注意事项。

第 1 章 *Chapter 1*

初识 Docker 与容器

如果说主机时代比拼的是单个服务器物理性能（如 CPU 主频和内存）的强弱，那么在云时代，最为看重的则是凭借虚拟化技术所构建的集群处理能力。

伴随着信息技术的飞速发展，虚拟化的概念早已经广泛应用到各种关键场景中。从 20 世纪 60 年代 IBM 推出的大型主机虚拟化，到后来以 Xen、KVM 为代表的虚拟机虚拟化，再到现在以 Docker 为代表的容器技术，虚拟化技术自身也在不断进行创新和突破。

传统来看，虚拟化既可以通过硬件模拟来实现，也可以通过操作系统软件来实现。而容器技术则更为优雅，它充分利用了操作系统本身已有的机制和特性，可以实现远超传统虚拟机的轻量级虚拟化。因此，有人甚至把它称为“新一代的虚拟化”技术，并将基于容器打造的云平台亲切地称为“容器云”。

毫无疑问，Docker 正是众多容器技术中的佼佼者，是容器技术发展过程中耀眼的一抹亮色。那么，什么是 Docker ？它会带来哪些好处？它跟现有虚拟化技术又有何关系？

本章首先会介绍 Docker 项目的起源和发展过程，之后会为大家剖析 Docker 和相关容器技术，以及它为 DevOps 等场景应用带来的巨大便利。最后，还将阐述 Docker 在整个虚拟化领域中的技术定位。

1.1 什么是 Docker

1. Docker 开源项目背景

Docker 是基于 Go 语言实现的开源容器项目。它诞生于 2013 年年初，最初发起者是 dotCloud 公司。Docker 自开源后受到业界广泛的关注和参与，目前已有 80 多个相关开源组件项目（包括 Containerd、Moby、Swarm 等），逐渐形成了围绕 Docker 容器的完整的生态体系。

dotCloud公司也随之快速发展壮大，在2013年年底直接改名为Docker Inc，并专注于Docker相关技术和产品的开发，目前已经成为全球最大的Docker容器服务提供商。官方网站为docker.com，如图1-1所示。

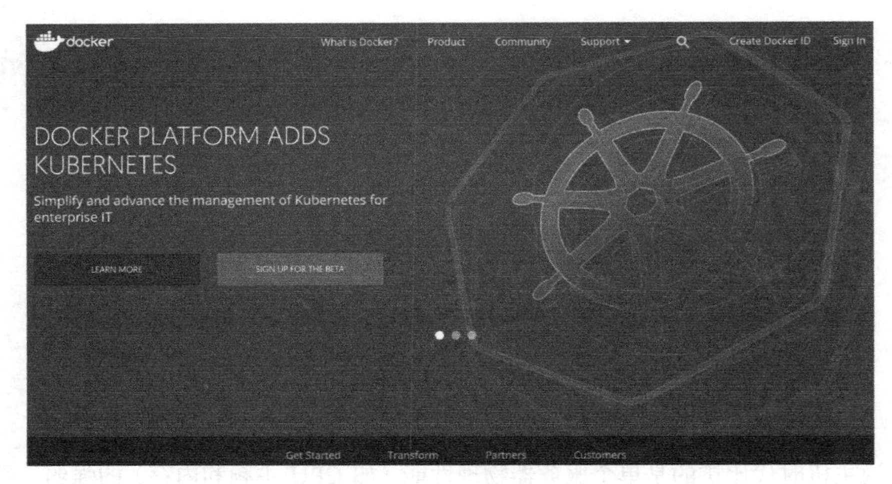

图1-1 Docker官方网站

Docker项目已加入Linux基金会，并遵循Apache 2.0协议，全部开源代码均在https://github.com/docker项目仓库进行维护。在Linux基金会最近一次关于"最受欢迎的云计算开源项目"的调查中，Docker仅次于2010年发起的OpenStack项目，并仍处于上升趋势。2014年，Docker镜像下载数达到了一百万次，2015年直接突破十亿次，2017年更是突破了惊人的百亿次。

现在主流的操作系统包括Linux各大发行版、macOS、Windows等都已经支持Docker。例如，Redhat RHEL 6.5/CentOS 6.5、Ubuntu 16.04以及更新的版本，都已经在官方软件源中默认带有Docker软件包。此外，各大云服务提供商也纷纷推出了基于Docker的服务。Google公司在其Platform as a Service（PaaS）平台及服务中广泛应用了Docker容器；IBM公司与Docker公司达成了战略合作伙伴关系，进行云业务上的深入技术合作；Microsoft公司在其Azure云平台上支持安全可扩展的Docker集群方案；公有云提供商Amazon在其AWS云平台上集成了对Docker的支持，提供高性能快速的部署。

Docker的构想是要实现"Build, Ship and Run Any App, Anywhere"，即通过对应用的封装（Packaging）、分发（Distribution）、部署（Deployment）、运行（Runtime）生命周期进行管理，达到应用组件级别的"一次封装，到处运行"。这里的应用组件，既可以是一个Web应用、一个编译环境，也可以是一套数据库平台服务，甚至是一个操作系统或集群。

基于Linux平台上的多项开源技术，Docker提供了高效、敏捷和轻量级的容器方案，并支持部署到本地环境和多种主流云平台。可以说，Docker首次为应用的开发、运行和部署提供了"一站式"的实用解决方案。

2. Linux 容器技术——巨人的肩膀

与大部分新兴技术的诞生一样，Docker 也并非“从石头缝里蹦出来的”，而是站在前人的肩膀上。其中最重要的就是 Linux 容器（Linux Containers，LXC）技术。IBM DeveloperWorks 网站关于容器技术的描述十分准确：“容器有效地将由单个操作系统管理的资源划分到孤立的组中，以更好地在孤立的组之间平衡有冲突的资源使用需求。与虚拟化相比，这样既不需要指令级模拟，也不需要即时编译。容器可以在核心 CPU 本地运行指令，而不需要任何专门的解释机制。此外，也避免了准虚拟化（para-virtualization）和系统调用替换中的复杂性。”

当然，LXC 也经历了长期的演化。最早的容器技术可以追溯到 1982 年 Unix 系列操作系统上的 chroot 工具（直到今天，主流的 Unix、Linux 操作系统仍然支持和带有该工具）。早期的容器实现技术包括 Sun Solaris 操作系统上的 Solaris Containers（2004 年发布），FreeBSD 操作系统上的 FreeBSD jail（2000 年左右发布），以及 GNU/Linux 上的 Linux-VServer（http://linux-vserver.org，2001 年 10 月）和 OpenVZ（http://openvz.org，2005 年）。

在 LXC 之前，这些相关技术经过多年的演化已经十分成熟和稳定，但是由于种种原因，它们并没有被很好地集成到主流的 Linux 内核中，使用起来并不方便。例如，如果用户要使用 OpenVZ 技术，需要先手动给操作系统打上特定的内核补丁方可使用，而且不同版本并不一致。类似的困难造成在很长一段时间内这些优秀的技术只在技术人员的小圈子中交流。

后来 LXC 项目借鉴了前人成熟的容器设计理念，并基于一系列新引入的内核特性，实现了更具扩展性的虚拟化容器方案。更加关键的是，LXC 终于被集成到到主流 Linux 内核中，进而成为 Linux 系统轻量级容器技术的事实标准。从技术层面来看，LXC 已经趟过了绝大部分的“坑”，完成了容器技术实用化的大半历程。

3. 从 Linux 容器到 Docker

在 LXC 的基础上，Docker 进一步优化了容器的使用体验，让它进入寻常百姓家。首先，Docker 提供了各种容器管理工具（如分发、版本、移植等），让用户无须关注底层的操作，更加简单明了地管理和使用容器；其次，Docker 通过引入分层文件系统构建和高效的镜像机制，降低了迁移难度，极大地改善了用户体验。用户操作 Docker 容器就像操作应用自身一样简单。

早期的 Docker 代码实现是直接基于 LXC 的。自 0.9 版本开始，Docker 开发了 libcontainer 项目作为更广泛的容器驱动实现，从而替换掉了 LXC 的实现。目前，Docker 还积极推动成立了 runC 标准项目，并贡献给开放容器联盟，试图让容器的支持不再局限于 Linux 操作系统，而是更安全、更开放、更具扩展性。

简单地讲，读者可以将 Docker 容器理解为一种轻量级的沙盒（sandbox）。每个容器内运行着一个应用，不同的容器相互隔离，容器之间也可以通过网络互相通信。容器的创建和停止十分快速，几乎跟创建和终止原生应用一致；另外，容器自身对系统资源的额外需求也十分有限，远远低于传统虚拟机。很多时候，甚至直接把容器当作应用本身也没有任何问题。

笔者相信，随着 Docker 技术的进一步成熟，它将成为更受欢迎的容器虚拟化技术实现，并在云计算和 DevOps 等领域得到更广泛的应用。

1.2 为什么要使用 Docker

1. Docker 容器虚拟化的好处

Docker 项目的发起人、Docker 公司 CTO Solomon Hykes 认为，Docker 在正确的地点、正确的时间顺应了正确的趋势——如何正确地构建应用。

在云时代，开发者创建的应用必须要能很方便地在网络上传播，也就是说应用必须脱离底层物理硬件的限制；同时必须是“任何时间任何地点”可获取的。因此，开发者们需要一种新型的创建分布式应用程序的方式，快速分发和部署，而这正是 Docker 所能够提供的最大优势。

举个简单的例子，假设用户试图基于最常见的 LAMP（Linux+Apache+MySQL+PHP）组合来构建网站。按照传统的做法，首先需要安装 Apache、MySQL 和 PHP 以及它们各自运行所依赖的环境；之后分别对它们进行配置（包括创建合适的用户、配置参数等）；经过大量的操作后，还需要进行功能测试，看是否工作正常；如果不正常，则进行调试追踪，意味着更多的时间代价和不可控的风险。可以想象，如果应用数目变多，事情会变得更加难以处理。

更为可怕的是，一旦需要服务器迁移（例如从亚马逊云迁移到其他云），往往需要对每个应用都进行重新部署和调试。这些琐碎而无趣的“体力活”，极大地降低了用户的工作效率。究其根源，是这些应用直接运行在底层操作系统上，无法保证同一份应用在不同的环境中行为一致。

而 Docker 提供了一种更为聪明的方式，通过容器来打包应用、解耦应用和运行平台。这意味着迁移的时候，只需要在新的服务器上启动需要的容器就可以了，无论新旧服务器是否是同一类型的平台。这无疑将帮助我们节约大量的宝贵时间，并降低部署过程出现问题的风险。

2. Docker 在开发和运维中的优势

对开发和运维（DevOps）人员来说，最梦寐以求的效果可能就是一次创建或配置，之后可以在任意地方、任意时间让应用正常运行，而 Docker 恰恰是可以实现这一终极目标的“瑞士军刀”。具体说来，在开发和运维过程中，Docker 具有如下几个方面的优势：

- **更快速的交付和部署**。使用 Docker，开发人员可以使用镜像来快速构建一套标准的开发环境；开发完成之后，测试和运维人员可以直接使用完全相同的环境来部署代码。只要是开发测试过的代码，就可以确保在生产环境无缝运行。Docker 可以快速创建和删除容器，实现快速迭代，节约开发、测试、部署的大量时间。并且，整个过程全程可见，使团队更容易理解应用的创建和工作过程。

- **更高效的资源利用**。运行 Docker 容器不需要额外的虚拟化管理程序（Virtual Machine Manager，VMM，以及 Hypervisor）的支持，Docker 是内核级的虚拟化，可以实现更高的性能，同时对资源的额外需求很低。与传统虚拟机方式相比，Docker 的性能要提高 1～2 个数量级。
- **更轻松的迁移和扩展**。Docker 容器几乎可以在任意的平台上运行，包括物理机、虚拟机、公有云、私有云、个人电脑、服务器等，同时支持主流的操作系统发行版本。这种兼容性让用户可以在不同平台之间轻松地迁移应用。
- **更简单的更新管理**。使用 Dockerfile，只需要小小的配置修改，就可以替代以往大量的更新工作。所有修改都以增量的方式被分发和更新，从而实现自动化并且高效的容器管理。

3. Docker 与虚拟机比较

作为一种轻量级的虚拟化方式，Docker 在运行应用上跟传统的虚拟机方式相比具有如下显著优势：

- Docker 容器很快，启动和停止可以在秒级实现，这相比传统的虚拟机方式（数分钟）要快得多；
- Docker 容器对系统资源需求很少，一台主机上可以同时运行数千个 Docker 容器（在 IBM 服务器上已经实现了同时运行 10K 量级的容器实例）；
- Docker 通过类似 Git 设计理念的操作来方便用户获取、分发和更新应用镜像，存储复用，增量更新；
- Docker 通过 Dockerfile 支持灵活的自动化创建和部署机制，以提高工作效率，并标准化流程。

Docker 容器除了运行其中的应用外，基本不消耗额外的系统资源，在保证应用性能的同时，尽量减小系统开销。传统虚拟机方式运行 N 个不同的应用就要启用 N 个虚拟机（每个虚拟机需要单独分配独占的内存、磁盘等资源），而 Docker 只需要启动 N 个隔离得“很薄的”容器，并将应用放进容器内即可。应用获得的是接近原生的运行性能。

当然，在隔离性方面，传统的虚拟机方式提供的是相对封闭的隔离。但这并不意味着 Docker 不安全。Docker 利用 Linux 系统上的多种防护技术实现了严格的隔离可靠性，并且可以整合众多安全工具。从 1.3.0 版本开始，Docker 重点改善了容器的安全控制和镜像的安全机制，极大地提高了使用 Docker 的安全性。在已知的大规模应用中，目前尚未出现值得担忧的安全隐患。

表 1-1 比较了使用 Docker 容器技术与传统虚拟机技术的各种特性，可见容器技术在很多应用场景下都具有巨大的优势。

表 1-1 Docker 容器技术与传统虚拟机技术的比较

特 性	容 器	虚 拟 机
启动速度	秒级	分钟级
性能	接近原生	较弱
内存代价	很小	较多
硬盘使用	一般为 MB	一般为 GB
运行密度	单机支持上千个容器	一般几十个
隔离性	安全隔离	完全隔离
迁移性	优秀	一般

1.3 Docker 与虚拟化

虚拟化（virtualization）技术是一个通用的概念，在不同领域有不同的理解。在计算领域，一般指的是计算虚拟化（computing virtualization），或通常说的服务器虚拟化。维基百科上的定义如下：

> “在计算机技术中，虚拟化是一种资源管理技术，是将计算机的各种实体资源，如服务器、网络、内存及存储等，予以抽象、转换后呈现出来，打破实体结构间的不可切割的障碍，使用户可以用比原本的组态更好的方式来应用这些资源。”

可见，虚拟化的核心是对资源的抽象，目标往往是为了在同一个主机上同时运行多个系统或应用，从而提高系统资源的利用率，并且带来降低成本、方便管理和容错容灾等好处。

从大类上分，虚拟化技术可分为基于硬件的虚拟化和基于软件的虚拟化。其中，真正意义上的基于硬件的虚拟化技术不多见，少数如网卡中的单根多 IO 虚拟化（Single Root I/O Virtualization and Sharing Specification，SR-IOV）等技术，也超出了本书的讨论范畴。

基于软件的虚拟化从对象所在的层次，又可以分为应用虚拟化和平台虚拟化（通常说的虚拟机技术即属于这个范畴）。前者一般指的是一些模拟设备或诸如 Wine 这样的软件，后者又可以细分为几个子类：

- 完全虚拟化。虚拟机模拟完整的底层硬件环境和特权指令的执行过程，客户操作系统无须进行修改。例如 IBM p 和 z 系列的虚拟化、VMware Workstation、VirtualBox、QEMU 等；
- 硬件辅助虚拟化。利用硬件（主要是 CPU）辅助支持（目前 x86 体系结构上可用的硬件辅助虚拟化技术包括 Intel-VT 和 AMD-V）处理敏感指令来实现完全虚拟化的功能，客户操作系统无须修改，例如 VMware Workstation，Xen，KVM；
- 部分虚拟化。只针对部分硬件资源进行虚拟化，客户操作系统需要进行修改。现在有些虚拟化技术的早期版本仅支持部分虚拟化；

- 超虚拟化（paravirtualization）。部分硬件接口以软件的形式提供给客户机操作系统，客户操作系统需要进行修改，例如早期的 Xen；
- 操作系统级虚拟化。内核通过创建多个虚拟的操作系统实例（内核和库）来隔离不同的进程。容器相关技术即在这个范畴。

可见，Docker 以及其他容器技术都属于操作系统虚拟化这个范畴，操作系统虚拟化最大的特点就是不需要额外的 supervisor 支持。Docker 虚拟化方式之所以有众多优势，跟操作系统虚拟化技术自身的设计和实现是分不开的。

图 1-2 比较了 Docker 和常见的虚拟机方式的不同之处。

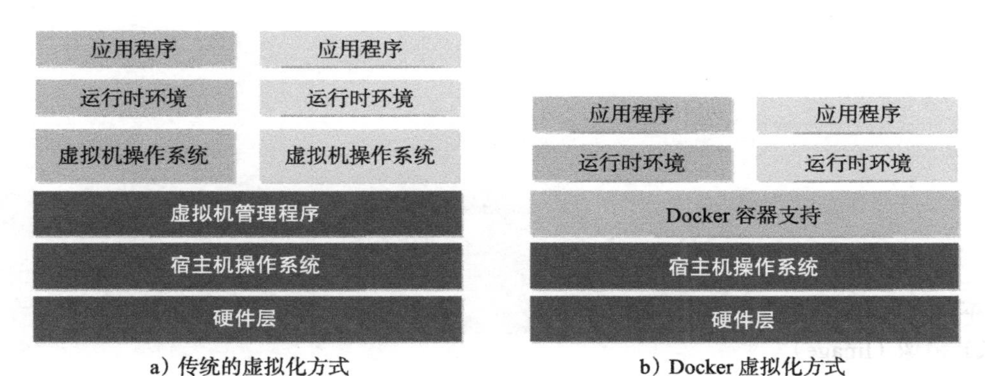

图 1-2　Docker 和传统的虚拟化方式的不同之处

传统方式是在硬件层面实现虚拟化，需要有额外的虚拟机管理应用和虚拟机操作系统层。Docker 容器是在操作系统层面上实现虚拟化，直接复用本地主机的操作系统，因此更加轻量级。

1.4　本章小结

本章介绍了容器虚拟化的基本概念、Docker 的诞生历史，以及容器在云时代应用分发场景下的巨大优势。

与传统的虚拟机方式相比，容器虚拟化方式在很多场景下都存在极为明显的优势。无论是系统管理员、应用开发人员、测试人员，还是运维管理人员，都应该尽快掌握 Docker，尽早享受其带来的巨大便利。

在后续章节，笔者将结合实践案例具体介绍 Docker 的安装和使用。让我们一起开启精彩的现代容器之旅吧！

Chapter 2 第2章

核心概念与安装配置

本章首先介绍 Docker 的三大核心概念：

- ❑ 镜像（Image）
- ❑ 容器（Container）
- ❑ 仓库（Repository）

只有理解了这三个核心概念，才能顺利地理解 Docker 容器的整个生命周期。

随后，笔者将介绍如何在常见的操作系统平台上安装 Docker，包括 Ubuntu、CentOS、MacOS 和 Windows 等主流操作系统。

2.1 核心概念

Docker 大部分的操作都围绕着它的三大核心概念：镜像、容器和仓库。因此，准确把握这三大核心概念对于掌握 Docker 技术尤为重要。

1. Docker 镜像

Docker 镜像类似于虚拟机镜像，可以将它理解为一个只读的模板。

例如，一个镜像可以包含一个基本的操作系统环境，里面仅安装了 Apache 应用程序（或用户需要的其他软件）。可以把它称为一个 Apache 镜像。

镜像是创建 Docker 容器的基础。

通过版本管理和增量的文件系统，Docker 提供了一套十分简单的机制来创建和更新现有的镜像，用户甚至可以从网上下载一个已经做好的应用镜像，并直接使用。

2. Docker 容器

Docker 容器类似于一个轻量级的沙箱，Docker 利用容器来运行和隔离应用。

容器是从镜像创建的应用运行实例。它可以启动、开始、停止、删除，而这些容器都是彼此相互隔离、互不可见的。

可以把容器看作一个简易版的 Linux 系统环境（包括 root 用户权限、进程空间、用户空间和网络空间等）以及运行在其中的应用程序打包而成的盒子。

注意 镜像自身是只读的。容器从镜像启动的时候，会在镜像的最上层创建一个可写层。

---

3. Docker 仓库

Docker 仓库类似于代码仓库，是 Docker 集中存放镜像文件的场所。

有时候我们会将 Docker 仓库和仓库注册服务器（Registry）混为一谈，并不严格区分。实际上，仓库注册服务器是存放仓库的地方，其上往往存放着多个仓库。每个仓库集中存放某一类镜像，往往包括多个镜像文件，通过不同的标签（tag）来进行区分。例如存放 Ubuntu 操作系统镜像的仓库，被称为 Ubuntu 仓库，其中可能包括 16.04、18.04 等不同版本的镜像。仓库注册服务器的示例如图 2-1 所示。

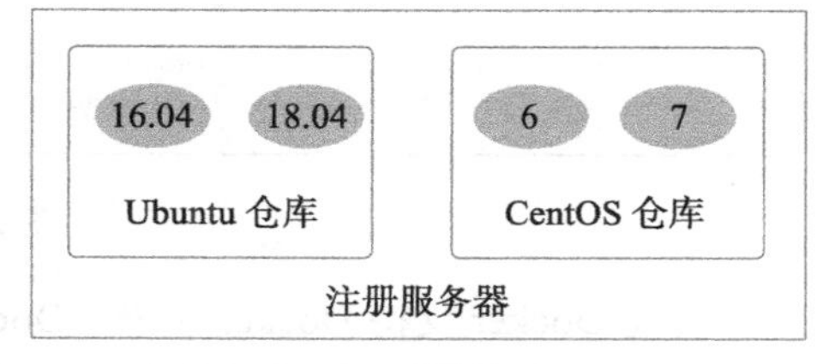

图 2-1 注册服务器与仓库

根据所存储的镜像公开分享与否，Docker 仓库可以分为公开仓库（Public）和私有仓库（Private）两种形式。

目前，最大的公开仓库是官方提供的 Docker Hub，其中存放着数量庞大的镜像供用户下载。国内不少云服务提供商（如腾讯云、阿里云等）也提供了仓库的本地源，可以提供稳定的国内访问。

当然，用户如果不希望公开分享自己的镜像文件，Docker 也支持用户在本地网络内创建一个只能自己访问的私有仓库。

当用户创建了自己的镜像之后就可以使用 `push` 命令将它上传到指定的公有或者私有仓库。这样用户下次在另外一台机器上使用该镜像时，只需要将其从仓库上 `pull` 下来就可以了。

注意 可以看出，Docker 利用仓库管理镜像的设计理念与 Git 代码仓库的概念非常相似，实际上 Docker 设计上借鉴了 Git 的很多优秀思想。

2.2 安装 Docker 引擎

Docker 引擎是使用 Docker 容器的核心组件，可以在主流的操作系统和云平台上使用，包括 Linux 操作系统（如 Ubuntu、Debian、CentOS、Redhat 等），macOS 和 Windows 操作系统，以及 IBM、亚马逊、微软等知名云平台。

用户可以访问 Docker 官网的 Get Docker（https://www.docker.com/get-docker）页面，查看获取 Docker 的方式，以及 Docker 支持的平台类型，如图 2-2 所示。

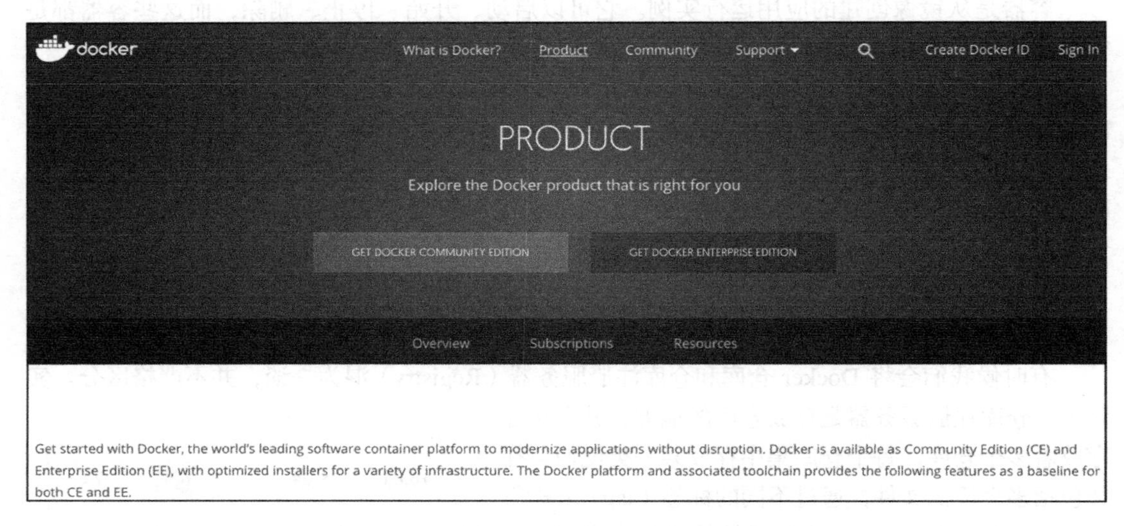

图 2-2 获取 Docker

目前 Docker 支持 Docker 引擎、Docker Hub、Docker Cloud 等多种服务。

- Docker 引擎：包括支持在桌面系统或云平台安装 Docker，以及为企业提供简单安全弹性的容器集群编排和管理；
- DockerHub：官方提供的云托管服务，可以提供公有或私有的镜像仓库；
- DockerCloud：官方提供的容器云服务，可以完成容器的部署与管理，可以完整地支持容器化项目，还有 CI、CD 功能。

Docker 引擎目前分为两个版本：社区版本（Community Edition，CE）和企业版本（Enterprise Edition，EE）。社区版本包括大部分的核心功能，企业版本则通过付费形式提供认证支持、镜像管理、容器托管、安全扫描等高级服务。通常情况下，用户使用社区版本可以满足大部分需求；若有更苛刻的需求，可以购买企业版本服务。社区版本每个月会发布一次尝鲜（Edge）版本，每个季度（3、6、9、12 月）会发行一次稳定（Stable）版本。版本号命名格式为“年份 . 月份”，如 2018 年 6 月发布的版本号为 v18.06。

笔者推荐首选在 Linux 环境中使用 Docker 社区稳定版本，以获取最佳的原生支持体验。本书如无特殊说明，则以社区版本的稳定版为例进行说明。

2.2.1 Ubuntu 环境下安装 Docker

1. 系统要求

Ubuntu 操作系统对 Docker 的支持十分成熟，可以支持包括 x86_64、armhf、s390x (IBM Z)、ppc64le 等系统架构，只要是 64 位即可。

Docker 目前支持的最低 Ubuntu 版本为 14.04 LTS，但实际上从稳定性上考虑，推荐使用 16.04 LTS 或 18.0.4 LTS 版本，并且系统内核越新越好，以支持 Docker 最新的特性。

用户可以通过如下命令检查自己的内核版本详细信息：

```
$ uname -a
Linux localhost 4.9.36-x86_64-generic
```

或者：

```
$ cat /proc/version
Linux version 4.9.36-x86_64-generic (maker@linux.com) (gcc version 4.9.2 (Debian
    4.9.2-10))
```

如果使用 Ubuntu 16.04 LTS 版本，为了让 Docker 使用 aufs 存储，推荐安装如下两个软件包：

```
$ sudo apt-get update
$ sudo apt-get install -y \
    linux-image-extra-$(uname -r) \
    linux-image-extra-virtual
```

注意　Ubuntu 发行版中，LTS（Long-Term-Support）意味着更稳定的功能和更长期（目前为 5 年）的升级支持，生产环境中推荐尽量使用 LTS 版本。

---

2. 添加镜像源

首先需要安装 apt-transport-https 等软件包支持 https 协议的源：

```
$ sudo apt-get update
$ sudo apt-get install \
    apt-transport-https \
    ca-certificates \
    curl \
    software-properties-common
```

添加源的 gpg 密钥：

```
$ curl -fsSL https://download.docker.com/linux/ubuntu/gpg | sudo apt-key add -
OK
```

确认导入指纹为“9DC8 5822 9FC7 DD38 854A E2D8 8D81 803C 0EBF CD88”的 GPG 公钥：

```
$ sudo apt-key fingerprint 0EBFCD88
pub   4096R/0EBFCD88 2017-02-22
      Key fingerprint = 9DC8 5822 9FC7 DD38 854A  E2D8 8D81 803C 0EBF CD88
uid                  Docker Release (CE deb) <docker@docker.com>
sub   4096R/F273FCD8 2017-02-22
```

获取当前操作系统的代号：

```
$ lsb_release -cs
xenial
```

一般情况下，Ubuntu 16.04 LTS 代号为 xenial，Ubuntu 18.04 LTS 代号为 bionic。

接下来通过如下命令添加 Docker 稳定版的官方软件源，非 xenial 版本的系统注意修改为自己对应的代号：

```
$ sudo add-apt-repository \
    "deb [arch=amd64] https://download.docker.com/linux/ubuntu \
    xenial \
    stable"
```

添加成功后，再次更新 apt 软件包缓存：

```
$ sudo apt-get update
```

3. 开始安装 Docker

在成功添加源之后，就可以安装最新版本的 Docker 了，软件包名称为 docker-ce，代表是社区版本：

```
$ sudo apt-get install -y docker-ce
```

如果系统中存在较旧版本的 Docker，会提示是否先删除，选择是即可。

除了基于手动添加软件源的方式之外，也可以使用官方提供的脚本来自动化安装 Docker：

```
$ sudo curl -sSL https://get.docker.com/ | sh
```

安装成功后，会自动启动 Docker 服务。

用户也可以指定安装软件源中其他版本的 Docker：

```
$ sudo apt-cache madison docker-ce
    docker-ce | 17.11.0~ce-0~ubuntu | https://download.docker.com/linux/ubuntu
        xenial/edge amd64 Packages
    docker-ce | 17.10.0~ce-0~ubuntu | https://download.docker.com/linux/ubuntu
        xenial/edge amd64 Packages
    docker-ce | 17.09.1~ce-0~ubuntu | https://download.docker.com/linux/ubuntu
        xenial/stable amd64 Packages
    ...
$ sudo apt-get install docker-ce=17.11.0~ce-0~ubuntu
```

2.2.2 CentOS 环境下安装 Docker

Docker 目前支持 CentOS 7 及以后的版本。系统的要求跟 Ubuntu 情况类似，64 位操作系统，内核版本至少为 3.10。

首先，为了方便添加软件源，以及支持 devicemapper 存储类型，安装如下软件包：

```
$ sudo yum update
$ sudo yum install -y yum-utils \
    device-mapper-persistent-data \
    lvm2
```

添加 Docker 稳定版本的 yum 软件源：

```
$ sudo yum-config-manager \
```

```
    --add-repo \
    https://download.docker.com/linux/centos/docker-ce.repo
```

之后更新 yum 软件源缓存，并安装 Docker：

```
$ sudo yum update
$ sudo yum install -y docker-ce
```

最后，确认 Docker 服务启动正常：

```
$ sudo systemctl start docker
```

2.2.3　通过脚本安装

用户还可以使用官方提供的 shell 脚本来在 Linux 系统（目前支持 Ubuntu、Debian、Oracleserver、Fedora、Centos、OpenSuse、Gentoo 等常见发行版）上安装 Docker 的最新正式版本，该脚本会自动检测系统信息并进行相应配置：

```
$ curl -fsSL https://get.docker.com/ | sh
```

或者：

```
$ wget -qO- https://get.docker.com/ | sh
```

如果想尝鲜最新功能，可以使用下面的脚本来安装最新的"尝鲜"版本。但要注意，非稳定版本往往意味着功能还不够稳定，不要在生产环境中使用：

```
$ curl -fsSL https://test.docker.com/ | sh
```

另外，也可以从 store.docker.com/search?offering=community&q=&type=edition 找到各个平台上的 Docker 安装包，自行下载使用。

2.2.4　macOS 环境下安装 Docker

Docker 官方非常重视其在 Mac 环境下的易用性。由于大量开发者使用 Mac 环境进行开发，而 Docker 是一个完整的容器化应用的开发环境，所以 Docker 官方提供了简单易用的 Docker for Mac（https://docs.docker.com/docker-for-mac/）工具。Docker for Mac 其实是一个完整的 Docker CE 工具。下面我们一步步讲解如何正确安装 Docker for Mac。

1. 选择版本

目前用户可以选择稳定版（Stable）或测试版（Beta），这两个版本都可以通过配置 Docker Daemon 来开启一些实验特性。配置时，只要启动 Docker daemon 时带上 `--experimental` 参数即可。或者通过修改 `/etc/docker/daemon.json` 配置文件中的 `experimental` 字段，如下所示：

```
{
    "experimental": true
}
```

也可以使用如下指令直接确认实验特性是否开启：

```
$ docker version -f '{{.Server.Experimental}}'
true
```

目前的实验特性主要有 `ipvlan` 网络驱动、显卡插件、分布式应用包（Distributed Application Bundles）、监测点（Checkpoint）、回滚（Restore），以及使用 `squash` 参数构建镜像。详细的实验特性说明可参见 https://github.com/docker/docker-ce/blob/master/components/cli/experimental/README.md。

官方建议在生产环境中关闭这些实验特性。

稳定版（stable channel）经过完整测试和精心维护，可用于关注稳定性的生产环境。稳定版每个季度（3 个月）发布一次。稳定版用户可以选择是否允许 Docker 收集使用情况统计或其他数据。稳定版下载地址为 https://download.docker.com/mac/stable/Docker.dmg。

测试版（edge channel）包含最新的工具和特性，甚至会包含一些开发中的特性。测试版适用于希望尝鲜并有能力处理异常或 Bug 的用户，并且默认收集所有用户使用数据。测试版每月发布一次。测试版下载地址为 https://download.docker.com/mac/edge/Docker.dmg。

2. 安装须知

Docker for Mac 与 Docker Machine 的关系是互不影响。用户可以从本地 default machine 拷贝容器和镜像至 Docker for Mac 的 HyperKit VM 中。HyperKit 是 Docker 开源的支持 OSX 的轻量级虚拟化工具包。它基于 MacOSX 10.10 之后引入的 Hypervisor 框架。HyperKit 应用可以利用硬件虚拟化运行 VM，但无须特殊权限或者复杂的管理工具栈。关于 HyperKit 的详细信息参见 https://github.com/moby/hyperkit。

当用户运行 Docker for Mac 时，本机或远程均无须运行 Docker Machine。用户使用的是一套新的原生虚拟化系统，不再需要 VirtualBox。如果希望了解更多两者对比情况，参见 https://docs.docker.com/docker-for-mac/docker-toolbox/。

Docker for Mac 支持 macOS El Capitan 10.11 及其后续版本。最小要求是 macOS Yosemite 10.10.3，同时 Docker 并不保证可以完全支持 10.10.X，Docker for Mac 从版本 1.13 开始，不再支持 10.10 版本的 macOS。

3. 下载运行 Docker for Mac

首先，选择需要的版本并下载。双击打开 `Docker.dmg` 文件，将 `Docker.app` 拖至应用程序（或 Applications）文件夹即可。

Docker 应用启动后，在任务栏会多出一个小图标，如图 2-3 所示。

用户可以通过这个图标打开 Docker 应用，并进行配置。

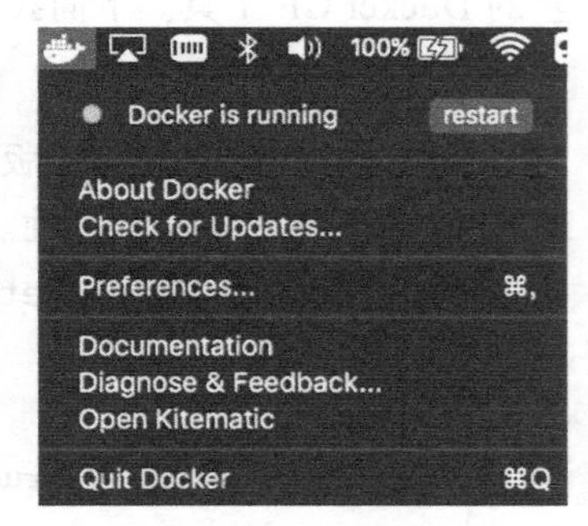

图 2-3 下载 Docker for Mac 后

4. 验证

安装成功后，可以确认运行的 Docker 版本信息。如果用户环境已安装过 Docker 环境，则可能存在老版 docker-py，为了防止冲突，需要重新安装：

```
$ sudo pip uninstall docker-py
$ sudo pip uninstall docker
$ sudo pip install docker
```

此时运行指令已不会提示冲突：

```
$ docker-compose --version
docker-compose version 1.18.0, build 8dd22a9
```

用户还可以执行 docker version 获取更全面的版本信息：

```
$ docker version
Client:
    Version:        18.03.1-ce
    API version:    1.37
    Go version:     go1.9.5
    Git commit:     9ee9f40
    Built:          Thu Apr 26 07:13:02 2018
    OS/Arch:        darwin/amd64
    Experimental:   false
    Orchestrator:   swarm

Server:
    Engine:
        Version:        18.03.1-ce
        API version:    1.37 (minimum version 1.12)
        Go version:     go1.9.5
        Git commit:     9ee9f40
        Built:          Thu Apr 26 07:22:38 2018
        OS/Arch:        linux/amd64
        Experimental:   false
```

可见正常输出客户端和服务端版本信息，以及实验特性默认关闭。如果 Docker for Mac 启动失败或关闭状态，则会出现 Error response from daemon: Bad response from Docker engine 提示。

下面启动一个 Nginx 容器，检查能正确获取镜像并运行：

```
$ docker run -d -p 80:80 --name webserver nginx
```

然后使用 docker ps 指令查看运行的容器：

```
$ docker ps
CONTAINER ID        IMAGE       COMMAND         CREATED         STATUS        PORTS     NAMES
5d756726c17c        nginx       "nginx -g 'daemon of…"  49 seconds ago  Up 48 seconds
    0.0.0.0:80->80/tcp   webserver
```

可见 Nginx 容器已经在 0.0.0.0:80 启动，并映射到 80 端口。打开浏览器访问此地址，如图 2-4 所示。

5. 常用配置

点击系统状态栏的 Docker 图标可以访问管理菜单，如图 2-5 所示。

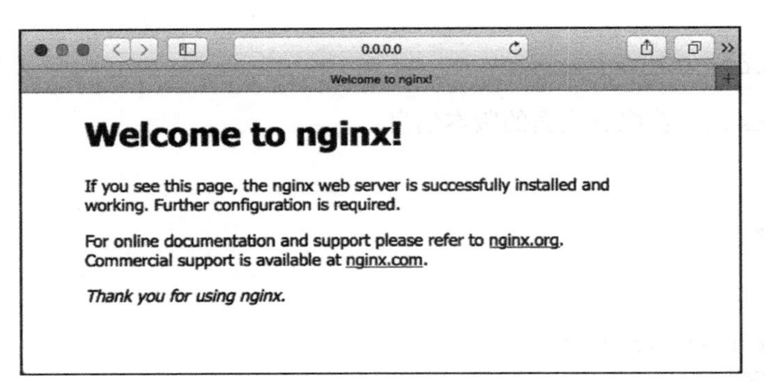

图 2-4 Nginx 容器启动

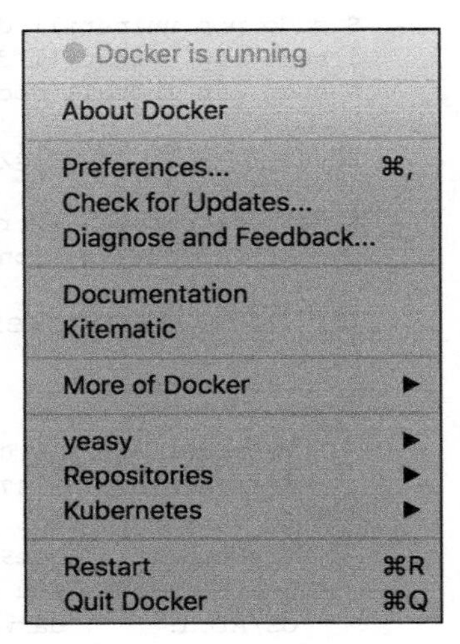

图 2-5 管理菜单

About Docker 页面呈现已安装的各组件版本信息、更新通道（稳定版或测试版），以及更新记录（Release Notes）、声明、版权信息等，如图 2-6 所示。

点击菜单的 Preferences 项，打开配置管理界面。其中，General 页面可以配置自动启动配置、升级、备份，以及使用数据收集配置，如图 2-7 所示。

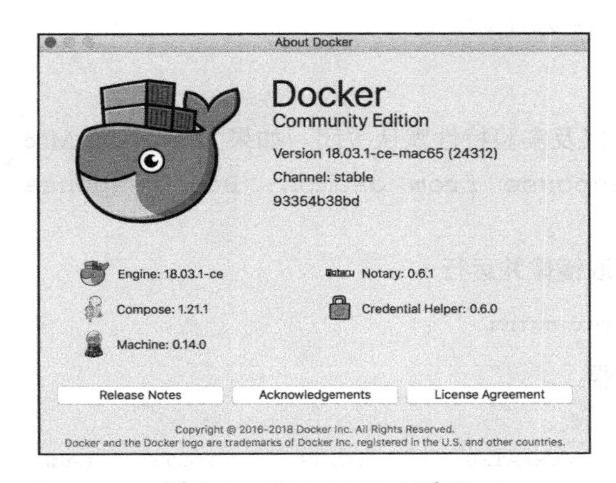

图 2-6 About Docker 页面

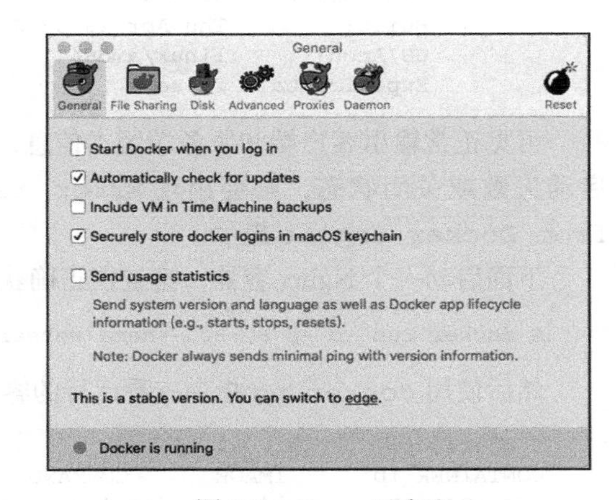

图 2-7 General 页面

在 File sharing（文件共享）页面中，用户可以选择哪个 Mac 本地文件夹与容器共享。点击 + 后可以继续添加本地目录，点击 Apply&Restart 按钮生效，这里其实使用了 -v 参数，如图 2-8 所示。

在 Disk 页面中，可以配置磁盘路径，并可以修改虚拟磁盘大小，如图 2-9 所示。

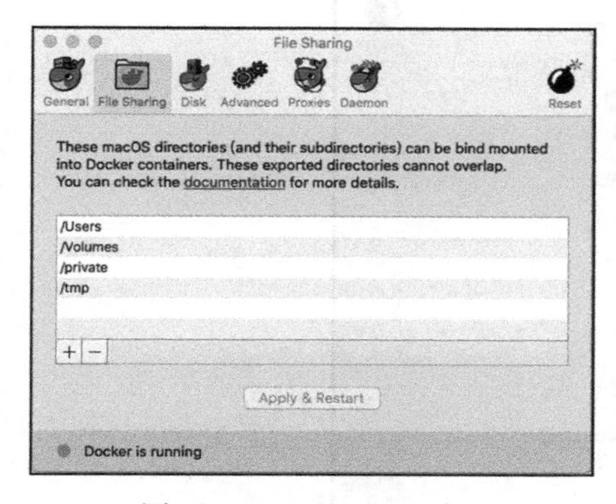

图 2-8　File Sharing 页面

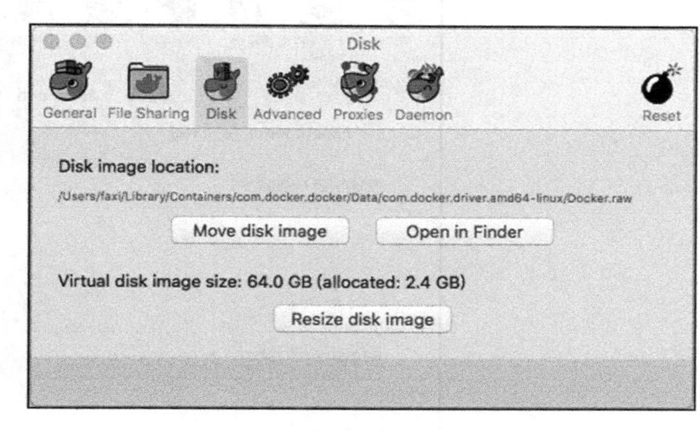

图 2-9　Disk 页面

在 Advanced 页面中，可以修改本机分配给 Docker 的计算资源，如 CPU、内存和存储位置，如图 2-10 所示。

在 Proxies 页面中，可以配置 Pull 操作时的代理配置，如图 2-11 所示。

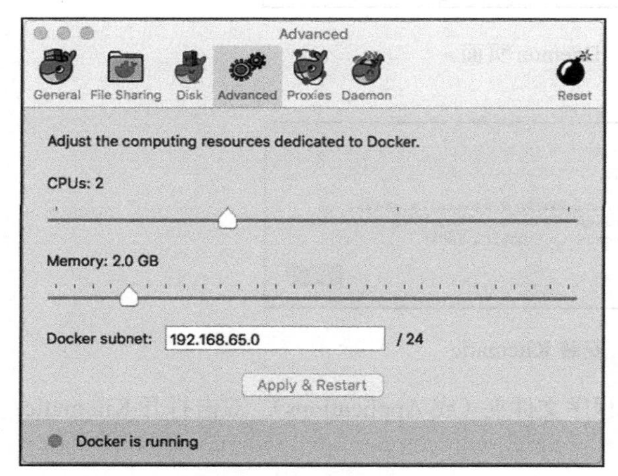

图 2-10　Advanced 页面

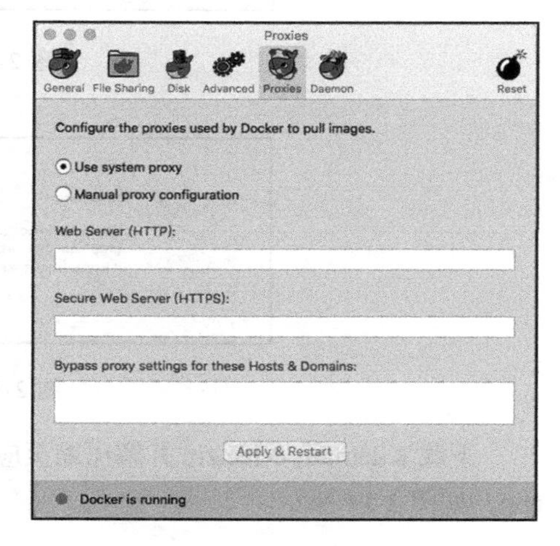

图 2-11　Proxies 页面

在 Daemon 页面中，用户可用两种方式（基础模式 / 高级模式即 JSON）配置 Docker 守护进程，可以选择自定义镜像、开启尝鲜模式等，如图 2-12 所示。

点击 Reset 按钮，用户可以选择重启 Docker、删除所有 Docker 数据、恢复出厂设置、重装 Docker 等操作。

6. Kitematic

通过菜单可以安装 Kitematic 工具管理本地镜像，点击提示框中的下载地址，如图 2-13 所示。

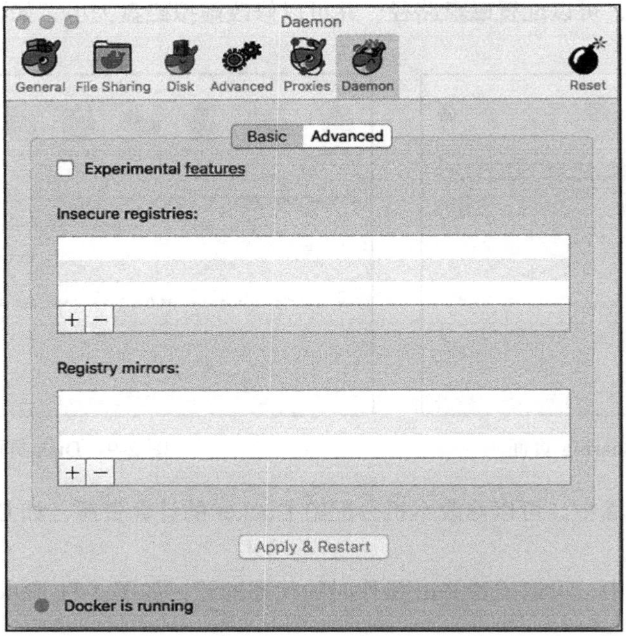

图 2-12 Daemon 页面

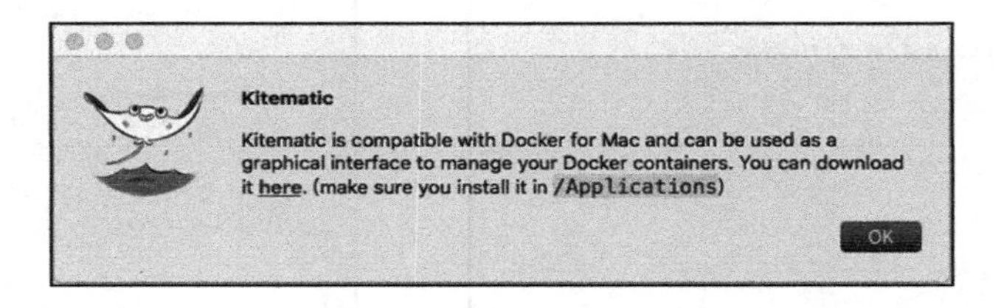

图 2-13 安装 Kitematic

下载 Kitematic-Mac.zip 并解压缩至应用程序文件夹（或 Applications），双击打开 Kitematic.app，如图 2-14 所示。

图 2-14 下载 Kitematic

进入 Docker Hub 登录页面，用户可以选择暂时不登录，直接进入主页面，如图 2-15 所示。

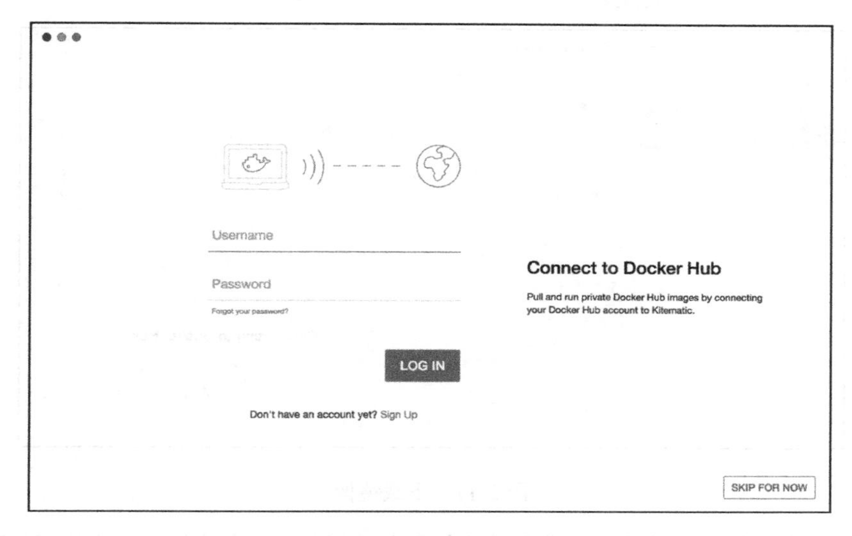

图 2-15　进入 Docker Hub 登录页面

主页面可见多种常用镜像，点击 CREATE 即可直接创建容器，如图 2-16 所示。

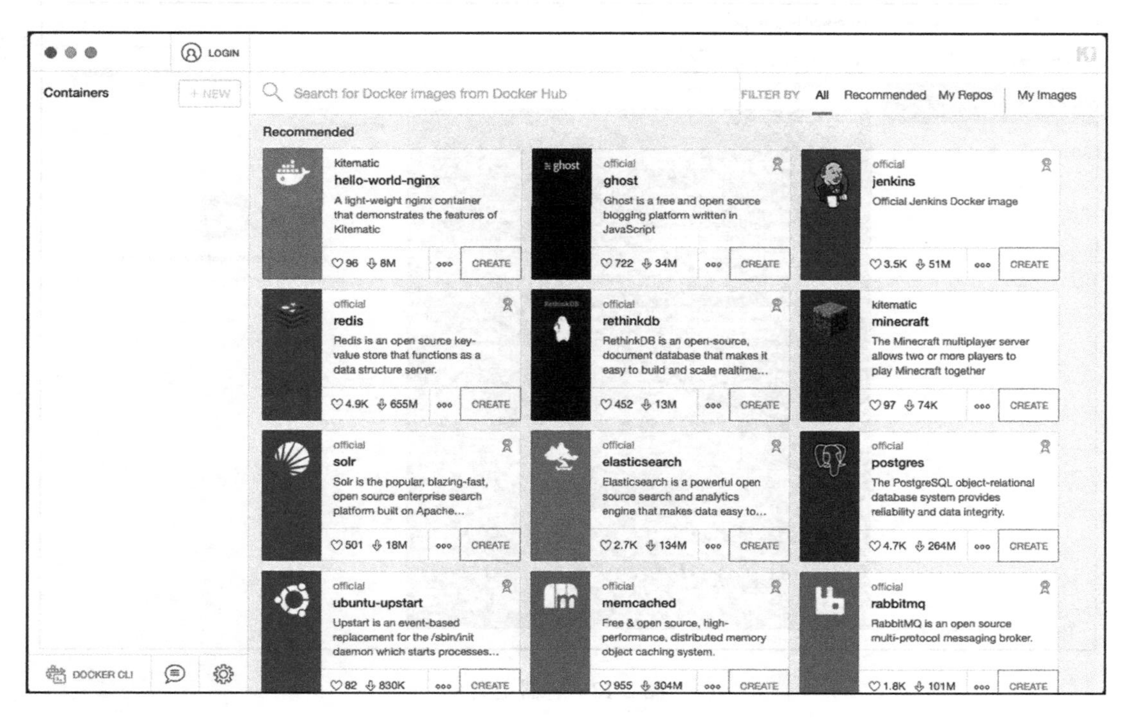

图 2-16　创建容器

以 hello-world-nginx 镜像为例。点击 CREATE 后进入下载页面，如图 2-17 所示。

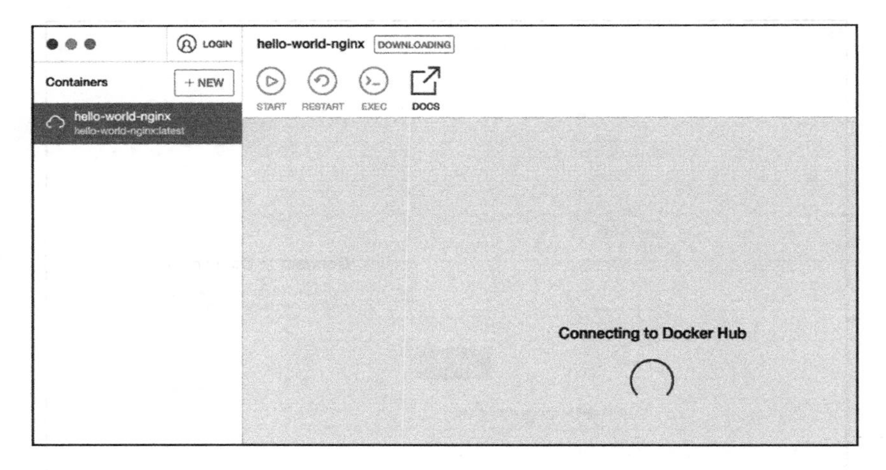

图 2-17 下载镜像

容器运行后，在主页可见运行日志、挂载磁盘（双击可以直接打开）、浏览器预览以及容器配置（Settings）等，如图 2-18 所示。

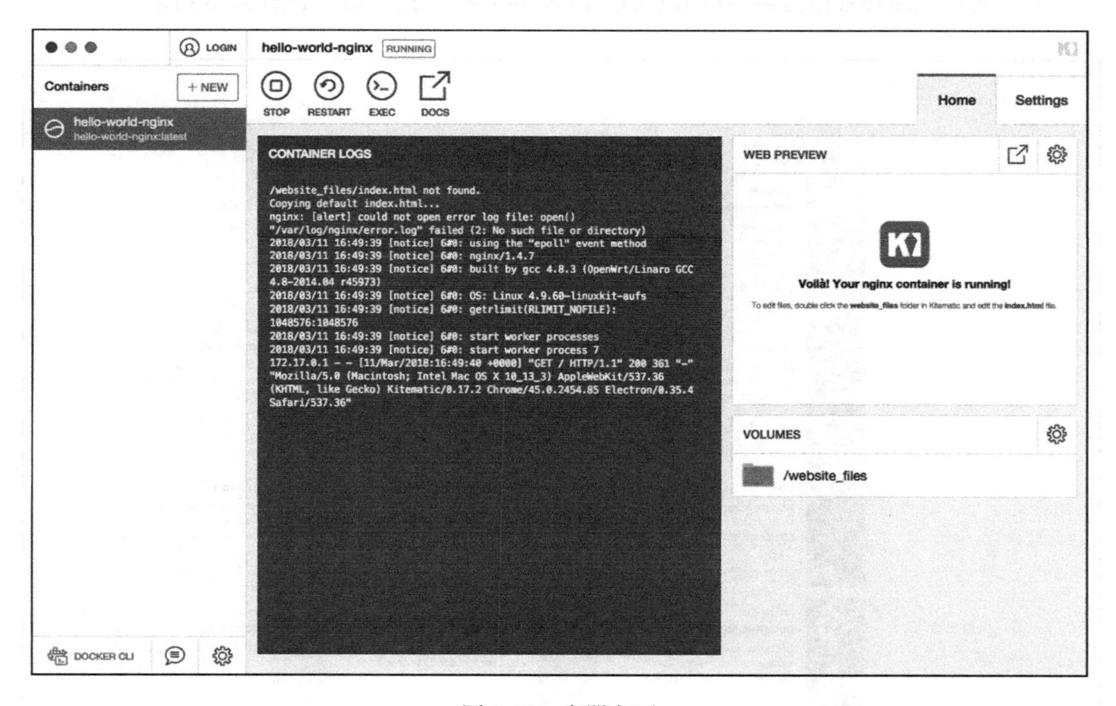

图 2-18 容器主页

进入配置页面，可见 hostname、port，以及卷、网络等配置，如图 2-19 所示。

用户此时可以打开浏览器访问 http://localhost:32768，查看示例页面。

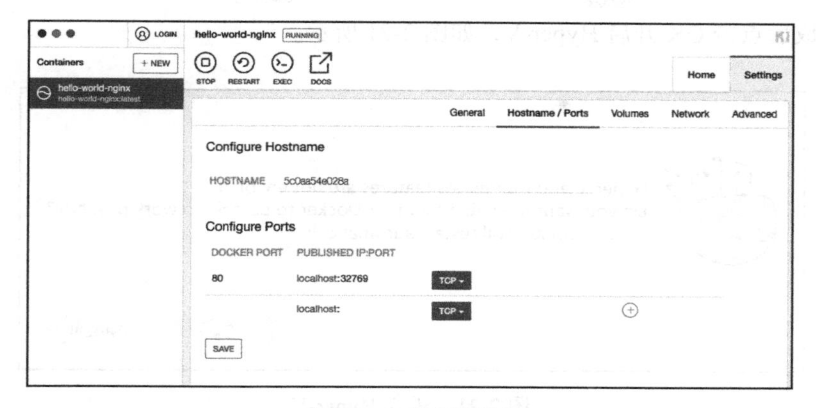

图 2-19　配置页面

2.2.5　Windows 环境下安装 Docker

目前 Docker 可以通过虚拟机方式来支持 Windows 7.1 和 Windows 8，只要平台 CPU 支持硬件虚拟化特性即可。读者如果无法确定自己计算机的 CPU 是否支持该特性也无须担心，实际上，目前市面上主流的 CPU 都早已支持硬件虚拟化特性。

对 Windows 10 的用户来说，Docker 官方为 64 位 Windows 10 Pro 环境（需支持 Hyper-V）提供了原生虚拟化应用 Docker for Windows。Windows 环境下 Docker CE 同样支持两个版本：稳定版和测试版。这两个版本的异同可以参见上节。下载地址可见官网文档中心的 Get Docker→Docker CE→Windows。下面具体介绍安装步骤。

首先，双击 exe 文件进行安装，如图 2-20 所示。

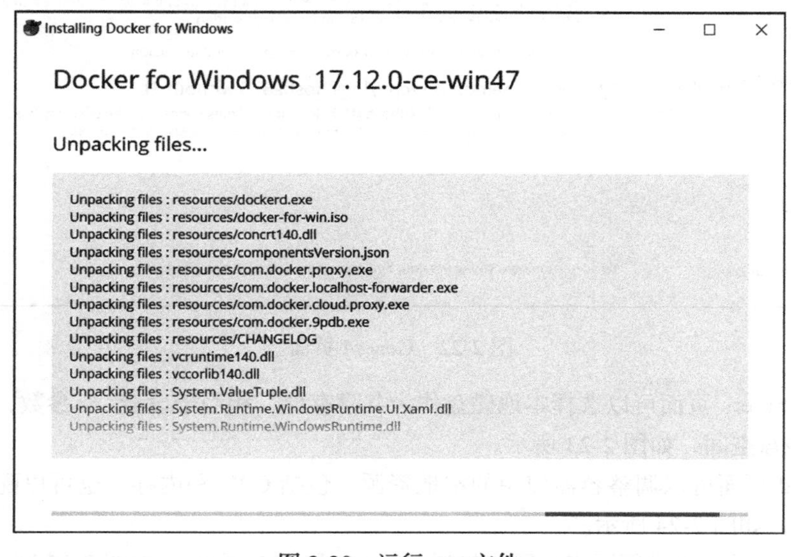

图 2-20　运行 exe 文件

安装完成后点击 OK 开启 Hyper-V，如图 2-21 所示。

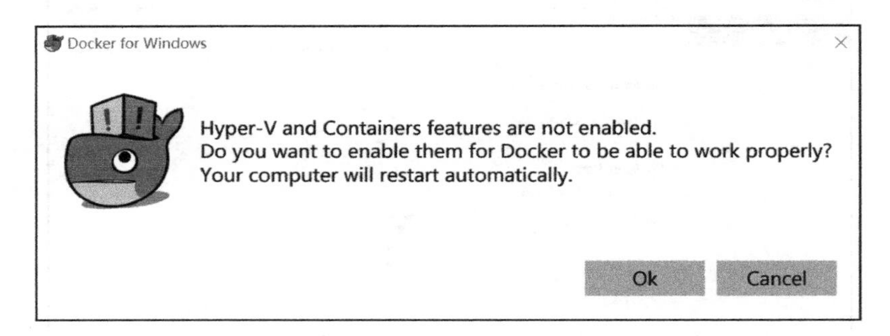

图 2-21 进入 Hyper-V

下面查看常用配置。General 页面可以配置自启策略，是否收集用户信息，是否检查升级等，如图 2-22 所示。

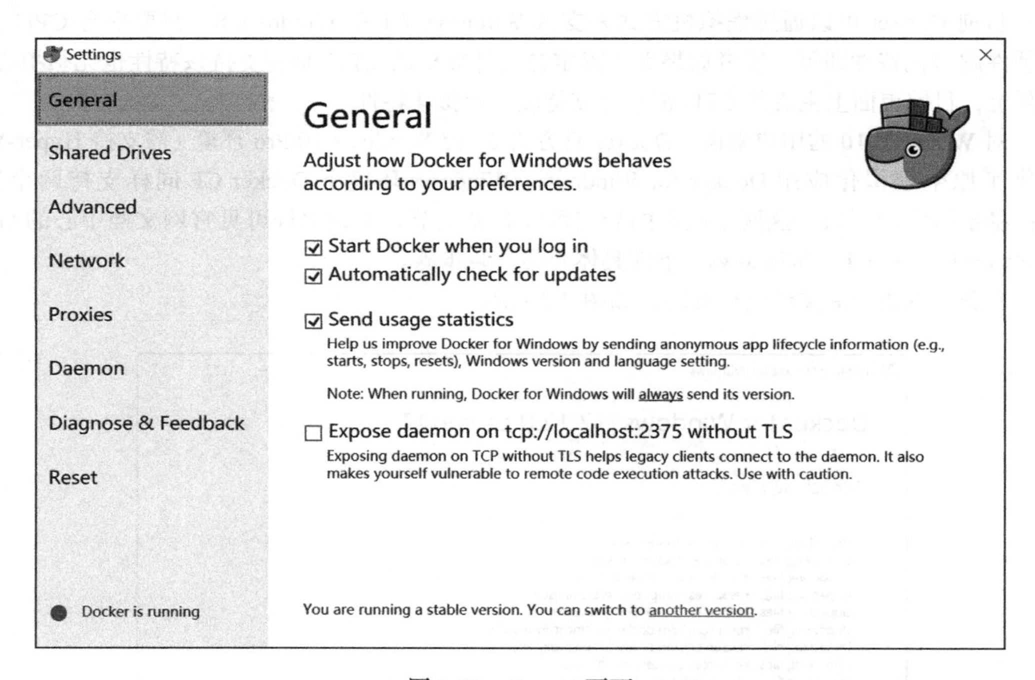

图 2-22 Generd 页面

Shared Drivers 页面可以选择本地磁盘作为共享存储，相当于设置 -v 参数，在容器中可以使用这些磁盘空间，如图 2-23 所示。

Advanced 页面可以调整容器使用的本地资源，包括 CPU 和内存，也可以配置镜像和卷的 VHD 地址，如图 2-24 所示。

在 Network 页面可进行网络配置，包括 vswitch 和 DNS 配置，如图 2-25 所示。

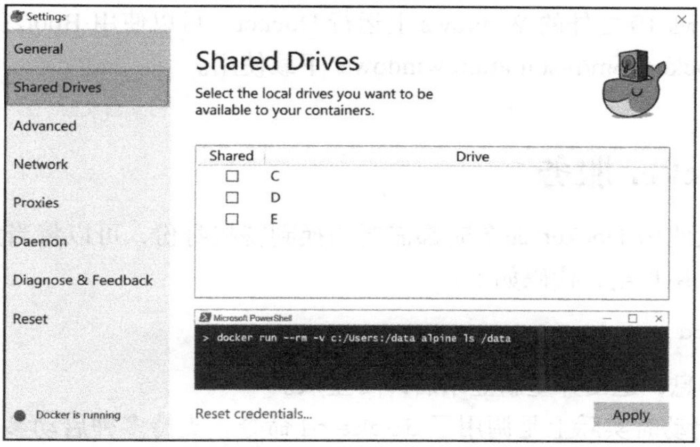

图 2-23　Shared Drives 页面

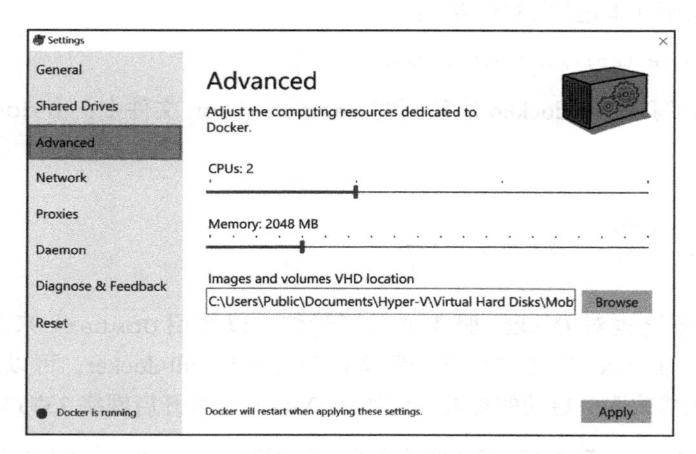

图 2-24　Advanced 页面

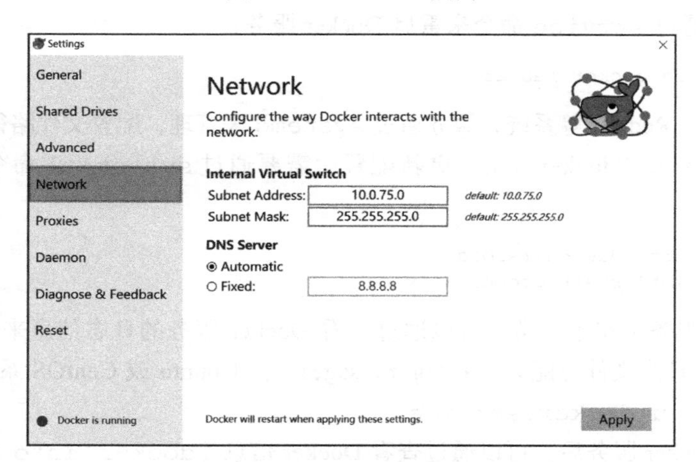

图 2-25　Network 页面

若要在 Windows 10 之外的 Windows 上运行 Docker，可以使用 Boot2Docker 工具。用户可从 https://docs.docker.com/installation/windows/ 下载使用。

2.3 配置 Docker 服务

为了避免每次使用 Docker 命令时都需要切换到特权身份，可以将当前用户加入安装中自动创建的 docker 用户组，代码如下：

```
$ sudo usermod -aG docker USER_NAME
```

用户更新组信息，退出并重新登录后即可生效。

Docker 服务启动时实际上是调用了 dockerd 命令，支持多种启动参数。因此，用户可以直接通过执行 dockerd 命令来启动 Docker 服务，如下面的命令启动 Docker 服务，开启 Debug 模式，并监听在本地的 2376 端口：

```
$ dockerd -D -H tcp://127.0.0.1:2376
```

这些选项可以写入 /etc/docker/ 路径下的 daemon.json 文件中，由 dockerd 服务启动时读取：

```
{
    "debug": true,
    "hosts": ["tcp://127.0.0.1:2376"]
}
```

当然，操作系统也对 Docker 服务进行了封装，以使用 Upstart 来管理启动服务的 Ubuntu 系统为例，Docker 服务的默认配置文件为 /etc/default/docker，可以通过修改其中的 DOCKER_OPTS 来修改服务启动的参数，例如让 Docker 服务开启网络 2375 端口的监听：

```
DOCKER_OPTS="$DOCKER_OPTS -H tcp://0.0.0.0:2375 -H unix:///var/run/docker.sock"
```

修改之后，通过 service 命令来重启 Docker 服务：

```
$ sudo service docker restart
```

对于 CentOS、RedHat 等系统，服务通过 systemd 来管理，配置文件路径为 /etc/systemd/system/docker.service.d/docker.conf。更新配置后需要通过 systemctl 命令来管理 Docker 服务：

```
$ sudo systemctl daemon-reload
$ sudo systemctl start docker.service
```

此外，如果服务工作不正常，可以通过查看 Docker 服务的日志信息来确定问题，例如在 RedHat 系统上日志文件可能为 /var/log/messages，在 Ubuntu 或 CentOS 系统上可以执行命令 journalctl -u docker.service。

每次重启 Docker 服务后，可以通过查看 Docker 信息（docker info 命令），确保服务已经正常运行。

2.4　推荐实践环境

从稳定性上考虑，本书推荐实践环境的操作系统是 Ubuntu 18.04 LTS 系统或 Debian 稳定版本系统，使用 Linux 4.0 以上内核。Docker 不同版本的 API 会略有差异，推荐根据需求选择较新的稳定版本。

如无特殊说明，默认数据网段地址范围为 10.0.0.0/24，管理网段地址范围为 192.168.0.0/24。

另外，执行命令代码中以 $ 开头的，表明为普通用户；以 # 开头的，表明为特权用户（root）。如果用户已经添加到了 docker 用户组（参考上一节），大部分时候都无须管理员权限，否则需要在命令前使用 sudo 来临时提升权限。

部分命令执行结果输出内容较长的，只给出关键部分输出。

对于使用非 Linux 系统的用户，推荐本地采用虚拟机构建 Linux 环境来使用 Docker 相关命令。

读者可根据自己的实际情况搭建类似的环境。

2.5　本章小结

本章介绍了 Docker 的三大核心概念：镜像、容器和仓库，以及如何安装和配置 Docker 引擎服务。

在后面的实践中，读者会感受到，基于三大核心概念所构建的高效工作流程，正是 Docker 从众多容器虚拟化方案中脱颖而出的重要原因。实际上，Docker 和 Docker Hub 的工作流也并非凭空创造的，很大程度上参考了 Git 和 Github 的设计理念，从而为应用分发和团队合作都带来了众多优势。

在后续章节中，笔者将具体讲解围绕这三大核心概念的 Docker 操作命令。

Chapter 3 第3章

使用Docker镜像

镜像是 Docker 三大核心概念中最重要的，自 Docker 诞生之日起镜像就是相关社区最为热门的关键词。

Docker 运行容器前需要本地存在对应的镜像，如果镜像不存在，Docker 会尝试先从默认镜像仓库下载（默认使用 Docker Hub 公共注册服务器中的仓库），用户也可以通过配置，使用自定义的镜像仓库。

本章将围绕镜像这一核心概念介绍具体操作，包括如何使用 `pull` 命令从 Docker Hub 仓库中下载镜像到本地；如何查看本地已有的镜像信息和管理镜像标签；如何在远端仓库使用 search 命令进行搜索和过滤；如何删除镜像标签和镜像文件；如何创建用户定制的镜像并且保存为外部文件。最后，还将介绍如何往 Docker Hub 仓库中推送自己的镜像。

3.1 获取镜像

镜像是运行容器的前提，官方的 Docker Hub 网站已经提供了数十万个镜像供大家开放下载。本节主要介绍 Docker 镜像的 `pull` 子命令。

可以使用 `docker [image] pull` 命令直接从 Docker Hub 镜像源来下载镜像。该命令的格式为 `docker [image] pull NAME[:TAG]`。

其中，`NAME` 是镜像仓库名称（用来区分镜像），`TAG` 是镜像的标签（往往用来表示版本信息）。通常情况下，描述一个镜像需要包括“名称 + 标签”信息。

例如，获取一个 Ubuntu 18.04 系统的基础镜像可以使用如下的命令：

```
$ docker pull ubuntu:18.04
18.04: Pulling from library/ubuntu
```

```
...
Digest: sha256:e27e9d7f7f28d67aa9e2d7540bdc2b33254b452ee8e60f388875e5b7d9b2b696
Status: Downloaded newer image for ubuntu:18.04
```

对于 Docker 镜像来说，如果不显式指定 TAG，则默认会选择 latest 标签，这会下载仓库中最新版本的镜像。

下面的例子将从 Docker Hub 的 Ubuntu 仓库下载一个最新版本的 Ubuntu 操作系统的镜像：

```
$ docker pull ubuntu
Using default tag: latest
latest: Pulling from library/ubuntu
...
Digest: sha256:e27e9d7f7f28d67aa9e2d7540bdc2b33254b452ee8e60f388875e5b7d9b2b696
Status: Downloaded newer image for ubuntu:latest
```

该命令实际上下载的就是 ubuntu:latest 镜像。

注意 一般来说，镜像的 latest 标签意味着该镜像的内容会跟踪最新版本的变更而变化，内容是不稳定的。因此，从稳定性上考虑，不要在生产环境中忽略镜像的标签信息或使用默认的 latest 标记的镜像。

下载过程中可以看出，镜像文件一般由若干层（layer）组成，6c953ac5d795 这样的串是层的唯一 id（实际上完整的 id 包括 256 比特，64 个十六进制字符组成）。使用 docker pull 命令下载中会获取并输出镜像的各层信息。当不同的镜像包括相同的层时，本地仅存储了层的一份内容，减小了存储空间。

读者可能会想到，在不同的镜像仓库服务器的情况下，可能会出现镜像重名的情况。

严格地讲，镜像的仓库名称中还应该添加仓库地址（即 registry，注册服务器）作为前缀，只是默认使用的是官方 Docker Hub 服务，该前缀可以忽略。

例如，docker pull ubuntu:18.04 命令相当于 docker pull registry.hub.docker.com/ubuntu:18.04 命令，即从默认的注册服务器 Docker Hub Registry 中的 ubuntu 仓库来下载标记为 18.04 的镜像。

如果从非官方的仓库下载，则需要在仓库名称前指定完整的仓库地址。例如从网易蜂巢的镜像源来下载 ubuntu:18.04 镜像，可以使用如下命令，此时下载的镜像名称为 hub.c.163.com/public/ubuntu:18.04：

```
$ docker pull hub.c.163.com/public/ubuntu:18.04
```

pull 子命令支持的选项主要包括：

- -a, --all-tags=true|false：是否获取仓库中的所有镜像，默认为否；
- --disable-content-trust：取消镜像的内容校验，默认为真。

另外，有时需要使用镜像代理服务来加速 Docker 镜像获取过程，可以在 Docker 服务启动配置中增加 --registry-mirror=proxy_URL 来指定镜像代理服务地址（如 https://registry.docker-cn.com）。

下载镜像到本地后，即可随时使用该镜像了，例如利用该镜像创建一个容器，在其中运行 bash 应用，执行打印“Hello World”命令：

```
$ docker run -it ubuntu:18.04 bash
root@65663247040f:/# echo "Hello World"
Hello World
root@65663247040f:/# exit
```

3.2 查看镜像信息

本节主要介绍 Docker 镜像的 ls、tag 和 inspect 子命令。

1. 使用 images 命令列出镜像

使用 docker images 或 docker image ls 命令可以列出本地主机上已有镜像的基本信息。

例如，下面的命令列出了上一小节中下载的镜像信息：

```
$ docker images
REPOSITORY          TAG             IMAGE ID           CREATED          SIZE
ubuntu              18.04           452a96d81c30       2 weeks ago      79.6MB
ubuntu              latest          452a96d81c30       2 weeks ago      79.6MB
```

在列出信息中，可以看到几个字段信息：

- 来自于哪个仓库，比如 ubuntu 表示 ubuntu 系列的基础镜像；
- 镜像的标签信息，比如 18.04、latest 表示不同的版本信息。标签只是标记，并不能标识镜像内容；
- 镜像的 ID（唯一标识镜像），如果两个镜像的 ID 相同，说明它们实际上指向了同一个镜像，只是具有不同标签名称而已；
- 创建时间，说明镜像最后的更新时间；
- 镜像大小，优秀的镜像往往体积都较小。

其中镜像的 ID 信息十分重要，它唯一标识了镜像。在使用镜像 ID 的时候，一般可以使用该 ID 的前若干个字符组成的可区分串来替代完整的 ID。

TAG 信息用于标记来自同一个仓库的不同镜像。例如 ubuntu 仓库中有多个镜像，通过 TAG 信息来区分发行版本，如 18.04、18.10 等。

镜像大小信息只是表示了该镜像的逻辑体积大小，实际上由于相同的镜像层本地只会存储一份，物理上占用的存储空间会小于各镜像逻辑体积之和。

images 子命令主要支持如下选项，用户可以自行进行尝试：

- -a, --all=true|false：列出所有（包括临时文件）镜像文件，默认为否；
- --digests=true|false：列出镜像的数字摘要值，默认为否；
- -f, --filter=[] ：过滤列出的镜像，如 dangling=true 只显示没有被使用的镜像；也可指定带有特定标注的镜像等；

- --format="TEMPLATE"：控制输出格式，如 .ID 代表 ID 信息，.Repository 代表仓库信息等；
- --no-trunc=true|false：对输出结果中太长的部分是否进行截断，如镜像的 ID 信息，默认为是；
- -q，--quiet=true|false：仅输出 ID 信息，默认为否。

其中，还支持对输出结果进行控制的选项，如 -f. --filter=[]、--no-trunc=true|false、-q、--quiet=true|false 等。

更多子命令选项还可以通过 man docker-images 来查看。

2. 使用 tag 命令添加镜像标签

为了方便在后续工作中使用特定镜像，还可以使用 docker tag 命令来为本地镜像任意添加新的标签。例如，添加一个新的 myubuntu:latest 镜像标签：

```
$ docker tag ubuntu:latest myubuntu:latest
```

再次使用 docker images 列出本地主机上镜像信息，可以看到多了一个 myubuntu:latest 标签的镜像：

```
$ docker images
REPOSITORY          TAG         IMAGE ID        CREATED         SIZE
ubuntu              18.04       452a96d81c30    2 weeks ago     79.6MB
ubuntu              latest      452a96d81c30    2 weeks ago     79.6MB
myubuntu            latest      452a96d81c30    2 weeks ago     79.6MB
```

之后，用户就可以直接使用 myubuntu:latest 来表示这个镜像了。

细心的读者可能注意到，这些 myubuntu:latest 镜像的 ID 跟 ubuntu:latest 是完全一致的，它们实际上指向了同一个镜像文件，只是别名不同而已。docker tag 命令添加的标签实际上起到了类似链接的作用。

3. 使用 inspect 命令查看详细信息

使用 docker[image]inspect 命令可以获取该镜像的详细信息，包括制作者、适应架构、各层的数字摘要等：

```
$ docker [image] inspect ubuntu:18.04
[
    {
        "Id": "sha256:452a96d81c30a1e426bc250428263ac9ca3f47c9bf086f876d11cb39cf57aeec",
        "RepoTags": [
            "ubuntu:18.04",
            "ubuntu:latest"
        ],
        "RepoDigests": [
            "ubuntu@sha256:c8c275751219dadad8fa56b3ac41ca6cb22219ff117ca98fe82b42f24e1ba64e"
        ],
        "Parent": "",
        "Comment": "",
        "Created": "2018-04-27T23:28:36.319694807Z",
        ...
]
```

上面代码返回的是一个 JSON 格式的消息，如果我们只要其中一项内容时，可以使用 -f 来指定，例如，获取镜像的 Architecture：

```
$ docker [image] inspect -f {{".Architecture"}} ubuntu:18.04
amd64
```

4. 使用 history 命令查看镜像历史

既然镜像文件由多个层组成，那么怎么知道各个层的内容具体是什么呢？这时候可以使用 history 子命令，该命令将列出各层的创建信息。

例如，查看 ubuntu:18.04 镜像的创建过程，可以使用如下命令：

```
$ docker history ubuntu:18.04
IMAGE        CREATED      CREATED BY                                      SIZE                COMMENT
452a96d81c30 5 weeks ago  /bin/sh -c #(nop)  CMD ["/bin/bash"]             0B
<missing>    5 weeks ago  /bin/sh -c mkdir -p /run/systemd && echo 'do…   7B
```

注意，过长的命令被自动截断了，可以使用前面提到的 --no-trunc 选项来输出完整命令。

3.3 搜寻镜像

本节主要介绍 Docker 镜像的 search 子命令。使用 docker search 命令可以搜索 Docker Hub 官方仓库中的镜像。语法为 docker search [option] keyword。支持的命令选项主要包括：

- -f, --filter filter：过滤输出内容；
- --format string：格式化输出内容；
- --limit int：限制输出结果个数，默认为 25 个；
- --no-trunc：不截断输出结果。

例如，搜索官方提供的带 nginx 关键字的镜像，如下所示：

```
$ docker search --filter=is-official=true nginx
NAME DESCRIPTION STARS OFFICIAL AUTOMATED
nginx Official build of Nginx. 7978 [OK]
kong Open-source Microservice & API Management la…   159 [OK]
```

再比如，搜索所有收藏数超过 4 的关键词包括 tensorflow 的镜像：

```
$ docker search --filter=stars=4 tensorflow
NAME DESCRIPTION STARS OFFICIAL AUTOMATED
tensorflow/tensorflow Official docker images for deep learning fra…   760
xblaster/tensorflow-jupyter Dockerized Jupyter with tensorflow 47 [OK]
jupyter/tensorflow-notebook Jupyter Notebook Scientific Python Stack w/ …   46
romilly/rpi-docker-tensorflow Tensorflow and Jupyter running in docker con…   16
floydhub/tensorflow tensorflow 8 [OK]
erroneousboat/tensorflow-python3-jupyter Docker container with python 3 version of
    te…   8 [OK]
tensorflow/tf_grpc_server Server for TensorFlow GRPC Distributed Runti…   5
```

可以看到返回了很多包含关键字的镜像，其中包括镜像名字、描述、收藏数（表示该镜像的受欢迎程度）、是否官方创建、是否自动创建等。默认的输出结果将按照星级评价进行排序。

3.4　删除和清理镜像

本节主要介绍 Docker 镜像的 rm 和 prune 子命令。

1. 使用标签删除镜像

使用 docker rmi 或 docker image rm 命令可以删除镜像，命令格式为 docker rmi IMAGE [IMAGE...]，其中 IMAGE 可以为标签或 ID。

支持选项包括：

- -f, -force：强制删除镜像，即使有容器依赖它；
- -no-prune：不要清理未带标签的父镜像。

例如，要删除掉 myubuntu:latest 镜像，可以使用如下命令：

```
$ docker rmi myubuntu:latest
Untagged: myubuntu:latest
```

读者可能会想到，本地的 ubuntu:latest 镜像是否会受到此命令的影响。无须担心，当同一个镜像拥有多个标签的时候，docker rmi 命令只是删除了该镜像多个标签中的指定标签而已，并不影响镜像文件。因此上述操作相当于只是删除了镜像 0458a4468cbc 的一个标签副本而已。

保险起见，再次查看本地的镜像，发现 ubuntu:latest 镜像（准确地说，0458a4468cbc 镜像）仍然存在：

```
$ docker images
REPOSITORY TAG IMAGE ID CREATED SIZE
Ubuntu 18.04 452a96d81c30 5 weeks ago 79.6MB
Ubuntu latest 452a96d81c30 5 weeks ago 79.6MB
```

但当镜像只剩下一个标签的时候就要小心了，此时再使用 docker rmi 命令会彻底删除镜像。

例如通过执行 docker rmi 命令来删除只有一个标签的镜像，可以看出会删除这个镜像文件的所有文件层：

```
$ docker rmi busybox:latest
Untagged: busybox:latest
Untagged: busybox@sha256:1669a6aa7350e1cdd28f972ddad5aceba2912f589f19a090ac75b7083da748db
Deleted: sha256:5b0d59026729b68570d99bc4f3f7c31a2e4f2a5736435641565d93e7c25bd2c3
Deleted: sha256:4febd3792a1fb2153108b4fa50161c6ee5e3d16aa483a63215f936a113a88e9a
```

2. 使用镜像 ID 来删除镜像

当使用 docker rmi 命令，并且后面跟上镜像的 ID（也可以是能进行区分的部分 ID 串前缀）时，会先尝试删除所有指向该镜像的标签，然后删除该镜像文件本身。

注意，当有该镜像创建的容器存在时，镜像文件默认是无法被删除的，例如：先利用ubuntu:18.04镜像创建一个简单的容器来输出一段话：

```
$ docker run ubuntu:18.04 echo 'hello! I am here!'
hello! I am here!
```

使用docker ps -a命令可以看到本机上存在的所有容器：

```
$ docker ps -a
CONTAINER ID        IMAGE          COMMAND           CREATED          STATUS          PORTS          NAMES
a21c0840213e       ubuntu:18.04       "echo 'hello! I am he"    About a minute ago
    Exited (0) About a minute ago      romantic_euler
```

可以看到，后台存在一个退出状态的容器，是刚基于ubuntu:18.04镜像创建的。

试图删除该镜像，Docker会提示有容器正在运行，无法删除：

```
$ docker rmi ubuntu:18.04
Error response from daemon: conflict: unable to remove repository reference
    "ubuntu:18.04" (must force) - container a21c0840213e is using its referenced
    image 8f1bd21bd25c
```

如果要想强行删除镜像，可以使用-f参数：

```
$ docker rmi -f ubuntu:18.04
Untagged: ubuntu:18.04
Deleted: sha256:8f1bd21bd25c3fb1d4b00b7936a73a0664f932e11406c48a0ef19d82fd0b7342
```

注意，通常并不推荐使用-f参数来强制删除一个存在容器依赖的镜像。正确的做法是，先删除依赖该镜像的所有容器，再来删除镜像。

首先删除容器a21c0840213e：

```
$ docker rm a21c0840213e
```

然后使用ID来删除镜像，此时会正常打印出删除的各层信息：

```
$ docker rmi 8f1bd21bd25c
Untagged: ubuntu:18.04
Deleted: sha256:8f1bd21bd25c3fb1d4b00b7936a73a0664f932e11406c48a0ef19d82fd0b7342
Deleted: sha256:8ea3b9ba4dd9d448d1ca3ca7afa8989d033532c11050f5e129d267be8de9c1b4
Deleted: sha256:7db5fb90eb6ffb6b5418f76dde5f685601fad200a8f4698432ebf8ba80757576
Deleted: sha256:19a7e879151723856fb640449481c65c55fc9e186405dd74ae6919f88eccce75
Deleted: sha256:c357a3f74f16f61c2cc78dbb0ae1ff8c8f4fa79be9388db38a87c7d8010b2fe4
Deleted: sha256:a7e1c363defb1f80633f3688e945754fc4c8f1543f07114befb5e0175d569f4c
```

3. 清理镜像

使用Docker一段时间后，系统中可能会遗留一些临时的镜像文件，以及一些没有被使用的镜像，可以通过docker image prune命令来进行清理。

支持选项包括：

- -a, -all：删除所有无用镜像，不光是临时镜像；
- -filter filter：只清理符合给定过滤器的镜像；
- -f, -force：强制删除镜像，而不进行提示确认。

例如，如下命令会自动清理临时的遗留镜像文件层，最后会提示释放的存储空间：

```
$ docker image prune -f
...
Total reclaimed space: 1.4 GB
```

3.5 创建镜像

创建镜像的方法主要有三种：基于已有镜像的容器创建、基于本地模板导入、基于Dockerfile创建。

本节主要介绍Docker的commit、import和build子命令。

1. 基于已有容器创建

该方法主要是使用docker [container] commit命令。

命令格式为docker [container] commit [OPTIONS] CONTAINER [REPOSITORY[:TAG]]，主要选项包括：

- -a, --author="": 作者信息；
- -c, --change=[] : 提交的时候执行Dockerfile指令，包括CMD|ENTRYPOINT|ENV|EXPOSE|LABEL|ONBUILD|USER|VOLUME|WORKDIR等；
- -m, --message="": 提交消息；
- -p, --pause=true: 提交时暂停容器运行。

下面将演示如何使用该命令创建一个新镜像。

首先，启动一个镜像，并在其中进行修改操作。例如，创建一个test文件，之后退出，代码如下：

```
$ docker run -it ubuntu:18.04 /bin/bash
root@a925cb40b3f0:/# touch test
root@a925cb40b3f0:/# exit
```

记住容器的ID为a925cb40b3f0。

此时该容器与原ubuntu:18.04镜像相比，已经发生了改变，可以使用docker [container] commit命令来提交为一个新的镜像。提交时可以使用ID或名称来指定容器：

```
$ docker [container] commit -m "Added a new file" -a "Docker Newbee" a925cb40b3f0
    test:0.1
9e9c814023bcffc3e67e892a235afe61b02f66a947d2747f724bd317dda02f27
```

顺利的话，会返回新创建镜像的ID信息，例如9e9c814023bcffc3e67e892a235afe61b02f66a947d2747f724bd317dda02f27。

此时查看本地镜像列表，会发现新创建的镜像已经存在了：

```
$ docker images
REPOSITORY TAG IMAGE ID CREATED VIRTUAL SIZE
test 0.1 9e9c814023bc 4 seconds ago 188 MB
```

2. 基于本地模板导入

用户也可以直接从一个操作系统模板文件导入一个镜像，主要使用 docker [container] import 命令。命令格式为 docker [image] import [OPTIONS] file|URL|-[REPOSITORY [:TAG]]

要直接导入一个镜像，可以使用 OpenVZ 提供的模板来创建，或者用其他已导出的镜像模板来创建。OPENVZ 模板的下载地址为 http://openvz.org/Download/templates/precreated。

例如，下载了 ubuntu-18.04 的模板压缩包，之后使用以下命令导入即可：

```
$ cat ubuntu-18.04-x86_64-minimal.tar.gz | docker import - ubuntu:18.04
```

然后查看新导入的镜像，已经在本地存在了：

```
$ docker images
REPOSITORY TAG IMAGE ID CREATED VIRTUAL SIZE
ubuntu 18.04 05ac7c0b9383 17 seconds ago      215.5 MB
```

3. 基于 Dockerfile 创建

基于 Dockerfile 创建是最常见的方式。Dockerfile 是一个文本文件，利用给定的指令描述基于某个父镜像创建新镜像的过程。

下面给出 Dockerfile 的一个简单示例，基于 debian:stretch-slim 镜像安装 Python 3 环境，构成一个新的 python:3 镜像：

```
FROM debian:stretch-slim

LABEL version="1.0" maintainer="docker user <docker_user@github>"

RUN apt-get update && \
    apt-get install -y python3 && \
    apt-get clean && \
    rm -rf /var/lib/apt/lists/*
```

创建镜像的过程可以使用 docker [image] build 命令，编译成功后本地将多出一个 python:3 镜像：

```
$ docker [image] build -t python:3 .
...
Successfully built 4b10f46eacc8
Successfully tagged python:3
$ docker images|grep python
python 3 4b10f46eacc8 About a minute ago   95.1MB
```

更多使用 Dockerfile 的技巧将将在后面进行介绍。

3.6 存出和载入镜像

本节主要介绍 Docker 镜像的 save 和 load 子命令。用户可以使用 docker [image] save 和 docker [image] load 命令来存出和载入镜像。

1. 存出镜像

如果要导出镜像到本地文件，可以使用 docker [image] save 命令。该命令支持 -o、-output string 参数，导出镜像到指定的文件中。

例如，导出本地的 ubuntu:18.04 镜像为文件 ubuntu_18.04.tar，如下所示：

```
$ docker images
REPOSITORY TAG IMAGE ID CREATED VIRTUAL SIZE
ubuntu 18.04 0458a4468cbc 2 weeks ago 188 MB
...
$ docker save -o ubuntu_18.04.tar ubuntu:18.04
```

之后，用户就可以通过复制 ubuntu_18.04.tar 文件将该镜像分享给他人。

2. 载入镜像

可以使用 docker [image] load 将导出的 tar 文件再导入到本地镜像库。支持 -i、-input string 选项，从指定文件中读入镜像内容。

例如，从文件 ubuntu_18.04.tar 导入镜像到本地镜像列表，如下所示：

```
$ docker load -i ubuntu_18.04.tar
```

或者：

```
$ docker load < ubuntu_18.04.tar
```

这将导入镜像及其相关的元数据信息（包括标签等）。导入成功后，可以使用 docker images 命令进行查看，与原镜像一致。

3.7 上传镜像

本节主要介绍 Docker 镜像的 push 子命令。可以使用 docker [image] push 命令上传镜像到仓库，默认上传到 Docker Hub 官方仓库（需要登录）。命令格式为 docker [image] push NAME[:TAG] | [REGISTRY_HOST[:REGISTRY_PORT]/]NAME[:TAG]。

用户在 Docker Hub 网站注册后可以上传自制的镜像。

例如，用户 user 上传本地的 test:latest 镜像，可以先添加新的标签 user/test:latest，然后用 docker [image] push 命令上传镜像：

```
$ docker tag test:latest user/test:latest
$ docker push user/test:latest
The push refers to a repository [docker.io/user/test]
Sending image list

Please login prior to push:
Username:
Password:
Email:
```

第一次上传时，会提示输入登录信息或进行注册，之后登录信息会记录到本地 ~/.docker 目录下。

3.8 本章小结

本章具体介绍了围绕 Docker 镜像的一系列重要命令操作，包括获取、查看、搜索、删除、创建、存出和载入、上传等。读者可以使用 `docker image help` 命令查看 Docker 支持的镜像操作子命令。

镜像是使用 Docker 的前提，也是最基本的资源。所以，在平时的 Docker 使用中，要注意积累自己定制的镜像文件，并将自己创建的高质量镜像分享到社区中。

在后续章节，笔者将通过更多案例介绍 Docker 镜像的操作技巧。

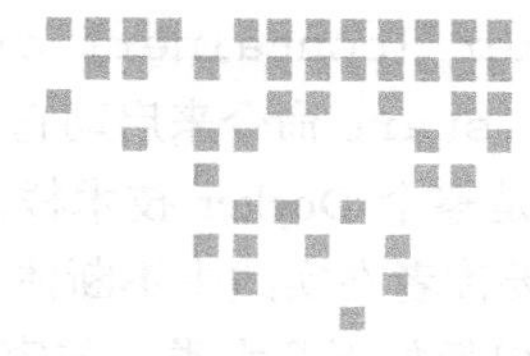

第 4 章 Chapter 4

操作 Docker 容器

容器是 Docker 的另一个核心概念。简单来说，容器是镜像的一个运行实例。所不同的是，镜像是静态的只读文件，而容器带有运行时需要的可写文件层，同时，容器中的应用进程处于运行状态。

如果认为虚拟机是模拟运行的一整套操作系统（包括内核、应用运行态环境和其他系统环境）和跑在上面的应用。那么 Docker 容器就是独立运行的一个（或一组）应用，以及它们必需的运行环境。

本章将具体介绍围绕容器的重要操作，包括创建一个容器、启动容器、终止一个容器、进入容器内执行操作、删除容器和通过导入导出容器来实现容器迁移等。

4.1 创建容器

从现在开始，忘掉“臃肿”的虚拟机吧，对容器的操作就像直接操作应用一样简单和快速。

本节主要介绍 Docker 容器的 create、start、run、wait 和 logs 子命令。

1. 新建容器

可以使用 `docker [container] create` 命令新建一个容器，例如：

```
$ docker create -it ubuntu:latest
af8f4f922dafee22c8fe6cd2ae11d16e25087d61f1b1fa55b36e94db7ef45178
$ docker ps -a
CONTAINER ID IMAGE COMMAND CREATED STATUS PORTS NAMES
af8f4f922daf ubuntu:latest "/bin/bash" 17 seconds ago Created silly_euler
```

使用docker [container] create命令新建的容器处于停止状态，可以使用docker [container] start命令来启动它。

由于容器是整个Docker技术栈的核心，create命令和后续的run命令支持的选项都十分复杂，需要读者在实践中不断体会。

选项主要包括如下几大类：与容器运行模式相关、与容器环境配置相关、与容器资源限制和安全保护相关，参见表4-1～表4-3。

表4-1 create命令与容器运行模式相关的选项

选　项	说　明
-a, --attach=[]	是否绑定到标准输入、输出和错误
-d, --detach=true|false	是否在后台运行容器，默认为否
--detach-keys=""	从attach模式退出的快捷键
--entrypoint=""	镜像存在入口命令时，覆盖为新的命令
--expose=[]	指定容器会暴露出来的端口或端口范围
--group-add=[]	运行容器的用户组
-i, --interactive=true|false	保持标准输入打开，默认为false
--ipc=""	容器IPC命名空间，可以为其他容器或主机
--isolation="default"	容器使用的隔离机制
--log-driver="json-file"	指定容器的日志驱动类型，可以为json-file、syslog、journald、gelf、fluentd、awslogs、splunk、etwlogs、gcplogs或none
--log-opt=[]	传递给日志驱动的选项
--net="bridge"	指定容器网络模式，包括bridge、none、其他容器内网络、host的网络或某个现有网络等
--net-alias=[]	容器在网络中的别名
-P, --publish-all=true|false	通过NAT机制将容器标记暴露的端口自动映射到本地主机的临时端口
-p, --publish=[]	指定如何映射到本地主机端口，例如 -p 11234-12234:1234-2234
--pid=host	容器的PID命名空间
--userns=""	启用userns-remap时配置用户命名空间的模式
--uts=host	容器的UTS命名空间
--restart="no"	容器的重启策略，包括no、on-failure[:max-retry]、always、unless-stopped等
--rm=true|false	容器退出后是否自动删除，不能跟 -d 同时使用
-t, --tty=true|false	是否分配一个伪终端，默认为false
--tmpfs=[]	挂载临时文件系统到容器
-v|--volume[=[[HOST-DIR:]CONTAINER-DIR[:OPTIONS]]]	挂载主机上的文件卷到容器内
--volume-driver=""	挂载文件卷的驱动类型
--volumes-from=[]	从其他容器挂载卷
-w, --workdir=""	容器内的默认工作目录

表 4-2　create 命令与容器环境和配置相关的选项

选　　项	说　　明
--add-host=[]	在容器内添加一个主机名到 IP 地址的映射关系（通过 /etc/hosts 文件）
--device=[]	映射物理机上的设备到容器内
--dns-search=[]	DNS 搜索域
--dns-opt=[]	自定义的 DNS 选项
--dns=[]	自定义的 DNS 服务器
-e, --env=[]	指定容器内环境变量
--env-file=[]	从文件中读取环境变量到容器内
-h, --hostname=""	指定容器内的主机名
--ip=""	指定容器的 IPv4 地址
--ip6=""	指定容器的 IPv6 地址
--link=[<name or id>:alias]	链接到其他容器
--link-local-ip=[]:	容器的本地链接地址列表
--mac-address=""	指定容器的 Mac 地址
--name=""	指定容器的别名

表 4-3　create 命令与容器资源限制和安全保护相关的选项

选　　项	说　　明
--blkio-weight=10~1000	容器读写块设备的 I/O 性能权重，默认为 0
--blkio-weight-device=[DEVICE_NAME:WEIGHT]	指定各个块设备的 I/O 性能权重
--cpu-shares=0	允许容器使用 CPU 资源的相对权重，默认一个容器能用满一个核的 CPU
--cap-add=[]	增加容器的 Linux 指定安全能力
--cap-drop=[]	移除容器的 Linux 指定安全能力
--cgroup-parent=""	容器 cgroups 限制的创建路径
--cidfile=""	指定容器的进程 ID 号写到文件
--cpu-period=0	限制容器在 CFS 调度器下的 CPU 占用时间片
--cpuset-cpus=""	限制容器能使用哪些 CPU 核心
--cpuset-mems=""	NUMA 架构下使用哪些核心的内存
--cpu-quota=0	限制容器在 CFS 调度器下的 CPU 配额
--device-read-bps=[]	挂载设备的读吞吐率（以 bps 为单位）限制
--device-write-bps=[]	挂载设备的写吞吐率（以 bps 为单位）限制
--device-read-iops=[]	挂载设备的读速率（以每秒 i/o 次数为单位）限制
--device-write-iops=[]	挂载设备的写速率（以每秒 i/o 次数为单位）限制
--health-cmd=""	指定检查容器健康状态的命令
--health-interval=0s	执行健康检查的间隔时间，单位可以为 ms、s、m 或 h
--health-retries=int	健康检查失败重试次数，超过则认为不健康
--health-start-period=0s	容器启动后进行健康检查的等待时间，单位可以为 ms、s、m 或 h
--health-timeout=0s	健康检查的执行超时，单位可以为 ms、s、m 或 h

（续）

选　　项	说　　明
--no-healthcheck=true|false	是否禁用健康检查
--init	在容器中执行一个 init 进程，来负责响应信号和处理僵尸状态子进程
--kernel-memory=""	限制容器使用内核的内存大小，单位可以是 b、k、m 或 g
-m, --memory=""	限制容器内应用使用的内存，单位可以是 b、k、m 或 g
--memory-reservation=""	当系统中内存过低时，容器会被强制限制内存到给定值，默认情况下等于内存限制值
--memory-swap="LIMIT"	限制容器使用内存和交换区的总大小
--oom-kill-disable=true|false	内存耗尽时是否杀死容器
--oom-score-adj=""	调整容器的内存耗尽参数
--pids-limit=""	限制容器的 pid 个数
--privileged=true|false	是否给容器高权限，这意味着容器内应用将不受权限的限制，一般不推荐
--read-only=true|false	是否让容器内的文件系统只读
--security-opt=[]	指定一些安全参数，包括权限、安全能力、apparmor 等
--stop-signal=SIGTERM	指定停止容器的系统信号
--shm-size=""	/dev/shm 的大小
--sig-proxy=true|false	是否代理收到的信号给应用，默认为 true，不能代理 SIGCHLD、SIGSTOP 和 SIGKILL 信号
--memory-swappiness="0~100"	调整容器的内存交换区参数
-u, --user=""	指定在容器内执行命令的用户信息
--userns=""	指定用户命名空间
--ulimit=[]	通过 ulimit 来限制最大文件数、最大进程数等

其他选项还包括：

- -l, --label=[]：以键值对方式指定容器的标签信息；
- --label-file=[]：从文件中读取标签信息。

2. 启动容器

使用 docker [container] start 命令来启动一个已经创建的容器。例如，启动刚创建的 ubuntu 容器：

```
$ docker start af
af
```

此时，通过 docker ps 命令，可以查看到一个运行中的容器：

```
$ docker ps
CONTAINER ID IMAGE COMMAND CREATED STATUS PORTS NAMES
af8f4f922daf ubuntu:latest "/bin/bash" 2 minutes ago Up 7 seconds silly_euler
```

3. 新建并启动容器

除了创建容器后通过 start 命令来启动，也可以直接新建并启动容器。

所需要的命令主要为 docker [container] run，等价于先执行 docker [container] create 命令，再执行 docker [container] start 命令。

例如，下面的命令输出一个“Hello World”，之后容器自动终止：

```
$ docker run ubuntu  /bin/echo 'Hello world'
Hello world
```

这跟在本地直接执行 /bin/echo 'hello world' 相比几乎感觉不出任何区别。

当利用 docker [container] run 来创建并启动容器时，Docker 在后台运行的标准操作包括：

- 检查本地是否存在指定的镜像，不存在就从公有仓库下载；
- 利用镜像创建一个容器，并启动该容器；
- 分配一个文件系统给容器，并在只读的镜像层外面挂载一层可读写层；
- 从宿主主机配置的网桥接口中桥接一个虚拟接口到容器中去；
- 从网桥的地址池配置一个 IP 地址给容器；
- 执行用户指定的应用程序；
- 执行完毕后容器被自动终止。

下面的命令启动一个 bash 终端，允许用户进行交互：

```
$ docker run -it ubuntu:18.04 /bin/bash
root@af8bae53bdd3:/#
```

其中，-t 选项让 Docker 分配一个伪终端（pseudo-tty）并绑定到容器的标准输入上，-i 则让容器的标准输入保持打开。更多的命令选项可以通过 man docker-run 命令来查看。

在交互模式下，用户可以通过所创建的终端来输入命令，例如：

```
root@af8bae53bdd3:/# pwd
/
root@af8bae53bdd3:/# ls
bin boot dev etc home lib lib64 media mnt opt proc root run sbin srv sys tmp usr var
root@af8bae53bdd3:/# ps
    PID TTY          TIME CMD
      1 ?        00:00:00 bash
     11 ?        00:00:00 ps
```

在容器内用 ps 命令查看进程，可以看到，只运行了 bash 应用，并没有运行其他无关的进程。

用户可以按 Ctrl+d 或输入 exit 命令来退出容器：

```
root@af8bae53bdd3:/# exit
exit
```

对于所创建的 bash 容器，当用户使用 exit 命令退出 bash 进程之后，容器也会自动退出。这是因为对于容器来说，当其中的应用退出后，容器的使命完成，也就没有继续运行的必要了。

可以使用 docker container wait CONTAINER [CONTAINER...] 子命令来等待容器退出，并打印退出返回结果。

某些时候，执行 docker [container] run 时候因为命令无法正常执行容器会出错直接退出，此时可以查看退出的错误代码。

默认情况下，常见错误代码包括：

- 125：Docker daemon 执行出错，例如指定了不支持的 Docker 命令参数；
- 126：所指定命令无法执行，例如权限出错；
- 127：容器内命令无法找到。

命令执行后出错，会默认返回命令的退出错误码。

4. 守护态运行

更多的时候，需要让 Docker 容器在后台以守护态（Daemonized）形式运行。此时，可以通过添加 -d 参数来实现。

例如，下面的命令会在后台运行容器：

```
$ docker run -d ubuntu  /bin/sh -c "while true; do echo hello world; sleep 1; done"
ce554267d7a4c34eefc92c5517051dc37b918b588736d0823e4c846596b04d83
```

容器启动后会返回一个唯一的 id，也可以通过 docker ps 或 docker container ls 命令来查看容器信息：

```
$ docker ps
CONTAINER ID        IMAGE           COMMAND              CREATED             STATUS          PORTS           NAMES
ce554267d7a4        ubuntu:latest        "/bin/sh -c 'while t        About a minute ago
    Up About a minute determined_pik
```

5. 查看容器输出

要获取容器的输出信息，可以通过 docker [container] logs 命令。

该命令支持的选项包括：

- -details：打印详细信息；
- -f, -follow：持续保持输出；
- -since string：输出从某个时间开始的日志；
- -tail string：输出最近的若干日志；
- -t, -timestamps：显示时间戳信息；
- -until string：输出某个时间之前的日志。

例如，查看某容器的输出可以使用如下命令：

```
$ docker logs ce554267d7a4
hello world
...
```

4.2 停止容器

本节主要介绍 Docker 容器的 pause/unpause、stop 和 prune 子命令。

1. 暂停容器

可以使用 docker [container] pause CONTAINER [CONTAINER...] 命令来暂停一个运行中的容器。

例如，启动一个容器，并将其暂停：

```
$ docker run --name test --rm -it ubuntu bash
$ docker pause test
$ docker ps
CONTAINER ID IMAGE COMMAND CREATED STATUS PORTS NAMES
893c811cf845 ubuntu "bash" 2 seconds ago Up 12 seconds (Paused) test
```

处于 paused 状态的容器，可以使用 docker [container] unpause CONTAINER [CONTAINER...] 命令来恢复到运行状态。

2. 终止容器

可以使用 docker [container] stop 来终止一个运行中的容器。该命令的格式为 docker [container] stop [-t|--time[=10]] [CONTAINER...]。

该命令会首先向容器发送 SIGTERM 信号，等待一段超时时间后（默认为 10 秒），再发送 SIGKILL 信号来终止容器：

```
$ docker stop ce5
ce5
```

此时，执行 docker container prune 命令，会自动清除掉所有处于停止状态的容器。

此外，还可以通过 docker [container] kill 直接发送 SIGKILL 信号来强行终止容器。

当 Docker 容器中指定的应用终结时，容器也会自动终止。例如，对于上一章节中只启动了一个终端的容器，用户通过 exit 命令或 Ctrl+d 来退出终端时，所创建的容器立刻终止，处于 stopped 状态。

可以用 docker ps -qa 命令看到所有容器的 ID。例如：

```
$ docker ps -qa
ce554267d7a4
d58050081fe3
e812617b41f6
```

处于终止状态的容器，可以通过 docker [container] start 命令来重新启动：

```
$ docker start ce554267d7a4
ce554267d7a4
$ docker ps
CONTAINER ID IMAGE COMMAND CREATED STATUS PORTS NAMES
ce554267d7a4 ubuntu:latest "/bin/sh -c 'while t 4 minutes ago Up 5 seconds
    determined_pike
```

docker [container] restart 命令会将一个运行态的容器先终止，然后再重新启动：

```
$ docker restart ce554267d7a4
ce554267d7a4
$ docker ps
CONTAINER ID IMAGE COMMAND CREATED STATUS PORTS NAMES
ce554267d7a4 ubuntu:latest "/bin/sh -c 'while t    5 minutes ago Up 14 seconds
    determined_pike
```

4.3 进入容器

在使用 -d 参数时，容器启动后会进入后台，用户无法看到容器中的信息，也无法进行操作。

这个时候如果需要进入容器进行操作，推荐使用官方的 attach 或 exec 命令。

1. attach 命令

attach 是 Docker 自带的命令，命令格式为：

```
docker [container] attach [--detach-keys[=[]]] [--no-stdin] [--sig-proxy[=true]]
    CONTAINER
```

这个命令支持三个主要选项：

- --detach-keys[=[]]：指定退出 attach 模式的快捷键序列，默认是 CTRL-p CTRL-q；
- --no-stdin=true|false：是否关闭标准输入，默认是保持打开；
- --sig-proxy=true|false：是否代理收到的系统信号给应用进程，默认为 true。

下面示例如何使用该命令：

```
$ docker run -itd ubuntu
243c32535da7d142fb0e6df616a3c3ada0b8ab417937c853a9e1c251f499f550
$ docker ps
CONTAINER ID       IMAGE           COMMAND       CREATED   STATUS      PORTS    NAMES
243c32535da7       ubuntu:latest   "/bin/bash"   18 seconds ago    Up 17 seconds
    nostalgic_hypatia
$ docker attach nostalgic_hypatia
root@243c32535da7:/#
```

然而使用 attach 命令有时候并不方便。当多个窗口同时 attach 到同一个容器的时候，所有窗口都会同步显示；当某个窗口因命令阻塞时，其他窗口也无法执行操作了。

2. exec 命令

从 Docker 的 1.3.0 版本起，Docker 提供了一个更加方便的工具 exec 命令，可以在运行中容器内直接执行任意命令。

该命令的基本格式为：

```
docker [container] exec [-d|--detach] [--detach-keys[=[]]] [-i|--interactive]
    [--privileged] [-t|--tty] [-u|--user[=USER]] CONTAINER COMMAND [ARG...]
```

比较重要的参数有：

- -d, --detach：在容器中后台执行命令；
- --detach-keys=""：指定将容器切回后台的按键；
- -e, --env=[]：指定环境变量列表；
- -i, --interactive=true|false：打开标准输入接受用户输入命令，默认值为 false；
- --privileged=true|false：是否给执行命令以高权限，默认值为 false；
- -t, --tty=true|false：分配伪终端，默认值为 false；
- -u, --user=""：执行命令的用户名或 ID。

例如，进入到刚创建的容器中，并启动一个 bash：

```
$ docker exec -it 243c32535da7  /bin/bash
root@243c32535da7:/#
```

可以看到会打开一个新的 bash 终端，在不影响容器内其他应用的前提下，用户可以与容器进行交互。

> 注意　通过指定 -it 参数来保持标准输入打开，并且分配一个伪终端。通过 exec 命令对容器执行操作是最为推荐的方式。

进一步地，可以在容器中查看容器中的用户和进程信息：

```
root@243c32535da7:/# w
11:07:36 up  3:14,  0 users,  load average: 0.00, 0.02, 0.05
USER     TTY      FROM             LOGIN@   IDLE   JCPU   PCPU WHAT
root@243c32535da7:/# ps -ef
UID        PID  PPID  C STIME TTY          TIME CMD
root         1     0  0 10:56 ?        00:00:00 /bin/sh -c while true; do echo hello
    world; sleep 1; done
root       699     0  0 11:07 ?        00:00:00 /bin/bash
root       716     1  0 11:07 ?        00:00:00 sleep 1
root       717   699  0 11:07 ?        00:00:00 ps -ef
```

4.4　删除容器

可以使用 docker [container] rm 命令来删除处于终止或退出状态的容器，命令格式为 docker [container] rm [-f|--force] [-l|--link] [-v|--volumes] CONTAINER [CONTAINER...]。

主要支持的选项包括：

- -f, --force=false：是否强行终止并删除一个运行中的容器；
- -l, --link=false：删除容器的连接，但保留容器；
- -v, --volumes=false：删除容器挂载的数据卷。

例如，查看处于终止状态的容器，并删除：

```
$ docker ps -a
CONTAINER ID    IMAGE         COMMAND            CREATED        STATUS        PORTS       NAMES
ce554267d7a4    ubuntu:latest    "/bin/sh -c 'while t    3 minutes agoExited (-1)
    13 seconds ago               determined_pike
d58050081fe3    ubuntu:latest    "/bin/bash"              About an hour ago
    Exited (0)  About an hour ago berserk_brattain
e812617b41f6    ubuntu:latest    "echo 'hello! I am h    2 hours ago  Exited (0)
    3 minutes ago

$ docker rm ce554267d7a4
ce554267d7a4
```

默认情况下，docker rm 命令只能删除已经处于终止或退出状态的容器，并不能删除还处于运行状态的容器。

如果要直接删除一个运行中的容器，可以添加 -f 参数。Docker 会先发送 SIGKILL 信号给容器，终止其中的应用，之后强行删除：

```
$ docker run -d ubuntu:18.04  /bin/sh -c "while true; do echo hello world; sleep 1; done"
2aed76caf8292c7da6d24c3c7f3a81a135af942ed1707a79f85955217d4dd594
$ docker rm 2ae
Error response from daemon: You cannot remove a running container. Stop the
    container before attempting removal or use -f
2016/07/03 09:02:24 Error: failed to remove one or more containers
$ docker rm -f 2ae
2ae
```

4.5 导入和导出容器

某些时候，需要将容器从一个系统迁移到另外一个系统，此时可以使用 Docker 的导入和导出功能，这也是 Docker 自身提供的一个重要特性。

1. 导出容器

导出容器是指，导出一个已经创建的容器到一个文件，不管此时这个容器是否处于运行状态。可以使用 docker [container] export 命令，该命令格式为：

```
docker [container] export [-o|--output[=""]] CONTAINER
```

其中，可以通过 -o 选项来指定导出的 tar 文件名，也可以直接通过重定向来实现。

首先，查看所有的容器，如下所示：

```
$ docker ps -a
CONTAINER ID     IMAGE        COMMAND          CREATED        STATUS       PORTS       NAMES
ce554267d7a4    ubuntu:latest    "/bin/sh -c 'while t"   3 minutes ago
    Exited (-1) 13 seconds ago    determined_pike
d58050081fe3    ubuntu:latest    "/bin/bash"             About an hour ago
    Exited (0) About an hour ago    berserk_brattain
e812617b41f6    ubuntu:latest    "echo 'hello! I am h"   2 hours ago
    Exited (0) 3 minutes ago     silly_leakey
```

分别导出 ce554267d7a4 容器和 e812617b41f6 容器到文件 test_for_run.tar

文件和 test_for_stop.tar 文件：

```
$ docker export -o test_for_run.tar ce5
$ ls
test_for_run.tar
$ docker export e81 >test_for_stop.tar
$ ls
test_for_run.tar test_for_stop.tar
```

之后，可将导出的 tar 文件传输到其他机器上，然后再通过导入命令导入到系统中，实现容器的迁移。

2. 导入容器

导出的文件又可以使用 docker [container] import 命令导入变成镜像，该命令格式为：

```
docker import [-c|--change[=[]]] [-m|--message[=MESSAGE]] file|URL|-
    [REPOSITORY[:TAG]]
```

用户可以通过 -c, --change=[] 选项在导入的同时执行对容器进行修改的 Dockerfile 指令（可参考后续相关章节）。

下面将导出的 test_for_run.tar 文件导入到系统中：

```
$ docker import test_for_run.tar - test/ubuntu:v1.0
$ docker images
REPOSITORY          TAG           IMAGE ID          CREATED               VIRTUAL SIZE
test/ubuntu         v1.0          9d37a6082e97      About a minute ago    171.3 MB
```

之前的镜像章节（第3章）中，笔者曾介绍过使用 docker load 命令来导入一个镜像文件，与 docker [container] import 命令十分类似。

实际上，既可以使用 docker load 命令来导入镜像存储文件到本地镜像库，也可以使用 docker [container] import 命令来导入一个容器快照到本地镜像库。这两者的区别在于：容器快照文件将丢弃所有的历史记录和元数据信息（即仅保存容器当时的快照状态），而镜像存储文件将保存完整记录，体积更大。此外，从容器快照文件导入时可以重新指定标签等元数据信息。

4.6 查看容器

本节主要介绍 Docker 容器的 inspect、top 和 stats 子命令。

1. 查看容器详情

查看容器详情可以使用 docker container inspect [OPTIONS] CONTAINER [CONTAINER...] 子命令。

例如，查看某容器的具体信息，会以 json 格式返回包括容器 Id、创建时间、路径、状态、镜像、配置等在内的各项信息：

```
$ docker container inspect test
[
    {
        "Id": "2d4be6a584ec23e2a0b3eabb8909fd51960c11031df09513c6ba863c919bf2e8",
        "Created": "2018-02-21T05:04:17.089267701Z",
        "Path": "/portainer",
        "Args": [],
        "State": {
            "Status": "running",
            ...
        }
]
```

2. 查看容器内进程

查看容器内进程可以使用 docker [container] top [OPTIONS] CONTAINER [CONTAINER...] 子命令。

这个子命令类似于 Linux 系统中的 top 命令，会打印出容器内的进程信息，包括 PID、用户、时间、命令等。例如，查看某容器内的进程信息，命令如下：

```
$ docker top test
PID                 USER                TIME                COMMAND
5730                0                   0:00                /portainer
```

3. 查看统计信息

查看统计信息可以使用 docker [container] stats [OPTIONS] [CONTAINER...] 子命令，会显示 CPU、内存、存储、网络等使用情况的统计信息。

支持选项包括：

- ❑ -a, -all：输出所有容器统计信息，默认仅在运行中；
- ❑ -format string：格式化输出信息；
- ❑ -no-stream：不持续输出，默认会自动更新持续实时结果；
- ❑ -no-trunc：不截断输出信息。

例如，查看当前运行中容器的系统资源使用统计：

```
CONTAINER ID NAME CPU % MEM USAGE / LIMIT MEM % NET I/O BLOCK I/O PIDS
2d4be6a584ec test 0.00% 3.164MiB / 1.952GiB   0.16% 2.37kB / 0B 0B / 65.5kB 4
```

4.7 其他容器命令

本节主要介绍 Docker 容器的 cp、diff、port 和 update 子命令。

1. 复制文件

container cp 命令支持在容器和主机之间复制文件。命令格式为 docker [container] cp [OPTIONS] CONTAINER:SRC_PATH DEST_PATH|-。支持的选项包括：

- ❑ -a, -archive：打包模式，复制文件会带有原始的 uid/gid 信息；
- ❑ -L, -follow-link：跟随软连接。当原路径为软连接时，默认只复制链接信息，使用该选项会复制链接的目标内容。

例如，将本地的路径 data 复制到 test 容器的 /tmp 路径下：

```
docker [container] cp data test:/tmp/
```

2. 查看变更

container diff 查看容器内文件系统的变更。命令格式为 docker [container] diff CONTAINER。

例如，查看 test 容器内的数据修改：

```
$ docker container diff test
C /root
A /root/.bash_history
C /tmp
A /tmp/Dockerfile
A /tmp/etcd-test
```

3. 查看端口映射

container port 命令可以查看容器的端口映射情况。命令格式为 docker container port CONTAINER [PRIVATE_PORT[/PROTO]]。例如，查看 test 容器的端口映射情况：

```
$ docker container port test
9000/tcp -> 0.0.0.0:9000
```

4. 更新配置

container update 命令可以更新容器的一些运行时配置，主要是一些资源限制份额。命令格式为 docker [container] update [OPTIONS] CONTAINER [CONTAINER...]。

支持的选项包括：

- -blkio-weight uint16：更新块 IO 限制，10～1000，默认值为 0，代表着无限制；
- -cpu-period int：限制 CPU 调度器 CFS（Completely Fair Scheduler）使用时间，单位为微秒，最小 1000；
- -cpu-quota int：限制 CPU 调度器 CFS 配额，单位为微秒，最小 1000；
- -cpu-rt-period int：限制 CPU 调度器的实时周期，单位为微秒；
- -cpu-rt-runtime int：限制 CPU 调度器的实时运行时，单位为微秒；
- -c，-cpu-shares int：限制 CPU 使用份额；
- -cpus decimal：限制 CPU 个数；
- -cpuset-cpus string：允许使用的 CPU 核，如 0-3，0,1；
- -cpuset-mems string：允许使用的内存块，如 0-3，0,1；
- -kernel-memory bytes：限制使用的内核内存；
- -m，-memory bytes：限制使用的内存；
- -memory-reservation bytes：内存软限制；
- -memory-swap bytes：内存加上缓存区的限制，-1 表示为对缓冲区无限制；
- -restart string：容器退出后的重启策略。

例如，限制总配额为1秒，容器 `test` 所占用时间为10%，代码如下所示：

```
$ docker update --cpu-quota 1000000 test
test
$ docker update --cpu-period 100000 test
test
```

4.8 本章小结

容器是直接提供应用服务的组件，也是Docker整个技术栈中最为核心的概念。围绕容器，Docker提供了十分丰富的操作命令，允许用户高效地管理容器的整个生命周期。读者可以使用 `docker container help` 命令查看Docker支持的容器操作子命令。

通过本章内容的介绍和示例，相信读者已经掌握了对容器整个生命周期进行管理的各项操作命令。

在生产环境中，为了提高容器的高可用性和安全性，一方面要合理使用资源限制参数来管理容器的资源消耗；另一方面要指定合适的容器重启策略，来自动重启退出的容器。此外，还可以使用HAProxy等辅助工具来处理负载均衡，自动切换故障的应用容器。

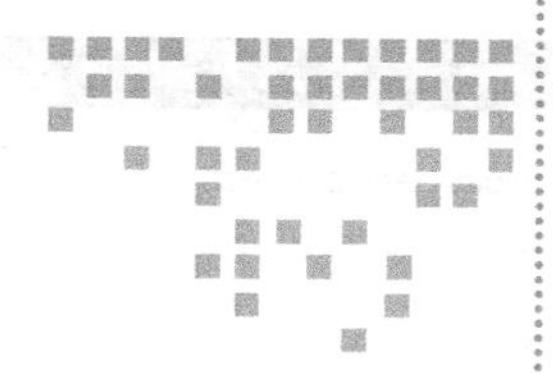

第 5 章 Chapter 5

访问 Docker 仓库

仓库（Repository）是集中存放镜像的地方，又分公共仓库和私有仓库。

有时候容易把仓库与注册服务器（Registry）混淆。实际上注册服务器是存放仓库的具体服务器，一个注册服务器上可以有多个仓库，而每个仓库下面可以有多个镜像。从这方面来说，仓库可以被认为是一个具体的项目或目录。例如对于仓库地址 `private-docker.com/ubuntu` 来说，`private-docker.com` 是注册服务器地址，`ubuntu` 是仓库名。

在本章中，笔者将分别介绍使用 Docker Hub 官方仓库进行登录、下载等基本操作，以及使用国内社区提供的仓库下载镜像；最后还将介绍创建和使用私有仓库的基本操作。

5.1 Docker Hub 公共镜像市场

Docker Hub 是 Docker 官方提供的最大的公共镜像仓库，目前包括了超过 100 000 的镜像，地址为 https://hub.docker.com。大部分对镜像的需求，都可以通过在 Docker Hub 中直接下载镜像来实现，如图 5-1 所示。

1. 登录

可以通过命令行执行 `docker login` 命令来输入用户名、密码和邮箱来完成注册和登录。注册成功后，本地用户目录下会自动创建 .docker/config.json 文件，保存用户的认证信息。

登录成功的用户可以上传个人制作的镜像到 Docker Hub。

2. 基本操作

用户无须登录即可通过 `docker search` 命令来查找官方仓库中的镜像，并利用 `docker [image] pull` 命令来将它下载到本地。

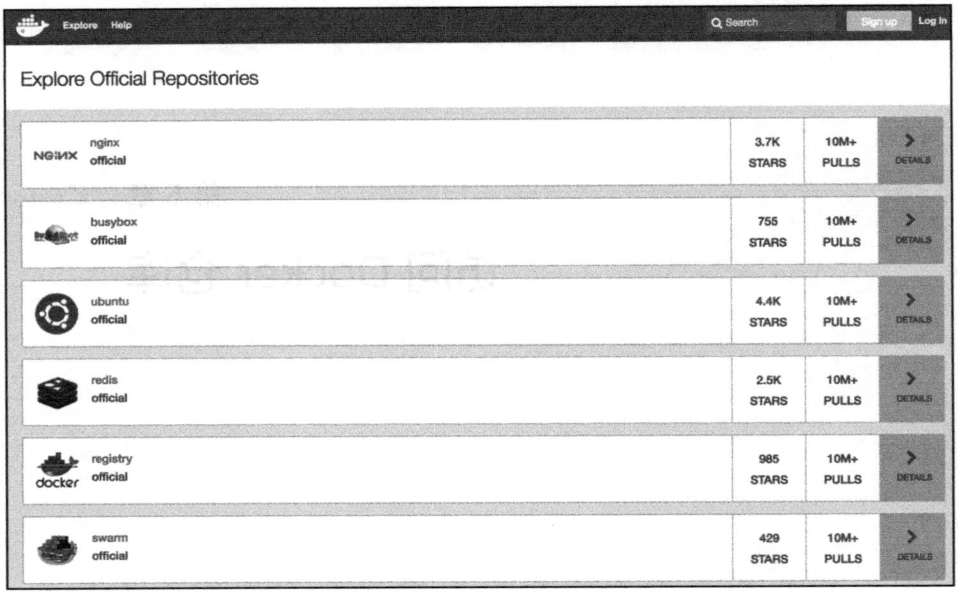

图 5-1 Docker Hub 是最大的公共镜像仓库

在镜像的章节（第 3 章），已经具体介绍了如何使用 docker [image] pull 命令来搜寻镜像。例如以 centos 为关键词进行搜索：

```
$ docker search centos
NAME                        DESCRIPTION          STARS         OFFICIAL          AUTOMATED
centos                      The official build of CentOS.                       2507      [OK]
ansible/centos7-ansible     Ansible on Centos7                                  82        [OK]
jdeathe/centos-ssh          CentOS-6 6.8 x86_64 / CentOS-7 7.2.1511 x8...       27        [OK]
nimmis/java-centos          This is docker images of CentOS 7 with dif...       13        [OK]
million12/centos-supervisor Base CentOS-7 with supervisord launcher, h...       12        [OK]
...
```

根据是否为官方提供，可将这些镜像资源分为两类：

- 一种是类似于 centos 这样的基础镜像，也称为根镜像。这些镜像是由 Docker 公司创建、验证、支持、提供，这样的镜像往往使用单个单词作为名字；
- 另一种类型的镜像，比如 ansible/centos7-ansible 镜像，是由 Docker 用户 ansible 创建并维护的，带有用户名称为前缀，表明是某用户下的某仓库。可以通过用户名称前缀“user_name/ 镜像名”来指定使用某个用户提供的镜像。

下载官方 centos 镜像到本地，代码如下所示：

```
$ docker pull centos
Using default tag: latest
latest: Pulling from library/centos
af4b0a2388c6: Pull complete
Digest: sha256:2671f7a3eea36ce43609e9fe7435ade83094291055f1c96d9d1d1d7c0b986a5d
Status: Downloaded newer image for centos:latest
```

用户也可以在登录后通过 `docker push` 命令来将本地镜像推送到 Docker Hub。

3. 自动创建

自动创建（Automated Builds）是 Docker Hub 提供的自动化服务，这一功能可以自动跟随项目代码的变更而重新构建镜像。

例如，用户构建了某应用镜像，如果应用发布新版本，用户需要手动更新镜像。而自动创建则允许用户通过 Docker Hub 指定跟踪一个目标网站（目前支持 GitHub 或 BitBucket）上的项目，一旦项目发生新的提交，则自动执行创建。

要配置自动创建，包括如下的步骤：

1）创建并登录 Docker Hub，以及目标网站如 Github；

2）在目标网站中允许 Docker Hub 访问服务；

3）在 Docker Hub 中配置一个“自动创建”类型的项目；

4）选取一个目标网站中的项目（需要含 Dockerfile）和分支；

5）指定 Dockerfile 的位置，并提交创建。

之后，可以在 Docker Hub 的“自动创建”页面中跟踪每次创建的状态。

5.2　第三方镜像市场

国内不少云服务商都提供了 Docker 镜像市场，包括腾讯云、网易云、阿里云等。下面以时速云为例，介绍如何使用这些市场，如图 5-2 所示。

图 5-2　时速云镜像市场

1. 查看镜像

访问 https://hub.tenxcloud.com，即可看到已存在的仓库和存储的镜像，包括 Ubuntu、Java、Mongo、MySQL、Nginx 等热门仓库和镜像。时速云官方仓库中的镜像会保持与 DockerHub 中官方镜像的同步。

以 MongoDB 仓库为例，其中包括了 2.6、3.0 和 3.2 等镜像。

2. 下载镜像

下载镜像也是使用 `docker pull` 命令，但是要在镜像名称前添加注册服务器的具体地址。格式为 `index.tenxcloud.com/<namespace>/<repository>:<tag>`。

例如，要下载 Docker 官方仓库中的 `node:latest` 镜像，可以使用如下命令：

```
$ docker pull index.tenxcloud.com/docker_library/node:latest
```

正常情况下，镜像下载会比直接从 Docker Hub 下载快得多。

通过 `docker images` 命令来查看下载到本地的镜像：

```
$ docker images
REPOSITORY TAG IMAGE ID CREATED SIZEindex.tenxcloud.com/docker_library/node
    latest e79fe5711c94 4 weeks ago 660.7 MB
```

下载后，可以更新镜像的标签，与官方标签保持一致，方便使用：

```
$ docker tag index.tenxcloud.com/docker_library/node:latest node:latest
```

除了使用这些公共镜像服务外，还可以搭建本地的私有仓库服务器，将在下一节介绍。

5.3 搭建本地私有仓库

1. 使用 registry 镜像创建私有仓库

安装 Docker 后，可以通过官方提供的 `registry` 镜像来简单搭建一套本地私有仓库环境：

```
$ docker run -d -p 5000:5000 registry:2
```

这将自动下载并启动一个 registry 容器，创建本地的私有仓库服务。

默认情况下，仓库会被创建在容器的 /var/lib/registry 目录下。可以通过 `-v` 参数来将镜像文件存放在本地的指定路径。例如下面的例子将上传的镜像放到 /opt/data/registry 目录：

```
$ docker run -d -p 5000:5000 -v /opt/data/registry:/var/lib/registry registry:2
```

此时，在本地将启动一个私有仓库服务，监听端口为 5000。

2. 管理私有仓库

首先在本书环境的笔记本上（Linux Mint）搭建私有仓库，查看其地址为 `10.0.2.2:5000`，然后在虚拟机系统（Ubuntu 18.04）里测试上传和下载镜像。

在 Ubuntu 18.04 系统查看已有的镜像：

```
$ docker images
REPOSITORY TAG IMAGE ID CREATED VIRTUAL SIZE
ubuntu 18.04 452a96d81c30 6 weeks ago 79.6 MB
```

使用 docker tag 命令将这个镜像标记为 10.0.2.2:5000/test（格式为 docker tag IMAGE[:TAG] [REGISTRYHOST/][USERNAME/]NAME[:TAG]）。

```
$ docker tag ubuntu:18.04 10.0.2.2:5000/test
$ docker images
REPOSITORY TAG IMAGE ID CREATED VIRTUAL SIZE
Ubuntu 18.04 452a96d81c30 6 weeks ago 79.6 MB
10.0.2.2:5000/test latest 452a96d81c30 6 weeks ago 79.6MB
```

使用 docker push 上传标记的镜像：

```
$ docker push 10.0.2.2:5000/test
The push refers to a repository [10.0.2.2:5000/test] (len: 1)
Sending image list
Pushing repository 10.0.2.2:5000/test (1 tags)
Image 511136ea3c5a already pushed, skipping
Image 9bad880da3d2 already pushed, skipping
Image 25f11f5fb0cb already pushed, skipping
Image ebc34468f71d already pushed, skipping
Image 2318d26665ef already pushed, skipping
Image 452a96d81c30 already pushed, skipping
Pushing tag for rev [452a96d81c30] on {http://10.0.2.2:5000/v1/repositories/
    test/tags/latest}
```

用 curl 查看仓库 10.0.2.2:5000 中的镜像：

```
$ curl http://10.0.2.2:5000/v2/search
{"num_results": 1, "query": "", "results": [{"description": "", "name": "library/test"}]}
```

在结果中可以看到 {"description": "", "name":"library/test"}，表明镜像已经成功上传了。

现在可以到任意一台能访问到 10.0.2.2 地址的机器去下载这个镜像了。

比较新的 Docker 版本对安全性要求较高，会要求仓库支持 SSL/TLS 证书。对于内部使用的私有仓库，可以自行配置证书或关闭对仓库的安全性检查。

首先，修改 Docker daemon 的启动参数，添加如下参数，表示信任这个私有仓库，不进行安全证书检查：

```
DOCKER_OPTS="--insecure-registry 10.0.2.2:5000"
```

之后重启 Docker 服务，并从私有仓库中下载镜像到本地：

```
$ sudo service docker restart
$ docker pull 10.0.2.2:5000/test
Pulling repository 10.0.2.2:5000/test
452a96d81c30: Download complete
511136ea3c5a: Download complete
9bad880da3d2: Download complete
25f11f5fb0cb: Download complete
ebc34468f71d: Download complete
```

```
2318d26665ef: Download complete
$ docker images
REPOSITORY TAG IMAGE ID CREATED VIRTUAL SIZE
10.0.2.2:5000/test latest 452a96d81c30 6 weeks ago 79.6MB
```

下载后，还可以添加一个更通用的标签 ubuntu:18.04，方便后续使用：

```
$ docker tag 10.0.2.2:5000/test ubuntu:18.04
```

提示 如果要使用安全证书，用户也可以从较知名的 CA 服务商（如 verisign）申请公开的 SSL/TLS 证书，或者使用 OpenSSL 等软件来自行生成。

5.4 本章小结

仓库是集中维护容器镜像的地方，为 Docker 镜像文件的分发和管理提供了便捷的途径。本章介绍的 Docker Hub 和时速云镜像市场两个公共仓库服务，可以方便个人用户进行镜像的下载和使用等操作。

在企业的生产环境中，往往需要使用私有仓库来维护内部镜像，本章介绍了基本的搭建操作，在后续部分中，将介绍私有仓库的更多配置选项。

除了官方的 registry 项目外，用户还可以使用其他的开源方案（例如 nexus）来搭建私有化的容器镜像仓库。

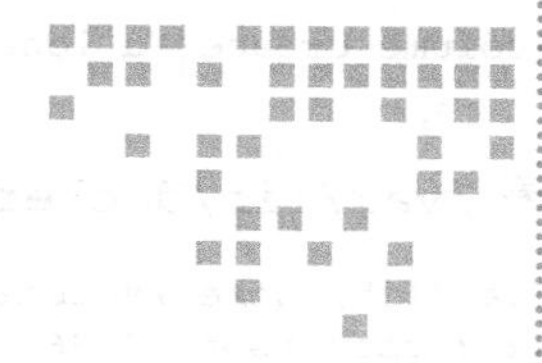

第 6 章 Chapter 6

Docker 数据管理

在生产环境中使用 Docker，往往需要对数据进行持久化，或者需要在多个容器之间进行数据共享，这必然涉及容器的数据管理操作。

容器中的管理数据主要有两种方式：

- 数据卷（Data Volumes）：容器内数据直接映射到本地主机环境；
- 数据卷容器（Data Volume Containers）：使用特定容器维护数据卷。

本章将首先介绍如何在容器内创建数据卷，并且把本地的目录或文件挂载到容器内的数据卷中。接下来，介绍如何使用数据卷容器在容器和主机、容器和容器之间共享数据，并实现数据的备份和恢复。

6.1 数据卷

数据卷（Data Volumes）是一个可供容器使用的特殊目录，它将主机操作系统目录直接映射进容器，类似于 Linux 中的 `mount` 行为。

数据卷可以提供很多有用的特性：

- 数据卷可以在容器之间共享和重用，容器间传递数据将变得高效与方便；
- 对数据卷内数据的修改会立马生效，无论是容器内操作还是本地操作；
- 对数据卷的更新不会影响镜像，解耦开应用和数据；
- 卷会一直存在，直到没有容器使用，可以安全地卸载它。

1. 创建数据卷

Docker 提供了 `volume` 子命令来管理数据卷，如下命令可以快速在本地创建一个数据卷：

```
$ docker volume create -d local test
test
```

此时，查看 /var/lib/docker/volumes 路径下，会发现所创建的数据卷位置：

```
$ ls -l /var/lib/docker/volumes
drwxr-xr-x 3 root root  4096 May 22 06:02 test
```

除了 create 子命令外，docker volume 还支持 inspect（查看详细信息）、ls（列出已有数据卷）、prune（清理无用数据卷）、rm（删除数据卷）等，读者可以自行实践。

2. 绑定数据卷

除了使用 volume 子命令来管理数据卷外，还可以在创建容器时将主机本地的任意路径挂载到容器内作为数据卷，这种形式创建的数据卷称为绑定数据卷。

在用 docker [container] run 命令的时候，可以使用 -mount 选项来使用数据卷。

-mount 选项支持三种类型的数据卷，包括：

- volume：普通数据卷，映射到主机 /var/lib/docker/volumes 路径下；
- bind：绑定数据卷，映射到主机指定路径下；
- tmpfs：临时数据卷，只存在于内存中。

下面使用 training/webapp 镜像创建一个 Web 容器，并创建一个数据卷挂载到容器的 /opt/webapp 目录：

```
$ docker run -d -P --name web --mount type=bind,source=/webapp,destination=/opt/
    webapp training/webapp python app.py
```

上述命令等同于使用旧的 -v 标记可以在容器内创建一个数据卷：

```
$ docker run -d -P --name web -v /webapp:/opt/webapp training/webapp python app.py
```

这个功能在进行应用测试的时候十分方便，比如用户可以放置一些程序或数据到本地目录中实时进行更新，然后在容器内运行和使用。

另外，本地目录的路径必须是绝对路径，容器内路径可以为相对路径。如果目录不存在，Docker 会自动创建。

Docker 挂载数据卷的默认权限是读写（rw），用户也可以通过 ro 指定为只读：

```
$ docker run -d -P --name web -v /webapp:/opt/webapp:ro training/webapp python app.py
```

加了 :ro 之后，容器内对所挂载数据卷内的数据就无法修改了。

如果直接挂载一个文件到容器，使用文件编辑工具，包括 vi 或者 sed --in-place 的时候，可能会造成文件 inode 的改变。从 Docker 1.1.0 起，这会导致报错误信息。所以推荐的方式是直接挂载文件所在的目录到容器内。

6.2 数据卷容器

如果用户需要在多个容器之间共享一些持续更新的数据，最简单的方式是使用数据卷容器。数据卷容器也是一个容器，但是它的目的是专门提供数据卷给其他容器挂载。

首先，创建一个数据卷容器dbdata，并在其中创建一个数据卷挂载到/dbdata：

```
$ docker run -it -v /dbdata --name dbdata ubuntu
root@3ed94f279b6f:/#
```

查看/dbdata目录：

```
root@3ed94f279b6f:/# ls
bin  boot  dbdata  dev  etc  home  lib  lib64  media  mnt  opt  proc  root  run
     sbin  srv  sys  tmp  usr  var
```

然后，可以在其他容器中使用--volumes-from来挂载dbdata容器中的数据卷，例如创建db1和db2两个容器，并从dbdata容器挂载数据卷：

```
$ docker run -it --volumes-from dbdata --name db1 ubuntu
$ docker run -it --volumes-from dbdata --name db2 ubuntu
```

此时，容器db1和db2都挂载同一个数据卷到相同的/dbdata目录，三个容器任何一方在该目录下的写入，其他容器都可以看到。

例如，在dbdata容器中创建一个test文件：

```
root@3ed94f279b6f:/# cd /dbdata
root@3ed94f279b6f:/dbdata# touch test
root@3ed94f279b6f:/dbdata# ls
test
```

在db1容器内查看它：

```
$ docker run -it --volumes-from dbdata --name db1  ubuntu
root@4128d2d804b4:/# ls
bin  boot  dbdata  dev  etc  home  lib  lib64  media  mnt  opt  proc  root  run
     sbin  srv  sys  tmp  usr  var
root@4128d2d804b4:/# ls dbdata/
test
```

可以多次使用--volumes-from参数来从多个容器挂载多个数据卷，还可以从其他已经挂载了容器卷的容器来挂载数据卷：

```
$ docker run -d --name db3 --volumes-from db1 training/postgres
```

注意 使用--volumes-from参数所挂载数据卷的容器自身并不需要保持在运行状态。

如果删除了挂载的容器（包括dbdata、db1和db2），数据卷并不会被自动删除。如果要删除一个数据卷，必须在删除最后一个还挂载着它的容器时显式使用docker rm -v命令来指定同时删除关联的容器。

使用数据卷容器可以让用户在容器之间自由地升级和移动数据卷，具体的操作将在下一节进行讲解。

6.3 利用数据卷容器来迁移数据

可以利用数据卷容器对其中的数据卷进行备份、恢复，以实现数据的迁移。

1. 备份

使用下面的命令来备份 dbdata 数据卷容器内的数据卷：

```
$ docker run --volumes-from dbdata -v $(pwd):/backup --name worker ubuntu tar
    cvf /backup/backup.tar /dbdata
```

这个命令稍微有点复杂，具体分析下。

首先利用 ubuntu 镜像创建了一个容器 worker。使用 --volumes-from dbdata 参数来让 worker 容器挂载 dbdata 容器的数据卷（即 dbdata 数据卷）；使用 -v $(pwd):/backup 参数来挂载本地的当前目录到 worker 容器的 /backup 目录。

worker 容器启动后，使用 tar cvf /backup/backup.tar /dbdata 命令将 /dbdata 下内容备份为容器内的 /backup/backup.tar，即宿主主机当前目录下的 backup.tar。

2. 恢复

如果要恢复数据到一个容器，可以按照下面的操作。

首先创建一个带有数据卷的容器 dbdata2：

```
$ docker run -v /dbdata --name dbdata2 ubuntu /bin/bash
```

然后创建另一个新的容器，挂载 dbdata2 的容器，并使用 untar 解压备份文件到所挂载的容器卷中：

```
$ docker run --volumes-from dbdata2 -v $(pwd):/backup busybox tar xvf
/backup/backup.tar
```

6.4 本章小结

数据是最宝贵的资源。Docker 在设计上考虑到了这点，数据卷机制为数据管理提供了方便的操作支持。本章介绍了通过数据卷和数据卷容器对容器内的数据进行共享、备份和恢复等操作，通过这些机制，即使容器在运行中出现故障，用户也不必担心数据发生丢失，只需要快速地重新创建容器即可。

在生产环境中，笔者推荐在使用数据卷或数据卷容器之外，定期将主机的本地数据进行备份，或者使用支持容错的存储系统，包括 RAID 或分布式文件系统，如 Ceph、GPFS、HDFS 等。

另外，有些时候不希望将数据保存在宿主机或容器中，还可以使用 tmpfs 类型的数据卷，其中数据只存在于内存中，容器退出后自动删除。

第7章 Chapter 7

端口映射与容器互联

通过前面几章的学习，相信读者已经掌握了单个容器的管理操作。在实践中，经常会碰到需要多个服务组件容器共同协作的情况，这往往需要多个容器之间能够互相访问到对方的服务。

Docker 除了通过网络访问外，还提供了两个很方便的功能来满足服务访问的基本需求：一个是允许映射容器内应用的服务端口到本地宿主主机；另一个是互联机制实现多个容器间通过容器名来快速访问。本章将分别讲解这两个很实用的功能。

7.1 端口映射实现容器访问

1. 从外部访问容器应用

在启动容器的时候，如果不指定对应参数，在容器外部是无法通过网络来访问容器内的网络应用和服务的。

当容器中运行一些网络应用，要让外部访问这些应用时，可以通过 -P 或 -p 参数来指定端口映射。当使用 -P（大写的）标记时，Docker 会随机映射一个 49000～49900 的端口到内部容器开放的网络端口：

```
$ docker run -d -P training/webapp python app.py
$ docker ps -l
CONTAINER ID  IMAGE        COMMAND       CREATED       STATUS       PORTS       NAMES
bc533791f3f5  training/webapp:latest  python app.py 5 seconds ago  Up 2 seconds
    0.0.0.0:49155->5000/tcp  nostalgic_morse
```

此时，可以使用 docker ps 看到，本地主机的 49155 被映射到了容器的 5000 端口。访问宿主主机的 49155 端口即可访问容器内 web 应用提供的界面。

同样，可以通过 docker logs 命令来查看应用的信息：

```
$ docker logs -f nostalgic_morse
* Running on http://0.0.0.0:5000/
10.0.2.2 - - [20:16:31] "GET / HTTP/1.1" 200 -
10.0.2.2 - - [20:16:31] "GET /favicon.ico HTTP/1.1" 404 -
```

-p（小写的）则可以指定要映射的端口，并且，在一个指定端口上只可以绑定一个容器。支持的格式有 IP:HostPort:ContainerPort | IP::ContainerPort | HostPort:ContainerPort。

2. 映射所有接口地址

使用 HostPort:ContainerPort 格式本地的 5000 端口映射到容器的 5000 端口，可以执行如下命令：

```
$ docker run -d -p 5000:5000 training/webapp python app.py
```

此时默认会绑定本地所有接口上的所有地址。多次使用 -p 标记可以绑定多个端口。例如：

```
$ docker run -d -p 5000:5000  -p 3000:80 training/webapp python app.py
```

3. 映射到指定地址的指定端口

可以使用 IP:HostPort:ContainerPort 格式指定映射使用一个特定地址，比如 localhost 地址 127.0.0.1：

```
$ docker run -d -p 127.0.0.1:5000:5000 training/webapp python app.py
```

4. 映射到指定地址的任意端口

使用 IP::ContainerPort 绑定 localhost 的任意端口到容器的 5000 端口，本地主机会自动分配一个端口：

```
$ docker run -d -p 127.0.0.1::5000 training/webapp python app.py
```

还可以使用 udp 标记来指定 udp 端口：

```
$ docker run -d -p 127.0.0.1:5000:5000/udp training/webapp python app.py
```

5. 查看映射端口配置

使用 docker port 来查看当前映射的端口配置，也可以查看到绑定的地址：

```
$ docker port nostalgic_morse 5000
127.0.0.1:49155.
```

容器有自己的内部网络和 IP 地址，使用 docker [container] inspect + 容器 ID 可以获取容器的具体信息。

7.2 互联机制实现便捷互访

容器的**互联**（linking）是一种让多个容器中的应用进行快速交互的方式。它会在源和接收容器之间创建连接关系，接收容器可以通过容器名快速访问到源容器，而不用指定具体的IP地址。

1. 自定义容器命名

连接系统依据容器的名称来执行。因此，首先需要自定义一个好记的容器命名。虽然当创建容器的时候，系统默认会分配一个名字，但自定义命名容器有两个好处：

- 自定义的命名，比较好记，比如一个Web应用容器我们可以给它起名叫web，一目了然；
- 当要连接其他容器时候（即便重启），也可以使用容器名而不用改变，比如连接web容器到db容器。

使用--name标记可以为容器自定义命名：

```
$ docker run -d -P --name web training/webapp python app.py
```

使用docker ps来验证设定的命名：

```
$ docker ps -l
CONTAINER ID   IMAGE          COMMAND        CREATED        STATUS       PORTS        NAMES
aed84ee21bde   training/webapp:latest python app.py   12 hours ago   Up 2 seconds
    0.0.0.0:49154->5000/tcp   web
```

也可以使用docker [container] inspect来查看容器的名字：

```
$ docker [container] inspect -f "{{ .Name }}" aed84ee21bde
/web
```

注意　容器的名称是唯一的。如果已经命名了一个叫web的容器，当你要再次使用web这个名称的时候，需要先用docker rm命令删除之前创建的同名容器。

在执行docker [container] run的时候如果添加--rm标记，则容器在终止后会立刻删除。注意，--rm和-d参数不能同时使用。

2. 容器互联

使用--link参数可以让容器之间安全地进行交互。

下面先创建一个新的数据库容器：

```
$ docker run -d --name db training/postgres
```

删除之前创建的web容器：

```
$ docker rm -f web
```

然后创建一个新的web容器，并将它连接到db容器：

```
$ docker run -d -P --name web --link db:db training/webapp python app.py
```

此时，db容器和web容器建立互联关系。

--link参数的格式为--link name:alias，其中name是要链接的容器的名称，alias是别名。

使用docker ps来查看容器的连接：

```
$ docker ps
CONTAINER ID  IMAGE        COMMAND        CREATED        STATUS        PORTS        NAMES
349169744e49  training/postgres:latest  su postgres -c '/usr  About a minute ago
    Up About a minute  5432/tcp          db, web/db
aed84ee21bde  training/webapp:latest   python app.py   16 hours ago   Up 2 minutes
   0.0.0.0:49154->5000/tcp  web
```

可以看到自定义命名的容器：db和web，db容器的names列有db也有web/db。这表示web容器链接到db容器，web容器将被允许访问db容器的信息。

Docker相当于在两个互联的容器之间创建了一个虚机通道，而且不用映射它们的端口到宿主主机上。在启动db容器的时候并没有使用-p和-P标记，从而避免了暴露数据库服务端口到外部网络上。

Docker通过两种方式为容器公开连接信息：

- ❑ 更新环境变量；
- ❑ 更新/etc/hosts文件。

使用env命令来查看web容器的环境变量：

```
$ docker run --rm --name web2 --link db:db training/webapp env
. . .
DB_NAME=/web2/db
DB_PORT=tcp://172.17.0.5:5432
DB_PORT_5000_TCP=tcp://172.17.0.5:5432
DB_PORT_5000_TCP_PROTO=tcp
DB_PORT_5000_TCP_PORT=5432
DB_PORT_5000_TCP_ADDR=172.17.0.5
. . .
```

其中DB_开头的环境变量是供web容器连接db容器使用，前缀采用大写的连接别名。

除了环境变量，Docker还添加host信息到父容器的/etc/hosts的文件。下面是父容器web的hosts文件：

```
$ docker run -t -i --rm --link db:db training/webapp /bin/bash
root@aed84ee21bde:/opt/webapp# cat /etc/hosts
172.17.0.7  aed84ee21bde
. . .
172.17.0.5  db
```

这里有2个hosts信息，第一个是web容器，web容器用自己的id作为默认主机名，第二个是db容器的IP和主机名。

可以在web容器中安装ping命令来测试跟db容器的连通：

```
root@aed84ee21bde:/opt/webapp# apt-get install -yqq inetutils-ping
root@aed84ee21bde:/opt/webapp# ping db
PING db (172.17.0.5): 48 data bytes
56 bytes from 172.17.0.5: icmp_seq=0 ttl=64 time=0.267 ms
56 bytes from 172.17.0.5: icmp_seq=1 ttl=64 time=0.250 ms
56 bytes from 172.17.0.5: icmp_seq=2 ttl=64 time=0.256 ms
```

用 ping 来测试 db 容器，它会解析成 172.17.0.5。

用户可以链接多个子容器到父容器，比如可以链接多个 web 到同一个 db 容器上。

7.3 本章小结

毫无疑问，容器服务的访问是很关键的一个用途。本章通过具体案例讲解了 Docker 容器服务访问的两大基本操作，包括基础的容器端口映射机制和容器互联机制。同时，Docker 目前可以成熟支持 Linux 系统自带的网络服务和功能，这既可以利用现有成熟的技术提供稳定支持，又可以实现快速的高性能转发。

在生产环境中，网络方面的需求更加复杂和多变，包括跨主机甚至跨数据中心的通信，这时候往往就需要引入额外的机制，例如 SDN（软件定义网络）或 NFV（网络功能虚拟化）的相关技术。本书的第三部分内容将进一步探讨如何通过 libnetwork 来实现跨主机的容器通信，以及 Docker 网络的高级功能和配置。

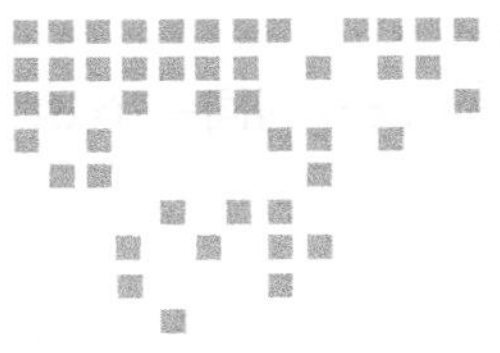

Chapter 8 第 8 章

使用 Dockerfile 创建镜像

Dockerfile 是一个文本格式的配置文件，用户可以使用 Dockerfile 来快速创建自定义的镜像。

本章首先将介绍 Dockerfile 典型的基本结构及其支持的众多指令，并具体讲解通过这些指令来编写定制镜像的 Dockerfile，以及如何生成镜像。最后，会介绍使用 Dockerfile 的一些最佳实践经验。

8.1 基本结构

Dockerfile 由一行行命令语句组成，并且支持以 # 开头的注释行。

一般而言，Dockerfile 主体内容分为四部分：基础镜像信息、维护者信息、镜像操作指令和容器启动时执行指令。

下面给出一个简单的示例：

```
# escape=\ (backslash)
# This dockerfile uses the ubuntu:xeniel image
# VERSION 2 - EDITION 1
# Author: docker_user
# Command format: Instruction [arguments / command] ..

# Base image to use, this must be set as the first line
FROM ubuntu:xeniel

# Maintainer: docker_user <docker_user at email.com> (@docker_user)
LABEL maintainer docker_user<docker_user@email.com>

# Commands to update the image
RUN echo "deb http://archive.ubuntu.com/ubuntu/ xeniel main universe" >> /etc/
    apt/sources.list
```

```
RUN apt-get update && apt-get install -y nginx
RUN echo "\ndaemon off;" >> /etc/nginx/nginx.conf

# Commands when creating a new container
CMD /usr/sbin/nginx
```

首行可以通过注释来指定解析器命令，后续通过注释说明镜像的相关信息。主体部分首先使用 FROM 指令指明所基于的镜像名称，接下来一般是使用 LABEL 指令说明维护者信息。后面则是镜像操作指令，例如 RUN 指令将对镜像执行跟随的命令。每运行一条 RUN 指令，镜像添加新的一层，并提交。最后是 CMD 指令，来指定运行容器时的操作命令。

下面是 Docker Hub 上两个热门镜像 nginx 和 Go 的 Dockerfile 的例子，通过这两个例子。读者可以对 Dockerfile 结构有个基本的感知。

第一个是在 debian:jessie 基础镜像基础上安装 Nginx 环境，从而创建一个新的 nginx 镜像：

```
FROM debian:jessie

LABEL maintainer docker_user<docker_user@email.com>

ENV NGINX_VERSION 1.10.1-1~jessie

RUN apt-key adv --keyserver hkp://pgp.mit.edu:80 --recv-keys 573BFD6B3D8FBC64107
    9A6ABABF5BD827BD9BF62 \
        && echo "deb http://nginx.org/packages/debian/ jessie nginx" >> /etc/
             apt/sources.list \
        && apt-get update \
        && apt-get install --no-install-recommends --no-install-suggests -y \
        ca-certificates \
        nginx=${NGINX_VERSION} \
        nginx-module-xslt \
        nginx-module-geoip \
        nginx-module-image-filter \
        nginx-module-perl \
        nginx-module-njs \
        gettext-base \
        && rm -rf /var/lib/apt/lists/*

# forward request and error logs to docker log collector
RUN ln -sf /dev/stdout /var/log/nginx/access.log \
    && ln -sf /dev/stderr /var/log/nginx/error.log

EXPOSE 80 443

CMD ["nginx", "-g", "daemon off;"]
```

第二个是基于 buildpack-deps:jessie-scm 基础镜像，安装 Golang 相关环境，制作一个 Go 语言的运行环境镜像：

```
FROM buildpack-deps:jessie-scm

# gcc for cgo
```

```
RUN apt-get update && apt-get install -y --no-install-recommends \
    g++ \
    gcc \
    libc6-dev \
    make \
    && rm -rf /var/lib/apt/lists/*

ENV GOLANG_VERSION 1.6.3
ENV GOLANG_DOWNLOAD_URL https://golang.org/dl/go$GOLANG_VERSION.linux-amd64.tar.gz
ENV GOLANG_DOWNLOAD_SHA256 cdde5e08530c0579255d6153b08fdb3b8e47caabbe717bc7bcd75
     61275a87aeb

RUN curl -fsSL "$GOLANG_DOWNLOAD_URL" -o golang.tar.gz \
    && echo "$GOLANG_DOWNLOAD_SHA256  golang.tar.gz" | sha256sum -c - \
    && tar -C /usr/local -xzf golang.tar.gz \
    && rm golang.tar.gz

ENV GOPATH /go
ENV PATH $GOPATH/bin:/usr/local/go/bin:$PATH

RUN mkdir -p "$GOPATH/src" "$GOPATH/bin" && chmod -R 777 "$GOPATH"
WORKDIR $GOPATH

COPY go-wrapper /usr/local/bin/
```

下面，将讲解 Dockerfile 中各种指令的应用。

8.2 指令说明

Dockerfile 中指令的一般格式为 `INSTRUCTION arguments`，包括“配置指令”（配置镜像信息）和“操作指令”(具体执行操作)，参见表 8-1。

表 8-1 Dockerfile 中的指令及说明

分 类	指 令	说 明
配置指令	ARG	定义创建镜像过程中使用的变量
	FROM	指定所创建镜像的基础镜像
	LABEL	为生成的镜像添加元数据标签信息
	EXPOSE	声明镜像内服务监听的端口
	ENV	指定环境变量
	ENTRYPOINT	指定镜像的默认入口命令
	VOLUME	创建一个数据卷挂载点
	USER	指定运行容器时的用户名或 UID
	WORKDIR	配置工作目录
	ONBUILD	创建子镜像时指定自动执行的操作指令
	STOPSIGNAL	指定退出的信号值
	HEALTHCHECK	配置所启动容器如何进行健康检查
	SHELL	指定默认 shell 类型

（续）

分　类	指　令	说　明
操作指令	RUN	运行指定命令
	CMD	启动容器时指定默认执行的命令
	ADD	添加内容到镜像
	COPY	复制内容到镜像

下面分别进行介绍。

8.2.1　配置指令

1. ARG

定义创建镜像过程中使用的变量。

格式为 ARG <name>[=<default value>]。

在执行 docker build 时，可以通过 -build-arg[=] 来为变量赋值。当镜像编译成功后，ARG 指定的变量将不再存在（ENV 指定的变量将在镜像中保留）。

Docker 内置了一些镜像创建变量，用户可以直接使用而无须声明，包括（不区分大小写）HTTP_PROXY、HTTPS_PROXY、FTP_PROXY、NO_PROXY。

2. FROM

指定所创建镜像的基础镜像。

格式为 FROM <image> [AS <name>] 或 FROM <image>:<tag> [AS <name>] 或 FROM <image>@<digest> [AS <name>]。

任何 Dockerfile 中第一条指令必须为 FROM 指令。并且，如果在同一个 Dockerfile 中创建多个镜像时，可以使用多个 FROM 指令（每个镜像一次）。

为了保证镜像精简，可以选用体积较小的镜像如 Alpine 或 Debian 作为基础镜像。例如：

```
ARG  VERSION=9.3
FROM debian:${VERSION}
```

3. LABEL

LABEL 指令可以为生成的镜像添加元数据标签信息。这些信息可以用来辅助过滤出特定镜像。

格式为 LABEL <key>=<value> <key>=<value> <key>=<value> ...。

例如：

```
LABEL version="1.0.0-rc3"
LABEL author="yeasy@github" date="2020-01-01"
LABEL description="This text illustrates \
    that label-values can span multiple lines."
```

4. EXPOSE

声明镜像内服务监听的端口。

格式为 EXPOSE <port> [<port>/<protocol>...]。

例如：

```
EXPOSE 22 80 8443
```

注意该指令只是起到声明作用，并不会自动完成端口映射。

如果要映射端口出来，在启动容器时可以使用 -P 参数（Docker 主机会自动分配一个宿主机的临时端口）或 -p HOST_PORT:CONTAINER_PORT 参数（具体指定所映射的本地端口）。

5. ENV

指定环境变量，在镜像生成过程中会被后续 RUN 指令使用，在镜像启动的容器中也会存在。

格式为 ENV <key> <value> 或 ENV <key>=<value> ...。

例如：

```
ENV APP_VERSION=1.0.0
ENV APP_HOME=/usr/local/app
ENV PATH $PATH:/usr/local/bin
```

指令指定的环境变量在运行时可以被覆盖掉，如 docker run --env <key>=<value> built_image。

注意当一条 ENV 指令中同时为多个环境变量赋值并且值也是从环境变量读取时，会为变量都赋值后再更新。如下面的指令，最终结果为 key1=value1 key2=value2：

```
ENV key1=value2
ENV key1=value1 key2=${key1}
```

6.ENTRYPOINT

指定镜像的默认入口命令，该入口命令会在启动容器时作为根命令执行，所有传入值作为该命令的参数。

支持两种格式：

- ENTRYPOINT ["executable", "param1", "param2"]：exec 调用执行；
- ENTRYPOINT command param1 param2：shell 中执行。

此时，CMD 指令指定值将作为根命令的参数。

每个 Dockerfile 中只能有一个 ENTRYPOINT，当指定多个时，只有最后一个起效。

在运行时，可以被 --entrypoint 参数覆盖掉，如 docker run --entrypoint。

7. VOLUME

创建一个数据卷挂载点。

格式为 VOLUME ["/data"]。

运行容器时可以从本地主机或其他容器挂载数据卷，一般用来存放数据库和需要保持的数据等。

8. USER

指定运行容器时的用户名或 UID，后续的 RUN 等指令也会使用指定的用户身份。

格式为USER daemon。

当服务不需要管理员权限时，可以通过该命令指定运行用户，并且可以在Dockerfile中创建所需要的用户。例如：

```
RUN groupadd -r postgres && useradd --no-log-init -r -g postgres postgres
```

要临时获取管理员权限可以使用gosu命令。

9. WORKDIR

为后续的RUN、CMD、ENTRYPOINT指令配置工作目录。

格式为WORKDIR /path/to/workdir。

可以使用多个WORKDIR指令，后续命令如果参数是相对路径，则会基于之前命令指定的路径。例如：

```
WORKDIR /a
WORKDIR b
WORKDIR c
RUN pwd
```

则最终路径为/a/b/c。

因此，为了避免出错，推荐WORKDIR指令中只使用绝对路径。

10. ONBUILD

指定当基于所生成镜像创建子镜像时，自动执行的操作指令。

格式为ONBUILD [INSTRUCTION]。

例如，使用如下的Dockerfile创建父镜像ParentImage，指定ONBUILD指令：

```
# Dockerfile for ParentImage
[...]
ONBUILD ADD . /app/src
ONBUILD RUN /usr/local/bin/python-build --dir /app/src
[...]
```

使用docker build命令创建子镜像ChildImage时（FROM ParentImage），会首先执行ParentImage中配置的ONBUILD指令：

```
# Dockerfile for ChildImage
FROM ParentImage
```

等价于在ChildImage的Dockerfile中添加了如下指令：

```
#Automatically run the following when building ChildImage
ADD . /app/src
RUN /usr/local/bin/python-build --dir /app/src
...
```

由于ONBUILD指令是隐式执行的，推荐在使用它的镜像标签中进行标注，例如ruby:2.1-onbuild。

ONBUILD指令在创建专门用于自动编译、检查等操作的基础镜像时，十分有用。

11. STOPSIGNAL

指定所创建镜像启动的容器接收退出的信号值：

```
STOPSIGNAL signal
```

12. HEALTHCHECK

配置所启动容器如何进行健康检查（如何判断健康与否），自 Docker 1.12 开始支持。

格式有两种：

- ❑ HEALTHCHECK [OPTIONS] CMD command：根据所执行命令返回值是否为 0 来判断；
- ❑ HEALTHCHECK NONE：禁止基础镜像中的健康检查。

OPTION 支持如下参数：

- ❑ -interval=DURATION (default: 30s)：过多久检查一次；
- ❑ -timeout=DURATION (default: 30s)：每次检查等待结果的超时；
- ❑ -retries=N (default: 3)：如果失败了，重试几次才最终确定失败。

13. SHELL

指定其他命令使用 shell 时的默认 shell 类型：

```
SHELL ["executable", "parameters"]
```

默认值为 ["/bin/sh", "-c"]。

注意 对于 Windows 系统，Shell 路径中使用了“\”作为分隔符，建议在 Dockerfile 开头添加 # escape=' 来指定转义符。

8.2.2 操作指令

1. RUN

运行指定命令。

格式为 RUN <command> 或 RUN ["executable", "param1", "param2"]。注意后者指令会被解析为 JSON 数组，因此必须用双引号。前者默认将在 shell 终端中运行命令，即 /bin/sh -c；后者则使用 exec 执行，不会启动 shell 环境。

指定使用其他终端类型可以通过第二种方式实现，例如 RUN ["/bin/bash", "-c", "echo hello"]。

每条 RUN 指令将在当前镜像基础上执行指定命令，并提交为新的镜像层。当命令较长时可以使用 \ 来换行。例如：

```
RUN apt-get update \
    && apt-get install -y libsnappy-dev zlib1g-dev libbz2-dev \
    && rm -rf /var/cache/apt \
```

```
&& rm -rf /var/lib/apt/lists/*
```

2. CMD

CMD 指令用来指定启动容器时默认执行的命令。

支持三种格式：

- CMD ["executable","param1","param2"]：相当于执行 executable param1 param2，推荐方式；
- CMD command param1 param2：在默认的 Shell 中执行，提供给需要交互的应用；
- CMD ["param1","param2"]：提供给 ENTRYPOINT 的默认参数。

每个 Dockerfile 只能有一条 CMD 命令。如果指定了多条命令，只有最后一条会被执行。

如果用户启动容器时候手动指定了运行的命令（作为 run 命令的参数），则会覆盖掉 CMD 指定的命令。

3. ADD

添加内容到镜像。

格式为 ADD <src> <dest>。

该命令将复制指定的 <src> 路径下内容到容器中的 <dest> 路径下。

其中 <src> 可以是 Dockerfile 所在目录的一个相对路径（文件或目录）；也可以是一个 URL；还可以是一个 tar 文件（自动解压为目录）<dest> 可以是镜像内绝对路径，或者相对于工作目录（WORKDIR）的相对路径。

路径支持正则格式，例如：

```
ADD *.c /code/
```

4. COPY

复制内容到镜像。

格式为 COPY <src> <dest>。

复制本地主机的 <src>（为 Dockerfile 所在目录的相对路径，文件或目录）下内容到镜像中的 <dest>。目标路径不存在时，会自动创建。

路径同样支持正则格式。

COPY 与 ADD 指令功能类似，当使用本地目录为源目录时，推荐使用 COPY。

8.3 创建镜像

编写完成 Dockerfile 之后，可以通过 docker [image] build 命令来创建镜像。

基本的格式为 docker build [OPTIONS] PATH | URL | -。

该命令将读取指定路径下（包括子目录）的 Dockerfile，并将该路径下所有数据作为上下文（Context）发送给 Docker 服务端。Docker 服务端在校验 Dockerfile 格式通过后，逐条执行其中定义的指令，碰到 ADD、COPY 和 RUN 指令会生成一层新的镜像。最终如果创建镜像成功，会返回最终镜像的 ID。

如果上下文过大，会导致发送大量数据给服务端，延缓创建过程。因此除非是生成镜像所必需的文件，不然不要放到上下文路径下。如果使用非上下文路径下的 Dockerfile，可以通过 -f 选项来指定其路径。

要指定生成镜像的标签信息，可以通过 -t 选项。该选项可以重复使用多次为镜像一次添加多个名称。

例如，上下文路径为 /tmp/docker_builder/，并且希望生成镜像标签为 builder/first_image:1.0.0，可以使用下面的命令：

```
$ docker build -t builder/first_image:1.0.0 /tmp/docker_builder/
```

8.3.1 命令选项

`docker [image] build` 命令支持一系列的选项，可以调整创建镜像过程的行为，参见表 8-2。

表 8-2 创建镜像的命令选项及说明

选　项	说　明
-add-host list	添加自定义的主机名到 IP 的映射
-build-arg list	添加创建时的变量
-cache-from strings	使用指定镜像作为缓存源
-cgroup-parent string	继承的上层 cgroup
-compress	使用 gzip 来压缩创建上下文数据
-cpu-period int	分配的 CFS 调度器时长
-cpu-quota int	CFS 调度器总份额
-c, -cpu-shares int	CPU 权重
-cpuset-cpus string	多 CPU 允许使用的 CPU
-cpuset-mems string	多 CPU 允许使用的内存
-disable-content-trust	不进行镜像校验，默认为真
-f, -file string	Dockerfile 名称
-force-rm	总是删除中间过程的容器
-iidfile string	将镜像 ID 写入到文件
-isolation string	容器的隔离机制
-label list	配置镜像的元数据
-m, -memory bytes	限制使用内存量
-memory-swap bytes	限制内存和缓存的总量
-network string	指定 RUN 命令时的网络模式
-no-cache	创建镜像时不适用缓存

（续）

选　项	说　明
-platform string	指定平台类型
-pull	总是尝试获取镜像的最新版本
-q, -quiet	不打印创建过程中的日志信息
-rm	创建成功后自动删除中间过程容器，默认为真
-security-opt strings	指定安全相关的选项
-shm-size bytes	/dev/shm 的大小
-squash	将新创建的多层挤压放入到一层中
-stream	持续获取创建的上下文
-t, -tag list	指定镜像的标签列表
-target string	指定创建的目标阶段
-ulimit ulimit	指定 ulimit 的配置

8.3.2　选择父镜像

大部分情况下，生成新的镜像都需要通过 FROM 指令来指定父镜像。父镜像是生成镜像的基础，会直接影响到所生成镜像的大小和功能。

用户可以选择两种镜像作为父镜像，一种是所谓的基础镜像（baseimage），另外一种是普通的镜像（往往由第三方创建，基于基础镜像）。

基础镜像比较特殊，其 Dockerfile 中往往不存在 FROM 指令，或者基于 scratch 镜像（FROM scratch），这意味着其在整个镜像树中处于根的位置。

下面的 Dockerfile 定义了一个简单的基础镜像，将用户提前编译好的二进制可执行文件 binary 复制到镜像中，运行容器时执行 binary 命令：

```
FROM scratch
ADD binary /
CMD ["/binary"]
```

普通镜像也可以作为父镜像来使用，包括常见的 busybox、debian、ubuntu 等。

Docker 不同类型镜像之间的继承关系如图 8-1 所示。

8.3.3　使用 .dockerignore 文件

可以通过 .dockerignore 文件（每一行添加一条匹配模式）来让 Docker 忽略匹配路径或文件，在创建镜像时候不将无关数据发送到服务端。

例如下面的例子中包括了 6 行忽略的模式（第一行为注释）：

```
# .dockerignore 文件中可以定义忽略模式
*/temp*
*/*/temp*
tmp?
```

```
~*
Dockerfile
!README.md
```

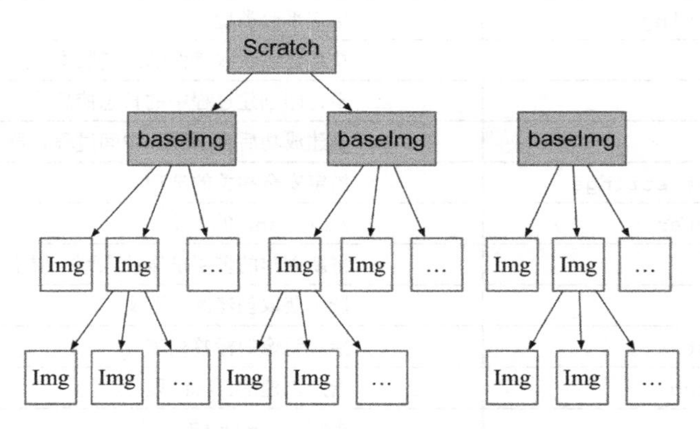

图 8-1 镜像的继承关系

- dockerignore 文件中模式语法支持 Golang 风格的路径正则格式：
- “*”表示任意多个字符；
- “?”代表单个字符；
- “!”表示不匹配（即不忽略指定的路径或文件）。

8.3.4 多步骤创建

自 17.05 版本开始，Docker 支持多步骤镜像创建（Multi-stage build）特性，可以精简最终生成的镜像大小。

对于需要编译的应用（如 C、Go 或 Java 语言等）来说，通常情况下至少需要准备两个环境的 Docker 镜像：

- 编译环境镜像：包括完整的编译引擎、依赖库等，往往比较庞大。作用是编译应用为二进制文件；
- 运行环境镜像：利用编译好的二进制文件，运行应用，由于不需要编译环境，体积比较小。

使用多步骤创建，可以在保证最终生成的运行环境镜像保持精简的情况下，使用单一的 Dockerfile，降低维护复杂度。

以 Go 语言应用为例。创建干净目录，进入到目录中，创建 main.go 文件，内容为：

```
// main.go will output "Hello, Docker"

package main

import (
    "fmt"
)
```

```
func main() {
    fmt.Println("Hello, Docker")
}
```

创建 Dockerfile，使用 golang:1.9 镜像编译应用二进制文件为 app，使用精简的镜像 alpine:latest 作为运行环境。Dockerfile 完整内容为：

```
FROM golang:1.9 as builder # define stage name as builder
RUN mkdir -p /go/src/test
WORKDIR /go/src/test
COPY main.go .
RUN CGO_ENABLED=0 GOOS=linux go build -o app .

FROM alpine:latest
RUN apk --no-cache add ca-certificates
WORKDIR /root/
COPY --from=builder /go/src/test/app . # copy file from the builder stage
CMD ["./app"]
```

执行如下命令创建镜像，并运行应用：

```
$ docker build -t yeasy/test-multistage:latest .
Sending build context to Docker daemon  3.072kB
Step 1/10 : FROM golang:1.9
...
Successfully built 5fd0cb93dda0
Successfully tagged yeasy/test-multistage:latest
$ docker run --rm yeasy/test-multistage:latest
Hello, Docker
```

查看生成的最终镜像，大小只有 6.55 MB：

```
$ docker images|grep test-multistage
yeasy/test-multistage latest 5fd0cb93dda0 1 minutes ago 6.55MB
```

8.4 最佳实践

所谓最佳实践，就是从需求出发，来定制适合自己、高效方便的镜像。

首先，要尽量吃透每个指令的含义和执行效果，多编写一些简单的例子进行测试，弄清楚了再撰写正式的 Dockerfile。此外，Docker Hub 官方仓库中提供了大量的优秀镜像和对应的 Dockefile，可以通过阅读它们来学习如何撰写高效的 Dockerfile。

笔者在应用过程中，也总结了一些实践经验。建议读者在生成镜像过程中，尝试从如下角度进行思考，完善所生成镜像：

- **精简镜像用途**：尽量让每个镜像的用途都比较集中单一，避免构造大而复杂、多功能的镜像；
- **选用合适的基础镜像**：容器的核心是应用。选择过大的父镜像（如 Ubuntu 系统镜像）会造成最终生成应用镜像的臃肿，推荐选用瘦身过的应用镜像（如 node:slim），或者较为小巧的系统镜像（如 alpine、busybox 或 debian）；

- **提供注释和维护者信息**：Dockerfile 也是一种代码，需要考虑方便后续的扩展和他人的使用；
- **正确使用版本号**：使用明确的版本号信息，如 1.0，2.0，而非依赖于默认的 `latest`。通过版本号可以避免环境不一致导致的问题；
- **减少镜像层数**：如果希望所生成镜像的层数尽量少，则要尽量合并 RUN、ADD 和 COPY 指令。通常情况下，多个 RUN 指令可以合并为一条 RUN 指令；
- **恰当使用多步骤创建**（17.05+ 版本支持）：通过多步骤创建，可以将编译和运行等过程分开，保证最终生成的镜像只包括运行应用所需要的最小化环境。当然，用户也可以通过分别构造编译镜像和运行镜像来达到类似的结果，但这种方式需要维护多个 Dockerfile。
- **使用 .dockerignore 文件**：使用它可以标记在执行 `docker build` 时忽略的路径和文件，避免发送不必要的数据内容，从而加快整个镜像创建过程。
- **及时删除临时文件和缓存文件**：特别是在执行 `apt-get` 指令后，`/var/cache/apt` 下面会缓存了一些安装包；
- **提高生成速度**：如合理使用 cache，减少内容目录下的文件，或使用 `.dockerignore` 文件指定等；
- **调整合理的指令顺序**：在开启 cache 的情况下，内容不变的指令尽量放在前面，这样可以尽量复用；
- **减少外部源的干扰**：如果确实要从外部引入数据，需要指定持久的地址，并带版本信息等，让他人可以复用而不出错。

8.5 本章小结

本章主要介绍围绕 Dockerfile 文件构建镜像的过程，包括 Dockerfile 的基本结构、所支持的内部指令、使用它创建镜像的基本过程，以及合理构建镜像的最佳实践。在使用 Dockerfile 构建镜像的过程中，读者可以体会到 Docker 镜像在使用上“一处修改代替大量更新”的灵活之处。

当然，要编写一个高质量的 Dockerfile 并不是一件容易的事情，需要不断地学习和实践。在本书的第二部分中，笔者也给出了众多代表性镜像的 Dockerfile，供大家学习参考。

第二部分 Part 2

实战案例

- 第 9 章　操作系统
- 第 10 章　为镜像添加 SSH 服务
- 第 11 章　Web 服务与应用
- 第 12 章　数据库应用
- 第 13 章　分布式处理与大数据平台
- 第 14 章　编程开发
- 第 15 章　容器与云服务
- 第 16 章　容器实战思考

实战是检验技术的唯一标准。

通过第一部分的学习，相信读者已经掌握了 Docker 的核心概念和常用操作。

在第二部分，笔者将通过大量容器应用案例，更加深入地展示在生产实践中如何使用容器技术。

第 9 章介绍通过 Docker 运行典型的操作系统环境，包括 BusyBox、Alpine、Debian/Ubuntu、CentOS、Fedora，以及基于 Docker 的特色操作系统 CoreOS。

第 10 章介绍如何为一个镜像添加 SSH 服务以方便登录测试，并探讨访问容器内部的方案。

第 11 章介绍利用 Docker 提供典型的 Web 服务，包括 Apache、Nginx、Tomcat、Jetty、LAMP 等流行的 Web 工具，以及持续开发与管理的工具。

第 12 章通过 MySQL、Oracle XE、MongoDB、Redis、Cassandra 等数据库典型例子，展示在容器中搭建和配置常见的 SQL 与 NoSQL 数据库。

第 13 章介绍分布式处理和大数据平台的容器化应用，包括大数据平台 Hadoop、Spark、Storm、Elasticsearch 等。

第 14 章介绍主流编程语言的开发，包括 C/C++、Java、Python、JavaScript、Go 等语言，以及如何使用 Docker 快速构建相应的编程开发环境。

接下来，第 15 章介绍支持容器技术的公有云服务和容器云平台。

最后，在第 16 章结合生产实践中的常见需求和问题进行探讨，分享容器实战中的一些思考。

通过第二部分实战案例的学习，读者可以深入体验容器技术，更好地掌握 Docker 技巧。

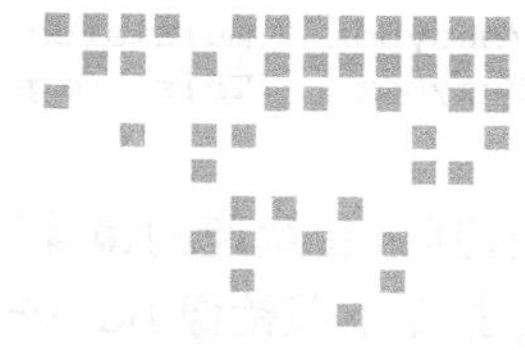

第9章 Chapter 9

操作系统

目前常用的 Linux 发行版主要包括 Debian/Ubuntu 系列和 CentOS/Fedora 系列。前者以自带软件包版本较新而出名；后者则宣称运行更稳定一些。选择哪个操作系统取决于读者的具体需求。同时，社区还推出了精简版的 Busybox 和 Alphine。

使用 Docker，只需要一个命令就能快速获取一个 Linux 发行版镜像，这是以往各种虚拟化技术都难以实现的。这些镜像一般都很精简，但是可以支持完整 Linux 系统的大部分功能。

本章将介绍如何使用 Docker 安装和使用 Busybox、Alphine、Debian/Ubuntu、CentOS/Fedora 等操作系统。

9.1 BusyBox

BusyBox 是一个集成了一百多个最常用 Linux 命令（如 cat、echo、grep、mount、telnet 等）的精简工具箱，它只有不到 2 MB 大小，被誉为“Linux 系统的瑞士军刀”。BusyBox 可运行于多款 POSIX 环境的操作系统中，如 Linux（包括 Android）、Hurd、FreeBSD 等。

1. 获取官方镜像

在 Docker Hub 中搜索 busybox 相关的镜像，如下所示：

```
$ docker search busybox
NAME                DESCRIPTION                                          STARS  OFFICIAL  AUTOMATED
busybox             Busybox base image.                                    755           [OK]
progrium/busybox                                                            63           [OK]
radial/busyboxplus  Full-chain, Internet enabled, busybox made...           11           [OK]
odise/busybox-python                                                         3           [OK]
```

```
multiarch/busybox   multiarch ports of ubuntu-debootstrap          2           [OK]
azukiapp/busybox    This image is meant to be used as the base...  2           [OK]
...
```

读者可以看到最受欢迎的镜像同时带有OFFICIAL标记，说明它是官方镜像。可使用docker pull指令下载镜像busybox:latest：

```
$ docker pull busybox:latest
```

下载后，可以看到busybox镜像只有1.15 MB：

```
$ docker images REPOSITORY     TAG      IMAGE ID      CREATED            VIRTUAL SIZE
busybox         latest              8ac48589692a      6 weeks ago             1.15MB
```

2. 运行busybox

启动一个busybox镜像，并在容器中执行grep命令：

```
$ docker run -it busybox
/ # grep
/ # grep
BusyBox v1.28.3 (2018-04-03 20:29:50 UTC) multi-call binary.

Usage: grep [-HhnlLoqvsriwFE] [-m N] [-A/B/C N] PATTERN/-e PATTERN.../-f FILE [FILE]...

Search for PATTERN in FILEs (or stdin)

    -H      Add 'filename:' prefix
    -h      Do not add 'filename:' prefix
    -n      Add 'line_no:' prefix
......
```

查看容器内的挂载信息：

```
/ # mount
overlay on / type overlay (rw,relatime,lowerdir=/var/lib/docker/overlay2/l/
    OVIEGJ5QGWQQHZ75VSKTYGP6MN:/var/lib/docker/overlay2/l/EFXED7GHG2GUHTO6D5NAE2
    2MBA,upperdir=/var/lib/docker/overlay2/3f8828d51e850912cc0729e4f782a4b715d4d
    ba95c274ee119980e822998b80a/diff,workdir=/var/lib/docker/overlay2/3f8828d51e
    850912cc0729e4f782a4b715d4dba95c274ee119980e822998b80a/work)
proc on /proc type proc (rw,nosuid,nodev,noexec,relatime)
tmpfs on /dev type tmpfs (rw,nosuid,size=65536k,mode=755)
......
```

busybox镜像虽然小巧，但包括了大量常见的Linux命令，读者可以用它快速熟悉Linux命令。

3. 相关资源

BusyBox的相关资源如下：

- BusyBox官网：https://busybox.net/
- BusyBox官方仓库：https://git.busybox.net/busybox/
- BusyBox官方镜像：https://hub.docker.com/_/busybox/
- BusyBox官方镜像仓库：https://github.com/docker-library/busybox

9.2 Alpine

1. 简介

Alpine 操作系统是一个面向安全的轻型 Linux 发行版，关注安全，性能和资源效能。不同于其他发行版，Alpine 采用了 `musl libc` 和 BusyBox 以减小系统的体积和运行时资源消耗，比 BusyBox 功能上更完善。在保持瘦身的同时，Alpine 还提供了包管理工具 apk 查询和安装软件包。

Alpine Docker 镜像继承了 Alpine Linux 发行版的这些优势。相比于其他镜像，它的容量非常小，仅仅只有 5 MB 左右（Ubuntu 系列镜像接近 200 MB）。官方镜像来自 docker-alpine 项目。

目前 Docker 官方推荐使用 Alpine 作为默认的基础镜像环境，这可以带来多个优势，如镜像下载速度加快、镜像安全性提高、主机之间的切换更方便、占用更少磁盘空间等。

下面是官方镜像的大小比较，可以看出 Alpine 镜像的显著优势：

```
REPOSITORY          TAG             IMAGE ID          VIRTUAL SIZE
alpine              latest          4e38e38c8ce0      4.799 MB
debian              latest          4d6ce913b130      84.98 MB
ubuntu              latest          b39b81afc8ca      188.3 MB
centos              latest          8efe422e6104      210 MB
```

2. 获取并使用官方镜像

由于镜像很小，下载时间几乎可以忽略，读者可以使用 `docker [container] run` 指令直接运行一个 Alpine 容器，并指定运行的指令，例如：

```
$ docker run alpine echo '123'
123
```

本地没有提前 pull 镜像的情况下，直接执行 `echo` 命令，仅需要 3 秒左右：

```
$ time docker run alpine echo '123'
Unable to find image 'alpine:latest' locallylatest: Pulling from library/alpine

e110a4a17941: Pull completeDigest: sha256:3dcdb92d7432d56604d4545cbd324b14e647b31
    3626d99b889d0626de158f73aStatus: Downloaded newer image for alpine:latest123

real 0m3.367s user 0m0.040s sys 0m0.007s
```

3. 迁移至 Alpine 基础镜像

目前，大部分 Docker 官方镜像都已经支持 Alpine 作为基础镜像，可以很容易进行迁移。例如：

- ubuntu/debian -> alpine
- python:2.7 -> python:3.6-alpine
- ruby:2.6 -> ruby:2.6-alpine

另外，如果使用 Alpine 镜像，安装软件包时可以使用 apk 工具，则如：

```
$ apk add --no-cache <package>
```

Alpine 中软件安装包的名字可能会与其他发行版有所不同，可以在 https://pkgs.alpinelinux.org/packages 网站搜索并确定安装包名称。如果需要的安装包不在主索引内，但是在测试或社区索引中。那么首先需要更新仓库列表，如下所示。

```
$ echo "http://dl-4.alpinelinux.org/alpine/edge/testing" >> /etc/apk/repositories
$ apk --update add --no-cache <package>
```

4. 相关资源

Apline 的相关资源如下：

- ❑ Apline 官网：http://alpinelinux.org/
- ❑ Apline 官方仓库：https://github.com/alpinelinux
- ❑ Apline 官方镜像：https://hub.docker.com/_/alpine/
- ❑ Apline 官方镜像仓库：https://github.com/gliderlabs/docker-alpine

9.3 Debian/Ubuntu

Debian 和 Ubuntu 都是目前较为流行的 Debian 系的服务器操作系统，十分适合研发场景。Docker Hub 上提供了它们的官方镜像，国内各大容器云服务都提供了完整的支持。

1. Debian 系统简介及官方镜像使用

Debian 是基于 GPL 授权的开源操作系统，是目前个人电脑与服务器中最受欢迎的开源操作系统之一，由 Debian 计划（Debian Project）组织维护。Debian 以其坚守 Unix 和自由软件的精神，及给予用户的众多选择而闻名。目前 Debian 包括超过 25 000 个软件包并支持 12 个计算机系统结构。

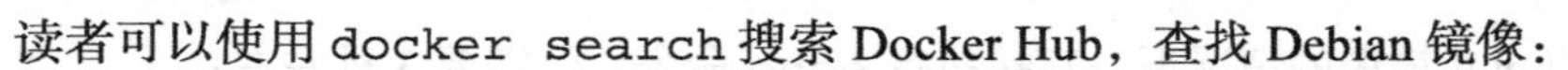

读者可以使用 docker search 搜索 Docker Hub，查找 Debian 镜像：

```
$ docker search debian
NAME DESCRIPTION                                              STARS OFFICIAL AUTOMATED
ubuntu Ubuntu is a Debian-based Linux operating sys…    7664                [OK]
debian Debian is a Linux distribution that's compos…    2569                [OK]
...
```

使用 docker run 命令直接运行 Debian 镜像。

```
$ docker run -it debian bash
root@668e178d8d69:/# cat /etc/issue
Debian GNU/Linux 8
```

可以将 Debian 镜像作为基础镜像来构建自定义镜像。如果需要进行本地化配置，如 UTF-8 支持，可参考：

```
RUN apt-get update && apt-get install -y locales && rm -rf /var/lib/apt/lists/* \
    && localedef -i en_US -c -f UTF-8 -A /usr/share/locale/locale.alias en_
        US.UTF-8
ENV LANG en_US.utf8
```

2. Ubuntu 系统简介及官方镜像使用

Ubuntu 是以桌面应用为主的 GNU/Linux 开源操作系统，其名称来自非洲南部祖鲁语或豪萨语的“ubuntu”一词。官方译名“友帮拓”，另有“乌班图”等译名。Ubuntu 每 6 个月会发布一个新版本，每两年推出一个长期支持（Long Term Support，LTS）版本，一般支持 3 年时间。

Ubuntu 相关的镜像有很多，这里只搜索那些评星 50 以上的镜像：

```
$ docker search --filter=stars=50 ubuntu
NAME   DESCRIPTION                                              STARS   OFFICIAL AUTOMATED
ubuntu Ubuntu is a Debian-based Linux operating sys...                          7664  [OK]
dorowu/ubuntu-desktop-lxde-vnc   Ubuntu with openssh-server and NoVNC            181  [OK]
rastasheep/ubuntu-sshd          Dockerized SSH service, built on top of offi... 146  [OK]
ansible/ubuntu14.04-ansible      Ubuntu 14.04 LTS with ansible                    91  [OK]
ubuntu-upstart     Upstart is an event-based replacement for th...               86  [OK]
neurodebian        NeuroDebian provides neuroscience research s...               50  [OK]
```

根据搜索出来的结果，读者可以自行选择下载镜像并使用。

下面以 ubuntu 18.04 为例，演示如何使用该镜像安装一些常用软件。首先启动容器，并查看 ubuntu 镜像的发行版本号：

```
$ docker run -it ubuntu:18.04 bash
root@7d93de07bf76:/# cat /etc/lsb-release
DISTRIB_ID=Ubuntu
DISTRIB_RELEASE=18.04
DISTRIB_CODENAME=bionic
DISTRIB_DESCRIPTION="Ubuntu 18.04 LTS"
```

执行 apt-get update 命令更新仓库信息。更新信息后即可成功通过 apt-get 命令来安装软件：

```
root@7d93de07bf76:/# apt-get update
Ign http://archive.ubuntu.com bionic InRelease
Ign http://archive.ubuntu.com bionic-updates InRelease
Ign http://archive.ubuntu.com bionic-security InRelease
Ign http://archive.ubuntu.com bionic-proposed InRelease
Get:1 http://archive.ubuntu.com bionic Release.gpg [933 B]
...
```

安装 curl 工具：

```
root@7d93de07bf76:/# apt-get install curl
Reading package lists... Done
...
root@7d93de07bf76:/# curl
curl: try 'curl --help' or 'curl --manual' for more information
```

接下来，再安装 Apache 服务：

```
root@7d93de07bf76:/# apt-get install -y apache2
```

启动这个 Apache 服务，然后使用 curl 工具来测试本地访问：

```
root@7d93de07bf76:/# service apache2 start
```

配合使用 -p 参数对外映射服务端口，可以允许容器外来访问该服务。

3. 相关资源

Debian 的相关资源如下：

- Debian 官网：https://www.debian.org/
- Debian 官方镜像：https://hub.docker.com/_/debian/

Ubuntu 的相关资源如下：

- Ubuntu 官网：http://www.ubuntu.org.cn/global
- Ubuntu 官方镜像：https://hub.docker.com/_/ubuntu/

9.4 CentOS/Fedora

1. CentOS 系统简介及官方镜像使用

CentOS 和 Fedora 都是基于 Redhat 的 Linux 发行版。CentOS 是目前企业级服务器的常用操作系统；Fedora 则主要面向个人桌面用户。

CentOS（Community Enterprise Operating System，社区企业操作系统）基于 Red Hat Enterprise Linux 源代码编译而成。由于 CentOS 与 RedHat Linux 源于相同的代码基础，所以很多成本敏感且需要高稳定性的公司就使用 CentOS 来替代商业版 Red Hat Enterprise Linux。CentOS 自身不包含闭源软件。

使用 docker search 命令来搜索标星至少为 50 的 CentOS 相关镜像：

```
$ $ docker search --filter=stars=50 centos
NAME DESCRIPTION                                                        STARS OFFICIAL AUTOMATED
centos The official build of CentOS. 4278                                                 [OK]
ansible/centos7-ansible Ansible on Centos7 109                                             [OK]
jdeathe/centos-ssh CentOS-6 6.9 x86_64 / CentOS-7 7.4.1708 x86_...    95                  [OK]
consol/centos-xfce-vnc Centos container with "headless" VNC session...    52             [OK]
```

使用 docker run 直接运行最新的 CentOS 镜像，并登录 bash：

```
$ docker run -it centos bash
[root@8f5768c8a843 /]# cat /etc/redhat-release
CentOS Linux release 7.4.1708 (Core)
```

2. Fedora 系统简介及官方镜像使用

Fedora 是由 Fedora Project 社区开发，Red Hat 公司赞助的 Linux 发行版。它的目标是创建一套新颖、多功能并且自由和开源的操作系统。

使用 docker search 命令来搜索标星至少为 50 的 Fedora 相关镜像，结果如下：

```
$ $ docker search --filter=stars=50 fedora
NAME DESCRIPTION                                                        STARS OFFICIAL AUTOMATED
```

```
fedora Official Docker builds of Fedora   658                              [OK]
```

使用 docker run 命令直接运行 Fedora 官方镜像，并登录 bash：

```
$ docker run -it fedora bash
[root@7f1ed383c2e3 /]# cat /etc/redhat-release
Fedora release 28 (Twenty Eight)
```

3. 相关资源

Fedora 的相关资源如下：

- ❑ Fedora 官网：https://getfedora.org/
- ❑ Fedora 官方镜像：https://hub.docker.com/_/fedora/

CentOS 的相关资源如下：

- ❑ CentOS 官网：https:// https://www.centos.org/
- ❑ CentOS 官方镜像：https://hub.docker.com/_/centos/

9.5 本章小结

本章讲解了典型操作系统镜像的下载和使用。除了官方的镜像外，在 DockerHub 上还有许多第三方组织或个人维护的 Docker 镜像。读者可以根据具体情况来选择。一般来说：

- ❑ 官方镜像体积都比较小，只带有一些基本的组件，适合用来作为基础镜像。精简的系统有利于安全、稳定和高效的运行，也适合进行定制化。
- ❑ 个别第三方（如 tutum，已被 Docker 收购）维护的应用镜像质量也非常高。这些镜像通常针对某个具体应用进行配置，比如：包含 LAMP 组件的 Ubuntu 镜像。

下一章中，笔者将介绍如何创建一个带 SSH 服务的 Docker 镜像。

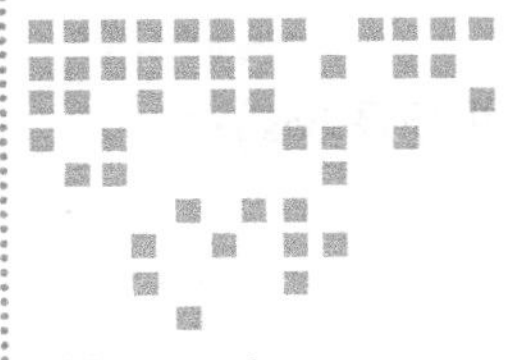

Chapter 10 第 10 章

为镜像添加 SSH 服务

很多时候，系统管理员都习惯通过 SSH 服务来远程登录管理服务器，但是 Docker 的很多镜像是不带 SSH 服务的，那么用户怎样才能管理容器呢？

在第一部分中介绍了一些进入容器的办法，比如用 attach、exec 等命令，但是这些命令都无法解决远程管理容器的问题。因此，当读者需要远程登录到容器内进行一些操作的时候，就需要 SSH 的支持了。

本章将具体介绍如何自行创建一个带有 SSH 服务的镜像，并详细介绍了两种创建容器的方法：基于 docker commit 命令创建和基于 Dockerfile 创建。

10.1 基于 commit 命令创建

Docker 提供了 docker commit 命令，支持用户提交自己对制定容器的修改，并生成新的镜像。命令格式为 docker commit CONTAINER [REPOSITORY[:TAG]]。这里笔者将介绍如何用 docker commit 命令为 ubuntu:18.04 镜像添加 SSH 服务。

1. 准备工作

首先，获取 ubuntu:18.04 镜像，并创建一个容器：

```
$ docker pull ubuntu:18.04
$ docker run -it ubuntu:18.04 bash
root@fc1936ea8ceb:/#
```

2. 配置软件源

检查软件源，并使用 apt-get update 命令来更新软件源信息：

```
root@fc1936ea8ceb:/# apt-get update
```

如果默认的官方源速度慢的话，也可以替换为国内 163、sohu 等镜像的源。以 163 源为例，在容器内创建 /etc/apt/sources.list.d/163.list 文件：

```
root@fc1936ea8ceb:/# vi /etc/apt/sources.list.d/163.list
```

添加如下内容到文件中：

```
deb http://mirrors.163.com/ubuntu/ bionic main restricted universe multiverse
deb http://mirrors.163.com/ubuntu/ bionic-security main restricted universe multiverse
deb http://mirrors.163.com/ubuntu/ bionic-updates main restricted universe multiverse
deb http://mirrors.163.com/ubuntu/ bionic-proposed main restricted universe multiverse
deb http://mirrors.163.com/ubuntu/ bionic-backports main restricted universe multiverse
deb-src http://mirrors.163.com/ubuntu/ bionic main restricted universe multiverse
deb-src http://mirrors.163.com/ubuntu/ bionic-security main restricted universe multiverse
deb-src http://mirrors.163.com/ubuntu/ bionic-updates main restricted universe multiverse
deb-src http://mirrors.163.com/ubuntu/ bionic-proposed main restricted universe multiverse
deb-src http://mirrors.163.com/ubuntu/ bionic-backports main restricted universe multiverse
```

之后重新执行 `apt-get update` 命令即可。

3. 安装和配置 SSH 服务

更新软件包缓存后可以安装 SSH 服务了，选择主流的 openssh-server 作为服务端。可以看到需要下载安装众多的依赖软件包：

```
root@fc1936ea8ceb:/# apt-get install openssh-server
```

如果需要正常启动 SSH 服务，则目录 /var/run/sshd 必须存在。下面手动创建它，并启动 SSH 服务：

```
root@fc1936ea8ceb:/# mkdir -p /var/run/sshd
root@fc1936ea8ceb:/# /usr/sbin/sshd -D &
[1] 3254
```

此时查看容器的 22 端口（SSH 服务默认监听的端口），可见此端口已经处于监听状态：

```
root@fc1936ea8ceb:/# netstat -tunlp
Active Internet connections (only servers)
Proto Recv-Q Send-Q Local Address           Foreign Address         State       PID/Program name
tcp        0      0 0.0.0.0:22              0.0.0.0:*               LISTEN      -
tcp6       0      0 :::22                   :::*                    LISTEN      -
```

修改 SSH 服务的安全登录配置，取消 `pam` 登录限制：

```
root@fc1936ea8ceb:/# sed -ri 's/session    required     pam_loginuid.so/#session
    required     pam_loginuid.so/g' /etc/pam.d/sshd
```

在 root 用户目录下创建 .ssh 目录，并复制需要登录的公钥信息（一般为本地主机用户目录下的 `.ssh/id_rsa.pub` 文件，可由 `ssh-keygen -t rsa` 命令生成）到 `authorized_keys` 文件中：

```
root@fc1936ea8ceb:/# mkdir root/.ssh
root@fc1936ea8ceb:/# vi /root/.ssh/authorized_keys
```

创建自动启动 SSH 服务的可执行文件 run.sh，并添加可执行权限：

```
root@fc1936ea8ceb:/# vi /run.sh
root@fc1936ea8ceb:/# chmod +x run.sh
```

run.sh 脚本内容如下：

```
#!/bin/bash
/usr/sbin/sshd -D
```

最后，退出容器：

```
root@fc1936ea8ceb:/# exit
exit
```

4. 保存镜像

将所退出的容器用 docker commit 命令保存为一个新的 sshd:ubuntu 镜像。

```
$ docker commit  fc1 sshd:ubuntu
7aef2cd95fd0c712f022bcff6a4ddefccf20fd693da2b24b04ee1cd3ed3eb6fc
```

使用 docker images 查看本地生成的新镜像 sshd:ubuntu，目前拥有的镜像如下：

```
$ docker  images
REPOSITORY       TAG            IMAGE ID          CREATED            VIRTUAL SIZE
sshd             ubuntu         7aef2cd95fd0      10 seconds ago     255.2 MB
busybox          latest         e72ac664f4f0      3 weeks ago        2.433 MB
ubuntu           latest         ba5877dc9bec      3 months ago       192.7 MB
```

5. 使用镜像

启动容器，并添加端口映射 10022 -->22。其中 10022 是宿主主机的端口，22 是容器的 SSH 服务监听端口：

```
$ docker  run -p 10022:22  -d sshd:ubuntu /run.sh
3ad7182aa47f9ce670d933f943fdec946ab69742393ab2116bace72db82b4895
```

启动成功后，可以在宿主主机上看到容器运行的详细信息。

```
$ docker ps
CONTAINER ID  IMAGE        COMMAND     CREATED        STATUS        PORTS         NAMES
3ad7182aa47f  sshd:ubuntu  "/run.sh"   2 seconds ago  Up 2 seconds 0.0.0.0:10022-
    >22/tcp   focused_ptolemy
```

在宿主主机（192.168.1.200）或其他主机上上，可以通过 SSH 访问 10022 端口来登录容器：

```
$ ssh 192.168.1.200 -p 10022
The authenticity of host '[192.168.1.200]:10022 ([192.168.1.200]:10022)' can't
    be established.
ECDSA key fingerprint is 5f:6e:4c:54:8f:c7:7f:32:c2:38:45:bb:16:03:c9:e8.
Are you sure you want to continue connecting (yes/no)? yes
Warning: Permanently added '[192.168.1.200]:10022' (ECDSA) to the list of known hosts.

root@3ad7182aa47f:~#
```

10.2 使用 Dockerfile 创建

在第一部分中笔者曾介绍过 Dockerfile 的基础知识，下面将介绍如何使用 Dockerfile 来创建一个支持 SSH 服务的镜像。

1. 创建工作目录

首先，创建一个 sshd_ubuntu 工作目录：

```
$ mkdir sshd_ubuntu
$ ls
sshd_ubuntu
```

在其中，创建 Dockerfile 和 run.sh 文件：

```
$ cd sshd_ubuntu/
$ touch Dockerfile run.sh
$ ls
Dockerfile  run.sh
```

2. 编写 run.sh 脚本和 authorized_keys 文件

脚本文件 run.sh 的内容与上一小节中一致：

```
#!/bin/bash
/usr/sbin/sshd -D
```

在宿主主机上生成 SSH 密钥对，并创建 authorized_keys 文件：

```
$ ssh-keygen -t rsa
...
$ cat ~/.ssh/id_rsa.pub >authorized_keys
```

3. 编写 Dockerfile

下面是 Dockerfile 的内容及各部分的注释，可以对比上一节中利用 docker commit 命令创建镜像过程，所进行的操作基本一致：

```
#设置继承镜像
FROM ubuntu:18.04

#提供一些作者的信息
MAINTAINER docker_user (user@docker.com)

#下面开始运行命令，此处更改ubuntu的源为国内163的源
RUN echo "deb http://mirrors.163.com/ubuntu/ bionic main restricted universe
    multiverse" > /etc/apt/sources.list
RUN echo "deb http://mirrors.163.com/ubuntu/ bionic-security main restricted
    universe multiverse" >> /etc/apt/sources.list
RUN echo "deb http://mirrors.163.com/ubuntu/ bionic-updates main restricted
    universe multiverse" >> /etc/apt/sources.list
RUN echo "deb http://mirrors.163.com/ubuntu/ bionic-proposed main restricted
    universe multiverse" >> /etc/apt/sources.list
RUN echo "deb http://mirrors.163.com/ubuntu/ bionic-backports main restricted
    universe multiverse" >> /etc/apt/sources.list
RUN apt-get update
```

```
#安装 ssh 服务
RUN apt-get install -y openssh-server
RUN mkdir -p /var/run/sshd
RUN mkdir -p /root/.ssh
#取消pam限制
RUN sed -ri 's/session    required    pam_loginuid.so/#session    required
    pam_loginuid.so/g' /etc/pam.d/sshd

#复制配置文件到相应位置,并赋予脚本可执行权限
ADD authorized_keys /root/.ssh/authorized_keys
ADD run.sh /run.sh
RUN chmod 755 /run.sh

#开放端口
EXPOSE 22

#设置自启动命令
CMD ["/run.sh"]
```

4. 创建镜像

在sshd_ubuntu目录下，使用docker build命令来创建镜像。这里用户需要注意在最后还有一个“.”，表示使用当前目录中的Dockerfile：

```
$ cd sshd_ubuntu
$ docker build -t sshd:dockerfile .
```

如果读者使用Dockerfile创建自定义镜像，那么需要注意的是Docker会自动删除中间临时创建的层，还需要注意每一步的操作和编写的Dockerfile中命令的对应关系。

命令执行完毕后，如果读者看见“Successfully built XXX”字样，则说明镜像创建成功。可以看到，以上命令生成的镜像ID是570c26a9de68。

在本地查看sshd:dockerfile镜像已存在：

```
$ docker images
REPOSITORY      TAG          IMAGE ID        CREATED           VIRTUAL SIZE
sshd            dockerfile   570c26a9de68    4 minutes ago     246.5 MB
sshd            ubuntu       7aef2cd95fd0    12 hours ago      255.2 MB
busybox         latest       e72ac664f4f0    3 weeks ago       2.433 MB
ubuntu          16.04        ba5877dc9bec    3 months ago      192.7 MB
ubuntu          latest       ba5877dc9bec    3 months ago      192.7 MB
```

5. 测试镜像，运行容器

下面使用刚才创建的sshd:dockerfile镜像来运行一个容器。

直接启动镜像，映射容器的22端口到本地的10122端口：

```
$ docker run -d -p 10122:22 sshd:dockerfile
890c04ff8d769b604386ba4475253ae8c21fc92d60083759afa77573bf4e8af1
$ docker ps
CONTAINER ID   IMAGE          COMMAND      CREATED          STATUS          PORTS          NAMES
890c04ff8d76   sshd:dockerfile   "/run.sh"   4 seconds ago          Up 3 seconds
    0.0.0.0:10122->22/tcp   high_albattani
```

在宿主主机新打开一个终端，连接到新建的容器：

```
$ ssh 192.168.1.200 -p 10122
The authenticity of host '[192.168.1.200]:10122 ([192.168.1.200]:10122)' can't
     be established.
ECDSA key fingerprint is d1:59:f1:09:3b:09:79:6d:19:16:f4:fd:39:1b:be:27.
Are you sure you want to continue connecting (yes/no)? yes
Warning: Permanently added '[192.168.1.200]:10122' (ECDSA) to the list of known hosts.

root@890c04ff8d76:~#
```

效果与上一小节一致，镜像创建成功。

10.3　本章小结

在 Docker 社区中，对于是否需要为 Docker 容器启用 SSH 服务一直有争论。

一方的观点是：Docker 的理念是一个容器只运行一个服务。因此，如果每个容器都运行一个额外的 SSH 服务，就违背了这个理念。而且认为根本没有从远程主机进入容器进行维护的必要。

另外一方的观点是：虽然使用 docker exec 命令可以从本地进入容器，但是如果要从其他远程主机进入依然没有更好的解决方案。

笔者认为，这两种说法各有道理，其实是在讨论不同的容器场景：作为应用容器，还是作为系统容器。应用容器行为围绕应用生命周期，较为简单，不需要人工的额外干预；而系统容器则需要支持管理员的登录操作，这个时候，对 SSH 服务的支持就变得十分必要了。

因此，在 Docker 推出更加高效、安全的方式对系统容器进行远程操作之前，容器的 SSH 服务还是比较重要的，而且它对资源的需求不高，同时安全性可以保障。

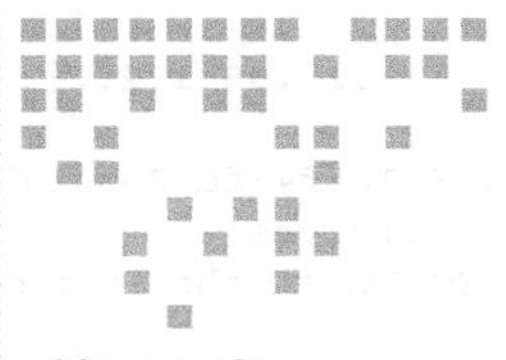

Chapter 11 第 11 章

Web 服务与应用

Web 服务和应用是目前互联网技术领域的热门技术。本章将重点介绍如何使用 Docker 来运行常见的 Web 服务器（包括 Apache、Nginx、Tomcat 等），以及一些常用应用（包括 LAMP 和 CI/CD），通过介绍具体的镜像构建方法与使用步骤展示容器的强大功能。

本章会展示两种创建镜像的过程。其中一些操作比较简单的镜像使用 Dockerfile 来创建，而像 Weblogic 这样复杂的应用，则使用 `commit` 方式来创建，读者可根据自己的需求进行选择。

通过本章的介绍，用户将可以根据自己需求轻松定制 Web 服务或应用镜像。

11.1 Apache

Apache 是一个高稳定性的、商业级别的开源 Web 服务器，是目前世界使用排名第一的 Web 服务器软件。由于其良好的跨平台和安全性，Apache 被广泛应用在多种平台和操作系统上。Apache 作为软件基金会支持的项目，其开发者社区完善而高效，自 1995 年发布至今，一直以高标准进行维护与开发。Apache 音译为阿帕奇，源自美国西南部一个印第安人部落的名称（阿帕奇族）。

1. 使用 DockerHub 镜像

DockerHub 官方提供的 Apache 镜像，并不带 PHP 环境。如果读者需要 PHP 环境支持，可以选择 PHP 镜像（https://registry.hub.docker.com/_/php/），并请使用含 -apache 标签的镜像，如 7.0.7-apache。如果仅需要使用 Apache 运行静态 HTML 文件，则使用默认官方镜像即可。

编写 Dockerfile 文件，内容如下：

```
FROM httpd:2.4
COPY ./public-html /usr/local/apache2/htdocs/
```

创建项目目录 public-html，并在此目录下创建 index.html 文件。

```
<!DOCTYPE html>
    <html>
        <body>
            <p>Hello, Docker!</p>
        </body>
</html>
```

构建自定义镜像：

```
$ docker build -t apache2-image .
......
Successfully built 881d3fd0d574
```

通过本地的 80 即可访问静态页面，如图 11-1 所示。

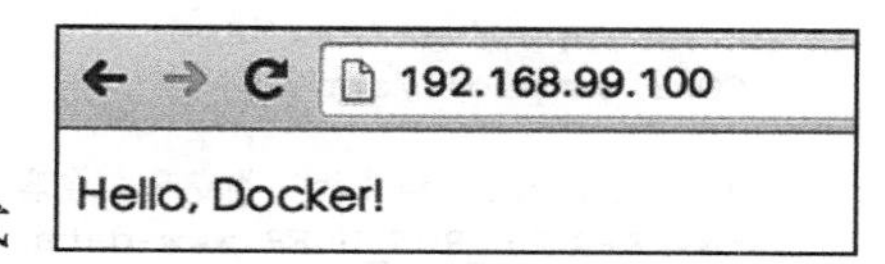

图 11-1　Apache 运行界面

也可以不创建自定义镜像，直接通过映射目录方式运行 Apache 容器：

```
$ docker run -it --rm --name my-apache-app -p 80:80 -v "$PWD":/usr/local/apache2/
    htdocs/ httpd:2.4
AH00558: httpd: Could not reliably determine the server's fully qualified domain
    name, using 172.17.0.2. Set the 'ServerName' directive globally to suppress this
    message
AH00558: httpd: Could not reliably determine the server's fully qualified domain
    name, using 172.17.0.2. Set the 'ServerName' directive globally to suppress this
    message
......
```

再次打开浏览器，可以再次看到页面输出。

2. 使用自定义镜像

首先，创建一个 apache_ubuntu 工作目录，在其中创建 Dockerfile 文件、run.sh 文件和 sample 目录：

```
$ mkdir apache_ubuntu && cd apache_ubuntu
$ touch Dockerfile run.sh
$ mkdir sample
```

下面是 Dockerfile 的内容和各个部分的说明：

```
FROM sshd:dockerfile
#设置继承自用户创建的 sshd 镜像

MAINTAINER docker_user (user@docker.com)
#创建者的基本信息

#设置环境变量，所有操作都是非交互式的
ENV DEBIAN_FRONTEND noninteractive

#安装
```

```
RUN apt-get -yq install apache2&&\
    rm -rf /var/lib/apt/lists/*

RUN echo "Asia/Shanghai" > /etc/timezone && \
        dpkg-reconfigure -f noninteractive tzdata
# 注意这里要更改系统的时区设置，因为在 Web 应用中经常会用到时区这个系统变量，默认 Ubuntu 的设置会
  让你的应用程序发生不可思议的效果哦

# 添加用户的脚本，并设置权限，这会覆盖之前放在这个位置的脚本
ADD run.sh /run.sh
RUN chmod 755 /*.sh

# 添加一个示例的 Web 站点，删掉默认安装在 apache 文件夹下面的文件，并将用户添加的示例用软链接链
  到 /var/www/html 目录下面
RUN mkdir -p /var/lock/apache2 &&mkdir -p /app && rm -fr /var/www/html && ln -s
     /app /var/www/html
COPY sample/ /app

# 设置 apache 相关的一些变量，在容器启动的时候可以使用 -e 参数替代
ENV APACHE_RUN_USER www-data
ENV APACHE_RUN_GROUP www-data
ENV APACHE_LOG_DIR /var/log/apache2
ENV APACHE_PID_FILE /var/run/apache2.pid
ENV APACHE_RUN_DIR /var/run/apache2
ENV APACHE_LOCK_DIR /var/lock/apache2
ENV APACHE_SERVERADMIN admin@localhost
ENV APACHE_SERVERNAME localhost
ENV APACHE_SERVERALIAS docker.localhost
ENV APACHE_DOCUMENTROOT /var/www

EXPOSE 80
WORKDIR /app
CMD ["/run.sh"]
```

此 sample 站点的内容为输出 Hello Docker!。下面用户在 sample 目录下创建 index.html 文件，内容为：

```
<!DOCTYPE html>
    <html>
        <body>
            <p>Hello, Docker!</p>
        </body>
</html>
```

run.sh 脚本内容也很简单，只是启动 apache 服务：

```
$ cat run.sh
#!/bin/bash
exec apache2 -D FOREGROUND
```

此时，apache_ubuntu 目录下面的文件结构为：

```
$ tree .
.
|-- Dockerfile
```

```
|-- run.sh
`-- sample
    `-- index.html

1 directory, 3 files
```

下面，开始创建 apache:ubuntu 镜像。

使用 docker build 命令创建 apache:ubuntu 镜像，注意命令最后的“.”：

```
$ docker build -t apache:ubuntu .
......
Successfully built 1d865e3032d
```

此时镜像已经创建成功了。用户可使用 docker images 指令查看本地新增的 apache:ubuntu 镜像：

```
$ docker images
REPOSITORY TAG IMAGE ID CREATED              VIRTUAL SIZE
apache ubuntu 1d865e3032d7 46 seconds ago      263.8 MB
```

接下来，使用 docker run 指令测试镜像。用户可以使用 -P 参数映射需要开放的端口（22 和 80 端口）：

```
$ docker run -d -P apache:ubuntu
64681e2ae943f18eae9f599dbc43b5f44d9090bdca3d8af641d7b371c124acfd
$ docker ps -a
CONTAINER ID   IMAGE               COMMAND        CREATED        STATUS       PORTS    NAMES
64681e2ae943  apache:ubuntu     "/run.sh"     2 seconds ago    Up 1 seconds
    0.0.0.0:49171->22/tcp, 0.0.0.0:49172->80/tcp    naughty_poincare
890c04ff8d76    sshd:dockerfile    "/run.sh"    9 hours ago    Exited (0) 3 hours
    ago   0.0.0.0:101->22/tcp   high_albattani
3ad7182aa47f    sshd:ubuntu    "/run.sh"    21 hours ago    Exited (0) 3 hours ago
    0.0.0.0:100->22/tcp   focused_ptolemy
```

在本地主机上用 curl 抓取网页来验证刚才创建的 sample 站点：

```
$ curl 127.0.0.1:49172
Hello Docker!
```

读者也可以在其他设备上通过访问 宿主主机 ip:49172 来访问 sample 站点。

下面，用户看看 Dockerfile 创建的镜像拥有继承的特性。不知道有没有细心的读者发现，在 apache 镜像的 Dockerfile 中只用 EXPOSE 定义了对外开放的 80 端口，而在 docker ps -a 命令的返回中，却看到新启动的容器映射了 2 个端口：22 和 80。

但是实际上，当尝试使用 SSH 登录到容器时，会发现无法登录。这是因为在 run.sh 脚本中并未启动 SSH 服务。这说明在使用 Dockerfile 创建镜像时，会继承父镜像的开放端口，但却不会继承启动命令。因此，需要在 run.sh 脚本中添加启动 sshd 的服务的命令：

```
$ cat run.sh
#!/bin/bash
/usr/sbin/sshd &
exec apache2 -D FOREGROUND
```

再次创建镜像：

```
$ docker build -t apache:ubuntu .
```

这次创建的镜像，将默认会同时启动 SSH 和 Apache 服务。

下面，用户看看如何映射本地目录。用户可以通过映射本地目录的方式，来指定容器内 Apache 服务响应的内容，例如映射本地主机上当前目录下的 www 目录到容器内的 /var/www 目录：

```
$ docker run -i -d -p 80:80 -p 103:22 -e APACHE_SERVERNAME=test  -v 'pwd'/www:/
    var/www:ro apache:ubuntu
```

在当前目录内创建 www 目录，并放上自定义的页面 `index.html`，内容为：

```
<!DOCTYPE HTML PUBLIC "-//IETF//DTD HTML 2.0//EN">
<html><head>
<title>Hi Docker</title>
</head><body>
<h1>Hi Docker</h1>
<p>This is the first day I meet the new world.</p>
<p>How are you?</p>
<hr>
<address>Apache/2.4.7 (Ubuntu) Server at 127.0.0.1 Port 80</address>
</body></html>
```

在本地主机上可访问测试容器提供的 Web 服务，查看获取内容为新配置的 index.html 页面信息。

3. 相关资源

Apache 的相关资源如下：

- Apache 官网：https://httpd.apache.org/
- Apache 官方仓库：https://github.com/apache/httpd

11.2 Nginx

Nginx（发音为“engine-x”）是一款功能强大的开源反向代理服务器，支持 HTTP、HTTPS、SMTP、POP3、IMAP 等协议。它也可以作为负载均衡器、HTTP 缓存或 Web 服务器。Nginx 一开始就专注于高并发和高性能的应用场景。它使用类 BSD 开源协议，支持 Linux、BSD、Mac、Solaris、AIX 等类 Unix 系统，同时也有 Windows 上的移植版本。

Nginx 特性如下：

- **热部署**：采用 master 管理进程与 worker 工作进程的分离设计，支持热部署。在不间断服务的前提下，可以直接升级版本。也可以在不停止服务的情况下修改配置文件，更换日志文件等。
- **高并发连接**：Nginx 可以轻松支持超过 100K 的并发，理论上支持的并发连接上限取决于机器内存。

- **低内存消耗**：在一般的情况下，10K 个非活跃的 HTTP Keep-Alive 连接在 Nginx 中仅消耗 2.5 MB 的内存，这也是 Nginx 支持高并发连接的基础。
- **响应快**：在正常的情况下，单次请求会得到更快的响应。在高峰期，Nginx 可以比其他的 Web 服务器更快地响应请求。
- **高可靠性**：Nginx 是一个高可靠性的 Web 服务器，这也是用户为什么选择 Nginx 的基本条件，现在很多的网站都在使用 Nginx，足以说明 Nginx 的可靠性。高可靠性来自其核心框架代码的优秀设计和实现。

本节将首先介绍 Nginx 官方发行版本的镜像生成，然后介绍第三方发行版 Tengine 镜像的生成。

1. 使用 DockerHub 镜像

用户可以使用 `docker run` 指令直接运行官方 Nginx 镜像：

```
$ docker run -d -p 80:80 --name webserver nginx
...
34bcd01998a76f67b1b9e6abe5b7db5e685af325d6fafb1acd0ce84e81e71e5d
```

然后使用 `docker ps` 指令查看当前运行的容器：

```
$ docker ps
CONTAINER ID IMAGE COMMAND      CREATED   STATUS  PORTS                          NAMES
34bcd01998a7 nginx "nginx..."  2min ago  Up      0.0.0.0:80->80/tcp, 443/tcp    webserver
```

目前 Nginx 容器已经在 0.0.0.0:80 启动，并映射了 80 端口，此时可以打开浏览器访问此地址，就可以看到 Nginx 输出的页面，如图 11-2 所示。

Welcome to nginx!

If you see this page, the nginx web server is successfully installed and working. Further configuration is required.

For online documentation and support please refer to nginx.org.
Commercial support is available at nginx.com.

Thank you for using nginx.

图 11-2　访问 Nginx 服务

1.9.8 版本后的镜像支持 debug 模式，镜像包含 nginx-debug，可以支持更丰富的 log 信息：

```
$ docker run --name my-nginx -v /host/path/nginx.conf:/etc/nginx/nginx.conf:ro
    -d nginx nginx-debug -g 'daemon off;'
```

相应的 `docker-compose.yml` 配置如下：

```
web:
    image: nginx
    volumes:
        - ./nginx.conf:/etc/nginx/nginx.conf:ro
    command: [nginx-debug, '-g', 'daemon off;']
```

2. 自定义 Web 页面

首先，新建 `index.html` 文件，内容如下：

```
<html>
    <title>text<title>
    <body>
        <div >
            hello world
```

```
        </div >
    </body>
</html>
```

然后使用 docker [container] run 指令运行，并将 index.html 文件挂载至容器中，即可看到显示自定义的页面。

```
$ docker run --name nginx-container -p 80:80 -v index.html:/usr/share/nginx/
    html:ro -d nginx
```

另外，也可以使用 Dockerfile 来构建新镜像。Dockerfile 内容如下：

```
FROM nginx
COPY ./index.html /usr/share/nginx/html
```

开始构建镜像 my-nginx：

```
$ docker build -t my-nginx .
```

构建成功后执行 docker [container] run 指令，如下所示：

```
$ docker run --name nginx-container -d my-nginx
```

（1）使用自定义 Dockerfile

代码如下：

```
#设置继承自创建的 sshd 镜像
FROM sshd:dockerfile

#下面是一些创建者的基本信息
MAINTAINER docker_user (user@docker.com)

#安装 nginx，设置 nginx 以非 daemon 方式启动。
RUN \
    apt-get install -y nginx && \
    rm -rf /var/lib/apt/lists/* && \
    echo "\ndaemon off;" >> /etc/nginx/nginx.conf && \
    chown -R www-data:www-data /var/lib/nginx

RUN echo "Asia/Shanghai" > /etc/timezone && \
    dpkg-reconfigure -f noninteractive tzdata
# 注意这里要更改系统的时区设置，因为在 Web 应用中经常会用到时区这个系统变量，默认 ubuntu 的设置
  会让你的应用程序发生不可思议的效果哦

# 添加用户的脚本，并设置权限，这会覆盖之前放在这个位置的脚本
ADD run.sh /run.sh
RUN chmod 755 /*.sh

# 定义可以被挂载的目录，分别是虚拟主机的挂载目录、证书目录、配置目录、和日志目录
VOLUME ["/etc/nginx/sites-enabled", "/etc/nginx/certs", "/etc/nginx/conf.d", "/
    var/log/nginx"]

# 定义工作目录
WORKDIR /etc/nginx

# 定义输出命令
```

```
CMD ["/run.sh"]

# 定义输出端口
EXPOSE 80
EXPOSE 443
```

（2）查看 run.sh 脚本文件内容

代码如下：

```
$ cat run.sh
#!/bin/bash
/usr/sbin/sshd &
/usr/sbin/nginx
```

（3）创建镜像

使用 docker build 命令，创建镜像 nginx:stable：

```
$ docker build -t nginx:stable .
...
Successfully built 4e3936e36e3
```

（4）测试

启动容器，查看内部的 80 端口被映射到本地的 49193 端口：

```
$ docker run -d -P nginx:stable
08c456536e69c8e36670f3bc6b496020e76d28fc9d33a8bcd01ff6d61bc72c4a
$ docker ps
CONTAINER ID IMAGE COMMAND CREATED STATUS PORTS NAMES
08c456536e69 nginx:stable "/run.sh" 8 seconds ago Up 8 seconds 0.0.0.0:49191->22/
    tcp, 0.0.0.0:49192->443/tcp, 0.0.0.0:49193->80/tcp
```

访问本地的 49193 端口：

```
$ curl 127.0.0.1:49193
```

再次看到 Nginx 的欢迎页面，说明 Nginx 已经正常启动了。

3. 参数优化

为了能充分发挥 Nginx 的性能，用户可对系统内核参数做一些调整。下面是一份常见的适合运行 Nginx 服务器的内核优化参数：

```
net.ipv4.ip_forward = 0
net.ipv4.conf.default.rp_filter = 1
net.ipv4.conf.default.accept_source_route = 0
kernel.sysrq = 0
kernel.core_uses_pid = 1
net.ipv4.tcp_syncookies = 1
kernel.ms-nb = 65536
kernel.ms-ax = 65536
kernel.shmmax = 68719476736
kernel.shmall = 4294967296
net.ipv4.tcp_max_tw_buckets = 6000
net.ipv4.tcp_sack = 1
net.ipv4.tcp_window_scaling = 1
```

```
net.ipv4.tcp_rmem = 4096 87380 4194304
net.ipv4.tcp_wmem = 4096 16384 4194304
net.core.wmem_default = 8388608
net.core.rmem_default = 8388608
net.core.rmem_max = 16777216
net.core.wmem_max = 16777216
net.core.netdev_max_backlog = 262144
net.core.somaxconn = 262144
net.ipv4.tcp_max_orphans = 3276800
net.ipv4.tcp_max_syn_backlog = 262144
net.ipv4.tcp_timestamps = 0
net.ipv4.tcp_synack_retries = 1
net.ipv4.tcp_syn_retries = 1
net.ipv4.tcp_tw_recycle = 1
net.ipv4.tcp_tw_reuse = 1
net.ipv4.tcp_mem = 94500000 915000000 927000000
net.ipv4.tcp_fin_timeout = 1
net.ipv4.tcp_keepalive_time = 30
net.ipv4.ip_local_port_range = 1024 65000
```

4. 相关资源

Nginx 的相关资源如下：

- Nginx 官网：https://www.nginx.com
- Nginx 官方仓库：https://github.com/nginx/nginx
- Nginx 官方镜像：https://hub.docker.com/_/nginx/
- Nginx 官方镜像仓库：https://github.com/nginxinc/docker-nginx

11.3 Tomcat

Tomcat 是由 Apache 软件基金会下属的 Jakarta 项目开发的一个 Servlet 容器，按照 Sun Microsystems 提供的技术规范，实现了对 Servlet 和 JavaServer Page（JSP）的支持。同时，它提供了作为 Web 服务器的一些特有功能，如 Tomcat 管理和控制平台、安全域管理和 Tomcat 阀等。由于 Tomcat 本身也内含了一个 HTTP 服务器，也可以当作单独的 Web 服务器来使用。

下面将以 sun_jdk 1.6、tomcat 7.0、ubuntu 18.04 环境为例介绍如何定制 Tomcat 镜像。

1. 准备工作

创建 `tomcat7.0_jdk1.6` 文件夹，从 `www.oracle.com` 网站上下载 `sun_jdk 1.6` 压缩包，解压为 jdk 目录。

创建 Dockerfile 和 `run.sh` 文件：

```
$ mkdir tomcat7.0_jdk1.6
$ cd tomcat7.0_jdk1.6/
$ touch Dockerfile run.sh
```

下载 Tomcat，可以到官方网站下载最新的版本，也可以直接使用下面链接中给出的版本：

```
$ wget  http://mirror.bit.edu.cn/apache/tomcat/tomcat-7/v7.0.56/bin/apache-
     tomcat-7.0.56.zip
'apache-tomcat-7.0.56.zip' saved [9466255/9466255]
```

解压后，tomcat7.0_jdk1.6 目录结构应如下所示（多余的压缩包文件已经被删除）：

```
$ ls
Dockerfile  apache-tomcat-7.0.56   jdk  run.sh
```

2. Dockerfile文件和其他脚本文件

Dockerfile文件内容如下：

```
FROM sshd:dockerfile
#设置继承自用户创建的sshd镜像
MAINTAINER docker_user (user@docker.com)
#下面是一些创建者的基本信息

#设置环境变量，所有操作都是非交互式的
ENV DEBIAN_FRONTEND noninteractive

RUN echo "Asia/Shanghai" > /etc/timezone && \
    dpkg-reconfigure -f noninteractive tzdata

#注意这里要更改系统的时区设置，因为在web应用中经常会用到时区这个系统变量，默认ubuntu的设置会
 让你的应用程序发生不可思议的效果哦

#安装跟tomcat用户认证相关的软件
RUN apt-get install -yq --no-install-recommends wget pwgen ca-certificates && \
    apt-get clean && \
    rm -rf /var/lib/apt/lists/*

#设置tomcat的环境变量，若读者有其他的环境变量需要设置，也可以在这里添加
ENV CATALINA_HOME /tomcat
ENV JAVA_HOME /jdk

#复制tomcat和jdk文件到镜像中
ADD apache-tomcat-7.0.56 /tomcat
ADD jdk /jdk

ADD create_tomcat_admin_user.sh /create_tomcat_admin_user.sh
ADD run.sh /run.sh
RUN chmod +x /*.sh
RUN chmod +x /tomcat/bin/*.sh

EXPOSE 8080
CMD ["/run.sh"]
#创建tomcat用户和密码脚本文件create_tomcat_admin_user.sh文件，内容为：
#!/bin/bash

if [ -f /.tomcat_admin_created ]; then
    echo "Tomcat 'admin' user already created"
    exit 0
fi

#generate password
```

```
PASS=${TOMCAT_PASS:-$(pwgen -s 12 1)}
_word=$( [ ${TOMCAT_PASS} ] && echo "preset" || echo "random" )

echo "=> Creating and admin user with a ${_word} password in Tomcat"
sed -i -r 's/<\/tomcat-users>//' ${CATALINA_HOME}/conf/tomcat-users.xml
echo '<role rolename="manager-gui"/>' >> ${CATALINA_HOME}/conf/tomcat-users.xml
echo '<role rolename="manager-script"/>' >> ${CATALINA_HOME}/conf/tomcat-users.xml
echo '<role rolename="manager-jmx"/>' >> ${CATALINA_HOME}/conf/tomcat-users.xml
echo '<role rolename="admin-gui"/>' >> ${CATALINA_HOME}/conf/tomcat-users.xml
echo '<role rolename="admin-script"/>' >> ${CATALINA_HOME}/conf/tomcat-users.xml
echo "<user username=\"admin\" password=\"${PASS}\" roles=\"manager-gui,manager-
    script,manager-jmx,admin-gui, admin-script\"/>" >> ${CATALINA_HOME}/conf/
    tomcat-users.xml
echo '</tomcat-users>' >> ${CATALINA_HOME}/conf/tomcat-users.xml
echo "=> Done!"
touch /.tomcat_admin_created

echo "========================================================================"
echo "You can now configure to this Tomcat server using:"
echo ""
echo "    admin:${PASS}"
echo ""
echo "========================================================================"
```

编写 run.sh 脚本文件，内容为：

```
#!/bin/bash

if [ ! -f /.tomcat_admin_created ]; then
    /create_tomcat_admin_user.sh
fi
/usr/sbin/sshd -D &
exec ${CATALINA_HOME}/bin/catalina.sh run
```

3. 创建和测试镜像

通过下面的命令创建镜像 tomcat7.0:jdk1.6：

```
$ docker build -t tomcat7.0:jdk1.6 .
…
Successfully built ce78537c247d
```

启动一个 tomcat 容器进行测试：

```
$ docker run -d -P tomcat7.0:jdk1.6
3cd4238cb32a713a3a1c29d93fbfc80cba150653b5eb8bd7629bee957e7378ed
```

通过 docker logs 得到 tomcat 的密码 aBwN0CNCPckw：

```
$ docker logs 3cd
=> Creating and admin user with a random password in Tomcat
=> Done!
========================================================================
You can now configure to this Tomcat server using:

    admin:aBwN0CNCPckw

========================================================================
```

查看映射的端口信息：

```
$ docker ps
CONTAINER ID   IMAGE               COMMAND      CREATED          STATUS       PORTS     NAMES
3cd4238cb32a   tomcat7.0:jdk1.6    "/run.sh"    4 seconds ago    Up 3 seconds   0.0.0.0:
    49157->22/tcp, 0.0.0.0:49158->8080/tcp    cranky_wright
```

在本地使用浏览器登录 Tomcat 管理界面，访问本地的 49158 端口，即 http://127.0.0.1:49158，可以看见启动页面如图 11-3 所示。

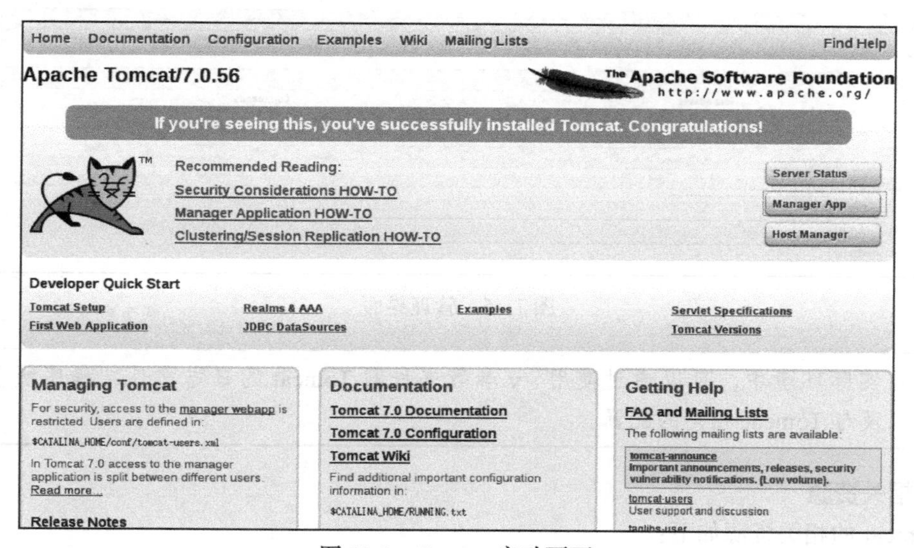

图 11-3　Tomcat 启动页面

输入从 `docker logs` 中得到的密码，如图 11-4 所示。

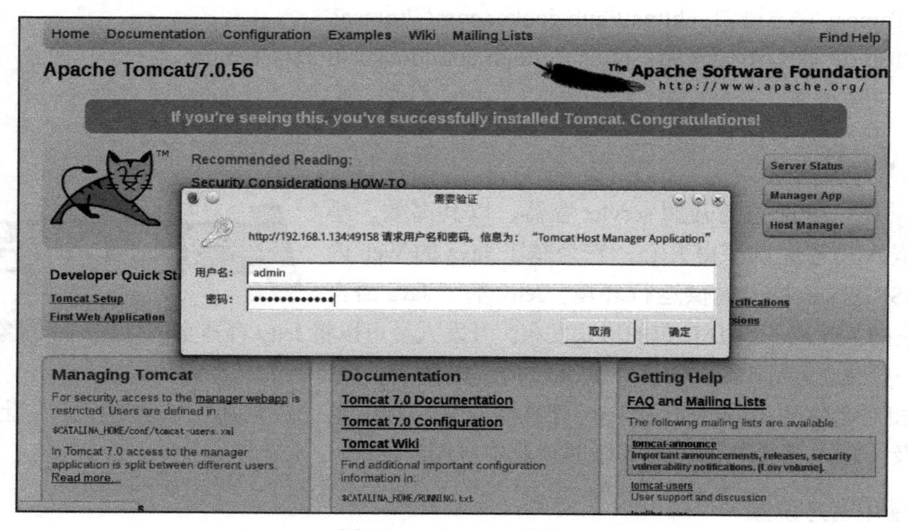

图 11-4　Tomcat 登录

成功进入管理界面，如图 11-5 所示。

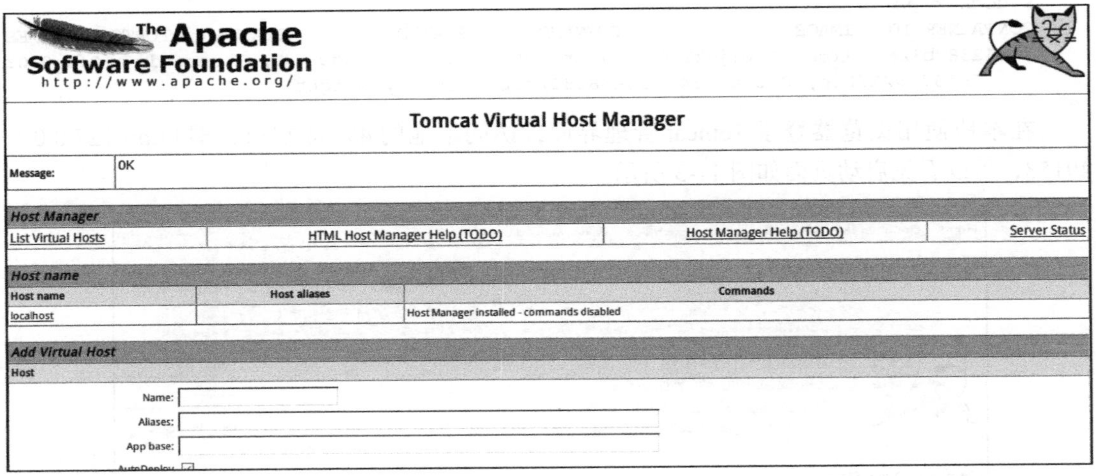

图 11-5 管理界面

注意 在实际环境中，可以通过使用 -v 参数来挂载 Tomcat 的日志文件、程序所在目录、以及与 Tomcat 相关的配置。

4. 相关资源

Tomcat 的相关资源如下：

- Tomcat 官网：http://tomcat.apache.org/
- Tomcat 官方仓库：https://github.com/apache/tomcat
- Tomcat 官方镜像：https://hub.docker.com/_/tomcat/
- Tomcat 官方镜像仓库：https://github.com/docker-library/tomcat

11.4 Jetty

Jetty 是一个优秀的开源 servlet 容器，以其高效、小巧、可嵌入式等优点深得人心，它为基于 Java 的 Web 内容（如 JSP 和 servlet）提供运行环境。Jetty 基于 Java 语言编写，它的 API 以一组 JAR 包的形式发布。开发人员可以将 Jetty 容器实例化成一个对象，可以迅速为一些独立运行（stand-alone）的 Java 应用提供 Web 服务。

与相对老牌的 Tomcat 比，Jetty 架构更合理，性能更优。尤其在启动速度上，让 Tomcat 望尘莫及。Jetty 目前在国内外互联网企业中应用广泛。

1. 使用官方镜像

DockerHub 官方提供了 Jetty 镜像，直接运行 `docker [container] run` 指令即可：

```
$ docker run -d jetty
f7f1d70f2773be12b54c40e3222c4e658fd7c39f22337e457984b13fbc64a54c
```

使用 docker ps 指令查看正在运行中的 Jetty 容器：

```
$ docker ps
CONTAINER ID  IMAGE COMMAND                      CREATED STATUS PORTS      NAMES
f7f1d70f2773  jetty "/docker-entrypoint.b" x ago   Up     8080/tcp   lonely_poitras
```

当然，还可以使用 -p 参数映射运行端口：

```
$ docker run -d -p 80:8080 -p 443:8443 jetty
7bc629845e8b953e02e31caaac24744232e21816dcf81568c029eb8750775733
```

使用宿主机的浏览器访问 container-ip:8080，即可获得 Jetty 运行页面，由于当前没有内容，会提示错误信息，如图 11-6 所示。

图 11-6　Jetty 容器运行界面

2. 相关资源

Jetty 的相关资源如下：

- Jetty 官网：http://www.eclipse.org/jetty/
- Jetty 官方仓库：https://github.com/eclipse/jetty.project
- Jetty 官方镜像：https://hub.docker.com/_/jetty/
- Jetty 官方镜像仓库：https://github.com/appropriate/docker-jetty

11.5　LAMP

LAMP（Linux-Apache-MySQL-PHP）是目前流行的 Web 工具栈，其中包括：Linux 操作系统，Apache 网络服务器，MySQL 数据库，Perl、PHP 或者 Python 编程语言。其组成工具均是成熟的开源软件，被大量网站所采用。和 Java/J2EE 架构相比，LAMP 具有 Web 资源丰富、轻量、快速开发等特点；和微软的 .NET 架构相比，LAMP 更具有通用、跨平台、高性能、低价格的优势。因此 LAMP 技术栈得到了广泛的应用。

> 注意　现在也有人用 Nginx 替换 Apache，称为 LNMP 或 LEMP，是十分类似的技术栈，并不影响整个技术框架的选型原则。

1. 使用官方镜像

用户可以使用自定义 Dockerfile 或者 Compose 方式运行 LAMP，同时社区也提供了十分成熟的 linode/lamp 和 tutum/lamp 镜像。

（1）使用 linode/lamp 镜像

首先，执行 docker [container] run 指令，直接运行镜像，并进入容器内部 bash shell：

```
$ docker run -p 80:80 -t -i linode/lamp /bin/bash
root@e283cc3b2908:/#
```

在容器内部 shell 启动 Apache 以及 MySQL 服务：

```
$ root@e283cc3b2908:/# service apache2 start
  * Starting web server apache2
$ root@e283cc3b2908:/# service mysql start
  * Starting MySQL database server mysqld                              [ OK ]
  * Checking for tables which need an upgrade, are corrupt or were
not closed cleanly.
```

此时镜像中 Apache、MySQL 服务已经启动，可使用 docker ps 指令查看运行中的容器：

```
$ docker ps -aCONTAINER ID IMAGE COMMAND CREATED  STATUS PORTS NAMES
e283cc3b2908 linode/lamp "/bin/bash" x ago    Up x seconds 0.0.0.0:80->80/tcp
    trusting_mestorf
```

此时通过浏览器访问本地 80 端口即可看到默认页面，如图 11-7 所示。

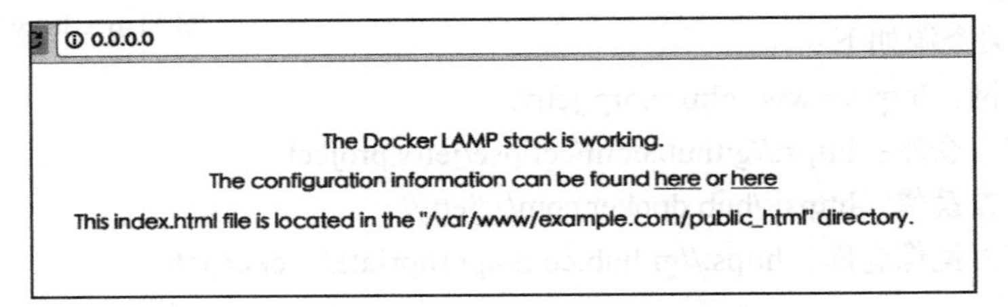

图 11-7 linode/lamp 默认页面

（2）使用 tutum/lamp 镜像

首先，执行 docker [container] run 指令，直接运行镜像：

```
$ docker run -d -p 80:80 -p 3306:3306 tutum/lamp
51e231878d3d61d4fd28874e22261f5cd740082826e870ac5568d6f2d77850e7
```

容器启动成功后，打开浏览器，访问 demo 页面，如图 11-8 所示。

图 11-8 LAMP 容器 Demo 页面

（3）部署自定义 PHP 应用

默认的容器启动了一个 helloword 应用。读者可以基于此镜像，编辑 Dockerfile 来创建自定义 LAMP 应用镜像。

在宿主主机上创建新的工作目录 lamp：

```
$ mkdir lamp
$ cd lamp
$ touch Dockerfile
```

在 php 目录下里面创建 Dockerfile 文件，内容为：

```
FROM tutum/lamp:latest
RUN rm -fr /app && git clone https://github.com/username/customapp.git /app
# 这里替换 https://github.com/username/customapp.git 地址为你自己的项目地址
EXPOSE 80 3306
CMD ["/run.sh"]
```

创建镜像，命名为 my-lamp-app：

```
$ docker build -t my-lamp-app .
```

利用新创建镜像启动容器，注意启动时候指定 -d 参数，让容器后台运行：

```
$ docker run -d -p 8080:80 -p 3306:3306 my-lamp-app
```

在本地主机上使用 curl 命令测试应用程序是不是已经正常响应：

```
$ curl http://127.0.0.1:8080/
```

2. 相关资源

LAMP 的相关资源如下：

- tutum LAMP 镜像：https://hub.docker.com/r/tutum/lamp/
- linode LAMP 镜像：https://hub.docker.com/r/linode/lamp/

11.6　持续开发与管理

信息行业日新月异，如何响应不断变化的需求，快速适应和保证软件的质量？持续集成（Continuous Integration，CI）正是针对解决这类问题的一种开发实践，它倡导开发团队定期进行集成验证。集成通过自动化的构建来完成，包括自动编译、发布和测试，从而尽快地发现错误。

持续集成的特点包括：

- 鼓励自动化的周期性的过程，从检出代码、编译构建、运行测试、结果记录、测试统计等都是自动完成的，减少人工干预；
- 需要有持续集成系统的支持，包括代码托管机制支持，以及集成服务器等。

持续交付（Continuous Delivery，CD）则是经典的敏捷软件开发方法的自然延伸，它强调产品在修改后到部署上线的流程要敏捷化、自动化。甚至一些较小的改变也要尽早地部署上线，这与传统软件在较大版本更新后才上线的思路不同。

1. Jenkins 及官方镜像

Jenkins 是一个得到广泛应用的持续集成和持续交付的工具。作为开源软件项目，它旨在提供一个开放易用的持续集成平台。Jenkins 能实时监控集成中存在的错误，提供详细的日志文件和提醒功能，并用图表的形式形象地展示项目构建的趋势和稳定性。Jenkins 特点包括安装配置简单、支持详细的测试报表、分布式构建等。

Jenkis 自 2.0 版本推出了“Pipeline as Code”，帮助 Jenkins 实现对 CI 和 CD 更好的支持。通过 Pipeline，将原本独立运行的多个任务连接起来，可以实现十分复杂的发布流程，如图 11-9 所示。

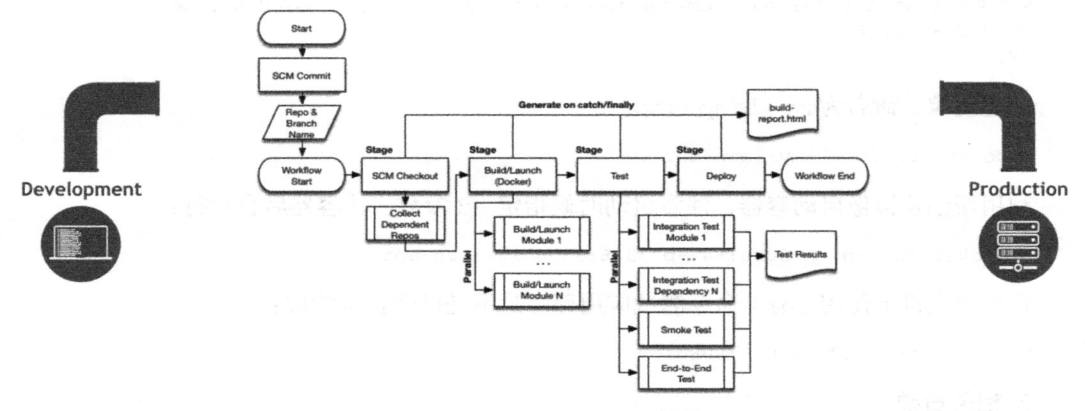

图 11-9 Jenkins Pipeline 示意图

Jenkins 官方在 DockerHub 上提供了全功能的基于官方发布版的 Docker 镜像。可以方便地使用 `docker [container] run` 指令一键部署 Jenkins 服务：

```
$ docker run -p 8080:8080 -p 50000:50000 jenkins
Running from: /usr/share/jenkins/jenkins.war
webroot: EnvVars.masterEnvVars.get("JENKINS_HOME")
Jun 07, 2016 8:14:26 AM winstone.Logger logInternal
INFO: Beginning extraction from war file
......
```

Jenkins 容器启动成功后，可以打开浏览器访问 8080 端口，查看 Jenkins 管理界面，如图 11-10 所示。

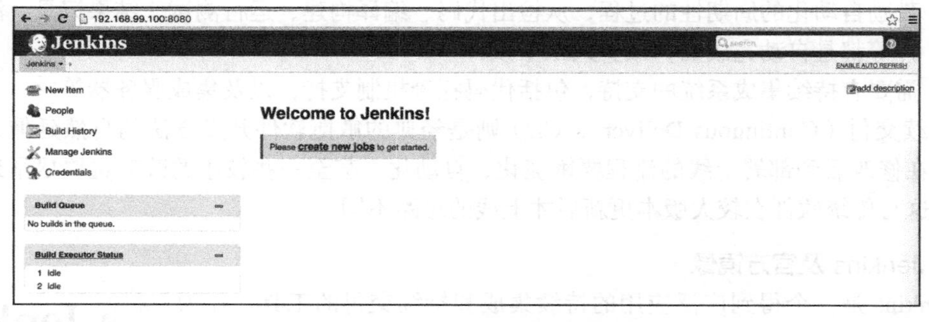

图 11-10 Jenkins 服务管理页面

目前运行的容器中，数据会存储在工作目录 /var/jenkins_home 中，这包括 Jenkins 中所有的数据，如插件和配置信息等。如果需要数据持久化，读者可以使用数据卷机制：

```
$ docker run -p 8080:8080 -p 50000:50000 -v /your/home:/var/jenkins_home jenkins
```

以上指令会将 Jenkins 数据存储于宿主机的 /your/home 目录（需要确保 /your/home 目录对于容器内的 Jenkins 用户是可访问的）下。当然也可以使用数据卷容器：

```
$ docker run --name myjenkins -p 8080:8080 -p 50000:50000 -v /var/jenkins_home jenkins
```

2. GitLab 及其官方镜像

GitLab 是一款非常强大的开源源码管理系统。它支持基于 Git 的源码管理、代码评审、issue 跟踪、活动管理、wiki 页面、持续集成和测试等功能。基于 GitLab，用户可以自己搭建一套类似于 Github 的开发协同平台。

GitLab 官方提供了社区版本（GitLab CE）的 DockerHub 镜像，可以直接使用 `docker run` 指令运行：

```
$ docker run --detach \
    --hostname gitlab.example.com \
    --publish 443:443 --publish 80:80 --publish 23:23 \
    --name gitlab \
    --restart always \
    --volume /srv/gitlab/config:/etc/gitlab \
    --volume /srv/gitlab/logs:/var/log/gitlab \
    --volume /srv/gitlab/data:/var/opt/gitlab \
    gitlab/gitlab-ce:latest
dbae485d24492f656d2baf18526552353cd55aac662e32491046ed7fa033be3a
```

成功运行镜像后，可以打开浏览器访问 GitLab 服务管理界面，如图 11-11 所示。

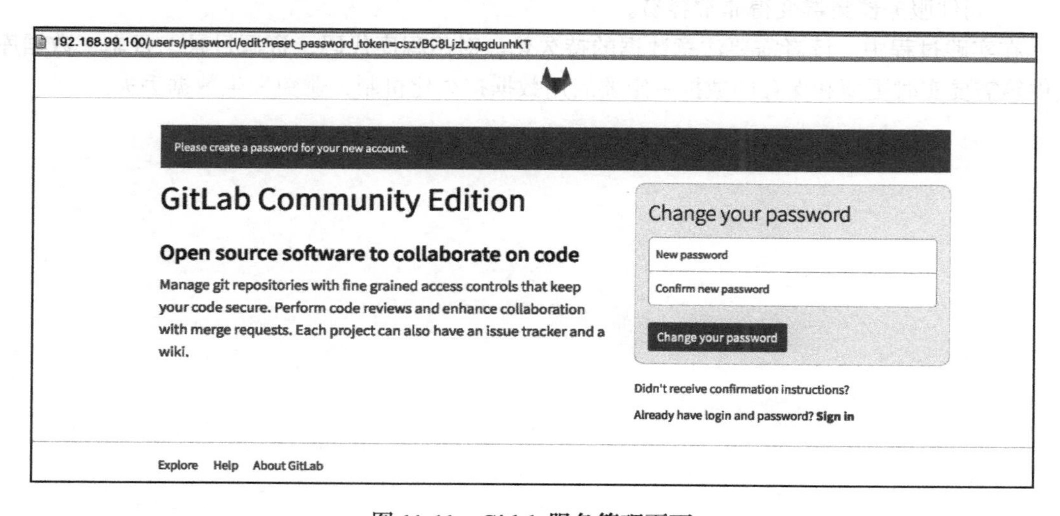

图 11-11　Gitlab 服务管理页面

3. 相关资源

Jenkins 的相关资源如下：

- Jenkins 官网：https://jenkins.io/
- Jenkins 官方仓库：https://github.com/jenkinsci/jenkins/
- Jenkins 官方镜像：https://hub.docker.com/r/jenkinsci/jenkins/
- Jenkins 官方镜像仓库：https://github.com/jenkinsci/docker

GitLab 的相关资源如下：

- GitLab 官网：https://github.com/gitlabhq/gitlabhq
- GitLab 官方镜像：https://hub.docker.com/r/gitlab/gitlab-ce/

11.7 本章小结

本章首先介绍了常见的 Web 服务工具，包括 Apache、Nginx、Tomcat、Jetty，以及大名鼎鼎的 LAMP 组合，然后对目前流行的持续开发模式和工具的快速部署进行了讲解。通过这些例子，读者可以快速入门 Web 开发，并再次体验到基于容器模式的开发和部署模式为何如此强大。

笔者认为，包括 Web 服务在内的中间件领域十分适合引入容器技术：

- 中间件服务器是除数据库服务器外的主要计算节点，很容易成为性能瓶颈，所以通常需要大批量部署，而 Docker 对于批量部署有着许多先天的优势；
- 中间件服务器结构清晰，在剥离了配置文件、日志、代码目录之后，容器几乎可以处于零增长状态，这使得容器的迁移和批量部署更加方便；
- 中间件服务器很容易实现集群，在使用硬件的 F5、软件的 Nginx 等负载均衡后，中间件服务器集群变得非常容易。

在实践过程中，读者需要注意数据的持久化。对于程序代码、资源目录、日志、数据库文件等需要实时更新和保存的数据一定要启用数据持久化机制，避免发生数据丢失。

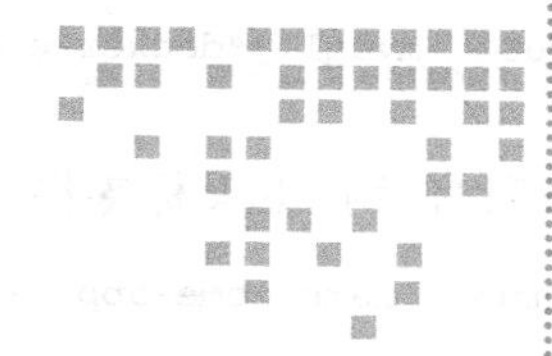

第12章 *Chapter 12*

数据库应用

目前，主流数据库包括关系型（SQL）和非关系型（NoSQL）两种。关系数据库是建立在关系模型基础上的数据库，借助于集合代数等数学概念和方法来处理数据库中的数据，支持复杂的事物处理和结构化查询。代表实现有 MySQL、Oracle、PostGreSQL、MariaDB、SQLServer 等。

非关系数据库是新兴的数据库技术，它放弃了传统关系型数据库的部分强一致性限制，带来性能上的提升，使其更适用于需要大规模并行处理的场景。非关系型数据库是关系型数据库的良好补充，代表产品有 MongoDB、Redis 等。

本章选取了最具代表性的数据库如 MySQL、Oracle、MongoDB、Redis、Cassandra 等，来讲解基于 Docker 创建相关镜像并进行应用的过程。

12.1 MySQL

MySQL 是全球最流行的开源关系型数据库之一，由于其具有高性能、成熟可靠、高适应性、易用性而得到广泛应用。

1. 使用官方镜像

用户可以使用官方镜像快速启动一个 MySQL Server 实例：

```
$ docker run --name hi-mysql -e MYSQL_ROOT_PASSWORD=my-pwd -d mysql:latest
e6cb906570549812c798b7b3ce46d669a8a4e8ac62a3f3c8997e4c53d16301b6
```

以上指令中的 hi-mysql 是容器名称，my-pwd 为数据库的 root 用户密码。

使用 docker ps 指令可以看到现在运行中的容器：

```
$ docker ps
CONTAINER ID   IMAGE   COMMAND                  CREATED          STATUS          PORTS           NAMES
```

```
e6cb90657054  mysql  "docker-entrypoint.sh" 4 minutes ago Up 3 minutes 3306/tcp hi-
    mysql
```

当然，还可以使用 --link 标签将一个应用容器连接至 MySQL 容器：

```
$ docker run --name some-app --link some-mysql:mysql -d application-that-uses-mysql
```

MySQL 服务的标准端口是 3306，用户可以通过 CLI 工具对配置进行修改：

```
$ docker run -it --link some-mysql:mysql --rm mysql sh -c 'exec mysql -h"$MYSQL_
    PORT_3306_TCP_ADDR" -P"$MYSQL_PORT_3306_TCP_PORT" -uroot -p"$MYSQL_ENV_
    MYSQL_ROOT_PASSWORD"'
```

官方 MySQL 镜像还可以作为客户端，连接非 Docker 或者远程的 MySQL 实例：

```
$ docker run -it --rm mysql mysql -hsome.mysql.host -usome-mysql-user -p
```

（1）系统与日志访问

用户可以使用 `docker exec` 指令调用内部系统中的 `bash shell`，以访问容器内部系统：

```
$ docker exec -it some-mysql bash
```

MySQL Server 日志可以使用 `docker logs` 指令查看：

```
$ docker logs some-mysql
```

（2）使用自定义配置文件

如果用户希望使用自定义 MySQL 配置，则可以创建一个目录，内置 cnf 配置文件，然后将其挂载至容器的 `/etc/mysql/conf.d` 目录。比如，自定义配置文件为 `/my/custom/config-file.cnf`，则可以使用以下指令：

```
$ docker run --name some-mysql -v /my/custom:/etc/mysql/conf.d -e MYSQL_ROOT_
    PASSWORD=my-secret-pw -d mysql:tag
```

这时新的容器 `some-mysql` 启动后，就会结合使用 `/etc/mysql/my.cnf` 和 `/etc/mysql/conf.d/config-file.cnf` 两个配置文件。

（3）脱离 cnf 文件进行配置

很多的配置选项可以通过标签（flags）传递至 `mysqld` 进程，这样用户就可以脱离 `cnf` 配置文件，对容器进行弹性的定制。比如，用户需要改变默认编码方式，将所有表格的编码方式修改为 `uft8mb4`，则可以使用如下指令：

```
$ docker run --name some-mysql -e MYSQL_ROOT_PASSWORD=my-secret-pw -d mysql:tag
    --character-set-server=utf8mb4 --collation-server=utf8mb4_unicode_ci
```

如果需要查看可用选项的完整列表，可以执行如下指令：

```
$ docker run -it --rm mysql:tag --verbose --help
```

（4）通过 docker stack deploy 或 docker-compose 运行

MySQL 的示例 `stack.yml` 如下：

```
# Use root/example as user/password credentials
```

```
version: '3.1'
services:

    db:
        image: mysql
        restart: always
        environment:
            MYSQL_ROOT_PASSWORD: example

    adminer:
        image: adminer
        restart: always
        ports:
            - 8080:8080
```

2. 相关资源

MySQL 的相关资源如下：

- MySQL 官网：https://www.mysql.com/
- MySQL 官方镜像：https://hub.docker.com/_/mysql/
- MySQL 官方镜像仓库：https://github.com/docker-library/mysql/

12.2 Oracle Database XE

Oracle Database 11g 快捷版（Oracle Database XE）是一款基于 Oracle Database 11g 第 2 版代码库的小型入门级数据库，具备以下优点：

ORACLE

- 免费开发、部署和分发；
- 体积较小，下载速度快；
- 管理配置简单。

作为一款优秀的入门级数据库，它适合以下用户使用：

- 致力于 PHP、Java、.NET、XML 和开源应用程序的开发人员；
- 需要免费的入门级数据库进行培训和部署的 DBA；
- 需要入门级数据库进行免费分发的独立软件供应商（ISV）和硬件供应商；
- 需要在课程中使用免费数据库的教育机构和学生。

Oracle Database XE 对安装主机的规模和 CPU 数量不作限制（每台计算机一个数据库），但 XE 将最多存储 11 GB 的用户数据，同时最多使用 1 GB 内存和主机上的一个 CPU。

1. 搜索 Oracle 镜像

直接在 DockerHub 上搜索镜像，并下载 wnameless/oracle-xe-11g 镜像：

```
$ docker search --filter=stars=50 oracle
NAME DESCRIPTION STARS OFFICIAL AUTOMATED
oraclelinux Official Docker builds of Oracle Linux.        450                    [OK]
frolvlad/alpine-oraclejdk8 The smallest Docker image with OracleJDK 8 (…    303  [OK]
sath89/oracle-12c Oracle Standard Edition 12c Release 1 with d…    295  [OK]
```

```
alexeiled/docker-oracle-xe-11g This is a working (hopefully) Oracle XE 11.2… 251 [OK]
sath89/oracle-xe-11g Oracle xe 11g with database files mount supp…   184 [OK]
jaspeen/oracle-11g Docker image for Oracle 11g database          64 [OK]
isuper/java-oracle This repository contains all java releases f…   55 [OK]
wnameless/oracle-xe-11g Dockerfile of Oracle Database Express Editio…   55 [OK]
$ docker pull wnameless/oracle-xe-11g
```

2. 启动和使用容器

启动容器，并分别映射 22 和 1521 端口到本地的 49160 和 49161 端口：

```
$ docker run -d -p 49160:22 -p 49161:1521 wnameless/oracle-xe-11g
```

使用下列参数可以连接 oracle 数据库：

```
hostname: localhost
port: 49161
sid: xe
username: system
password: oracle
Password for SYS
```

使用 SSH 登录容器，默认的用户名为 `root`，密码为 `admin`：

```
$ ssh root@localhost -p 49160
password: admin
```

3. 相关资源

Oracle 的相关资源如下：

- Oracle XE 官网：http://www.oracle.com/technetwork/database/database-technologies/express-edition/overview/index.html
- Oracle XE 官方镜像：https://github.com/wnameless/docker-oracle-xe-11g

12.3 MongoDB

MongoDB 是一款可扩展、高性能的开源文档数据库（Document-Oriented），是当今最流行的 NoSQL 数据库之一。它采用 C++ 开发，支持复杂的数据类型和强大的查询语言，提供了关系数据库的绝大部分功能。由于其高性能、易部署、易使用等特点，MongoDB 已经在很多领域都得到了广泛的应用。

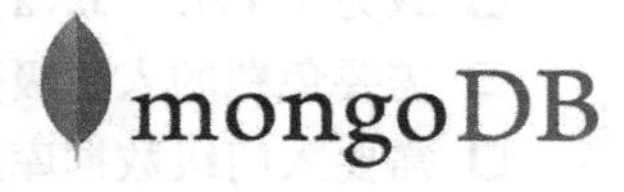

MongoDB（源自"humogous"）是一个面向文档的跨平台数据库，避开了传统关系型数据库结构，转而使用动态类似于 JSON 的 BSON 格式，使其能轻松地将多个数据写在同一类型中。MongoDB 以 AGPL 和 Apache License 联合协议发布。

1. 使用官方镜像

用户可以使用 `docker [container] run` 指令直接运行官方 mongoDB 镜像：

```
$ docker run --name mongo-container -d mongo
ade2b5036f457a6a2e7574fd68cf7a3298936f27280833769e93392015512735
```

之后，可以通过 docker ps 指令查看正在运行的 mongo-container 的容器 ID：

```
$ docker ps
CONTAINER ID IMAGE COMMAND                     CREATED      STATUS     PORTS       NAMES
ade2b5036f45 mongo "/entrypoint.sh mongo" 1 hours ago Up 22 hours 27017/tcp
    mongo-container
```

在此，mongo-contariner 启动一个 bash 进程，并通过 mongo 指令启动 mongodbDB 交互命令行，再通过 db.stats() 指令查看数据库状态：

```
$ docker exec -it ade2b5036f45 sh
# mongo
MongoDB shell version: 3.2.6
connecting to: test
Server has startup warnings:
I CONTROL  [initandlisten]
I CONTROL  [initandlisten] ** WARNING: /sys/kernel/mm/transparent_hugepage/enabled
     is 'always'.
I CONTROL  [initandlisten] **        We suggest setting it to 'never'
I CONTROL  [initandlisten]
I CONTROL  [initandlisten] ** WARNING: /sys/kernel/mm/transparent_hugepage/defrag
     is 'always'.
I CONTROL  [initandlisten] **        We suggest setting it to 'never'
I CONTROL  [initandlisten]
> show dbs
local  0.000GB
> db.stats()
{
    "db" : "test",
    "collections" : 1,
    "objects" : 1,
    "avgObjSize" : 39,
    "dataSize" : 39,
    "storageSize" : 16384,
    "numExtents" : 0,
    "indexes" : 1,
    "indexSize" : 16384,
    "ok" : 1
}
```

这里可以通过 env 指令查看环境变量的配置：

```
root@ade2b5036f45:/bin# env
HOSTNAME=ade2b5036f45
MONGO_VERSION=3.2.6
PATH=/usr/local/sbin:/usr/local/bin:/usr/sbin:/usr/bin:/sbin:/bin
GPG_KEYS=DFFA3DCF326E302C4787673A01C4E7FAAAB2461C     42F3E95A2C4F08279C4960ADD6
    8FA50FEA312927
PWD=/bin
SHLVL=1
HOME=/root
MONGO_MAJOR=3.2
GOSU_VERSION=1.7
_=/usr/bin/env
OLDPWD=/
```

镜像默认暴露了 mongoDB 的服务端口：27017，可以通过该端口访问服务。

（1）连接 mongoDB 容器

使用 --link 参数，连接新建的 mongo-container 容器：

```
$ docker run -it --link mongo-container:db alpine sh
/ # ls
```

进入 alpine 系统容器后，可以使用 ping 指令测试 mongo-container 容器的连通性：

```
/ # ping db
PING db (172.17.0.5): 56 data bytes
64 bytes from 172.17.0.5: seq=0 ttl=64 time=0.093 ms
64 bytes from 172.17.0.5: seq=1 ttl=64 time=0.104 ms
^C
--- db ping statistics ---
2 packets transmitted, 2 packets received, 0% packet loss
round-trip min/avg/max = 0.093/0.098/0.104 ms
```

（2）直接使用 **mongo cli** 指令

如果用户想直接在宿主机器上使用 mongoDB，可以在 docker [container] run 指令后面加入 entrypoint 指令，这样就可以非常方便地直接进入 mongo cli 了：

```
$ docker run -it --link mongo-container:db --entrypoint mongo mongo --host db
MongoDB shell version: 3.2.6
connecting to: db:27017/test
Welcome to the MongoDB shell.
For interactive help, type "help".
For more comprehensive documentation, see
    http://docs.mongodb.org/
Questions? Try the support group
    http://groups.google.com/group/mongodb-user
......
> db.version();
3.2.6
>  db.stats();
{
    "db" : "test",
    "collections" : 0,
    "objects" : 0,
    "avgObjSize" : 0,
    "dataSize" : 0,
    "storageSize" : 0,
    "numExtents" : 0,
    "indexes" : 0,
    "indexSize" : 0,
    "fileSize" : 0,
    "ok" : 1
}
> show dbs
local   0.000GB
```

最后，用户还可以使用 --storageEngine 参数来设置储存引擎：

```
$ docker run --name mongo-container -d mongo --storageEngine wiredTiger
```

2. 使用自定义 Dockerfile

第一步，准备工作。新建项目目录，并在根目录新建 Dockerfile，内容如下：

```
# 设置从用户之前创建的 sshd 镜像继承
FROM sshd
MAINTAINER docker_user (user@docker.com)

RUN apt-get update && \
    apt-get install -y mongodb pwgen && \
    apt-get clean && \
    rm -rf /var/lib/apt/lists/*

# 创建 mongoDB 存放数据文件的文件夹
RUN mkdir -p /data/db
VOLUME /data/db

ENV AUTH yes

# 添加脚本
ADD run.sh /run.sh
ADD set_mongodb_password.sh /set_mongodb_password.sh
RUN chmod 755 ./*.sh

EXPOSE 27017
EXPOSE 28017

CMD ["/run.sh"]
```

新建 set_mongodb_password.sh 脚本，此脚本主要负责配置数据库的用户名和密码：

```
#!/bin/bash
# 这个脚本主要是用来设置数据库的用户名和密码

# 判断是否已经设置过密码
if [ -f /.mongodb_password_set ]; then
        echo "MongoDB password already set!"
        exit 0
fi

/usr/bin/mongod --smallfiles --nojournal &

PASS=${MONGODB_PASS:-$(pwgen -s 12 1)}
_word=$( [ ${MONGODB_PASS} ] && echo "preset" || echo "random" )

RET=1
while [[ RET -ne 0 ]]; do
    echo "=> Waiting for confirmation of MongoDB service startup"
    sleep 5
    mongo admin --eval "help" >/dev/null 2>&1
    RET=$?
done

# 通过 docker logs + id 可以看到下面的输出
echo "=> Creating an admin user with a ${_word} password in MongoDB"
mongo admin --eval "db.addUser({user: 'admin', pwd: '$PASS', roles: [
    'userAdminAnyDatabase', 'dbAdminAnyDatabase' ]});"
```

```
mongo admin --eval "db.shutdownServer();"

echo "=> Done!"
touch /.mongodb_password_set

echo "========================================================================"
echo "You can now connect to this MongoDB server using:"
echo ""
echo "    mongo admin -u admin -p $PASS --host <host> --port <port>"
echo ""
echo "Please remember to change the above password as soon as possible!"
echo "========================================================================"
```

新建run.sh，此脚本是主要的mongoDB启动脚本：

```
#!/bin/bash
if [ ! -f /.mongodb_password_set ]; then
        /set_mongodb_password.sh
fi

if [ "$AUTH" == "yes" ]; then
# 这里读者可以自己设定 MongoDB 的启动参数
    export mongodb='/usr/bin/mongod --nojournal --auth --httpinterface --rest'
else
    export mongodb='/usr/bin/mongod --nojournal --httpinterface --rest'
fi

if [ ! -f /data/db/mongod.lock ]; then
    eval $mongodb
else
    export mongodb=$mongodb' --dbpath /data/db'
    rm /data/db/mongod.lock
    mongod --dbpath /data/db --repair && eval $mongodb
fi
```

第二步，使用docker build指令构建镜像：

```
$ docker build  -t mongodb-image .
$ docker images
REPOSITORY          TAG             IMAGE ID            CREATED        VIRTUAL SIZE
mongodb-image       latest          e3200a24cf28        3 hours ago    256 MB
```

第三步，启动后台容器，并分别映射27017和28017端口到本地：

```
$ docker run -d -p 27017:27017 -p 28017:28017 mongodb
```

通过docker logs来查看默认的admin账户密码：

```
$ docker logs sa9
    ========================================================================
        You can now connect to this MongoDB server using:

            mongo admin -u admin -p 5elsT6KtjrqV --host <host> --port <port>

        Please remember to change the above password as soon as possible!
    ========================================================================
```

屏幕输出中的 5elsT6KtjrqV 就是 admin 用户的密码。

也可以利用环境变量在容器启动时指定密码：

```
$ docker run -d -p 27017:27017 -p 28017:28017 -e MONGODB_PASS="mypass" mongodb
```

甚至，设定不需要密码即可访问：

```
$ docker run -d -p 27017:27017 -p 28017:28017 -e AUTH=no mongodb
```

同样，读者也可以使用 -v 参数来映射本地目录到容器。

mongoDB 的启动参数有很多，包括：

```
--quiet                    # 安静输出
--port arg                 # 指定服务端口号，默认端口 27017
--bind_ip arg              # 绑定服务 IP，若绑定 127.0.0.1，则只能本机访问，不指定默认本地所有 IP
--logpath arg              # 指定 MongoDB 日志文件，注意是指定文件不是目录
--logappend                # 使用追加的方式写日志
--pidfilepath arg           # PID File 的完整路径，如果没有设置，则没有 PID 文件
--keyFile arg              # 集群的私钥的完整路径，只对于 Replica Set 架构有效
--unixSocketPrefix arg # UNIX 域套接字替代目录（默认为 /tmp）
--fork                     # 以守护进程的方式运行 MongoDB，创建服务器进程
--auth                     # 启用验证
--cpu                      # 定期显示 CPU 的利用率和 iowait
--dbpath arg               # 指定数据库路径
--diaglog arg              # diaglog 选项：0=off,1=W,2=R,3=both,7=W+some reads
--directoryperdb           # 设置每个数据库将被保存在一个单独的目录
--journal                  # 启用日志选项，MongoDB 的数据操作将会写入到 journal 文件夹的文件里
--journalOptions arg       # 启用日志诊断选项
--ipv6                     # 启用 IPv6 选项
--jsonp                    # 允许 JSONP 形式通过 HTTP 访问（有安全影响）
--maxConns arg             # 最大同时连接数，默认 2000
--noauth                   # 不启用验证
--nohttpinterface          # 关闭 HTTP 接口，默认关闭 27018 端口访问
--noprealloc               # 禁用数据文件预分配（往往影响性能）
--noscripting              # 禁用脚本引擎
--notablescan              # 不允许表扫描
--nounixsocket             # 禁用 Unix 套接字监听
--nssize arg (=16)         # 设置信数据库 .ns 文件大小 (MB)
--objcheck                 # 在收到客户数据，检查有效性
--profile arg              # 档案参数：0=off, 1=slow, 2=all
--quota                    # 限制每个数据库的文件数，设置默认为 8
--quotaFiles arg           # 限制单个数据库允许的文件
--rest                     # 开启简单的 Rest API
--repair                   # 修复所有数据库，如 run repair on all dbs
--repairpath arg           # 修复生成的文件目录，默认为目录名称 dbpath
--slowms arg (=100)        # profile 和日志输出延迟
--smallfiles                # 使用较小的默认文件
--syncdelay arg (=60)      # 数据写入磁盘的时间秒数 (0=never，不推荐）
--sysinfo                  # 打印一些诊断系统信息
--upgrade                  # 升级数据库，* Replicaton 参数
------------------------------------------------------------------------------
--fastsync # 从一个 dbpath 里启用从库复制服务，该 dbpath 的数据库是主库的快照，可用于快速启用同步
--autoresync          # 如果从库与主库同步数据差得多，自动重新同步
```

```
--oplogSize arg    # 设置 oplog 的大小 (MB), * 主 / 从参数
-------------------------------------------------------------------------------
--master           # 主库模式
--slave            # 从库模式
--source arg       # 从库端口号
--only arg         # 指定单一的数据库复制
--slavedelay arg   # 设置从库同步主库的延迟时间, * Replica set (副本集) 选项
-------------------------------------------------------------------------------
--replSet arg      # 设置副本集名称,  * Sharding(分片) 选项
-------------------------------------------------------------------------------
--configsvr        # 声明这是一个集群的 config 服务,默认端口 27019,默认目录 /data/configdb
--shardsvr         # 声明这是一个集群的分片,默认端口 27018
--noMoveParanoia   # 关闭偏执为 moveChunk 数据保存
```

上述参数也可以直接在 mongod.conf 配置文件中配置，例如：

```
dbpath = /data/mongodb
logpath = /data/mongodb/mongodb.log
logappend = true
port = 27017
fork = true
auth = true
```

3. 相关资源

MongoDB 相关资源如下：

- MongoDB 官网：https://www.mongodb.org
- MongoDB 官方镜像：https://hub.docker.com/_/mongo/
- MongoDB 官方镜像实现：https://github.com/docker-library/mongo

12.4 Redis

Redis 是一个开源（BSD 许可）的基于内存的数据结构存储系统，可以用作数据库、缓存和消息中间件。Redis 使用 ANSI C 实现，2013 年起由 Pivotal 公司资助。Redis 的全称意为：REmote DIctionary Server。

Redis 支持多种类型的数据结构，如 string（字符串）、hash（散列）、list（列表）、set（集合）、sorted set（有序集合）与范围查询、bitmaps、hyperloglogs 和 geospatial 索引半径查询，Redis 同时支持 replication、LUA 脚本、LRU 驱动事件、事务和不同级别的持久化支持等，通过哨兵机制和集群机制提供高可用性。

1. 使用官方镜像

用户可以通过 docker [container] run 指令直接启动一个 redis-container 容器：

```
$ docker run --name redis-container -d redis
6f7d16f298e9c505f35ae28b61b4015877a5b0b75c60797fa4583429e4a14e24
```

之后可以通过 docker ps 指令查看正在运行的 redis-container 容器的容器 ID：

```
$ docker ps
CONTAINER ID IMAGE COMMAND                    CREATED        STATUS        PORTS    NAMES
6f7d16f298e9 redis "docker-entrypoint.sh" 32 seconds ago Up 31 seconds 6379/tcp
    redis-container
```

下面，在此 redis 容器启动 bash，并查看容器的运行时间和内存状况：

```
$ docker exec -it 6f7d16f298e9 bash
root@6f7d16f298e9:/data# uptime
 12:26:19 up 20 min,  0 users,  load average: 0.00, 0.04, 0.10
root@6f7d16f298e9:/data# free
             total       used       free     shared    buffers     cached
Mem:       1020096     699280     320816     126800      50184     527260
-/+ buffers/cache:     121836     898260
Swap:      1181112          0    1181112
```

同样，可以通过 env 指令查看环境变量的配置：

```
root@6f7d16f298e9:/data# env
HOSTNAME=6f7d16f298e9
REDIS_DOWNLOAD_URL=http://download.redis.io/releases/redis-3.0.7.tar.gz
PATH=/usr/local/sbin:/usr/local/bin:/usr/sbin:/usr/bin:/sbin:/bin
PWD=/data
SHLVL=1
HOME=/root
REDIS_DOWNLOAD_SHA1=e56b4b7e033ae8dbf311f9191cf6fdf3ae974d1c
REDIS_VERSION=3.0.7
GOSU_VERSION=1.7
_=/usr/bin/env
```

用户也可以通过 ps 指令查看当前容器运行的进程信息：

```
root@6f7d16f298e9:/data# ps -ef
UID        PID  PPID  C STIME TTY          TIME CMD
redis        1     0  0 12:16 ?        00:00:02 redis-server *:6379
root        30     0  0 12:51 ?        00:00:00 sh
root        39    30  0 12:52 ?        00:00:00 ps -ef
```

（1）连接 Redis 容器

用户可以使用 --link 参数，连接创建的 redis-container 容器：

```
$ docker run -it --link redis-container:db alpine sh
/ # ls
```

进入 alpine 系统容器后，可以使用 ping 指令测试 Redis 容器：

```
/ # ping db
PING db (172.17.0.2): 56 data bytes
64 bytes from 172.17.0.2: seq=0 ttl=64 time=0.088 ms
64 bytes from 172.17.0.2: seq=1 ttl=64 time=0.103 ms
--- db ping statistics ---
2 packets transmitted, 2 packets received, 0% packet loss
round-trip min/avg/max = 0.088/0.095/0.103 ms
```

还可以使用 nc 指令（即 NetCat）检测 Redis 服务的可用性：

```
/ # nc db 6379
PING
+PONG
```

官方镜像内也自带了 Redis 客户端，可以使用以下指令直接使用：

```
$ docker run -it --link redis-container:db --entrypoint redis-cli redis -h db
db:6379> ping
PONG
db:6379> set 1 2
OK
db:6379> get 1
"2"
```

（2）使用自定义配置

如果需要使用自定义的 Redis 配置，有以下两种操作：

- 通过 Dockerfile 构建自定义镜像；
- 使用数据卷。

下面首先介绍第一种方式。首先，新建项目目录并新建 Dockerfile 文件：

```
FROM redis
COPY redis.conf /usr/local/etc/redis/redis.conf
CMD [ "redis-server", "/usr/local/etc/redis/redis.conf" ]
```

然后可以使用 docker build 指令，构建使用自定义配置的 Redis 镜像。

如果使用第二种方式，即通过数据卷实现自定义 Redis 配置，可以通过以下指令完成：

```
$ docker run -v /myredis/conf/redis.conf:/usr/local/etc/redis/redis.conf --name
    myredis redis redis-server /usr/local/etc/redis/redis.conf
```

2. 相关资源

Redis 的相关资源如下：

- Redis 官方网站：http://redis.io/
- Redis 官方镜像：https://hub.docker.com/_/redis/
- Redis 官方镜像仓库：https://github.com/docker-library/redis

12.5 Cassandra

Apache Cassandra 是个开源（Apache License 2.0）的分布式数据库，支持分布式高可用数据存储，可以提供跨数据中心的容错能力且无单点故障，并通过异步无主复制实现所有客户端的低延迟操作。Cassandra 在设计上引入了 P2P 技术，具备大规模可分区行存储能力，并支持 Spark、Storm、

Hadoop 系统集成。目前 Facebook、Twitter、Instagram、eBay、Github、Reddit、Netflix 等多家公司都在使用 Cassandra。类似系统还有 HBase 等。

1. 使用官方镜像

首先可以使用 `docker run` 指令基于 Cassandra 官方镜像启动容器：

```
$ docker run --name my-cassandra -d cassandra:latest
1dde81cddc53322817f8c6e67022c501759d8d187a2de40f1a25710a5f2dfa53
```

这里的 `--name` 标签指定容器名称。`cassandra:tag` 中的标签指定版本号，标签名称可以参考官方仓库的标签说明：https://hub.docker.com/r/library/cassandra/tags/。

之后用户可以将另一个容器中的应用与 Cassandra 容器连接起来。此应用容器要暴露 Cassandra 需要使用的端口（Cassandra 默认服务端口 `rpc_port：9160`；CQL 默认本地服务端口 `native_transport_port：9042`），这样就可以通过容器 `link` 功能来连接 Cassandra 容器与应用容器。

```
$ docker run --name my-app --link my-cassandra:cassandra -d app-that-uses-cassandra
```

2. 搭建 Cassandra 集群

Cassandra 有两种集群模式：单机模式（所有实例集中于一台机器）和多机模式（实例分布于多台机器）。单机模式下，可以按照上文描述的方法启动容器即可，如果需要启动更多实例，则需要在指令中配置首个实例信息：

```
$ docker run --name my-cassandra2 -d -e CASSANDRA_SEEDS="$(docker inspect
    --format='{{ .NetworkSettings.IPAddress }}' my-cassandra)" cassandra:latest
```

其中 `my-cassandra` 就是首个 Cassandra Server 的实例名称。在这里使用了 `docker [container] inspect` 指令，以获取首个实例的 IP 地址信息。还可以使用 `docker run` 的 `--link` 标签来连接这两个 Cassandra 实例：

```
$ docker run --name my-cassandra2 -d --link my-cassandra:cassandra cassandra:latest
```

多机模式下，由于容器网络基于 Docker bridge，所以需要通过环境变量，配置 Cassandra Server 容器的 IP 广播地址（即使用 -e 标签）。假设第一台虚拟机的 IP 是 10.22.22.22，第二台虚拟机的 IP 是 10.23.23.23，Gossip 端口是 7000，那么启动第一台虚拟机中的 Cassandra 容器时的指令如下：

```
$ docker run --name my-cassandra -d -e CASSANDRA_BROADCAST_ADDRESS=10.42.42.42
    -p 7000:7000 cassandra:latest
```

启动第二台虚拟机的 Cassandra 容器时，同样需要暴露 Gossip 端口，并通过环境变量声明第一台 Cassandra 容器的 IP 地址：

```
$ docker run --name my-cassandra -d -e CASSANDRA_BROADCAST_ADDRESS=10.43.43.43
    -p 7000:7000 -e CASSANDRA_SEEDS=10.42.42.42 cassandra:latest
```

3. 使用 cqlsh 连接至 Cassandra

`cqlsh` 是指 Cassandra Query Language Shell。在 Cassandra 1.x 版后，除了 `cassandra-cli`

之外，官方在 /cassandra_install_folder/bin 里加入了 cqlsh 指令。该指令与 cassandra-cli 一样，是 client 端工具，它可联机至 server 端进行数据维护与查询。cqlsh 支持 CQL 操作，可以方便地维护数据。

以下指令启动了一个 Cassandra 容器并运行 cqlsh：

```
$ docker run -it --link my-cassandra:cassandra --rm cassandra sh -c 'exec cqlsh
    "$CASSANDRA_PORT_9042_TCP_ADDR"'
Connected to Test Cluster at 172.17.0.4:9042.
[cqlsh 5.0.1 | Cassandra 3.7 | CQL spec 3.4.2 | Native protocol v4]
Use HELP for help.

cqlsh> CREATE KEYSPACE demodb WITH REPLICATION = { 'class' : 'SimpleStrategy',
    'replication_factor' : 1 } AND durable_writes = true;
cqlsh> USE demodb;
cqlsh:demodb> desc demodb;

CREATE KEYSPACE demodb WITH replication = {'class': 'SimpleStrategy',
    'replication_factor': '1'}  AND durable_writes = true;
```

或者如下方式，my-cassandra 是我们的 Cassandra Server 容器的 name：

```
$ docker run -it --link my-cassandra:cassandra --rm cassandra cqlsh cassandra
```

4. 访问系统与日志

用户可以使用 docker exec 指令直接访问 Cassandra 系统，以下指令会在 Cassandra 容器中开启 bash shell：

```
$ docker exec -it my-cassandra bash
root@1dde81cddc53:/# ls -l /etc/cassandra/
total 100
-rw-r--r-- 1 cassandra cassandra 11636 Jul 28 22:10 cassandra-env.sh
-rw-r--r-- 1 cassandra cassandra  1200 Jun  6 18:50 cassandra-rackdc.properties
-rw-r--r-- 1 cassandra cassandra  1358 Jun  6 18:50 cassandra-topology.properties
-rw-r--r-- 1 cassandra cassandra 49826 Aug 30 04:35 cassandra.yaml
-rw-r--r-- 1 cassandra cassandra  2082 Jun  6 18:50 commitlog_archiving.
    properties
-rw-r--r-- 1 cassandra cassandra  9074 Jun  6 18:50 jvm.options
-rw-r--r-- 1 cassandra cassandra  1193 Jun  6 18:50 logback-tools.xml
-rw-r--r-- 1 cassandra cassandra  3785 Jun  6 18:50 logback.xml
drwxr-xr-x 2 cassandra cassandra  4096 Aug 30 04:35 triggers
```

使用 docker logs 指令访问日志：

```
$ docker logs my-cassandra
ocker logs my-cassandra
INFO  04:35:36 Configuration location: file:/etc/cassandra/cassandra.yaml

...
INFO  04:35:37 DiskAccessMode 'auto' determined to be mmap, indexAccessMode is mmap
INFO  04:35:37 Global memtable on-heap threshold is enabled at 245MB
INFO  04:35:37 Global memtable off-heap threshold is enabled at 245MB
WARN  04:35:37 Only 56.105GiB free across all data volumes. Consider adding more
    capacity to your cluster or removing obsolete snapshots
```

```
INFO  04:35:38 Hostname: 1dde81cddc53
INFO  04:35:38 JVM vendor/version: OpenJDK 64-Bit Server VM/1.8.0_91
INFO  04:35:38 HeapINFO  04:36:08 Starting listening for CQL clients on
    /0.0.0.0:9042 (unencrypted)...
INFO  04:36:08 Not starting RPC server as requested. Use JMX (StorageService-
    >startRPCServer()) or nodetool (enablethrift) to start it
INFO  04:36:10 Scheduling approximate time-check task with a precision of 10
    milliseconds
INFO  04:36:10 Created default superuser role 'cassandra'
INFO  05:08:21 ConcurrentMarkSweep GC in 201ms.  CMS Old Gen: 32959928 ->
    11374920; Code Cache: 13636096 -> 13633792; Metaspace: 38164344 -> 38164408;
INFO  05:13:32 Create new Keyspace: KeyspaceMetadata{name=demodb,
    params=KeyspaceParams{durable_writes=true, replication=ReplicationParams{c
    lass=org.apache.cassandra.locator.SimpleStrategy, replication_factor=1}},
    tables=[], views=[], functions=[], types=[]}size: 980.000MiB/980.000MiB
...
```

5. 相关资源

Cassandra 的相关资源如下：

- Cassandra 官网：http://cassandra.apache.org/
- Cassandra 官方文档：http://docs.datastax.com/
- Cassandra 官方仓库：https://github.com/apache/cassandra
- Cassandra 官方镜像：https://hub.docker.com/_/cassandra/
- Cassandra 官方镜像仓库：https://github.com/docker-library/cassandra

12.6 本章小结

本章讲解了常见数据库软件镜像的使用过程，包括 MySQL、Oracle、MongoDB、Redis、Cassandra 等。读者通过阅读本章内容，应该能够掌握如何在生产环境中部署和使用数据库容器。

在使用数据库容器时，建议将数据库文件映射到宿主主机，一方面减少容器文件系统带来的性能损耗，另一方面实现数据的持久化。

阅读本章需要对特定数据库的特性和配置有一定的了解，建议读者结合各个数据库的使用文档进行更深入的学习。

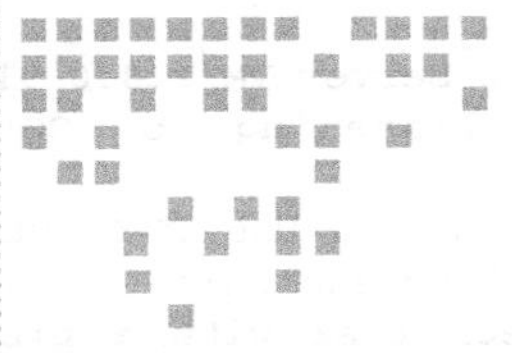

Chapter 13 第 13 章

分布式处理与大数据平台

分布式系统和大数据处理平台是目前业界关注的热门技术。本章将重点介绍热门的大数据分布式处理的三大重量级武器：Hadoop、Spark、Storm，以及新一代的数据采集和分析引擎 Elasticsearch。

围绕如何基于 Docker 快速部署和使用这些工具，读者将能学习到相关的操作实践，并能领略分布式处理技术在大数据领域的重要用途。

13.1 Hadoop

Hadoop 是 Apache 软件基金会旗下的一个开源分布式计算平台。

作为当今大数据处理领域的经典分布式平台，Hadoop 主要基于 Java 语言实现，由三个核心子系统组成：HDFS、YARN、MapReduce，其中，HDFS 是一套分布式文件系统；YARN 是资源管理系统，MapReduce 是运行在 YARN 上的应用，负责分布式处理管理。如果从操作系统的角度看，HDFS 相当于 Linux 的 ext3/ext4 文件系统，而 Yarn 相当于 Linux 的进程调度和内存分配模块。

Hadoop 的核心子系统说明如下：

- HDFS：一个高度容错性的分布式文件系统，适合部署在大量廉价的机器上，提供高吞吐量的数据访问。
- YARN（Yet Another Resource Negotiator）：资源管理器，可为上层应用提供统一的资源管理和调度，兼容多计算框架。
- MapReduce：是一种分布式编程模型，把对大规模数据集的处理分发（Map）给网络上的多个节点，之后收集处理结果进行规约（Reduce）。

Hadoop 还包括 HBase（列数据库）、Cassandra（分布式数据库）、Hive（支持 SQL 语句）、Pig（流处理引擎）、Zookeeper（分布式应用协调服务）等相关项目，其生态系统如图 13-1 所示。

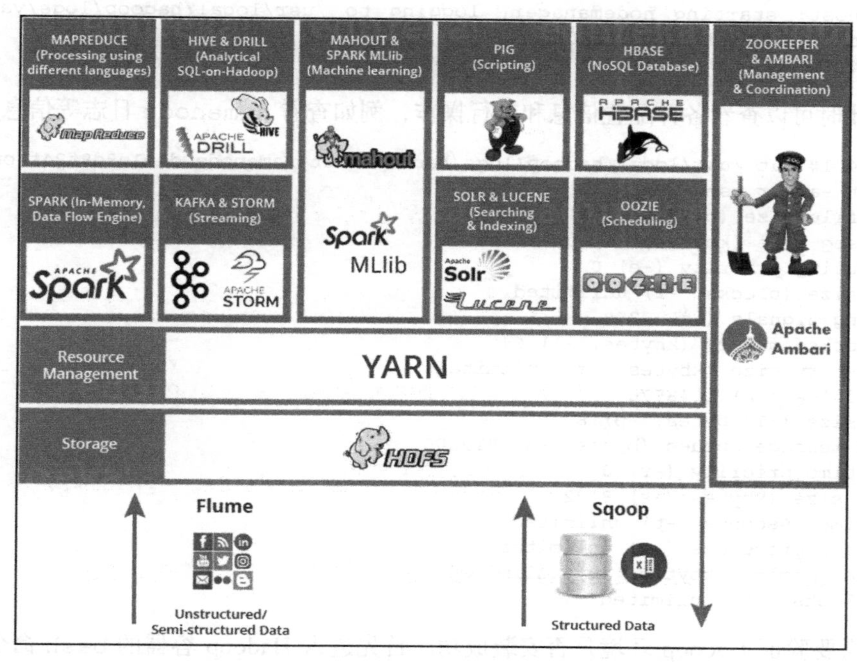

图 13-1 Apache Hadoop 生态系统

1. 使用官方镜像

用户可以通过 docker pull 指令直接使用 Hadoop 2.7.0 镜像：

```
$ docker pull sequenceiq/hadoop-docker:2.7.0
2.7.0: Pulling from sequenceiq/hadoop-docker
...
046b321f8081: Pull complete
Digest: sha256:a40761746eca036fee6aafdf9fdbd6878ac3dd9a7cd83c0f3f5d8a0e6350c76a
Status: Downloaded newer image for sequenceiq/hadoop-docker:2.7.0
```

完成镜像拉取后，使用 docker run 指令运行镜像，同时打开 bash 命令行：

```
$ docker run -it sequenceiq/hadoop-docker:2.7.0 /etc/bootstrap.sh -bash
/
Starting sshd:                                             [  OK  ]
Starting namenodes on [d4e1e9d8f24f]
d4e1e9d8f24f: starting namenode, logging to /usr/local/hadoop/logs/hadoop-root-
    namenode-d4e1e9d8f24f.out
localhost: starting datanode, logging to /usr/local/hadoop/logs/hadoop-root-
    datanode-d4e1e9d8f24f.out
Starting secondary namenodes [0.0.0.0]
0.0.0.0: starting secondarynamenode, logging to /usr/local/hadoop/logs/hadoop-
    root-secondarynamenode-d4e1e9d8f24f.out
```

```
starting yarn daemons
starting resourcemanager, logging to /usr/local/hadoop/logs/yarn--
    resourcemanager-d4e1e9d8f24f.out
localhost: starting nodemanager, logging to /usr/local/hadoop/logs/yarn-root-
    nodemanager-d4e1e9d8f24f.out
bash-4.1#
```

用户此时可以查看各种配置信息和执行操作，例如查看 namenode 日志等信息：

```
bash-4.1# cat /usr/local/hadoop/logs/hadoop-root-namenode-d4e1e9d8f24f.out
ulimit -a for user root
core file size (blocks, -c) 0
data seg size (kbytes, -d) unlimited
scheduling priority (-e) 0
file size (blocks, -f) unlimited
pending signals (-i) 7758
max locked memory (kbytes, -l) 64
max memory size (kbytes, -m) unlimited
open files (-n) 1048576
pipe size (512 bytes, -p) 8
POSIX message queues (bytes, -q) 819200
real-time priority (-r) 0
stack size (kbytes, -s) 8192
cpu time (seconds, -t) unlimited
max user processes (-u) unlimited
virtual memory (kbytes, -v) unlimited
file locks (-x) unlimited
```

用户需要验证 Hadoop 环境是否安装成功。首先进入 Hadoop 容器的 bash 命令行环境，进入 Hadoop 目录：

```
bash-4.1# cd $HADOOP_PREFIXbash-4.1# pwd/usr/local/hadoop
```

然后通过运行 Hadoop 内置的实例程序来进行测试：

```
bash-4.1# bin/hadoop jar share/hadoop/mapreduce/hadoop-mapreduce-examples-
    2.7.0.jar grep input output 'dfs[a-z.]+'
10:00:11 INFO client.RMProxy: Connecting to ResourceManager at /0.0.0.0:8032
10:00:15 INFO input.FileInputFormat: Total input paths to process : 31
10:00:16 INFO mapreduce.JobSubmitter: number of splits:31
10:00:17 INFO mapreduce.JobSubmitter: Submitting tokens for job: job_1472651916653_
    0001
10:00:18 INFO impl.YarnClientImpl: Submitted application application_1472651916653_
    0001
10:00:18 INFO mapreduce.Job: The url to track the job: http://7a7375520a83:8088/
    proxy/application_1472651916653_0001/
10:00:18 INFO mapreduce.Job: Running job: job_1472651916653_0001
10:00:45 INFO mapreduce.Job: Job job_1472651916653_0001 running in uber mode :
    false
10:00:45 INFO mapreduce.Job:  map 0% reduce 0%

...
```

最后用户可以使用 hdfs 指令检查输出结果：

```
bash-4.1# bin/hdfs dfs -cat output/*
```

2. 相关资源

Hadoop 的相关资源如下：

- ❑ Hadoop 官网：http://hadoop.apache.org
- ❑ Hadoop 镜像：https://hub.docker.com/r/sequenceiq/hadoop-docker/
- ❑ Hadoop 镜像仓库：https://github.com/sequenceiq/hadoop-docker
- ❑ Hadoop Dockerfile：https://hub.docker.com/r/sequenceiq/hadoop-docker/~/dockerfile/

13.2 Spark

Apache Spark 是一个围绕速度、易用性和复杂分析构建的大数据处理框架，基于 Scala 开发。最初在 2009 年由加州大学伯克利分校的 AMPLab 开发，并于 2010 年成为 Apache 的开源项目之一。与 Hadoop 和 Storm 等其他大数据及 MapReduce 技术相比，Spark 支持更灵活的函数定义，可以将应用处理速度提升 1～2 个数量级，并且提供了众多方便的实用工具，包括 SQL 查询、流处理、机器学习和图处理等：

Spark 目前支持 Scala、Java、Python、Clojure、R 程序设计语言编写应用。除了 Spark 核心 API 之外，Spark 生态系统中还包括其他附加库，可以在大数据分析和机器学习领域提供更多的能力。这些库包括：Spark Streaming(用于构建弹性容错的流处理 App)，Spark SQL(支持 SQL 语句以及结构化数据处理)，Spark MLlib（用于机器学习），Spark GraphX（用于图数据处理）。除了这些库以外，还有一些其他的库，如 BlinkDB 和 Tachyon。

Spark 典型架构包括三个主要组件：驱动程序、集群管理器、工作者节点，如图 13-2 所示。

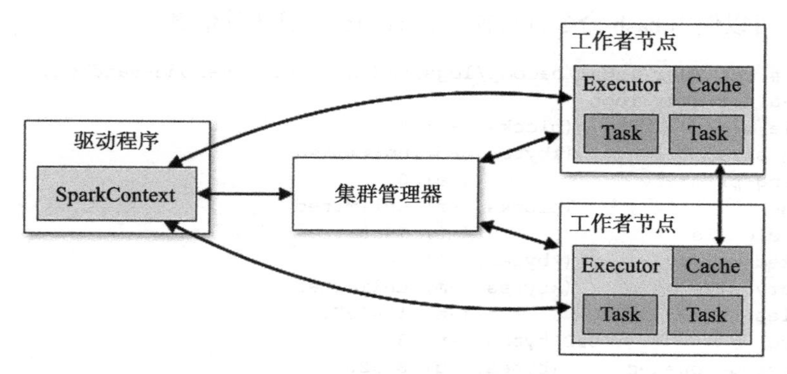

图 13-2 Spark 的典型架构

目前 Spark 推出了 2.2 版本，性能大幅度提升，并在数据流支持方面推出了很多新功能。

1. 使用官方镜像

用户可以使用 `sequenceiq/spark` 镜像，版本方面支持 Hadoop 2.6.0、Apache Spark v1.6.0（CentOS）。同时此镜像还包含 Dockerfile，用户可以基于它构建自定义的 Apache Spark 镜像。

可使用 docker pull 指令直接获取镜像：

```
$ docker pull sequenceiq/spark:1.6.0
1.6.0: Pulling from sequenceiq/spark
...
9d406b080497: Pull complete
Digest: sha256:64fbdd1a9ffb6076362359c3895d089afc65a533c0ef021ad4ae6da3f8b2a413
Status: Downloaded newer image for sequenceiq/spark:1.6.0
```

也可以使用 docker build 指令构建 spark 镜像：

```
$ docker build --rm -t sequenceiq/spark:1.6.0 .
```

另外，用户在运行容器时，需要映射 YARN UI 需要的端口：

```
$ docker run -it -p 8088:8088 -p 8042:8042 -h sandbox sequenceiq/spark:1.6.0 bash
/
Starting sshd:                                             [  OK  ]
Starting namenodes on [sandbox]
sandbox: starting namenode, logging to /usr/local/hadoop/logs/hadoop-root-namenode-
    sandbox.out
localhost: starting datanode, logging to /usr/local/hadoop/logs/hadoop-root-datanode-
    sandbox.out
Starting secondary namenodes [0.0.0.0]
0.0.0.0: starting secondarynamenode, logging to /usr/local/hadoop/logs/hadoop-root-
    secondarynamenode-sandbox.out
starting yarn daemons
starting resourcemanager, logging to /usr/local/hadoop/logs/yarn--resourcemanager-
    sandbox.out
localhost: starting nodemanager, logging to /usr/local/hadoop/logs/yarn-root-
    nodemanager-sandbox.out
bash-4.1#
```

启动后，可以使用 bash 命令行来查看 namenode 日志等信息：

```
bash-4.1# cat /usr/local/hadoop/logs/hadoop-root-namenode-sandbox.out
ulimit -a for user root
core file size          (blocks, -c) 0
data seg size           (kbytes, -d) unlimited
scheduling priority             (-e) 0
file size               (blocks, -f) unlimited
pending signals                 (-i) 7758
max locked memory       (kbytes, -l) 64
max memory size         (kbytes, -m) unlimited
open files                      (-n) 1048576
pipe size            (512 bytes, -p) 8
POSIX message queues     (bytes, -q) 819200
real-time priority              (-r) 0
stack size              (kbytes, -s) 8192
cpu time               (seconds, -t) unlimited
max user processes              (-u) unlimited
virtual memory          (kbytes, -v) unlimited
file locks                      (-x) unlimited
```

用户还可以使用 daemon 模式运行此 Spark 环境：

```
$ docker run -d -h sandbox sequenceiq/spark:1.6.0 -d
e2c26d1bb97439081ad1956faaed3346fcb6335ae774e1177021706dc5887e55
```

继续使用 docker ps 指令查看运行详情：

```
$ docker ps -a
CONTAINER ID IMAGE                       COMMAND
e2c26d1bb974 sequenceiq/spark:1.6.0     "/etc/bootstrap.sh -d"
CREATED   STATUS       PORTS
x ago     Up x minute 22/tcp, 8030-8033/tcp, 8040/tcp, 8042/tcp, 8088/tcp, 49707/
     tcp, 50010/tcp, 50020/tcp, 50070/tcp, 50075/tcp, 50090/tcp
```

2. 验证

基于 YARN 部署 Spark 系统时，用户有两种部署方式可选：YARN 客户端模式和 YARN 集群模式。下面将分别论述两种部署方式。

（1）YARN 客户端模式

在 YARN 客户端模式中，SparkContext（或称为驱动程序）运行在客户端进程中，主（master）应用仅处理来自 YARN 的资源管理请求：

```
# 运行 spark shell

spark-shell \
--master yarn-client \
--driver-memory 1g \
--executor-memory 1g \
--executor-cores 1

# 执行以下指令，若返回 1000 则符合预期

scala> sc.parallelize(1 to 1000).count()
```

（2）YARN 集群模式

在 YARN 集群模式中，Spark 驱动程序运行于主应用的进程中，即由 YARN 从集群层面进行管理。下面，以 Pi 值计算为例子，展示两种模式的区别：

Pi 计算（YARN 集群模式）：

```
# 执行以下指令，成功后，日志中会新增记录 "Pi is roughly 3.1418"
# 集群模式下用户必须指定 --files 参数，以开启 metrics
spark-submit \
--class org.apache.spark.examples.SparkPi \
--files $SPARK_HOME/conf/metrics.properties \
--master yarn-cluster \
--driver-memory 1g \
--executor-memory 1g \
--executor-cores 1 \
$SPARK_HOME/lib/spark-examples-1.6.0-hadoop2.6.0.jar
```

Pi 计算（YARN 客户端模式）：

```
# 执行以下指令，成功后，命令行将显示 "Pi is roughly 3.1418"
spark-submit \
```

```
--class org.apache.spark.examples.SparkPi \
--master yarn-client \
--driver-memory 1g \
--executor-memory 1g \
--executor-cores 1 \
$SPARK_HOME/lib/spark-examples-1.6.0-hadoop2.6.0.jar
```

（3）容器外访问 Spark

如果用户需要从容器外访问 Spark 环境，则需要设置 YARN_CONF_DIR 环境变量。参见相关资源部分的 Spark 镜像仓库，即可见 yarn-remote-client 文件夹。此文件夹内置远程访问的配置信息：

```
export YARN_CONF_DIR="`pwd`/yarn-remote-client"
```

用户只能使用根用户访问 Docker 的 HDFS 环境。当用户从容器集群外部使用非根用户访问 Spark 环境时，则需要配置 HADOOP_USER_NAME 环境变量：

```
export HADOOP_USER_NAME=root
```

3. 相关资源

Spark 的相关资源如下：

- Spark 官网：http://spark.apache.org/
- Spark 官方仓库：https://github.com/apache/spark
- Spark 2.0 更新点：http://spark.apache.org/releases/spark-release-2-0-0.html
- Spark 镜像：https://hub.docker.com/r/sequenceiq/spark/
- Spark 镜像仓库：https://github.com/sequenceiq/docker-spark

13.3 Storm

Apache Storm 是一个实时流计算框架，由 Twitter 在 2014 年正式开源，遵循 Eclipse Public License 1.0，基于 Clojure 等语言实现。

Storm 集群与 Hadoop 集群在工作方式上十分相似，唯一区别在于 Hadoop 上运行的是 MapReduce 任务，在 Storm 上运行的则是 topology。MapReduce 任务完成处理即会结束，而 topology 则永远在等待消息并处理（直到停止）。

Storm 集群中有两种节点：主节点和工作节点，主节点运行一个叫“Nimbus”的守护进程（daemon），与 Hadoop 的“任务跟踪器”（Jobtracker）类似。Nimbus 负责向集群中分发代码，向各机器分配任务，以及监测故障。工作节点运行“Supervisor”守护进程，负责监听 Nimbus 指派到机器的任务，根据指派信息来管理工作者进程（worker process），每一个工作者进程执行一个 topology 的任务子集。

Nimbus 和 Supervisors 之间的所有协调调度通过 Zookeeper 集群来完成。另外，Nimbus 守护进程和 Supervisor 守护进程都是快速失败和无状态的，实现极高的稳定度。

1. 使用 Compose 搭建 Storm 集群

利用 Docker Compose 模板，用户可以在本地单机 Docker 环境快速地搭建一个 Apache Storm 集群，进行应用开发测试。

（1）Storm 示例架构

Storm 示例架构如图 13-3 所示。

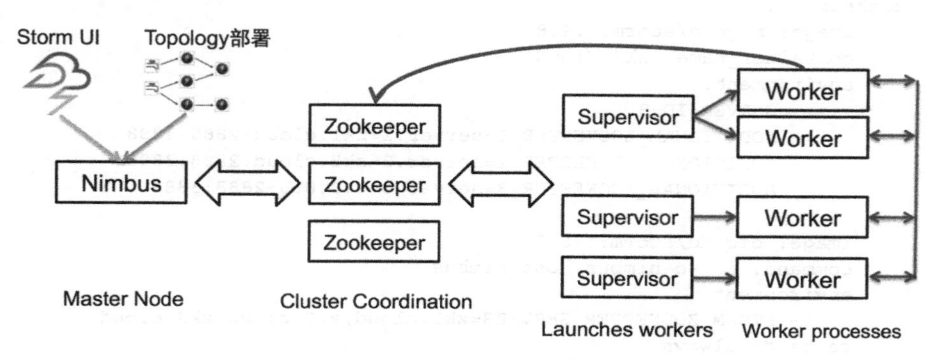

图 13-3　Storm 示例加构

其中包含如下容器：

- zookeeper：Apache Zookeeper 三节点部署；
- nimbus：Storm Nimbus；
- ui：Storm UI；
- supervisor：Storm Supervisor（一个或多个）；
- topology：Topology 部署工具，其中示例应用基于官方示例 storm-starter 代码构建。

本节的 Docker Compose 文件和示例应用等可以从 https://github.com/denverdino/docker-storm 获得。

（2）本地开发测试

首先从 Github 下载需要的代码：

```
$ git clone https://github.com/denverdino/docker-storm.git
$ cd docker-swarm/local
```

代码库中的 `docker-compose.yml` 文件描述了典型的 Storm 应用架构：

```
version: '2'
services:
    zookeeper1:
        image: baqend/storm:3.4.8
        container_name: zk1.cloud
        environment:
            - SERVER_ID=1
            - ADDITIONAL_ZOOKEEPER_1=server.1=0.0.0.0:2888:3888
            - ADDITIONAL_ZOOKEEPER_2=server.2=zk2.cloud:2888:3888
            - ADDITIONAL_ZOOKEEPER_3=server.3=zk3.cloud:2888:3888
    zookeeper2:
```

```
        image: baqend/storm:3.4.8
        container_name: zk2.cloud
        environment:
            - SERVER_ID=2
            - ADDITIONAL_ZOOKEEPER_1=server.1=zk1.cloud:2888:3888
            - ADDITIONAL_ZOOKEEPER_2=server.2=0.0.0.0:2888:3888
            - ADDITIONAL_ZOOKEEPER_3=server.3=zk3.cloud:2888:3888
    zookeeper3:
        image: baqend/storm:3.4.8
        container_name: zk3.cloud
        environment:
            - SERVER_ID=3
            - ADDITIONAL_ZOOKEEPER_1=server.1=zk1.cloud:2888:3888
            - ADDITIONAL_ZOOKEEPER_2=server.2=zk2.cloud:2888:3888
            - ADDITIONAL_ZOOKEEPER_3=server.3=0.0.0.0:2888:3888
    ui:
        image: baqend/storm:1.0.0
        command: ui -c nimbus.host=nimbus
        environment:
            - STORM_ZOOKEEPER_SERVERS=zk1.cloud,zk2.cloud,zk3.cloud
        restart: always
        container_name: ui
        ports:
            - 8080:8080
        depends_on:
            - nimbus
    nimbus:
        image: baqend/storm:1.0.0
        command: nimbus -c nimbus.host=nimbus
        restart: always
        environment:
            - STORM_ZOOKEEPER_SERVERS=zk1.cloud,zk2.cloud,zk3.cloud
        container_name: nimbus
        ports:
            - 6627:6627
    supervisor:
        image: baqend/storm:1.0.0
        command: supervisor -c nimbus.host=nimbus -c supervisor.slots.ports=
            [6700,6701,6702,6703]
        restart: always
        environment:
            - affinity:role!=supervisor
            - STORM_ZOOKEEPER_SERVERS=zk1.cloud,zk2.cloud,zk3.cloud
        depends_on:
            - nimbus
    topology:
        build: ../storm-starter
        command: -c nimbus.host=nimbus jar /topology.jar org.apache.storm.starter.
            RollingTopWords production-topology remote
        depends_on:
            - nimbus
networks:
    default:
        external:
            name: test-storm
```

用户可以直接运行下列命令构建测试镜像：

```
$ docker-compose build
```

现在可以用下面的命令来一键部署一个 Storm 应用：

```
$ docker-compose up -d
```

部署完毕，检查 Storm 应用状态：

```
$ docker-compose ps
```

当 UI 容器启动后，用户可以访问容器的 8080 端口来打开操作界面，如图 13-4 所示。

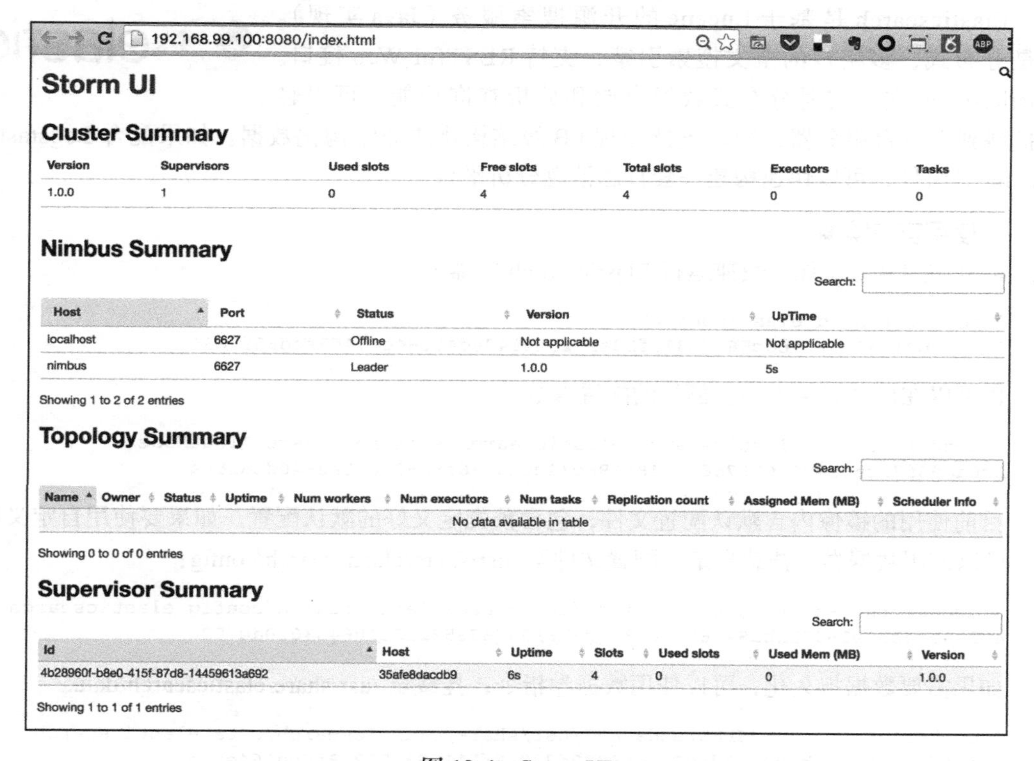

图 13-4　Storm UI

利用如下命令，可以伸缩 supervisor 的数量，比如伸缩到 3 个实例：

```
$ docker-compose scale supervisor=3
```

用户也许会发现 Web 界面中并没有运行中的 topology。这是因为 Docker Compose 目前只能保证容器的启动顺序，无法确保所依赖容器中的应用是否已经完全启动并可以正常访问。

为了解决这个问题，用户需要运行下面的命令来再次启动“topolgoy”服务应用来提交更新的拓扑：

```
$ docker-compose start topology
```

稍后刷新 Storm UI，可以发现 Storm 应用已经部署成功了。

2. 相关资源

Storm 的相关资源如下：

- Storm 官网：http://storm.apache.org/
- Storm 镜像：https://hub.docker.com/r/baqend/storm/

13.4 Elasticsearch

Elasticsearch 是基于 Lucene 的开源搜索服务（Java 实现）。它是分布式、多租户的全文搜索引擎，支持 RESTful Web 接口。Elasticsearch 支持实时分布式数据存储和分析查询功能，可以轻松扩展到上百台服务器，同时支持处理 PB 级结构化或非结构化数据。如果配合 Logstash、Kibana 等组件，可以快速构建一套日志消息分析平台。

1. 使用官方镜像

可以使用官方镜像，快速运行 Elasticsearch 容器：

```
$ docker run -d elasticsearch
937c1cb21b39a322ab6c5697e31af22a5329f08408d40f64e27465fed6597e34
```

也可以在启动时传入一些额外的配置参数：

```
$ docker run -d elasticsearch elasticsearch -Des.node.name="TestNode"
2c0ae96f73ca01779c60f7c6103481696c34c510266f5c503610a2640dc6f50a
```

目前使用的镜像内含默认配置文件，包含预先定义好的默认配置。如果要使用自定义配置，可以使用数据卷，挂载自定义配置文件至 /usr/share/elasticsearch/config：

```
$ docker run -d -v "$PWD/config":/usr/share/elasticsearch/config elasticsearch
43333bfdbbfe156512ba9786577ca807c676f9a767353222c106453020ac7020
```

如果需要数据持久化，可以使用数据卷指令，挂载至 /usr/share/elasticsearch/data:

```
$ docker run -d -v "$PWD/esdata":/usr/share/elasticsearch/data elasticsearch
3feddf6a8454534b209b32df06c2d65022d772a8f511593371218f6bd064e80e
```

此镜像会暴露 9200 和 9300 两个默认的 HTTP 端口，可以通过此端口进行服务访问。9200 端口是对外提供服务的 API 使用的端口，9300 端口是内部通信端口，这些通信包括心跳、集群内部信息同步。

如果通过 `docker stack deploy` 或 `docker-compose` 使用 Elasticsearch，则可以参考以下 `stack.yml`：

```
version: '3.1'

services:
```

```
    elasticsearch:
        image: elasticsearch

    kibana:
        image: kibana
        ports:
            - 5601:5601
```

运行 `docker stack deploy -c stack.yml elasticsearch` 或 `docker-compose -f stack.yml up`，等待初始化完成后，直接访问 http://swarm-ip:5601、http://localhost:5601 或 http://host-ip:5601。

2. 相关资源

Elasticsearch 的相关资源如下：

- Elasticsearch 官网：https://www.elastic.co/products/elasticsearch/
- Elasticsearch 官方仓库：https://github.com/elastic/elasticsearch
- Elasticsearch 官方镜像：https://hub.docker.com/_/elasticsearch/
- Elasticsearch 官方镜像仓库：https://www.docker.elastic.co/

13.5 本章小结

本章介绍了分布式处理与大数据处理领域的典型热门工具，包括 Hadoop、Spark、Storm 和 Elasticsearch 等。这些开源项目的出现，极大地降低了开发者进行分布式处理和数据分析的门槛。

实际上，摩尔定律的失效，必将导致越来越多的复杂任务必须采用分布式架构进行处理。在新的架构和平台下，如何实现高性能、高可用性，如何让应用容易开发、方便调试都是十分复杂的问题。已有的开源平台项目提供了很好的实现参考，方便用户将更多的精力放到核心业务的维护上。通过基于容器的部署和使用，极大地简化了对复杂系统的使用和维护。

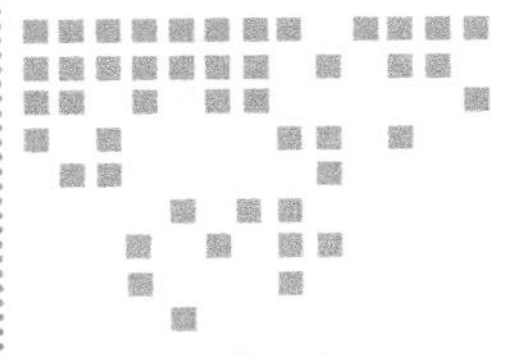

Chapter 14 第 14 章

编程开发

本章主要介绍如何使用 Docker 快速部署主流编程语言的开发、编译环境及其常用框架，包括 C/C++、Java、Python、Javascript、Go 等。通过本章学习，读者在今后采用编程语言开发和测试时，将再也不用花费大量时间进行环境配置了，只需要简单获取容器镜像，即可快速拥有相关的环境。

本章内容需要读者事先对相关语言的基础概念和工具栈有所了解，可自行查看语言相应的技术文档。

14.1 C/C++

C 是一门古老的语言，在今天仍然是系统领域和高性能计算的主要选择，在 1969 年由贝尔实验室设计开发。C 语言具有高效、灵活、功能丰富、表达力强和较高的可移植性等特点。C++ 在 C 的基础上，支持了数据的抽象与封装、面向对象和泛型编程。功能与性能的平衡使 C++ 成为了目前应用最广泛的系统编程语言之一。

本节将介绍三款流行的 C/C++ 开发工具：GCC、LLVM 和 Clang。

1. 关于 GCC

GCC（GNU Compiler Collection）是一套由 GNU 开发的编程语言编译器，是一套以 GPL 及 LGPL 许可证所发行的自由软件，也是 GNU 计划的关键部分。GCC（特别是其中的 C 语言编译器）通常被认为是跨平台编译器的事实标准。GCC 可处理 C/C++，以及 Fortran、Pascal、Objective-C、Java、Ada 等多种语言。

（1）使用官方镜像

将 C/C++ 代码运行在容器内的最简方法，就是将编译指令写入 Dockerfile 中，然后使用此 Dockerfile 构建自定义镜像，最后直接运行此镜像，即可启动程序。

如果对 GCC 版本有要求，可以在以上命令中加入镜像标签，并在下一步的 Dockerfile 的 FROM 指令中明确 GCC 版本号。然后，在 Dockerfile 中，加入需要执行的 GCC 编译命令：

```
FROM gcc:4.9
COPY . /usr/src/myapp
WORKDIR /usr/src/myapp
RUN gcc -o myapp main.c
CMD ["./myapp"]
```

编辑 main.c，内容如下：

```
#include<stdio.h>

int main()
{
    printf("Hello World\n");
    return 0;
}
```

现在，就可以使用 Dockerfile 来构建镜像 my-gcc-app：

```
$ docker build -t gcc-image .
......
Successfully built 881d3fd0d574
```

用户可以使用 docker images 指令查看生成的镜像：

```
$ docker images
REPOSITORY   TAG      IMAGE ID       CREATED           VIRTUAL SIZE
gcc-image    latest   881d3fd0d574   35 seconds ago    1.129 GB
```

创建并运行此容器，会编译并运行程序，输出 Hello World 语句：

```
$ docker run -it --rm --name gcc-container gcc-image
Hello World
```

如果只需要容器编译程序，而不需要运行它，可以使用如下命令：

```
$ docker run --rm -v "$(pwd)":/usr/src/myapp -w /usr/src/myapp gcc gcc -o myapp main.c
```

以上命令会将当前目录（“$(pwd)”）挂载到容器的 /usr/src/myapp 目录，并执行 gcc -o myapp myapp.c。GCC 将会编译 myapp.c 代码，并将生成的可执行文件输出至 /usr/src/myapp 文件夹。

如果项目已经编写好了 Makefile，也可以在容器中直接执行 make 命令：

```
$ docker run --rm -v "$(pwd)":/usr/src/myapp -w /usr/src/myapp gcc make`
```

（2）定制镜像

下面，笔者给出了基于 buildpack-deps:wheezy 镜像创建 GCC 镜像的 Dockerfile

供读者参考：

```
# https://registry.hub.docker.com/u/snormore/llvm/dockerfile/
FROM buildpack-deps:wheezy

# https://gcc.gnu.org/mirrors.html
RUN gpg --keyserver pgp.mit.edu --recv-key \
    B215C1633BCA0477615F1B35A5B3A004745C015A \
    B3C42148A44E6983B3E4CC0793FA9B1AB75C61B8 \
    90AA470469D3965A87A5DCB494D03953902C9419 \
    80F98B2E0DAB6C8281BDF541A7C8C3B2F71EDF1C \
    7F74F97C103468EE5D750B583AB00996FC26A641 \
    33C235A34C46AA3FFB293709A328C3A2C3C45C06

ENV GCC_VERSION 4.9.1

# 下载需要的 tar 格式源码并解压安装
RUN apt-get update \
    && apt-get install -y curl flex wget \
    && rm -r /var/lib/apt/lists/* \
    && curl -SL "http://ftpmirror.gnu.org/gcc/gcc-$GCC_VERSION/gcc-$GCC_VERSION.
        tar.bz2" -o gcc.tar.bz2 \
    && curl -SL "http://ftpmirror.gnu.org/gcc/gcc-$GCC_VERSION/gcc-$GCC_VERSION.
        tar.bz2.sig" -o gcc.tar.bz2.sig \
    && gpg --verify gcc.tar.bz2.sig \
    && mkdir -p /usr/src/gcc \
    && tar -xvf gcc.tar.bz2 -C /usr/src/gcc --strip-components=1 \
    && rm gcc.tar.bz2* \
    && cd /usr/src/gcc \
    && ./contrib/download_prerequisites \
    && { rm *.tar.* || true; } \
    && dir="$(mktemp -d)" \
    && cd "$dir" \
    && /usr/src/gcc/configure \
        --disable-multilib \
        --enable-languages=c,c++ \
    && make -j"$(nproc)" \
    && make install-strip \
    && cd .. \
    && rm -rf "$dir" \
    && apt-get purge -y --auto-remove curl gcc g++ wget
```

2. LLVM

LLVM（Low Level Virtual Machine）是美国伊利诺伊大学的一个研究项目，试图提供一个现代化的、基于 SSA 的编译策略，同时支持静态和动态编程语言。和之前为大家所熟知的 JVM 以及 .net Runtime 这样的虚拟机不同，这个虚拟系统提供了一套中立的中间代码和编译基础设施，并围绕这些设施提供了一套全新的编译策略（使得优化能够在编译、连接、运行环境执行过程中，以及安装之后以有效的方式进行）和其他一些非常有意思的功能。

LLVM 包括若干重要的子项目，其中 Clang 将在后面讲解。

DockerHub 中已经有用户提供了 LLVM 镜像，读者可以直接下载使用，不再赘述：

```
$ docker pull imiell/llvm
```

还可以基于前面提到的 SSHD 基础镜像来定制 GCC 镜像，构建后直接运行。也可以使用 Docker Hub 中提供的第三方 Dockerfile，定制或修改后构建镜像，然后运行容器即可。

3. Clang

Clang 是一个由 Apple 公司用 C++ 实现、基于 LLVM 的 C/C++/Objective-C/Objective-C++ 编译器，其目标就是超越 GCC 成为标准的 C/C++ 编译器，它遵循 LLVM BSD 许可。Clang 很好地兼容了 GCC。

Clang 特性包括：

- 快：在 OS X 上的测试中，Clang 比 GCC 4.0 快 2.5 倍；
- 内存占用小：Clang 内存占用一般比 GCC 要小的多；
- 诊断信息可读性强：Clang 对于错误的语法不但有源码提示，还会在错误的调用和相关上下文上有更好的提示；
- 基于库的模块化设计：Clang 将编译过程分成彼此分离的几个阶段，将大大增强 IDE 对于代码的操控能力。

在 DockerHub 中已经有用户提供了 Clang 的镜像，读者可以直接下载使用：

```
$ docker pull bowery/clang
```

还可以基于 SSHD 镜像自定义 Dockerfile。也可以使用 DockerHub 中的第三方镜像构建 Clang 容器。这里以 ubuntu:bionic 系统为例，给出了示例 Dockerfile 文件：

```
# https://registry.hub.docker.com/u/rsmmr/clang/dockerfile
FROM ubuntu:bionic

# 设置环境变量
ENV PATH /opt/llvm/bin:$PATH

# 确定默认的启动命令
CMD bash

# 安装依赖包 Setup packages.
RUN apt-get update && apt-get -y install cmake git build-essential vim python

# 将 install-clang 拷贝至本目录
ADD . /opt/install-clang

# 编译和安装 LLVM/clang
RUN /opt/install-clang/install-clang -j 4 -C /opt/llvm
```

4. 相关资源

GCC 和 LLVM 的相关资源如下：

- 官网：https://gcc.gnu.org/
- GCC 官方镜像：https://hub.docker.com/_/gcc/
- GCC 官方镜像仓库：https://github.com/docker-library/gcc
- LLVM 官网：http://llvm.org/

14.2 Java

Java 是一种跨平台、面向对象、泛型编程的编译型语言，广泛应用于企业级应用开发和移动应用开发领域，由 SUN 公司在 1995 年推出。Java 是基于类的面向对象的高级语言，其设计理念是尽可能地减少部署依赖，致力于允许 Java 应用的开发者“开发一次，到处运行”。这就意味着 Java 的二进制编码不需要再次编译，即可运行在异构的 JVM 上。Java 在大型互联网项目，特别是互联网金融和电子商务项目中非常受欢迎。OpenJDK (Open Java Development Kit) 是免费开源的 Java 平台，支持 Java SE(Standard Edition)。从 Java 7 开始,OpenJDK 就是官方的 Java SE 环境。

1. 使用官方镜像

在容器中运行 Java 代码最简单的方法就是将 Java 编译指令直接写入 Dockerfile，然后使用此 Dockerfile 构建并运行此镜像，即可启动程序。具体步骤如下。

首先，从官方仓库获取某版本 Java 基础镜像：

```
$ docker pull java:7
```

然后，在本地新建一个空目录，在其中创建 Dockerfile 文件。在 Dockerfile 中，加入需要执行的 Java 编译命令，例如：

```
FROM openjdk:7
COPY . /usr/src/javaapp
WORKDIR /usr/src/javaapp
RUN javac HelloWorld.java
CMD ["java", "HelloWorld"]
```

如果我们希望使用最新的 Java 10，可以修改基础镜像为 `FROM openjdk:10`。下面我们继续使用此 Dockerfile 构建镜像 `java-image`：

```
$ docker build -t java-image .
……
Successfully built 406d480c8fde
```

可以通过 `docker images` 指令查看生成的镜像：

```
$ docker images
REPOSITORY TAG IMAGE ID CREATED VIRTUAL SIZE
java-image latest 406d480c8fde 56 seconds ago 587.7 MB
```

然后，运行此镜像即自动编译程序并执行：

```
$ docker run -it --rm --name java-container java-image
Hello, World
```

如果只需要容器中编译 Java 程序，而不需要运行，则可以使用如下命令：

```
$ docker run --rm -v "$(pwd)":/usr/src/javaapp -w /usr/src/javaapp java:7 javac
    HelloWorld.java
```

以上命令会将当前目录（“`$(pwd)`”）挂载为容器的工作目录，并执行 `javac Hello`

World.java 命令编译 HelloWorld.java 代码，然后生成的 HelloWorld.class 类文件至当前目录下：

```
$ ls -la
total 24
drwxr-xr-x  5 faxi  staff  170 Feb  2 12:35 .
drwxr-xr-x  3 faxi  staff  102 Feb  2 11:52 ..
-rw-r--r--  1 faxi  staff  114 Feb  2 12:01 Dockerfile
-rw-r--r--  1 faxi  staff  426 Feb  2 12:29 HelloWorld.class
-rw-r--r--  1 faxi  staff  182 Feb  2 11:59 HelloWorld.java
```

2. 关于 Spring Boot

Spring Boot 是由 Pivotal 团队开发的框架，其设计目的是用来简化新 Spring 应用的初始搭建以及开发过程。该框架使用了特定的方式进行配置，从而使开发人员不再需要定义样板化的配置。Spring Boot 致力于在蓬勃发展的快速应用开发领域成为领导者。

Spring Boot 项目旨在简化创建产品级的 Spring 应用和服务，通过它来选择不同的 Spring 平台。可创建独立的 Java 应用和 Web 应用，同时提供了命令行工具来支持 spring scripts。

图 14-1 显示 Spring Boot 在 Spring 生态中的位置。

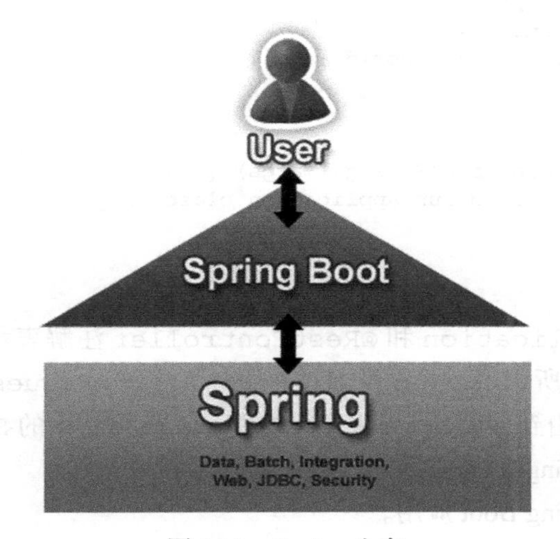

图 14-1 Spring 生态

Spring Boot 特性包括：

- 创建独立 Spring 应用；
- 内嵌 Tomcat，Jetty 或 Undertow（无须部署 WAR 文件）；
- 提供 starter POM，简化 Maven 配置；
- 尽可能地实现 Spring 项目配置自动化；
- 提供工业级特性，如 metrics，健康检查等；
- 不生成代码，不需要 XML 配置。

下面介绍如何使用 compose 来搭建 Spring Boot 应用，环境要求是 JDK1.8 或以上版本，Maven3.0 或以上版本。

第一步，创建一个 Spring Boot 应用。

首先，下载并解压 Spring Boot 应用模板代码：

```
git clone https://github.com/spring-guides/gs-spring-boot-docker.git'
'cd gs-spring-boot-docker
```

然后，编辑代码文件 src/main/java/hello/Application.java，内容如下：

```
package hello;

import org.springframework.boot.SpringApplication;
import org.springframework.boot.autoconfigure.SpringBootApplication;
import org.springframework.boot.bind.RelaxedPropertyResolver;
import org.springframework.web.bind.annotation.RequestMapping;
import org.springframework.web.bind.annotation.RestController;

@SpringBootApplication
@RestController
public class Application {

    @RequestMapping("/")
    public String home() {
        return "Hello Docker World";
    }


    public static void main(String[] args) {
        SpringApplication.run(Application.class, args);
    }

}
```

@SpringBootApplication 和 @RestController 注解表示 Java 类 Application 已经准备好被 spring MVC 所调用，并提供 HTTP 服务。注解 @RequestMapping("/") 表示 context path "/" 的请求路由到方法 home 中进行处理，main 方法中的 SpringApplication.run() 用来启动一个 Spring Boot 应用。

第二步，容器化 Spring Boot 应用。

首先，新建 src/main/docker/Dockerfile，内容如下：

```
FROM java:8
VOLUME /tmp
ADD gs-spring-boot-docker-0.1.0.jar app.jar
RUN bash -c 'touch /app.jar'
ENTRYPOINT ["java","-Djava.security.egd=file:/dev/./urandom","-jar","/app.jar"]
```

然后，使用 docker-maven-plugin 构建镜像，pom.xml 文件内容如下：

```
<properties>
      <docker.image.prefix>registry.aliyuncs.com/linhuatest</docker.image.prefix>
</properties>
```

```
<build>
    <plugins>
        <plugin>
            <groupId>com.spotify</groupId>
            <artifactId>docker-maven-plugin</artifactId>
            <version>0.2.3</version>
            <configuration>
                <imageName>${docker.image.prefix}/${project.artifactId}</imageName>
                <dockerDirectory>src/main/docker</dockerDirectory>
                <resources>
                    <resource>
                        <targetPath>/</targetPath>
                        <directory>${project.build.directory}</directory>
                        <include>${project.build.finalName}.jar</include>
                    </resource>
                </resources>
            </configuration>
        </plugin>
    </plugins>
</build>
```

pom.xml 中指定了以下属性：

- 镜像的名称，此处为 registry.aliyuncs.com/linhuatest/gs-spring-boot-docker 其中 registry.aliyuncs.com 是阿里云镜像仓库的域名，linhuatest 是用户的命名空间，gs-spring-boot-docker 是用户某个仓库的名称，此处没有镜像 tag，默认为 latest；
- Dockerfile 文件所在的目录，该目录可以理解为 Dockerfile 的 context，保存 Dockerfile 依赖的资源；
- 将何种资源拷贝到 Dockerfile 文件所在的目录，即 context 中，此处用户只需要编译出来的 jar 文件。

最后，可以构建和推送镜像到任何一个镜像仓库，如下所示：

```
$ mvn package docker:build # 此处必须要有 docker 客户端连接到 docker daemon 方能构建
$ docker push springio/gs-spring-boot-docker
```

3. 相关资源

Java 和 Spring Boot 的相关资源如下：

- Java 官方镜像：https://registry.hub.docker.com/_/java/
- Java 官方镜像标签：https://registry.hub.docker.com/_/java/tags/manage/
- Spring Boot 官网：http://projects.spring.io/spring-boot/

14.3 Python

Python 是一种解释型动态语言，是功能强大的面向对象语言，集成了模块（modules）、异常处理（exceptions）、动态类型（dynamic typing）、高级数据结构

(元组、列表、序列)、类(classes)等高级特性。Python 设计精良，语法简约，表达能力很强。目前，所有主流操作系统(Windows、Linux、类 Unix 系统)都支持 Python。

下面我们看下如何使用 Docker 部署 Python 环境，以及部署 Python 技术栈中的主流框架。

14.3.1 使用 Python 官方镜像

首先推荐用户使用 Docker 官方提供的 Python 镜像作为基础镜像，主要步骤如下。

第一步，新建项目目录 `py-official`，进入此目录，然后使用 `docker pull` 命令拉取官方镜像：

```
$ docker pull python
```

接下来，在项目中新建一个 Dockerfile 文件，内容如下：

```
FROM python:3-onbuild
CMD [ "python3.5", "./py3-sample.py" ]
```

新建 `py3-sample.py` 文件，计算 Fibonacci 数列：

```
def fib(n):
    a, b = 0, 1
    while a < n:
        print(a, end=' ')
        a, b = b, a+b
    print()
fib(1000)
```

新建 `requirements.txt` 依赖文件，读者可以在此文件中加入项目依赖程序，如 Django 等。此处仅新建空文件：

```
$ touch requirements.txt
```

第二步，使用 `docker build` 命令构建名为 `py2.7-sample-app` 的镜像：

```
$ docker build -t py3-image .
...
Successfully built 23edbf58654a
```

可见至此用户已经成功构建了镜像，用户可以通过 `docker images` 命令进行查看：

```
$ docker images
REPOSITORY       TAG          IMAGE ID         CREATED            VIRTUAL SIZE
py3-image        latest       23edbf58654a     12 seconds ago    693.1 MB
```

第三步，通过 `docker [container] run` 命令创建并运行容器：

```
$ docker run -it --rm --name py3-container py3-image
0 1 1 2 3 5 8 13 21 34 55 89 144 233 377 610 987
```

如果读者只需要运行单个 Python 脚本，那么无须使用 Dockerfile 构建自定义镜像，而是通过以下命令直接使用官方 Python 镜像，带参数运行容器：

```
docker run -it --rm --name my-running-script -v "$(pwd)":/usr/src/myapp -w /usr/
    src/myapp python:3 python your-daemon-or-script.py
```

如果读者希望深入了解 Python 的官方镜像，包括镜像的原始 Dockerfile、ONBUILD 指令的具体执行内容等，可以参考 Github 上的 docker-library/official-images 仓库。

14.3.2 使用 PyPy

PyPy 是一个 Python 实现的 Python 解释器和即时编译（JIT）工具，它专注于速度、效率，与 CPython 完全兼容。PyPy 通过 JIT 技术可以使得 Python 运行速度提高近十倍，同时保证兼容性。下面介绍如何使用官方镜像。

首先，设置项目目录，并新建 `hi.py` 实例程序：

```
for animal in ["dog", "cat", "mouse"]:
    print "%s is a mammal" % animal
```

然后，在根目录新建 Dockerfile，基于 pypy3 的 `onbuild` 版本镜像如下：

```
FROM pypy:3-onbuild
CMD [ "pypy3", "./hi.py" ]
```

如果用户需要使用 pypy2，则可以使用：`FROM pypy:2-onbuild`。

onbuild 版本的镜像内含若干 onbuild 触发器，它们可以在镜像构建期间完成一些必要的初始化操作，便于项目的直接运行。pypy 的 onbuild 镜像会拷贝一个 `requirements.txt` 依赖文件，运行 `RUN pip install` 安装依赖程序，然后将当前目录拷贝至 /usr/src/app。

下面，开始构建和运行此镜像：

```
$ docker build -t my-python-app .
$ docker run -it --rm --name my-running-app my-python-app
```

如果用户只需要运行单个 pypy 脚本，并希望避免新建 Dockerfile，那么可以直接使用如下指令：

```
$ docker run -it --rm --name my-running-script -v "$PWD":/usr/src/myapp -w /usr/
    src/myapp pypy:3 pypy3 your-daemon-or-script.py
```

如果需要使用 pypy2 运行，则可以使用如下指令：

```
$ docker run -it --rm --name my-running-script -v "$PWD":/usr/src/myapp -w /usr/
    src/myapp pypy:2 pypy your-daemon-or-script.py
```

14.3.3 使用 Flask

Flask 是一个使用 Python 编写的轻量级 Web 应用框架。基于 Werkzeug WSGI 工具箱和 Jinja2 模板引擎，Flask 使用 BSD 授权。Flask 也被称为“microframework”，因为它仅仅使用简单的核心，使用 extension 来增加其他功能。

Flask 的特色如下：

- 内置开发用服务器和 debugger；
- 集成单元测试（unit testing）；
- RESTful request dispatching；
- 使用 Jinja2 模板引擎；
- 支持 secure cookies（client side sessions）；
- 100% WSGI 1.0 兼容；
- 基于 Unicode
- 详细的文件、教学；
- Google App Engine 兼容；
- 可用 Extensions 增加其他功能。

Flask 是目前广受欢迎的常用 Python Web 方案之一。

1. 使用 Dockerhub 镜像

第一步，项目准备工作：构建 Flask App 目录：

```
src/
    run.py
    app/
        __init__.py
        views.py
        static/
        templates/
```

run.py 内容如下：

```
#!flask/bin/python
from app import app
app.run(host='0.0.0.0', port=5000, debug=True)
```

_init.py 内容如下：

```
from flask import Flask

app = Flask(__name__)
from app import views
```

第二步，获取 Docker Hub 的 Flask 镜像：

```
$ docker pull verdverm/flask
```

第三步，创建并运行 Flask 容器（Flask 的 App 代码作为 Docker 数据卷）：

```
$ docker run -d --name flask-app \
    -v /path/to/app/src:/src \
    -p 5000:5000 \
    verdverm/flask
```

2. 使用 Compose 构建 Flask + MongoDB 服务

MongoDB 是一个基于分布式文件存储的数据库，旨在为 Web 应用提供可扩展的高性能数据存储解决方案。MongoDB 是一个介于关系数据库和非关系数据库之间的产品，是非关系数据库当中功能最丰富，最像关系数据库的。Flask 与 MongoDB 结合使用，是一种简单高效的 Web 服务架构，可以以较高的性能支撑图片服务等各种常见 Web 服务。

第一步，新建 mongo-flask 项目文件夹，并新建 flask 框架的核心文件 app.py，内容如下：

```
import os
from flask import Flask, redirect, url_for, request, render_template
from pymongo import MongoClient

app = Flask(__name__)

client = MongoClient(
        os.environ['DB_PORT_27017_TCP_ADDR'],
        27017)
db = client.tododb


@app.route('/')
def todo():

    _items = db.tododb.find()
    items = [item for item in _items]

    return render_template('index.html', items=items)


@app.route('/new', methods=['POST'])
def new():

    item_doc = {
        'name': request.form['name'],
        'description': request.form['description']
    }
    db.tododb.insert_one(item_doc)

    return redirect(url_for('todo'))

if __name__ == "__main__":
    app.run(host='0.0.0.0', port=80, debug=True)
```

新建 templates 文件夹，放置 Flask 框架的前端模版文件 index.html，内容如下：

```
<form action="/new" method="POST">
    <input type="text" name="name"></input>
    <input type="text" name="description"></input>
    <input type="submit"></input>
</form>

{% for item in items %}
<h1> {{ item.name }} </h1>
<p> {{ item.description }} <p>
{% endfor %}
```

回到项目根目录，新建 requirements.txt 文件，内容如下：

```
flask
pymongo
```

新建 Dockerfile 文件，内容如下：

```
FROM python:2.7 # 基础镜像
ADD . /webdir
WORKDIR /webdir # 确定工作目录
RUN pip install -r requirements.txt # 安装依赖程序
EXPOSE 80 # 暴露 80 端口
ENTRYPOINT ["python", "-u", "/webdir/app.py"] # 确定 `flask` 运行指令
```

新建 docker-compose.yml 文件，内容如下：

```
web:
    image: registry.aliyuncs.com/wangbs/mongo-flask:master
    ports:
        - "80"
    links:
        - db
db:
    image: registry.aliyuncs.com/wangbs/mongodb
    ports:
        - "27017"
```

14.3.4 相关资源

Python 的相关资源如下：

- Python 官网：https://www.python.org/
- PyPy 官网：http://pypy.org/
- Flask 官网：http://flask.pocoo.org/
- uwsgi 官方仓库：https://github.com/unbit/uwsgi

14.4 JavaScript

JavaScript 是目前所有主流浏览器上唯一支持的脚本语言，这也是早期 JavaScript 的唯一用途。Node.js 自 2009 年发布，使用 Google Chrome 浏览器的 V8 引擎。Node.js 的出现，让服务端应用也可以基于 JavaScript 进行编写，它采用事件驱动，性能优异，同时还提供了很多系统级 API，如文件操作，Socket、HTTP 网络编程等，支持主流操作系统。Node.js 应用通过非驻塞 IO 和异步事件将系统吞吐能力和效率最大化。

下面，笔者将简述如何使用 Docker 搭建和使用 Node.js 环境。

14.4.1 使用 Node.js

在 Node 环境中，用户可以快速运行一个 Node.js 的简单应用。

首先，创建一个 helloworld.js 文件：

```
console.log("Hello World");
```

然后通过 node 指令执行即可启动 Node.js 的 hello world：

```
$ node helloworld.js
```

1. 使用 DockerHub 镜像

Node.js 拥有 3 种官方镜像：node:<version>、node:onbuild、node:slim。其中常用的是带有版本标签的，以及带有 onbuild 标签的 node 镜像。

首先，在 Node.js 项目中新建一个 Dockerfile：

```
FROM node:4-onbuild
EXPOSE 8888
```

然后，新建 server.js 文件，内容如下：

```
'use strict';

var connect = require('connect');
var serveStatic = require('serve-static');

var app = connect();
app.use('/', serveStatic('.', {'index': ['index.html']}));
app.listen(8080);

console.log('MyApp is ready at http://localhost:8080');
```

之后，通过 npm init 命令来新建 node 项目必须的 package.json 文件：

```
$ npm init
This utility will walk you through creating a package.json file.
It only covers the most common items, and tries to guess sensible defaults.

See 'npm help json' for definitive documentation on these fields
and exactly what they do.

Use 'npm install <pkg> --save' afterwards to install a package and
save it as a dependency in the package.json file.

Press ^C at any time to quit.
name: (node) node
version: (1.0.0)
description: node-sample
entry point: (index.js)
test command:
git repository:
keywords:
author:
license: (ISC)
About to write to /Users/faxi/Docker/js/node/package.json:

{
    "name": "node",
    "version": "1.0.0",
```

```
    "description": "node-sample",
    "main": "index.js",
    "scripts": {
        "test": "echo \"Error: no test specified\" && exit 1"
    },
    "author": "",
    "license": "ISC"
}

Is this ok? (yes) yes
```

下面使用 docker build 指令构建 node 镜像：

```
$ docker build -t node-image .
...
Successfully built f698a32b5d9b
```

用户可以通过 docker images 指令查看已创建的 node 镜像：

```
$ docker images
REPOSITORY          TAG        IMAGE ID        CREATED             VIRTUAL SIZE
node-image          latest     f698a32b5d9b    29 seconds ago      642.7 MB
```

最后，创建并运行 node 容器：

```
$ docker run -it -P node-image
MyApp is ready at http://localhost:8080
```

此时可以使用浏览器查看到 MyApp 应用的服务页面，如图 14-2 所示。

首先，使用 docker ps 指令查看端口绑定情况：

```
$ docker ps
CONTAINER ID  IMAGE       COMMAND     CREATED  STATUS PORTS                      NAMES
7b6f666d4808  node-image "npm start" xxxago   Up xx  0.0.0.0:32771->8888/tcp node-
    container
```

也可以使用 curl 指令访问：

```
$ curl http://192.168.99.100:32771/
hello, node!
```

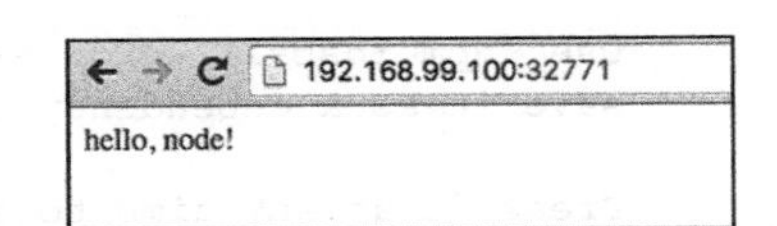

图 14-2 Node.js 容器启动页面

如果出现无法访问等问题，可以使用 entrypoint 参数进入容器进行操作：

```
$ docker run --entrypoint bash -it node-image
root@3d845d373a04:/usr/src/app# ls
Dockerfile  index.html   node_modules  package.json  server.js
```

如果需要 netstat 等网络工具，可以在容器内使用以下指令进行安装：

```
# apt-get update && apt-get install net-tools
```

如果需要查看容器日志，可以使用 docker log 指令：

```
$ docker logs <container id>
```

如果用户只需要运行单个node脚本的容器，则无须通过Dockerfile构建镜像，用户可以使用以下指令：

```
$ docker run -it --rm --name my-running-script -v "$(pwd)":/usr/src/myapp -w /
    usr/src/myapp node:0.10 node your-daemon-or-script.js
```

读者也可以参考node官方提供的最佳实践：https://github.com/nodejs/docker-node/blob/master/docs/BestPractices.md。

2. 使用alpine精简版node镜像

随着Docker官方提供基于alpine精简系统的各类镜像，这种平均大小只有10MB的镜像可以方便地应用于各种开发测试或生产环境中。

首先，新建项目目录并新建Dockerfile：

```
FROM alpine:3.3

# ENV VERSION=v0.10.44 CFLAGS="-D__USE_MISC" NPM_VERSION=2
# ENV VERSION=v0.12.13 NPM_VERSION=2
ENV VERSION=v4.4.4 NPM_VERSION=2
# ENV VERSION=v5.11.1 NPM_VERSION=3
# ENV VERSION=v6.1.0 NPM_VERSION=3

# For base builds
# ENV CONFIG_FLAGS="--without-npm" RM_DIRS=/usr/include
ENV CONFIG_FLAGS="--fully-static --without-npm" DEL_PKGS="libgcc libstdc++" RM_
     DIRS=/usr/include

RUN apk add --no-cache curl make gcc g++ binutils-gold python linux-headers
     paxctl libgcc libstdc++ gnupg && \
    gpg --keyserver pool.sks-keyservers.net --recv-keys 9554F04D7259F04124DE6B47
         6D5A82AC7E37093B && \
    ...
    curl -o node-${VERSION}.tar.gz -sSL https://nodejs.org/dist/${VERSION}/node-
        ${VERSION}.tar.gz && \
    curl -o SHASUMS256.txt.asc -sSL https://nodejs.org/dist/${VERSION}/
        SHASUMS256.txt.asc && \
    gpg --verify SHASUMS256.txt.asc && \
    grep node-${VERSION}.tar.gz SHASUMS256.txt.asc | sha256sum -c - && \
    tar -zxf node-${VERSION}.tar.gz && \
    cd /node-${VERSION} && \
    ./configure --prefix=/usr ${CONFIG_FLAGS} && \
    make -j$(grep -c ^processor /proc/cpuinfo 2>/dev/null || 1) && \
    make install && \
...
```

然后，用户使用docker build指令构建镜像：

```
$ docker build -t apline-node .
...
Successfully built 881d3fd0d574
```

最后，通过docker [container] run指令运行：

```
$ docker run alpine-node node --version
v6.1.0
$ docker run alpine-node npm --version
3.8.8
```

14.4.2 相关资源

JavaScript 和 Node.js 相关资源如下：

- JavaScript 入门：http://www.w3schools.com/js/
- Node.js 官网：http://www.nodejs.org/
- Node.js 官方镜像：https://registry.hub.docker.com/_/node/
- Node.js 官方镜像标签：https://registry.hub.docker.com/_/node/tags/manage/

14.5 Go

Go 语言（也称 Golang）是一个由 Google 主导研发的编程语言，于 2009 年推出。它的语法清晰明了，设计精良，拥有一些先进的特性，还有一个庞大的标准库。Go 的基本设计理念是：编译效率、运行效率和开发效率要三者兼顾。使用 Go 开发，一方面有很多灵活的语法支持，另一方面可以媲美 C/C++ 的运行和编译效率。此外，Go 提供了轻量级的协程，支持大规模并发的场景。

1. 使用官方镜像

运行 Go 语言环境的最简方法是使用官方 Golang 镜像。用户可以使用 `docker run` 指令直接启动 Go 语言的交互环境：

```
$ docker run -it golang /bin/bash
root@79afc2b64b06:/go# go versiongo version go1.7 linux/amd64
```

用户还可以将 Go 编译指令写入 Dockerfile 中，基于此 Dockerfile 构建自定义镜像。具体步骤如下。

第一步，新建项目文件夹，并在根目录新建 Dockerfile：

```
FROM golang:1.6-onbuild # 显示声明基础镜像版本，利于后期维护。
```

onbuild 版本 Dockerfile 的具体内容如下：

```
FROM golang:1.6

RUN mkdir -p /go/src/app
WORKDIR /go/src/app

CMD ["go-wrapper", "run"] # 通过 'go-wrapper' 程序执行当前目录下的主函数

ONBUILD COPY . /go/src/app # 拷贝当前项目代码至运行目录
```

```
ONBUILD RUN go-wrapper download # 下载依赖，具体实现参考 'go-wrapper' 源码
ONBUILD RUN go-wrapper install # 安装依赖，具体实现参考 'go-wrapper' 源码

# `go-wrapper` 源码地址：`https://github.com/docker-library/golang/blob/master/go-wrapper`
# Dockerfile 源码地址：`https://github.com/docker-library/golang/blob/master/1.6/
    onbuild/Dockerfile`
```

第二步，新建自定义 Go 程序 go-sample.go：

```
package main

import "fmt"

func main() {
    fmt.Println("Hello, 世界 ")
}
```

第三步，使用 docker build 指令构建镜像：

```
$ docker build -t golang-image .
......
Successfully built d1328c2d5e04
```

可以使用 docker images 指令查看构建成功的镜像：

```
$ docker images
REPOSITORY    TAG    IMAGE ID     CREATED            VIRTUAL SIZE
golang-image  latest d1328c2d5e04 About a minute ago  499.2 MB
```

第四步，使用 docker [container] run 指令运行 Go 容器：

```
$ docker run -it --rm --name golang-container golang-image
+ exec app
Hello, 世界
```

至此用户已经成功运行了 Go 语言的实例容器。如果用户需要在容器中编译 Go 代码，但是不需要在容器中运行它，那么可以执行：

```
$ docker run --rm -v "$(pwd)":/usr/src/myapp -w /usr/src/myapp golang go build -v
_/usr/src/myapp
```

以上指令会将 Go 项目文件夹作为 Docker 数据卷挂载起来并作为运行目录。然后，Docker 会在工作目录中编译代码，执行 go build 并输出可执行文件至 myapp。

如果项目含有 Makefile，那么用户可以在容器中执行：

```
$ docker run --rm -v "$(pwd)":/usr/src/myapp -w /usr/src/myapp golang make
```

如果此时 Go 没有找到 Makefile，则会显示：

```
make: *** No targets specified and no makefile found.  Stop.
```

如果需要在常用的 linux\amd64 架构之外的其他架构的平台（如 windows/386）编译 Go 应用，则可以在指令中加入 cross 标签：

```
$ docker run --rm -v "$(pwd)":/usr/src/myapp -w /usr/src/myapp -e GOOS=windows
    -e GOARCH=386 golang:1.3.1-cross go build -v
```

2. Go 项目容器化

上一节，用户讲述了如何运行一个 Go 语言的 hello world 容器。下面用户讲述如何将一个标准的 Go 语言项目容器化。首先，用户下载 Golang 官方提供的 outyet 示例项目：

```
$ mkdir outyet
$ cd outyet
# 使用 go get 下载：
$ go get github.com/golang/example/outyet
# 或者直接使用 wget 下载：
$ wget https://github.com/golang/example/archive/master.zip
$ unzip master.zip
$ cd example-master/outyet
$ ls
Dockerfile      containers.yaml main.go         main_test.go
```

示例项目搭建成功后，用户可以按照以下模板去自定义项目的 Dockerfile:

```
# 使用 golang 基础镜像。基于 Debian 系统，安装最新版本的 golang 环境。工作空间（GOPATH）配置是 "/go"
FROM golang

# 将本地的包文件拷贝至容器工作目录。
ADD . /go/src/github.com/golang/example/my-go

# 在容器中构建 my-go。用户可以在这里手动或者自动（godep）的管理依赖关系。
RUN go install github.com/golang/example/my-go

# 设定容器自动时自动运行 my-go。
ENTRYPOINT /go/bin/my-go-app

# 监听 8080 端口。
EXPOSE 8080
```

如果使用 onbuild 版本的基础镜像，那么源文件拷贝，构建与配置等过程就会自动完成，无须在 Dockerfile 中逐一配置：

```
FROM golang:onbuild
EXPOSE 8080
```

下面用户开始构建与运行此 Golang 项目。用户在 outyet 项目根目录执行 docker build 指令，使用本地目录下的 Dockerfile：

```
$ docker build -t outyet .
...
Successfully built 96e19c2cf942
```

构建过程中，Docker 会从 DockerHub 中获取 Golang 基础镜像，拷贝本地包文件，构建项目并给镜像打上 outyet 标签。下面，用户使用 docker run 指令运行此镜像：

```
$ docker run --publish 6060:8080 --name test --rm outyet
#  --publish 标签配置端口映射，将容器的 8080 端口映射至外部 6060 端口。
#  --name 标签给容器命名，易于调用。
#  --rm 标签配置运行状态，如果 outyet 服务退出则删除镜像。
```

此时，用户的实例项目的容器已经在运行状态。用户打开浏览器访问 http://localhost:6060/

即可看到运行界面，如图 14-3 所示。

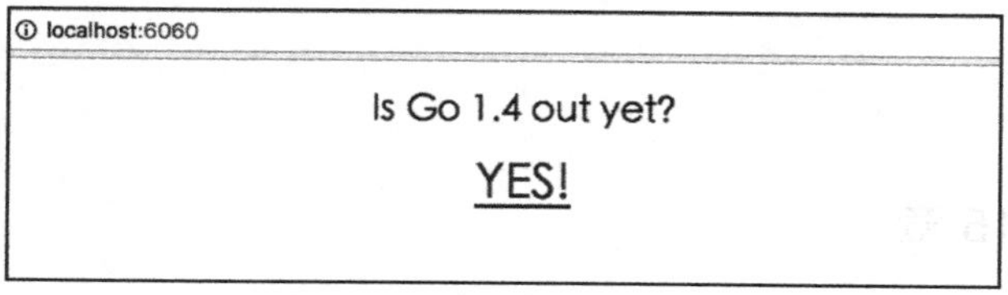

localhost:6060

Is Go 1.4 out yet?

YES!

图 14-3 Golang 示例项目运行界面

需要结束容器时，打开新的命令行窗口，输入 `docker stop test` 即可。如果需要了解更多 Golang 项目容器化细节，可以参考 Golang 官方提供的容器化指引：https://blog.golang.org/docker。

3. 相关资源

Go 语言相关资源如下：

- Go 语言官站：https://golang.org
- Go 官方镜像：https://registry.hub.docker.com/_/golang/
- Google Go 镜像：https://registry.hub.docker.com/u/google/golang/

14.6 本章小结

在本章中，笔者主要介绍了如何使用 Docker 搭建主流编程语言及其常用开发框架环境，包括 C/C++、Java、Python、JavaScript、Go 等。

一方面，读者可以很容易地从 Dockerhub 获取官方镜像并使用；另一方面，也可以基于基础镜像定制所需的镜像文件。通过这些实践案例，相信读者能学习到合理使用容器化方案的技巧，给开发和部署带来更多便利。

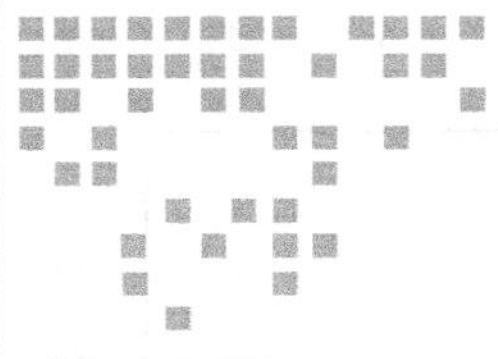

Chapter 15 第 15 章

容器与云服务

Docker 目前已经得到了众多公有云平台的支持，并成为除虚拟机之外的核心云业务。除了 AWS、Google、Azure、Docker 官方云服务等，国内的各大公有云厂商，基本上也都已支持了容器服务，有些甚至还专门推出了容器云业务。

本章将介绍国际和国内知名的公共云容器服务以及容器云的现状、功能与特性，并以阿里云和时速云为例讲解具体使用过程，方便希望使用云服务的读者进行选型。

15.1 公有云容器服务

公有云（Public Cloud）是标准云计算（Cloud Computing）的一种服务模式。服务供应商创造公有计算资源，如网络和存储资源。公众与企业可以通过公共网络获取这些资源。目前国内已经有很多公有云厂商，他们都提供可以运行 Docker 环境的虚拟机，同时一部分公有云厂商已经发布了自己的容器服务。

15.1.1 AWS

AWS（Amazon Web Services）是亚马逊公司的 IaaS 和 PaaS 平台服务。AWS 提供了一整套基础设施和应用程序服务，使用户几乎能够在云中运行一切应用程序：从企业应用程序和大数据项目，到社交游戏和移动应用程序。AWS 面向用户提供包括弹性计算、存储、数据库、应用程序在内的一整套云计算服务，能够帮助企业降低 IT 投入成本和维护成本。

自 2006 年初起，亚马逊 AWS 开始在云中为各种规模的公司提供技术服务平台。利用亚马逊 AWS，软件开发人员可以轻松购买计算、存储、数据库和其他基于 Internet 的服务来支持其应用程序。开发人员能够灵活选择任何开发平台或编程环境，以便于其尝试解决问题。由于开发人员只需按使用量付费，无须前期资本支出，亚马逊 AWS 是向最终用户交付计算资源、保存的数据和其他应用程序的一种经济划算的方式。

2015 年 AWS 正式发布了 EC2 容器服务（ECS），如图 15-1 所示。ECS 的目的是让 Docker 容器变得更加简单，它提供了一个集群和编排的层，用来控制主机上的容器部署，以及部署之后集群内的容器生命周期管理。ECS 是诸如 Docker Swarm、Kubernetes、Mesos 等工具的替代，都工作在同一个层，但 ECS 是作为一个服务来提供的。这些工具和 ECS 不同的地方在于，前者需要用户自己来部署和管理，而 ECS 是“作为服务”来提供的。

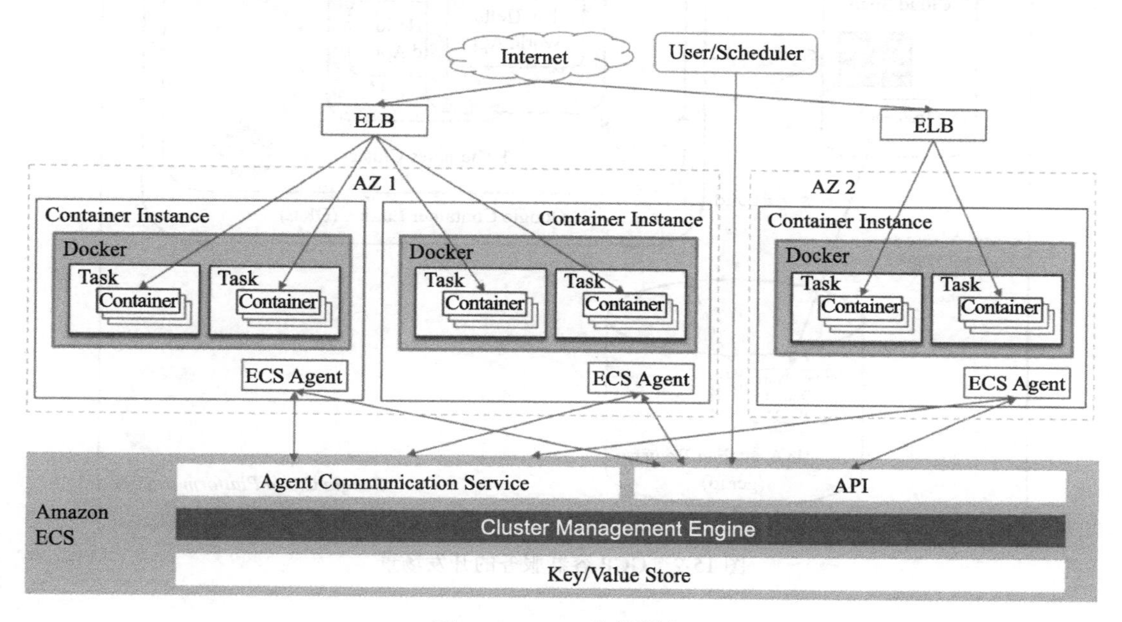

图 15-1　AWS 容器服务

15.1.2　Google Cloud Platform

谷歌云（Google Cloud Platform，GCP）提供了丰富全面的云产品，可以让企业专注于自己的业务，而将 IT 底层架构托管给谷歌。谷歌云平台支持 App 引擎、容器引擎、容器仓库，还支持丰富的数据库、网络、安全、大数据，甚至机器学习产品。Google 云平台发布了 Google 容器引擎，图 15-2 描述了如何在开发场景中使用 Google 容器引擎。

Google 容器引擎有以下特性：

- **自动化容器管理**：Google 容器引擎是一个强大的集群管理和编排系统，可以按需将 Docker 容器编排至集群中自动运行，同时可以自定义 CPU 和内存等配置。此引擎基于 Kubernetes，可以提供弹性、高可用的云基础服务；

- **分钟级构建集群**：使用谷歌容器服务，用户可以在分钟级别构建完整的集群，包含健康检查、日志服务以及应用管理系统；
- **弹性与开源**：Red Hat、Microsoft、IBM、Mirantis OpenStack 以及 VMware 都完成了它们的系统与 Kubernetes 的兼容或集成。用户可以平滑搭建混合云，也可以平滑迁移系统到云上。

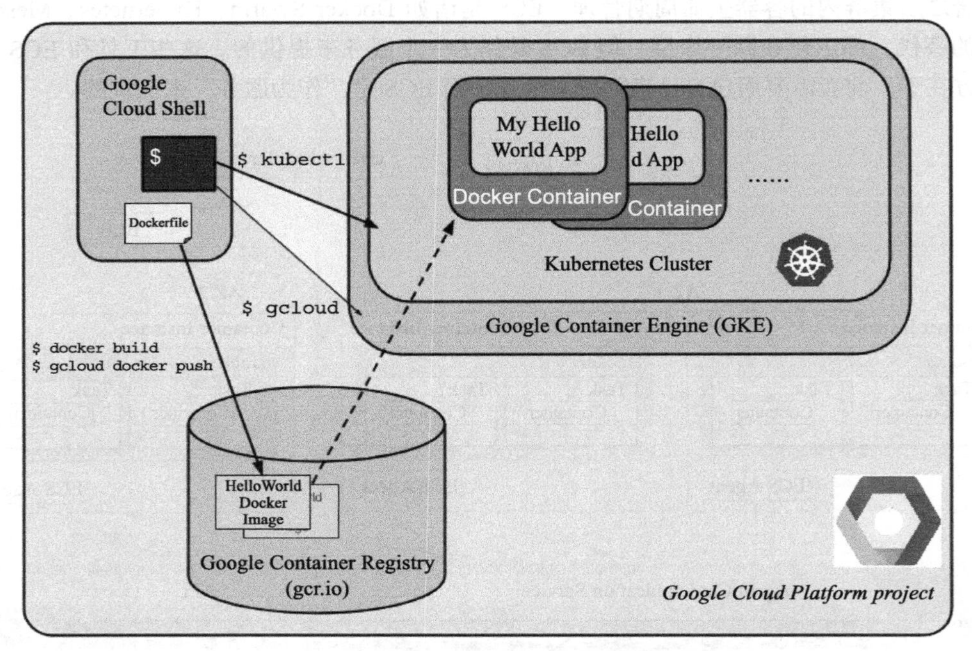

图 15-2 GCP 容器服务的开发场景

15.1.3 Azure

微软 Azure 在国内是由世纪互联运营的，它是在中国大陆独立运营的公有云平台，与全球其他地区由微软运营的 Azure 服务在物理上和逻辑上是独立的。采用微软服务于全球的 Azure 技术，为客户提供全球一致的服务质量保障。位于上海和北京的数据中心在距离相隔 1000 公里以上的地理位置提供异地复制，为 Azure 服务提供了业务连续性支持，实现了数据的可靠性。

在容器方面，从 2014 年开始，Azure 首先采取了在 Linux 虚拟机上兼容 Docker 的方式来吸引社区的开发者。2014 年进一步宣布与 Google 和 Docker 合作，以此支持 Kubernetes 和 Swarm 开源项目在其云平台上的运行。Docker 官方也推出了 Docker Machine 的 Azure 版本。2015 年，Azure 发布了容器服务（Azure Container Service，ACS），同时支持 Docker Swarm 和 Apache Mesos 集群编排工具。

ACS 具有以下特点：

- **创建托管解决方案的优化型容器**：为 Azure 优化了常用开源工具和技术的配置，获得的开放解决方案为容器和应用程序配置提供可移植性。用户只需选择大小、主机数和 Orchestrator 工具选项，容器服务会自动处理所有其他事项；
- **使用熟悉的工具管理容器应用程序**：将容器工作负荷迁移到云时，无须更改现有的管理措施。使用用户所熟悉的应用程序管理工具，通过标准的适用于所选 Orchestrator 的 API 终结点进行连接；
- **使用 DC/OS 或 Docker Swarm 进行缩放和协调**：选择最能满足 Docker 容器业务流程和缩放操作需求的工具和解决方案。使用基于 Mesos 的 DC/OS，或者使用 Docker Swarm 和 Compose 以获得纯粹的 Docker 体验；
- **使用常用的开源工具**：使用用户了解的开源工具。因为 ACS 公开了业务流程引擎的标准 API 终结点，所以最常用的工具将与 Azure 容器服务兼容，且大多数情况是现成可用的，包括可视化工具、监视工具、持续集成工具、命令行工具甚至未来将推出的工具；
- **通过 Azure 来回迁移容器工作负荷**：单个容器可移植并不意味着应用程序可移植。Azure 容器服务在业务流程层中仅使用开放源组件为完整应用程序（而不仅是单个容器）提供可移植性，以便用户能随意与 Azure 进行无缝来回迁移。

15.1.4　腾讯云

腾讯云在架构方面经过多年积累，有着多年对海量互联网服务的经验。不管是社交、游戏还是其他领域，都有多年的成熟产品来提供产品服务。腾讯在云端完成重要部署，为开发者及企业提供云服务、云数据、云运营等整体一站式服务方案。

具体包括云服务器、云存储、云数据库和弹性 Web 引擎等基础云服务；腾讯云分析（MTA）、腾讯云推送（信鸽）等腾讯整体大数据能力；以及 QQ 互联、QQ 空间、微云、微社区等云端链接社交体系。这些正是腾讯云可以提供给这个行业的差异化优势，造就了可支持各种互联网使用场景的高品质的腾讯云技术平台。

2015 年 1 月 6 日，腾讯云正式宣布成支持 Docker Machine，并将自身定位于 Docker 基础设施的服务商。与此同时，在支持 Docker Machine 前提下，腾讯云也推出了常用系统的标准版 Docker 镜像，方便用户创建容器。

15.1.5　阿里云

阿里云创立于 2009 年，是中国较早的云计算平台。阿里云致力于提供安全、可靠的计算和数据处理能力。阿里云的客户群体中，活跃着微博、知乎、魅族、锤子科技、小咖秀等一大批明星互联网公司。在天猫双 11 全球狂欢节等极富挑战的应用场景中，阿里云保持着良好的运行纪录。

阿里云容器服务提供了高性能、可伸缩的容器应用管理服务，支持在一组云服务器上通过 Docker 容器来进行应用生命周期管理。容器服务极大简化了用户对容器管理集群的搭建工作，无缝整合了阿里云虚拟化、存储、网络和安全能力。容器服务提供了多种应用发布方式和流水线般的持续交付能力，原生支持微服务架构，助力用户无缝上云和跨云管理。

15.1.6 华为云

华为云已经正式推出了云容器服务 CCE（Cloud Container Engine，云容器引擎），该服务基于以 Docker 为代表的容器技术，旨在提供从开发、构建、部署 / 托管、监控、弹性伸缩、故障恢复等全生命周期的一站式解决方案。CCE 容器引擎自上线以来，已经在多个行业市场取得重大进展，在互联网、金融、政企等领域与多家合作伙伴达成合作。

通过 CCE 容器引擎，可以创建自己的私有集群，系统支持容器集群的全生命周期管理和可视化监控运维。还可以秒级构建不同形态和规模的应用程序，兼容业界 Docker 等生态，并支持应用的弹性伸缩和丰富的监控告警服务，参见图 15-3。

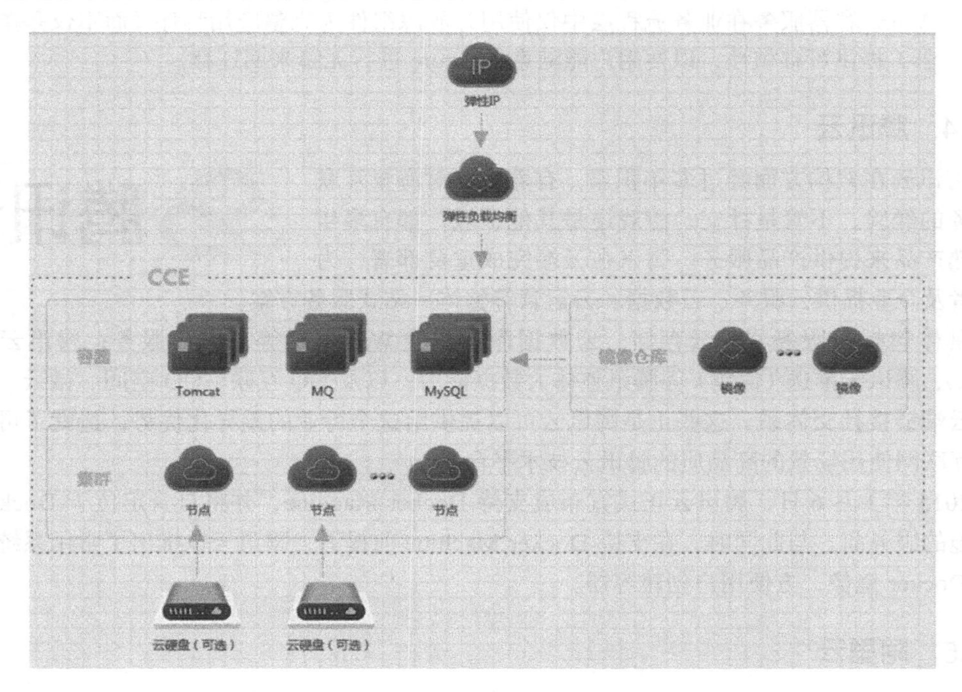

图 15-3 华为云 CCE 产品架构

CCE 主要功能包括：

- 容器镜像仓库：支持私有、公有镜像仓库；
- 容器集群管理：支持大规模集群和高性能并发部署；

- 图形化编排工具：图形化编排部署，轻松拖拽定义复杂应用的容器编排部署，降低用户使用门槛；
- 自动化运维管理：基于容器服务实现自动化运维，基于实时日志快速定位问题，界面化操作和短信通知实现 24 小时自动监控。

CCE 容器引擎具有以下特点：

- 敏捷高效：一键创建容器集群，秒级启动海量 Docker 容器；
- 高安全性：用户私享专属容器集群，量身打造容器安全解决方案；
- 简单易用：提供简单、直观的图形化编排工具，可视化设计各种应用；
- 容器监控：支持自动化的容器管理、故障自动恢复；支持容器弹性伸缩，以满足用户对计算能力和容量的需求，对业务不产生任何影响。

15.1.7　UCloud

UCloud 是基础云计算服务提供商，长期专注于移动互联网领域，深度了解移动互联网业务场景和用户需求。针对特定场景，UCloud 通过自主研发提供一系列专业解决方案，包括计算资源、存储资源和网络资源等企业必须的基础 IT 架构服务，满足互联网研发团队在不同场景下的各类需求。已有数千家移动互联网团队将其核心业务迁移至 UCloud 云计算服务平台上。依托位于国内、亚太、北美的全球 10 大数据中心以及北、上、广、深、杭等全国 11 地线下服务站，UCloud 已为近 4 万家企业级客户提供服务。

UCloud 容器集群服务是可灵活便捷使用的容器服务，资源可分布于多个可用区，具有更高容灾能力。支持用户自由创建管理，可以灵活绑定一个或多个 EIP 并具有独立的内网 IP 及独立的防火墙。

主要优势如下：

- 独立内网 IP：每个容器均有独立内网 IP，与云主机、物理机、数据库等的内网通信方便快捷；
- 独立公网 IP：容器允许绑定外网 EIP，甚至多个 EIP，需要时可直接对外提供服务；
- 独立防火墙：每个容器可独立绑定防火墙，更具业务灵活性；
- 跨可用区容灾：容器集群为地域级产品，资源可分布于多个可用区，具有更高容灾能力。

UDocker 的功能如下：

- 资源池管理：允许创建和管理多个资源池，资源池可以添加和删除节点，允许不同配置的节点资源池支持外网且多个资源池可共享外网带宽；
- 节点管理：允许创建和添加多个节点，允许不同配置的节点，节点支持开启、关闭、删除等操作；
- 容器管理：允许在节点上批量创建和删除容器，每个容器都拥有独立内网 IP，容器可以绑定 EIP，容器可以配制防火墙；
- 监控信息：节点和容器都拥有独立完整的监控信息，如 CPU 利用率、内存利用率、磁盘 IO、网络 IO 等。

15.2 容器云服务

容器即服务（Contaner as a Service，CaaS）可以按需提供容器化环境和应用服务。具体说来，CaaS 提供一个受控的、安全的应用环境，让开发人员以自助的方式构建和部署应用，示例架构如图 15-4 所示。

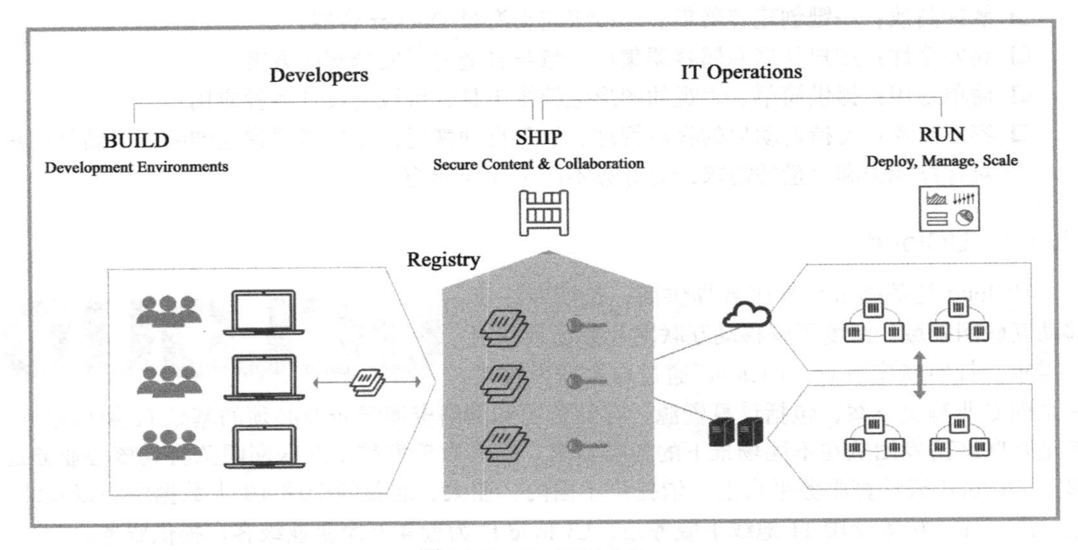

图 15-4 CaaS Workflow

开发和运维团队通过镜像仓库相互协作。Registry 服务维护一个安全的、经过签名的镜像仓库。开发者可以通过仓库将应用镜像拉取至本地，并按自己的意愿构建应用。当应用通过集成测试后，开发者将其推送至仓库，这样可保存最新版本的镜像。以上的应用部署可以完全自动化。

CaaS 的崛起将促进 Ops-originated 类型的程序交付。开发与运维之间的平衡、灵活性和控制将会改善。基于容器的服务将发展到以运维主导，代替原来的开发者模型，开发和运维将共享开发生命周期。当然，容器也将成为生产主流。

1. 基本要素与关键特性

一般而言，CaaS 应该可以提供容器运行的平台，并管理容器所需资源；基于 IaaS 提供灵活的网络与部署能力，支持多租户，支持高弹性。具体而言，CaaS 有以下基本要素：

- 容器调度：调度和管理容器；
- 服务发现：将容器化的服务，注册到服务发现工具，确保服务之间的通信；
- 网络配置：用户可访问容器，并实现跨主机容器通信；
- 安全配置：只开放容器监听的端口；
- 负载均衡：避免单点过载；
- 数据持久化：容器内数据云端持久化；
- 容错与高可用：日志与管理，容器监控。

CaaS 的关键特性：

- 开发角色和运维角色的进一步有机融合；
- 容器化应用程序生命周期的所有阶段；
- 让开发者更加关注构建应用本身，而无须关注运行环境；
- 支持多种底层基础设施，包括多种操作系统和平台；
- API 变得越来越重要，不同服务之间通过 API 相互调用。

2. 网易蜂巢

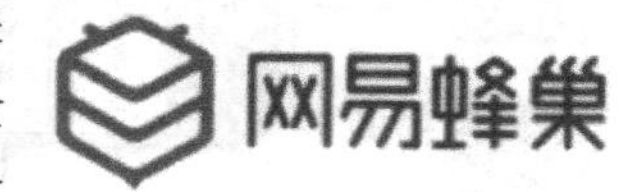

网易蜂巢是网易基于自研 IaaS 平台深度优化，推出的一款采用 Docker 容器化技术的新一代云计算平台，全面助力加速研发全流程，架构图参见图 15-5。拥有 BGP 多线接入，全万兆网络，全 SSD 存储等优质硬件资源，自底向上确保安全、极速、稳定的研发体验。网易蜂巢主要提供三大产品：

- **容器云**：蜂巢提供企业级的容器云平台，支持应用集群一键部署，云计算资源弹性扩展，Docker 官方镜像加速。此外蜂巢还支持负载均衡以及镜像仓库服务；
- **平台服务**：蜂巢提供高性能、高可用、高可靠的数据库和缓存服务，与容器云相辅相成，让开发者可以专注于应用开发和业务发展。此外蜂巢平台服务还提供对象存储以及安全服务；
- **运维工具**：蜂巢提供性能监控、报警，日志采集等运维工具，提升开发、运维效率，同时提供 OpenAPI，灵活管理资源。

容器是蜂巢提供的计算资源最小单位，而要实现一个可水平扩展的产品服务端架构，则需要引入集群的概念，在网易蜂巢中称之为“服务”，集群的运维如发布、回滚、扩容、缩容以及集群的成员管理需要引入编排服务来实现。网易蜂巢的编排服务基于开源项目 Kubernetes，编排服务将受控的资源抽象为三个层次：

- 容器：软件及运行环境；
- Pod：相关联的容器的组合，相互间通信无须跨网络，例如应用服务器和本地缓存，可以容纳一个或多个容器；
- Node：提供计算、网络、存储的资源节点，可以容纳一个或多个 Pod。

3. 时速云

时速云是国内领先的容器云平台和解决方案提供商。基于 Docker 为代表的容器技术，为开发者和企业提供应用的镜像构建、发布、持续集成 / 交付、容器部署、运维管理的新一代云计算平台。其中包括标准化、高可用的镜像构建，存储服务、大规模、可伸缩的容器托管服务，及自有主机集群混合云服务。时速云致力打造下一代以应用为中心的云计算平台，帮助客户优化开发运维环节，提高业务效率，降低 IT 成本，实现持续创新。

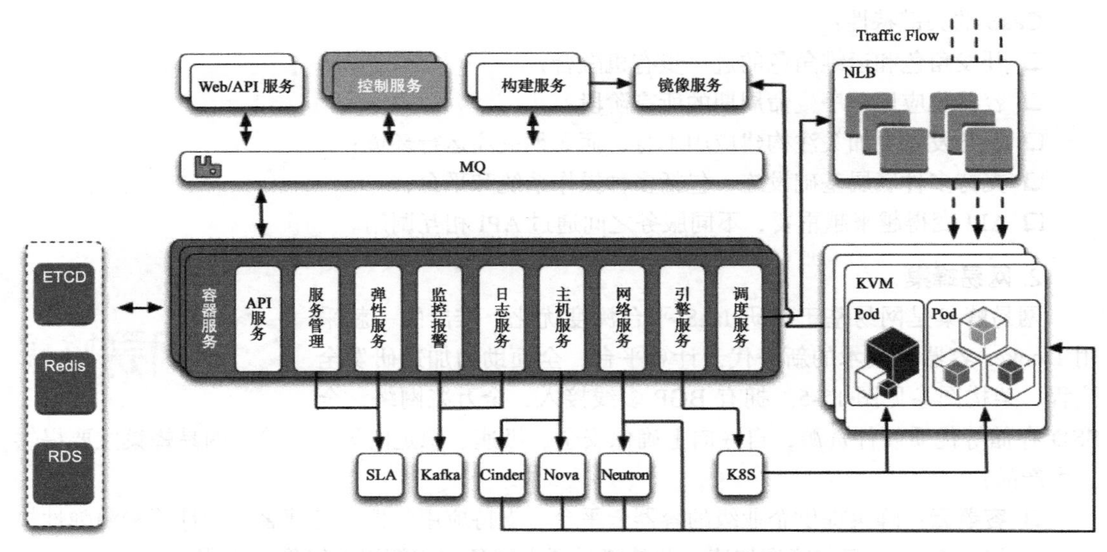

图 15-5 网易蜂巢 CaaS 架构示意图

时速云做基于 Kubernetes 的 CaaS 平台，以容器化应用作为交付的标准，立足于公有云，为开发者和企业提供了一个快速构建、集成、部署、运行容器化应用的平台，帮助开发者和企业提高应用开发的迭代效率，简化运维环节，降低运维成本。客户包括华大基因、京东方、中国移动、新浪、腾讯等重量级用户。

时速云拥有四大核心产品线，包括：

- 企业级容器云平台：兼具 IaaS 的便利，PaaS 的简单，原生集群快速创建，上千节点集群的快速调度、部署；
- 企业级镜像仓库：集群化部署、多角色权限控制、集成企业 LDAP、增强扩展组件、可视化管理；
- 持续集成和持续交付（CI/CD）：轻松云端构建、定制集成、部署规则、事件触发定义、关键环节审核；
- 镜像及安全服务中心：多层次镜像扫描、服务安全防护、可视化审查、第三方规则接入。

4. DaoCloud

DaoCloud 成立于 2014 年末，是新一代容器云计算领域的知名企业。DaoCloud 产品线涵盖互联网应用的开发、交付、运维和运营全生命周期，并提供公有云、混合云和私有云等多种交付方式。核心团队由来自微软、EMC、VMware 等知名企业的高管和技术专家组成，公司总部位于中国上海。

除了公有云服务开始商用之外，DaoCloud 还公布了面向大型企业用户，以混合云方式交付的托管云和私有云服务。在企业既有 IT 框架内，针对具体企业业务需求，定制高度可控的跨云跨网的混合式容器云平台（参见图 15-6），帮助企业打造支撑互联网级业务的基础设施。

DaoCloud 对国内容器技术社区有不间断的技术和资源投入，Docker Hub 加速器在国内被开发者广泛使用，并承诺为开发者提供永久免费的社区资源服务。

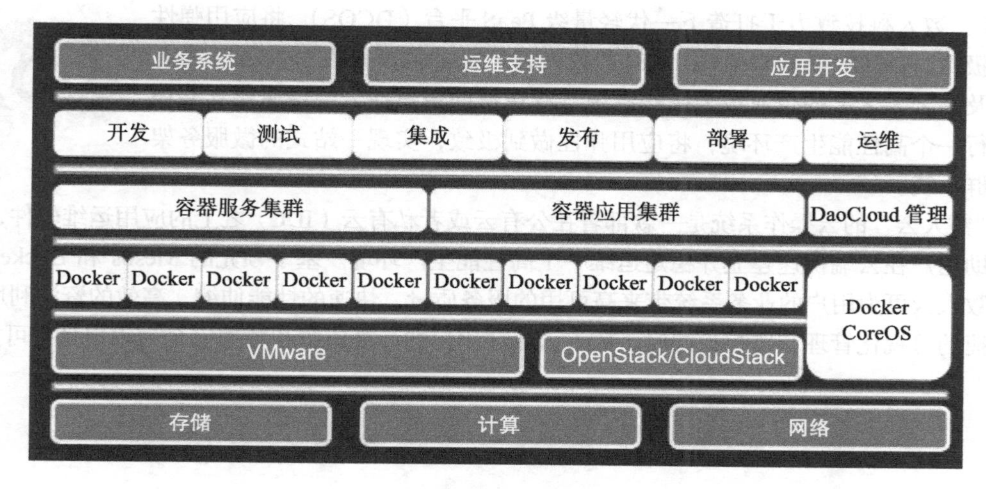

图 15-6 DaoCloud CaaS 平台

5. 灵雀云

灵雀云（Alauda）成立于 2014 年 10 月，总部位于美国西雅图市，是微软创投加速器成员。云雀科技致力于提供简单快捷的云平台和服务，帮助客户提高开发部署效率，降低客户 IT 成本，并使客户可以专注于核心业务。云雀科技产品线以容器这个新一代应用交付件为中心，全方位支持云端应用创建、编译、集成、部署、运行的每一个环节。

灵雀云产品线包括 Docker 托管服务和镜像服务。Docker 托管服务提供高效、高可用的运行环境，并支持自动化部署，还提供自动修复、自动扩展、负载均衡等服务，并在此基础之上提供可扩展的监控、日志管理系统。镜像服务提供高性能本地 Registry 服务用于创建私有、公有镜像仓库，提供上传、下载、构建及托管的全方位镜像服务。目前，灵雀云已经在北京区，上海区和香港区搭建了基于 Azure 的 CaaS 服务体系，其架构参见图 15-7。

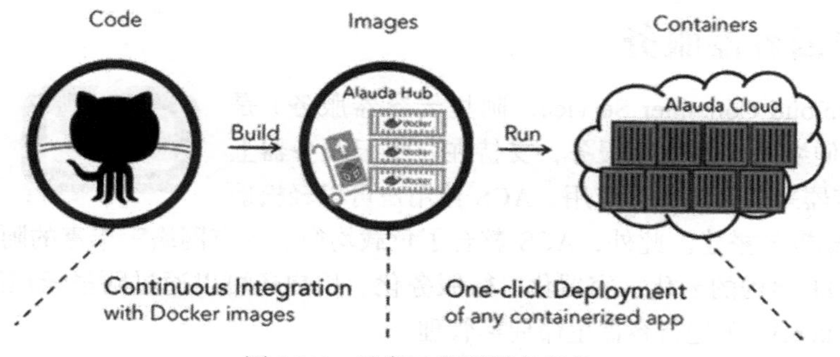

图 15-7 灵雀云容器服务架构

6. 数人云

数人云由原 Google 架构师王璞博士于 2014 年创立，其核心团队来自于 Google、RedHat 和 HP。数人科技致力于打造下一代轻量级 PaaS 平台（DCOS），将应用弹性做到极致，DCOS 架构参见图 15-8。“数人云”是一款部署在公有云、私有云以及混合云之上的企业级云操作系统，旨在帮助用户在云端快速建立并稳定运行一个高性能生产环境，将应用弹性做到极致，实现一站式的微服务架构集群系统。

“数人云”的云操作系统是一款部署在公有云或者私有云（IDC）之上的应用运维软件，旨在帮助用户在云端快速建立并稳定运维一个高性能生产环境。基于领先的 Mesos 和 Docker 技术，数人云可为用户的业务系统带来高可用的服务质量、快速的性能伸缩、高效的资源利用以及便捷的可视化管理和监控；同时，数人云保证用户的计算资源和数据完全为用户私有可控。

图 15-8　数人云 DCOS

15.3　阿里云容器服务

ACS（Alicloud Container Service，阿里云容器服务）是一种高性能可伸缩的容器管理服务，支持在一组云服务器上通过 Docker 容器来运行或编排应用。ACS 让用户可以轻松地进行容器管理集群的搭建。此外，ACS 整合了负载均衡、专有网络等丰富的阿里云工具，足以支撑企业级 IT 架构的云化、容器化、微服务化。用户还可以通过阿里云控制台或 Restful API（兼容 Docker API）进行容器生命周期管理。

ACS 容器服务具有以下优势：

- **简单易用**：一键创建容器集群，全兼容 Docker Compose 模板编排应用，支持图形化界面和 Open API，一站式网络、存储、日志、监控、调度、路由和持续发布管理；
- **安全可控**：用户拥有并独占云服务器，支持定制安全组和专有网络 VPC 安全规则，集群级别基于证书的认证体系，支持证书刷新，容器级别的资源隔离和流控，支持集群级别和子账号级别的权限管理；
- **协议兼容**：兼容标准 Docker Swarm API，支持应用无缝迁云、混合云场景，兼容 Docker Compose 模板协议，支持通过 API 对接实现第三方的调度下发和系统集成；
- **高效可靠**：支持海量容器秒级启动，支持容器的异常恢复和自动伸缩，支持跨可用区的高可用。

1. Web 应用容器化部署

主要功能包括（参见图 15-9）：

- 容器服务支持自动化地配置负载均衡 SLB 和后端云服务器 ECS，通过选择 Web 应用对应的 Docker 镜像，一键部署；
- 支持多种灰度发布策略，包括蓝绿发布和金丝雀发布，保证应用平滑升级；
- 支持查看容器和系统等不同维度的监控，并配置扩容和弹性伸缩的策略；
- 支持通过声明的方式配置后端的数据库等云服务。

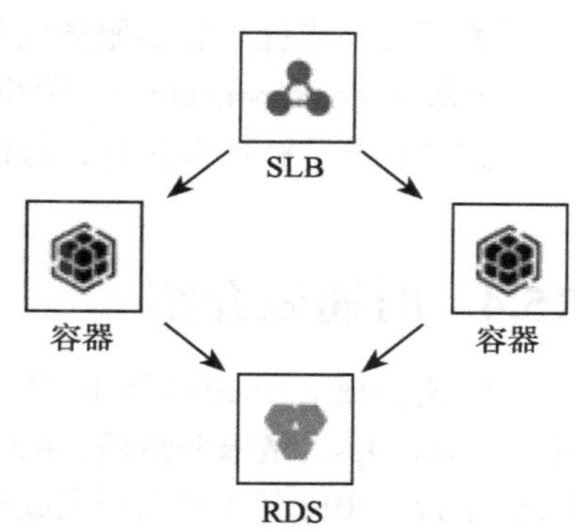

图 15-9　Web 应用容器化部署架构

2. 持续集成系统构建

主要功能架构参见图 15-10，说明如下：

- 在阿里云容器镜像服务创建一个自动构建类型的镜像仓库，选择关联代码源到 Github 或云 Code。当代码提交后，会触发 Docker 镜像的自动构建。
- 在镜像 Webhook 里配置容器服务的 trigger API，这样当镜像构建完毕后，就会触发容器的自动部署，实现流水线般的持续集成和持续交付。

图 15-10　持续集成架构

3. 微服务架构系统构建

微服务架构系统构建架构参见图 15-11，说明如下：

- 将用户现有的系统从业务领域或横向扩展等维度拆分成多个微服务，每个微服务的内容用一个镜像管理；
- 通过 Docker Compose 编排模板描述微服务之间的依赖关系和配置，在容器服务选择编排模板一键创建应用。

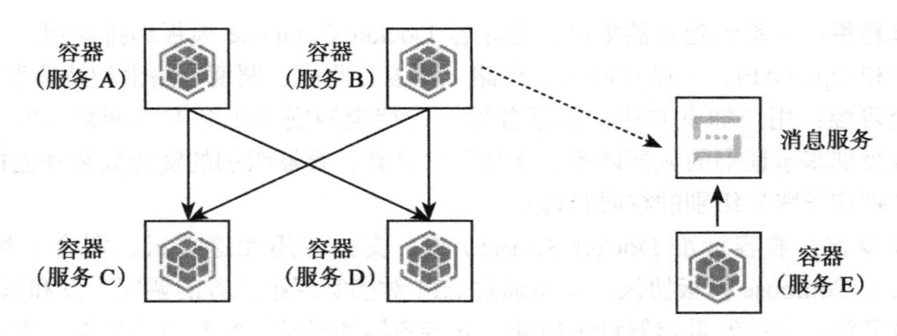

图 15-11 微服务架构系统构建架构

4. 常用工具

为了进一步提高容器服务的易用性和可用性，阿里云容器服务提供了许多常用工具，如阿里云版本 docker-machine、阿里云容器加速器、阿里云容器 Hub 服务等。

如果想要了解更多信息，可以访问阿里云官方网站：https://www.aliyun.com。

15.4 时速云介绍

时速云成立于 2014 年 10 月，是新一代容器云计算领域的领军企业，业务涵盖容器 PaaS 平台、DevOps、微服务治理、AIOps 等领域。时速云是国内首个基于 Kubernetes 的企业级容器 PaaS 平台，2018 年 1 月公司完成近亿元 B 轮融资，公司的核心使命是通过容器云计算帮助企业实现数字化转型 。时速云拥有金融、能源、运营商、制造、广电、汽车等领域的诸多大型企业及世界 500 强客户。时速云总部位于中国北京，并设立了上海、深圳、广州、武汉等分支机构。

时速云是全球云原生应用 CNCF 基金会银牌会员，也是 Linux 基金会会员，以及开源容器编排技术 Kubernetes、容器引擎 Docker、分布式存储 Ceph 等的贡献者。2017 年 3 月，时速云成功加入中国开源云联盟组织以及超融合联盟。公司拥有多名 Kubernetes、Docker 等开源技术的核心源码贡献者，是国内第一家从事 Kubernetes 研发与应用的公司。

时速云的产品体系以容器技术为核心，围绕 PaaS、DevOps、微服务帮助企业 IT 提升业务应用的快速交付，给企业应用架构带来更高的灵活性和敏捷性，其架构如图 15-12 所示。包含如下解决方案。

1. 企业级容器 PaaS 平台

基于容器技术打造云原生的容器 PaaS 产品，立足企业开发、测试及 IT 管理需求，提供一站式容器云平台，从而帮助企业 IT 数字化转型，为企业提供轻量、快速、高效、更友好的服务运行及开发环境。

2. 开发运维一体化 DevOps

提供自动化的持续集成能力（包括代码构建、代码分析、自动测试、编译环境、文档生成、事件通知、定时器、人工审核等），帮助用户尽早发现集成错误，实现人工干预，让开发运维协调一致，优化企业应用交付流程。

图 15-12　时速云架构

3. 微服务治理

时速云微服务治理平台是基于 Spring Cloud 和 Pinpoint 等开源组件开发的面向企业的容器化微服务架构应用托管平台，帮助企业简化部署、监控、运维、治理与微服务生命周期的管理，并实现不同环境之间的跨系统、跨协议的服务互通。

4. 容器超融合一体机

超融合基础架构（Hyper-Converged Infrastructure，HCI）是指在同一套单元设备中不仅仅具备计算、网络、存储和服务器虚拟化等资源和技术，形成统一的资源池。目前超融合一体机产品更适合部署在企业内部的 IT 系统中，在为企业提供相关 IT 服务的同时，为企业降低运维综合成本，提供更加高可靠、高可用的 IT 基础设施。

如果希望了解关于时速云的更多信息，可以访问其官方网站：https://www.tenxcloud.com。

15.5　本章小结

本章介绍了公有云服务对 Docker 的积极支持，以及新出现的容器云平台。事实上，Docker 技术的出现自身就极大地推动了云计算行业的发展。

通过整合公有云的虚拟机和 Docker 方式，可能获得更多的好处，包括：

- 更快速的持续交付和部署能力；
- 利用内核级虚拟化，对公有云中服务器资源进行更加高效地利用；
- 利用公有云和 Docker 的特性更加方便的迁移和扩展应用。

同时，容器将作为与虚拟机类似的业务直接提供给用户使用，极大地丰富了应用开发和部署的场景。

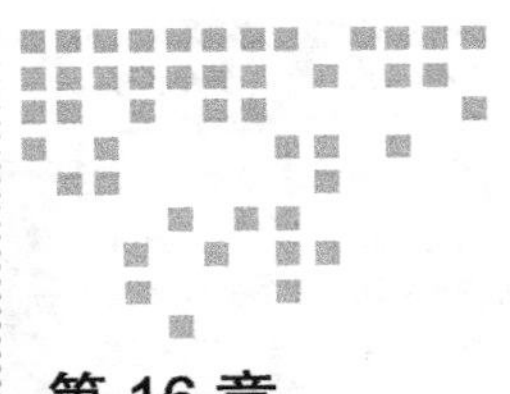

Chapter 16 第16章

容器实战思考

在开发和运维实践中大量使用容器技术之后，相信读者都会产生或多或少的心得体会。此时进行经验总结十分有必要。

在本章中，笔者将分享自己在容器实践中的一些思考体会，包括 Docker 之所以能成功的根本原因，作为开发人员该如何看待容器，DevOps 团队该如何使用容器，以及生产环境中部署容器的一些技巧等。

希望读者在阅读完本章内容后，对容器的理解能更上一层楼，在实践应用上也能融会贯通。

16.1 Docker 为什么会成功

Docker 实现所依赖的各种基础技术（cgroups、namespace、分层文件系统等）在 Docker 之前已经存在很多年。并且，其前身的 LXC 也在诸多企业的生产环境中得到了大量的应用实践，并得到了极为明显的性能优势。Google 大规模容器集群的性能比传统虚拟机要高很多，接近于 Bare Metal。与传统虚拟机相比，容器集群让这些公司拥有秒级而非分钟级的弹性计算伸缩能力，同时使用更少的机器运行更多实例。

既然容器技术有如此大的优势，为什么 Docker 之前，容器并没有引发广泛的关注呢？核心问题在于易用性。前人走完了九十九步，而 Docker 迈出了最后的一步，引发了从量变到质变的突破。

Docker 首次创造了一种简单易行并且覆盖应用全生命周期的工作流。用户可以通过简单的指令或 Restful API 来拉取、打包、运行和维护容器。这种简化从根本上降低了应用程序部署的难度，极大地提高了应用运行时环境的部署与维护的效率。用户可以不依赖类似于

Ansible、Chef、Puppet 这类配置管理和发布系统，不需要一次部署中同时关注基础系统与软件的安装配置，以及应用的安装调试。

Docker 提供了一种统一的实践方法，每个服务（或应用）维护一个 Dockerfile 文件。即便使用编排工具如 Docker Compose，一个服务（或应用）也只需维护一个 docker-compose.yml 文件。应用程序及其运行时环境全部打包到一个简单易读的 Dockerfile 或 Compose 文件中，开发团队和运维团队都可以透明地合作维护这个文件，极大地降低了沟通成本与部署成本，满足了研发团队与 DevOps 团队、运维团队之间的沟通需求，清晰划分了责任边界。

Docker 正以一种前所未有的方式让用户可以在各种 Linux 发行版、各种开发环境中快速切换，这对应用开发者来说真是一种福音。使用各种开发环境的用户，再也不必担心破坏主机的系统环境（如环境变量）和应用程序。系统架构师们也可以使用 Docker 来快速搭建各种网络架构的系统，且可以方便地管理这些系统之间的数据连接和共享。目前 Docker 发展迅速，基于 Docker 的 PaaS 平台也层出不穷。这让技术创业者无须折腾服务器部署，只需专注业务代码的实现即可。

完整解决用户痛点，真正带来效率的提升，正是一个产品和技术能最终成功的关键！

16.2　研发人员该如何看待容器

很多研发工程师经常会问：我是搞开发的，不做运维，容器技术跟我有关吗？其实，笔者在实践过程中发现，合理应用容器技术，不仅能提升开发效率，而且还能提升技术水平。

1. 快速上手新技术

众所周知，新技术的学习往往从学习简单示例（例如 Hello World）开始，这是学习新知识的标准思路：最小系统原则，即从变量最少的最小系统开始，循序渐进地学习。

现实生活中，简单的事物背后往往蕴含着复杂的机制。用户在构建最小系统的时候，首先面对的就是环境（或者说前置条件）的搭建。虽然随着程序语言自身的发展，周边工具越来越多，但学习成本仍然居高不下，各大技术论坛中关于环境安装的问题总是层出不穷。

通过 Docker 的使用，用户可以将精力和注意力都尽快地放在语言本身的学习上，而无须折腾系统环境的各种配置。Docker 官网的口号就包含了以上含义：Build, Ship and Run Any App, Anywhere，即“任何应用都可以自动构建、发布、运行于任何环境”，将环境的影响因素降至最低，全面掌控应用整个生命周期。

目前 Docker 官方支持的编程语言镜像已达几十种，涵盖所有的主流编程语言的开发环境。除此之外，常用数据库、缓存系统、主流 Web 框架等都有官方的镜像。除此之外，Docker Hub 还提供了丰富的第三方镜像。

2. 容器化的代码仓库提升开发速度

经常整理和收集常用代码库是软件工程师实现高效交付的“秘诀”。

在技术团队中，为何行业新人和资深工程师之间的生产力可以有几十倍的差距呢？暂且不论基础技能和经验的差距，同样是做一件任务，新人首先面对的就是工具的选择，然后需要解决工程实践中的各种“坑”。而资深工程师接手后，可以快速规划所需要的资源，并在最短时间内利用积累的模块搭建起系统，从而可以快速完成任务。

另外，研发过程中的各种发布版本，也可以用 Docker 容器的方式保存。以后遇到类似的需求，可以直接运行、调试并复用代码。

3. 面向业务编程

软件开发，除非是算法比赛，否则本质上还是要能解决业务问题，满足需求方的要求。最近几年，各种新的技术和工具层出不穷，虽然万变不离其宗，但能快速掌握新的业务需求和新的技术栈，是对一个优秀技术人员的迫切要求。

笔者根据 Docker 的特性，给出一个可行方案：使用 Docker 快速掌握新技术要点并完成适当的技术储备。下面，举一个简单的例子，假定读者是 Python 技术栈的后端工程师，熟悉常规网站的后台建设，那么如何快速实现移动应用的 Restful API Sever 呢？可以去 Docker Hub 搜索 适合做 API 服务器的 Python 快速开发框架，根据自身业务需求修改 Dockerfile，定制符合要求的镜像，然后快速启动一套能满足相关 API 的系统。

可见，容器技术可以帮助软件工程师更加专注地面向业务需求，快速启用新技能。

4. 使用 Docker Hub 发布开源项目

技术人员从社区借鉴和学习各种好用的工具和技能时，也需要积极反馈社区，共同营造一个良好的生态环境。

笔者在此建议：读者如果参与开源项目的建设，那么可以通过 Docker 完成程序的打包、测试、发布和部署，通过 Docker Hub 来管理和维护镜像，这样可以统一又清晰地管理整个开源项目。

16.3 容器化开发模式

传统开发模式会涉及多种环境和团队。开发团队在开发环境中完成软件开发，本地完成单元测试，测试通过，则可提交到代码版本管理库；测试团队打包进行进一步测试。运维团队把应用部署到测试环境，开发团队或测试团队再次进行测试，通过后通知部署人员发布到生产环境。

在上述过程中涉及的三个环境（开发、测试和生产）以及三个团队（开发、测试、运维），彼此之间需要进行大量人工交互，很容易出现由于环境不一致而导致出错的情况，浪费不必要的人力物力。

在容器化开发模式中，应用是以容器的形式存在，所有和该应用相关的依赖都会在容器中，因此移植非常方便，避免了因为环境不一致而出错的风险。

图 16-1 比较了两种模式下的不同流程。

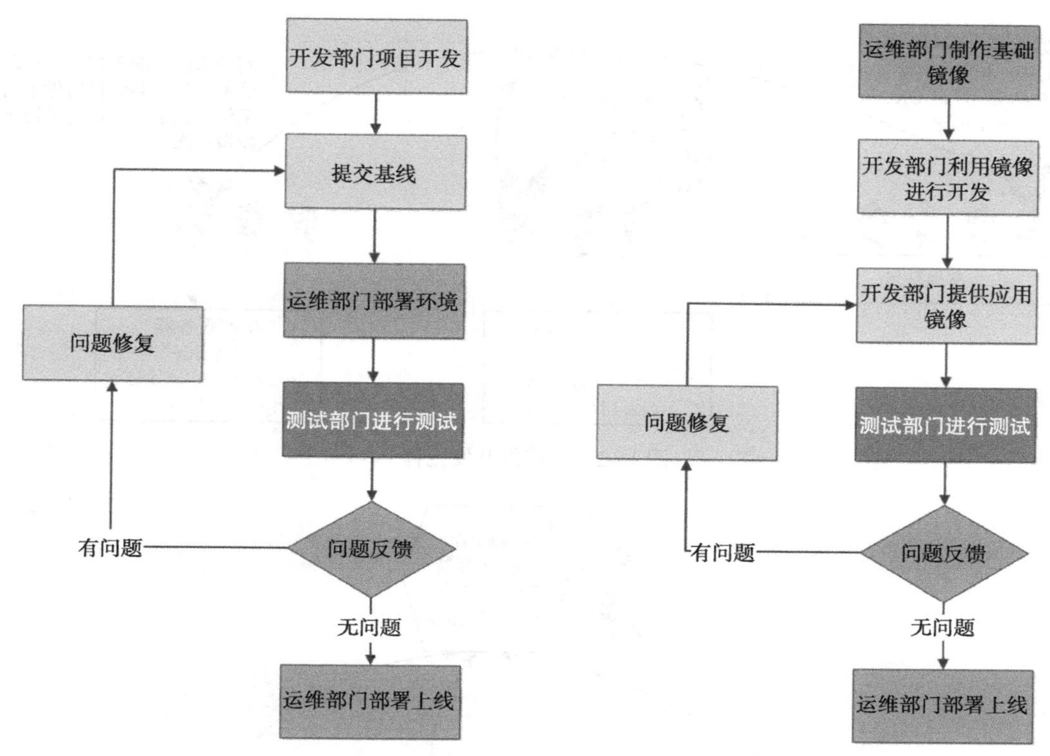

图 16-1　传统模式 vs 容器模式下的工作流程比较

1. 操作流程

在容器化的应用中，项目架构师和开发人员的作用贯穿整个开发、测试、生产三个环节。

项目伊始，架构师根据项目预期创建好基础的 base 镜像，如 Nginx、Tomcat、MySQL 镜像，或者将 Dockerfile 分发给所有开发人员。开发人员根据 Dockerfile 创建的容器或者从内部仓库下载的镜像来进行开发，达到开发环境的充分一致。若开发过程中需要添加新的软件，只需要向架构师申请修改基础的 base 镜像的 Dockerfile 即可。

开发任务结束后，架构师调整 Dockerfile 或者 Docker 镜像，然后分发给测试部门，测试部门马上就可以进行测试，消除了部署困难等难缠的问题。

2. 场景示例

假如有一个 200 人左右的软件企业，主要使用 Java 作为开发语言，使用 Tomcat、WebLogic 作为中间件服务器，后台数据库使用 Oracle、MySQL 等。在应用容器之前，开发到测试的流程如图 16-2 所示。

可见，因为环境不一样，开发、测试、运维三个部门做了很多重复的工作。

而容器化开发正好可以解决这个问题，大大简化工作流程，如图 16-3 所示。

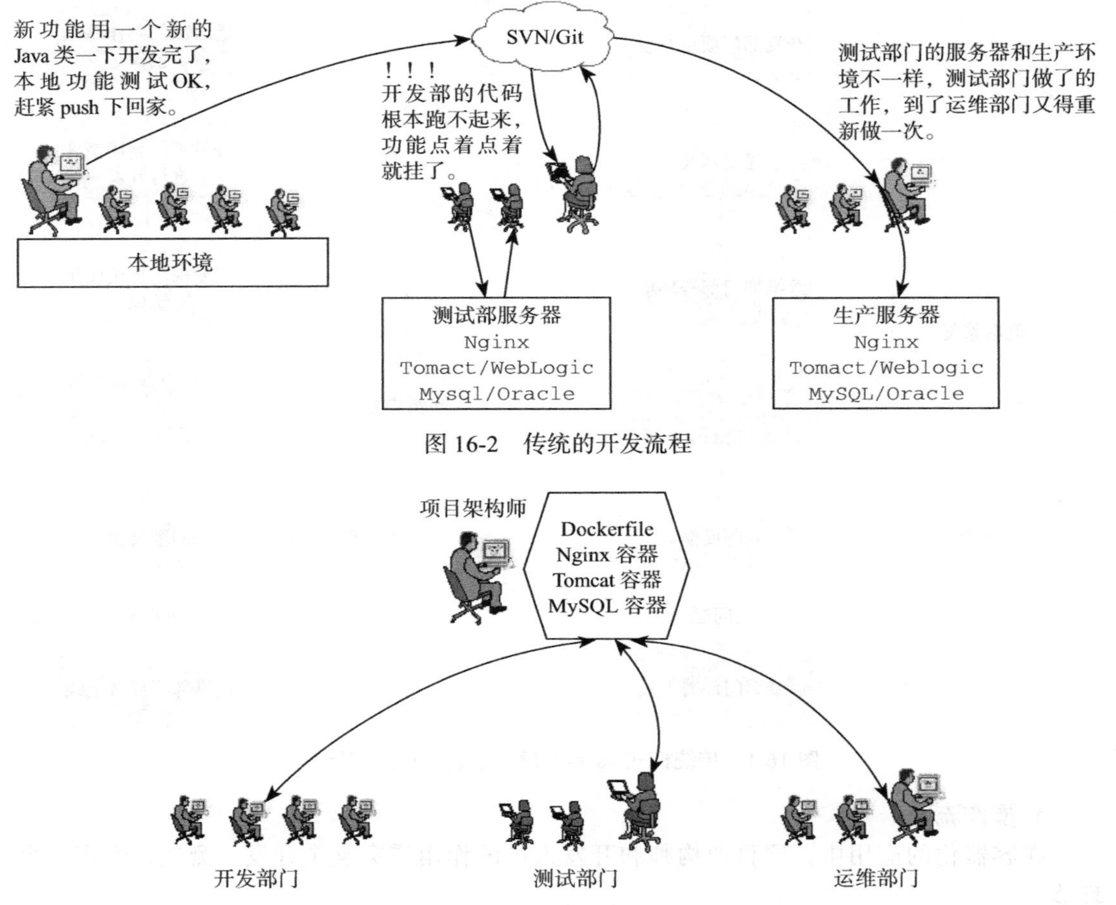

图 16-2 传统的开发流程

图 16-3 利用容器环境开发的流程

3. 注意事项

首先，在开发和测试环境中，推荐使用 -v 共享文件夹来存储开发人员的程序代码，避免频繁打包操作。

其次，利用基础的 base 镜像的继承特性来调整镜像的轻微变更。例如当需要测试程序对不同版本的 JDK 的支持情况时，只需改变 base 镜像的 JDK 设置，然后其他依赖它的镜像在重新创建的过程中就可以自动完成更新。

最后，测试部门应当注意 Docker 以及镜像的版本，并经常对部署后的应用程序进行性能上的测试。

16.4 容器与生产环境

对于生产环境，不同的产品技术团队可能有不同的解读。在这里，生产环境是指企业运行其商业应用的 IT 环境，是相对于开发环境、预发布环境和测试环境而言的。

在生产环境中，容器既可以作为 API 后端服务器，也可以作为业务应用的 Web 服务器，还可以作为微服务中的服务节点。但是不管用户将容器用于哪种场景，在生产环境中运行容器与其他环境相比，对安全性与稳定性等方面都有更高的要求。

Docker 算是 IT 生产环境与基础设施的新成员。近些年，Docker 在 DevOps 和基础设施领域中快速风靡起来。Google、IBM、Amazon、Microsoft，以及几乎所有云计算供应商都宣布支持 Docker。很多容器领域中的创业公司都在 2014 年或 2015 年初获得了风险投资。同时，Docker 公司在 2015 年的估值也达到了 10 亿美元。

尽管 Docker 获得广大公有云厂商的大力支持，但是目前容器技术生态中已经存在许多分支与分歧，如 rkt 项目。为了解决容器生态中的差异化问题，为了从根本上解决生产环境中运用 Docker 的风险，Google、Intel、Microsoft、IBM、Amazon、VMware、Oracle、HPE、Facebook 等 IT 巨头于 2015 年 6 月共同宣布成立 OCI（Open Container Initiative）组织。㊀ OCI 组织的目标在于建立通用的容器技术标准。除了保障与延续既有容器服务的生命周期外，还通过不断推出标准的、创新的容器解决方案赋能开发者。而 OCI 成员企业也会秉持开放、安全、弹性等核心价值观来发展容器生态。客观而言，OCI 组织的出现确立了容器技术的标准，避免容器技术被单一厂商垄断。统一技术标准后，广大企业不用担心未来新兴的容器技术不兼容 Docker。

2016 年开始，大量企业应用开始云化，部分已经云化的企业，开始实施全面容器化和微服务化。不过，用户不应该把容器当作“银弹”，并不是所有应用和服务都适合容器化。对于“12 factor”类型应用㊁，容器化是非常容易和平滑的。因为这些应用是无状态的，而且它们在微服务架构中可以在很短时间内完成启停，高度保证了整个服务的可用性。传统数据库或有状态的应用、对网络吞吐性能有高要求的应用，并不适合容器化。

可以说，绝大部分分层架构的企业架构，都可以平滑地在生产环境中容器化。而绝大部分完成容器化的企业架构，都可以通过代码重构完成微服务化，这样可以从服务层面进一步提高可用性，进一步降低 IT 固定成本。降低持续集成与部署成本。

现在越来越多的企业正在生产环境中使用 Docker。2016 年，DockerHub 镜像下载量超过 100 亿次。最近某容器服务的研究显示，八成的 IT 从业者了解和接触过 Docker，四成的组织目前正在生产环境中使用 Docker，预计这个比例会在未来两年内还会继续上升。

在生产环境中使用容器，这里提供一些基本建议供大家参考：

- 如果 Docker 出现不可控的风险，是否考虑了备选的解决方案；
- 是否需要对 Docker 容器做资源限制，以及如何限制，如 CPU、内存、网络、磁盘等；
- 目前，Docker 对容器的安全管理做得不够完善，在应用到生产环境之前可以使用第三方工具来加强容器的安全管理，如使用 apparmor 对容器的能力进行限制，使用更加

㊀ OCI 组织官网：https://www.opencontainers.org/

㊁ 12 Factor App：https://12factor.net/

严格的 iptable 规则，禁止 root 用户登录，限制普通用户权限以及做好系统日志的记录；

- 公司内部私有仓库的管理、镜像的管理问题是否解决。目前官方提供的私有仓库管理工具功能并不十分完善，若在生产环境中使用还需要更多的完善措施。

16.5 本章小结

本章主要介绍了在实战中使用容器技术的一些思考。信息技术行业是前所未有的一个快速变革的行业，极其注重效率和可靠性。一直以来，产品研发流程中最让人头痛的一点就是研发周期管理。无论是传统模式还是快速迭代、瀑布流，都需要有完善的代码周期支持。容器化毫无疑问地契合了这一需求，为产品研发带来了生产力的提升。

笔者认为，自容器之后，信息产业将会上升到一个更高的阶段，更多的生产力将被解放出来，可以去攻克更核心的技术问题。在这个过程中，技术人员要主动拥抱变化，掌握全新的工作模式和核心技能，推动科技进步的浪潮。

第三部分 Part 3

进阶技能

- 第 17 章　核心实现技术
- 第 18 章　配置私有仓库
- 第 19 章　安全防护与配置
- 第 20 章　高级网络功能
- 第 21 章　libnetwork 插件化网络功能

经过前两部分的详细讲解和案例演示，相信读者已经熟练掌握了Docker相关的常见操作和应用技巧。但要想在实践中进行灵活运用，还需要大量的练习。那么，Docker是如何实现的？它目前有何问题？它的技术生态环境是否已经成长起来了？

接下来，笔者将在第三部分介绍Docker相关的进阶技能。本部分共有5章内容。

第17章介绍Docker的核心实现技术，包括架构、命名空间、控制组、联合文件系统、虚拟网络等技术话题。

第18章介绍如何使用Docker Registry工具来创建和管理私有的镜像仓库。

第19章从命名空间、控制组、内核能力、服务端、第三方工具等角度来剖析Docker安全机制。

第20章具体讲解Docker使用网络的一些高级配置等，并分析底层实现的技术过程。

最后，在第21章笔者还将介绍Docker强大的插件化网络支持工具——libnetwork，可支持更多的网络应用场景。

第 17 章 Chapter 17

核心实现技术

作为最流行的容器虚拟化手段，Docker 深度应用了操作系统相关领域的多项底层技术。

最早期版本的 Docker 基于已经相对成熟的 Linux Container（LXC）技术快速实现。自 0.9 版本起，Docker 逐渐摆脱传统 LXC 的限制，转移到全新设计的 libcontainer 之上，后来更是以此为基础推出了开放容器运行时支持 runc（https://github.com/opencontainers/runc）项目。2015 年 6 月，Docker 公司将 runc 捐赠出来，牵头成立了 Linux 基金会支持的 Open Containers Initiative（OCI），专注于容器技术的运行时规范（runtime-spec）和镜像规范（image-spec），试图打造更通用、更开放的容器技术规范。

当然，Docker 容器运行在操作系统上，需要来自操作系统的支持。本章将以容器领域最流行的 Linux 宿主系统为例，介绍 Docker 底层依赖的核心技术：包括 Docker 基本架构、Linux 操作系统的命名空间（namespace）、控制组（control group）、联合文件系统（union file system）和网络虚拟化支持等。

17.1 基本架构

Docker 目前采用了标准的 C/S 架构，包括客户端、服务端两大核心组件，同时通过镜像仓库来存储镜像。客户端和服务端既可以运行在一个机器上，也可通过 socket 或者 RESTful API 来进行通信，如图 17-1 所示。

1. 服务端

Docker 服务端一般在宿主主机后台运行，dockerd 作为服务端接受来自客户的请求，并通过 containerd 具体处理与容器相关的请求，包括创建、运行、删除容器等。服务端主要包括四个组件：

- dockerd：为客户端提供 RESTful API，响应来自客户端的请求，采用模块化的架构，通过专门的 Engine 模块来分发管理各个来自客户端的任务。可以单独升级；
- docker-proxy：是 dockerd 的子进程，当需要进行容器端口映射时，docker-proxy 完成网络映射配置；
- containerd：是 dockerd 的子进程，提供 gRPC 接口响应来自 dockerd 的请求，对下管理 runC 镜像和容器环境。可以单独升级；
- containerd-shim：是 containerd 的子进程，为 runC 容器提供支持，同时作为容器内进程的根进程。

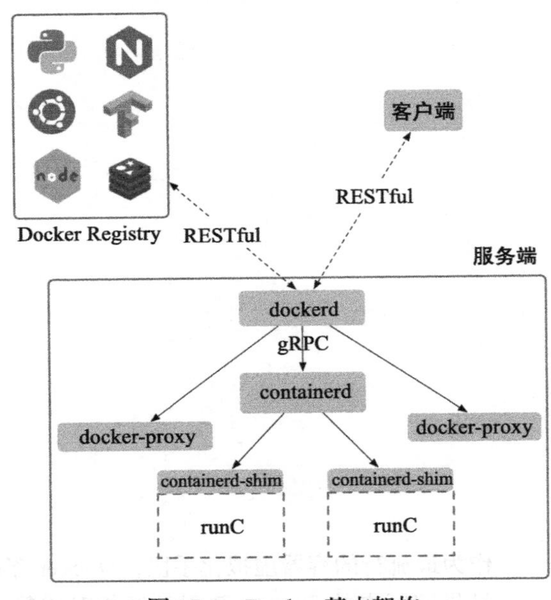

图 17-1 Docker 基本架构

runC 是从 Docker 公司开源的 libcontainer 项目演化而来的，目前作为一种具体的开放容器标准实现加入 Open Containers Initiative（OCI）。runC 已经支持了 Linux 系统中容器相关技术栈，同时正在实现对其他操作系统的兼容。用户也可以通过使用 docker-runc 命令来直接使用 OCI 规范的容器。

dockerd 默认监听本地的 unix:///var/run/docker.sock 套接字，只允许本地的 root 用户或 docker 用户组成员访问。可以通过 -H 选项来修改监听的方式。例如，让 dockerd 监听本地的 TCP 连接 1234 端口，代码如下：

```
$ sudo dockerd -H 127.0.0.1:1234
WARN [!] DON'T BIND ON ANY IP ADDRESS WITHOUT setting --tlsverify IF YOU DON'T KNOW
    WHAT YOU'RE DOING [!]
INFO libcontainerd: started new docker-containerd process  pid=760
INFO[0000] starting containerd                          module=containerd revis
    ion=992280e8e265f491f7a624ab82f3e238be086e49 version=v1.0.0-beta.2-53-g992280e
INFO[0000] changing OOM score to -500                   module=containerd
INFO[0000] loading plugin "io.containerd.content.v1.content"...  module=containerd
    type=io.containerd.content.v1
INFO[0000] loading plugin "io.containerd.snapshotter.v1.btrfs"...  module=containerd
    type=io.containerd.snapshotter.v1
...
```

此外，Docker 还支持通过 TLS 认证方式来验证访问。

docker-proxy 只有当启动容器并且使用端口映射时候才会执行，负责配置容器的端口映射规则：

```
$ docker run -itd -p 80:80 ubuntu:latest /bin/sh
ef42ab1dda78f43ac67f8fdd88b319ff1d60e8771a160afea36a7528e10adfd3
```

```
$ ps -ef |grep docker
root      3084   934  0 03:15 ?        00:00:00 /usr/bin/docker-proxy -proto tcp
    -host-ip 0.0.0.0 -host-port 80 -container-ip 172.17.0.2 -container-port 80
```

2. 客户端

Docker 客户端为用户提供一系列可执行命令，使用这些命令可实现与 Docker 服务端交互。

用户使用的 Docker 可执行命令即为客户端程序。与 Docker 服务端保持运行方式不同，客户端发送命令后，等待服务端返回；一旦收到返回后，客户端立刻执行结束并退出。用户执行新的命令，需要再次调用客户端命令。

客户端默认通过本地的 unix:///var/run/docker.sock 套接字向服务端发送命令。如果服务端没有监听在默认的地址，则需要客户端在执行命令的时候显式地指定服务端地址。例如，假定服务端监听在本地的 TCP 连接 1234 端口为 tcp://127.0.0.1:1234，只有通过 -H 参数指定了正确的地址信息才能连接到服务端：

```
$ docker -H tcp://127.0.0.1:1234 info
Containers: 1
    Running: 0
    Paused: 0
    Stopped: 1
Images: 52
...
```

3. 镜像仓库

镜像是使用容器的基础，Docker 使用镜像仓库（Registry）在大规模场景下存储和分发 Docker 镜像。镜像仓库提供了对不同存储后端的支持，存放镜像文件，并且支持 RESTful API，接收来自 dockerd 的命令，包括拉取、上传镜像等。

用户从镜像仓库拉取的镜像文件会存储在本地使用；用户同时也可以上传镜像到仓库，方便其他人获取。使用镜像仓库可以极大地简化镜像管理和分发的流程。镜像仓库目前作为 Docker 分发项目，已经开源在 Github（https://github.com/docker/distribution），目前支持 API 版本为 2.0。

17.2 命名空间

命名空间（namespace）是 Linux 内核的一个强大特性，为容器虚拟化的实现带来极大便利。利用这一特性，每个容器都可以拥有自己单独的命名空间，运行在其中的应用都像是在独立的操作系统环境中一样。命名空间机制保证了容器之间彼此互不影响。

在操作系统中，包括内核、文件系统、网络、进程号（Process ID，PID）、用户号（User ID，UID）、进程间通信（InterProcess Communication，IPC）等资源，所有的资源都是应用进程直接共享的。要想实现虚拟化，除了要实现对内存、CPU、网络 IO、硬盘 IO、存储空间等的限制外，还要实现文件系统、网络、PID、UID、IPC 等的相互隔离。前者相对容易实现一些，后者则需要宿主主机系统的深入支持。

随着Linux系统对于命名空间功能的逐步完善，现在已经可以实现这些需求，让进程在彼此隔离的命名空间中运行。虽然这些进程仍在共用同一个内核和某些运行时环境（runtime，例如一些系统命令和系统库），但是彼此是不可见的，并且认为自己是独占系统的。

Docker容器每次启动时候，通过调用func setNamespaces(daemon *Daemon, s *specs.Spec, c *container.Container) error方法来完成对各个命名空间的配置。

1. 进程命名空间

Linux通过进程命名空间管理进程号，对于同一进程（同一个task_struct），在不同的命名空间中，看到的进程号不相同。每个进程命名空间有一套自己的进程号管理方法。进程命名空间是一个父子关系的结构，子空间中的进程对于父空间是可见的。新fork出的一个进程，在父命名空间和子命名空间将分别对应不同的进程号。例如，查看Docker服务主进程（dockerd）的进程号是3393，它作为父进程启动了docker-containerd进程，进程号为3398，代码如下所示：

```
$ ps -ef |grep docker
root       3393     1  0 Jan18 ?        00:43:02 /usr/bin/dockerd -H fd:// -H tcp://
    127.0.0.1:2375 -H unix:///var/run/docker.sock
root       3398  3393  0 Jan18 ?        00:34:31 docker-containerd --config /var/run/
    docker/containerd/containerd.toml
```

新建一个Ubuntu容器，执行sleep命令。此时，docker-containerd进程作为父进程，会为每个容器启动一个docker-containerd-shim进程，作为该容器内所有进程的根进程：

```
$ docker run --name test -d ubuntu:16.04 sleep 9999
3a4a3769a68cb157b5741c3ab2e0ba5ddc6a009e4690df4038512d95a40c5ea6

$ ps -ef |grep docker
root      21535   3398  0 06:57 ?        00:00:00 docker-containerd-shim
    --namespace moby --workdir /var/lib/docker/containerd/daemon/io.containerd.
    runtime.v1.linux/moby/3a4a3769a68cb157b5741c3ab2e0ba5ddc6a009e4690df40385
    12d95a40c5ea6 --address /var/run/docker/containerd/docker-containerd.sock
    --runtime-root /var/run/docker/runtime-runc
```

从宿主机上查看新建容器的进程的父进程，正是docker-containerd-shim进程：

```
$ ps -ef |grep sleep
root     21569 21535  0 06:57 ?        00:00:00 sleep 9999
```

而在容器内的进程空间中，则把docker-containerd-shim进程作为0号根进程（类似宿主系统中0号根进程idle），while进程的进程号则变为1（类似宿主系统中1号初始化进程/sbin/init）。容器内只能看到docker-containerd-shim进程往下的子进程空间，而无法获知宿主机上的进程信息：

```
$ docker exec -it 3a bash -c 'ps -ef'
UID        PID  PPID  C STIME TTY          TIME CMD
root         1     0  0 06:57 ?        00:00:00 sleep 9999
```

通过 pstree 命令，可以直接看到完整的进程树结构：

```
$ pstree -l -a -A 3393
dockerd -H fd:// -H tcp://127.0.0.1:2375 -H unix:///var/run/docker.sock
    |-docker-containe --config /var/run/docker/containerd/containerd.toml
    |   |-docker-containe --namespace moby --workdir /var/lib/docker/containerd/
        daemon/io.containerd.runtime.v1.linux/moby/4d35b0a7346106073f87868221648
        621d7edae4130a3703db850b4a582a3d42e --address /var/run/docker/containerd/
        docker-containerd.sock --runtime-root /var/run/docker/runtime-runc
    |   |   |-sleep 9999
    |   |   `-10*[{docker-containe}]
    |   `-8*[{docker-containe}]
    `-24*[{dockerd}]
```

一般情况下，启动多个容器时，宿主机与容器内进程空间的关系如图 17-2 所示。

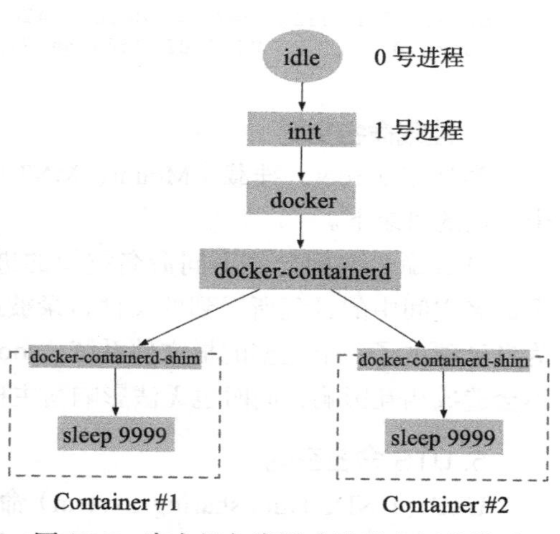

图 17-2　宿主机与容器内进程空间的关系

2. IPC 命名空间

容器中的进程交互还是采用了 Linux 常见的进程间交互方法（Interprocess Communication，IPC），包括信号量、消息队列和共享内存等方式。PID 命名空间和 IPC 命名空间可以组合起来一起使用，同一个 IPC 命名空间内的进程可以彼此可见，允许进行交互；不同空间的进程则无法交互。

3. 网络命名空间

有了进程命名空间后，不同命名空间中的进程号可以相互隔离，但是网络端口还是共享本地系统的端口。

通过网络命名空间，可以实现网络隔离。一个网络命名空间为进程提供了一个完全独立的网络协议栈的视图。包括网络设备接口、IPv4 和 IPv6 协议栈、IP 路由表、防火墙规则、sockets 等，这样每个容器的网络就能隔离开来。

Docker 采用虚拟网络设备（Virtual Network Device，VND）的方式，将不同命名空间的网络设备连接到一起。默认情况下，Docker 在宿主机上创建多个虚机网桥（如默认的网桥 docker0），容器中的虚拟网卡通过网桥进行连接，如图 17-3 所示。

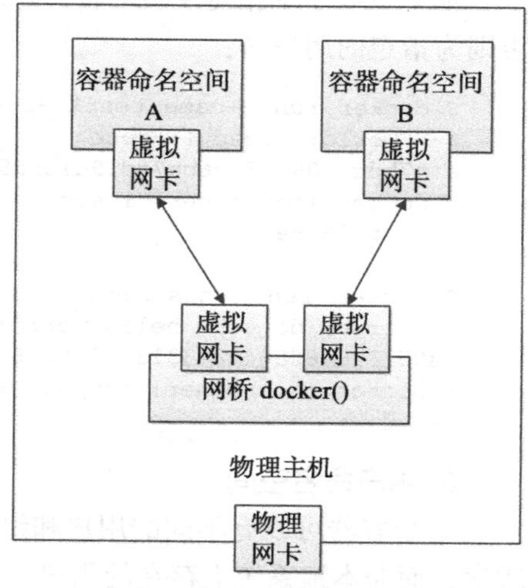

图 17-3　Docker 将不同命名空间的网络设备连接起来

使用 docker network ls 命令可以查看到当前系统中的网桥：

```
$ docker network ls
```

```
NETWORK ID NAME DRIVER SCOPE
337120b7e82e 10_default bridge local
7b0bc9cdc8a0 bridge bridge local
8f57993d438b host host local
6d9342f43ffc none null local
```

使用 brctl 工具（需要安装 bridge-utils 工具包），还可以看到连接到网桥上的虚拟网口的信息。每个容器默认分配一个网桥上的虚拟网口，并将 docker0 的 IP 地址设置为默认的网关，容器发起的网络流量通过宿主机的 iptables 规则进行转发：

```
$ brctl show
bridge name     bridge id               STP enabled     interfaces
br-337120b7e82e         8000.0242eaa3f641       no
docker0         8000.0242cf315ef7       no              veth07186d3
                                                        vethd7f0101
```

4. 挂载命名空间

类似于 chroot，挂载（Mount，MNT）命名空间可以将一个进程的根文件系统限制到一个特定的目录下。

挂载命名空间允许不同命名空间的进程看到的本地文件位于宿主机中不同路径下，每个命名空间中的进程所看到的文件目录彼此是隔离的。例如，不同命名空间中的进程，都认为自己独占了一个完整的根文件系统（rootfs），但实际上，不同命名空间中的文件彼此隔离，不会造成相互影响，同时也无法影响宿主机文件系统中的其他路径。

5. UTS 命名空间

UTS（UNIX Time-sharing System）命名空间允许每个容器拥有独立的主机名和域名，从而可以虚拟出一个有独立主机名和网络空间的环境，就跟网络上一台独立的主机一样。

如果没有手动指定主机名称，Docker 容器的主机名就是返回的容器 ID 的前 6 字节前缀，否则为指定的用户名：

```
$ docker run --name test1 -d ubuntu:16.04 /bin/sh -c "while true; do echo hello
    world; sleep 1; done"
a1b7bdc9609ad52c6ca7cd39d169d55ae32f85231ee22da0631a20c94d7aa8db
$ docker [container] inspect -f {{".Config.Hostname"}} test1
a1b7bdc9609a

$ docker run --hostname test2 --name test2 -d ubuntu:16.04 /bin/sh -c "while
    true; do echo hello world; sleep 1; done"
140573f8582584d8e331368288a96a8838f4a7ed0ff7ee50824f81bc0459677a
$ docker [container] inspect -f {{".Config.Hostname"}} test2
test2
```

6. 用户命名空间

每个容器可以有不同的用户和组 id，也就是说，可以在容器内使用特定的内部用户执行程序，而非本地系统上存在的用户。

每个容器内部都可以有最高权限的 root 帐号，但跟宿主主机不在一个命名空间。通过使用隔离的用户命名空间，可以提高安全性，避免容器内的进程获取到额外的权限；同时通过使用不同用户也可以进一步在容器内控制权限。

例如，下面的命令在容器内创建了 test 用户，只有普通权限，无法访问更高权限的资源：

```
$ docker run --rm -it ubuntu:16.04 bash

root@6da1370b22a0:/# cat /proc/1/environ
PATH=/usr/local/sbin:/usr/local/bin:/usr/sbin:/usr/bin:/sbin:/binHOSTNAME=6da137
    0b22a0TERM=xtermHOME=/root

root@6da1370b22a0:/# useradd -ms /bin/bash test
root@6da1370b22a0:/# su test
test@6da1370b22a0:/$ cat /proc/1/environ
cat: /proc/1/environ: Permission denied
```

17.3 控制组

控制组（CGroups）是 Linux 内核的一个特性，主要用来对共享资源进行隔离、限制、审计等。只有将分配到容器的资源进行控制，才能避免多个容器同时运行时对宿主机系统的资源竞争。每个控制组是一组对资源的限制，支持层级化结构。

控制组技术最早是由 Google 的程序员在 2006 年提出的，Linux 内核自 2.6.24 开始原生支持，可以提供对容器的内存、CPU、磁盘 IO 等资源进行限制和计费管理。最初的设计目标是为不同的应用情况提供统一的接口，从控制单一进程（比如 nice 工具）到系统级虚拟化（包括 OpenVZ，Linux-VServer，LXC 等）。

具体来看，控制组提供如下功能：

- **资源限制**（resource limiting）：可将组设置一定的内存限制。比如：内存子系统可以为进程组设定一个内存使用上限，一旦进程组使用的内存达到限额再申请内存，就会出发 Out of Memory 警告。
- **优先级**（prioritization）：通过优先级让一些组优先得到更多的 CPU 等资源。
- **资源审计**（accounting）：用来统计系统实际上把多少资源用到适合的目的上，可以使用 cpuacct 子系统记录某个进程组使用的 CPU 时间。
- **隔离**（isolation）：为组隔离命名空间，这样使得一个组不会看到另一个组的进程、网络连接和文件系统。
- **控制**（control）：执行挂起、恢复和重启动等操作。

Docker 容器每次启动时候，通过调用 `func setCapabilities(s *specs.Spec, c *container.Container) error` 方法来完成对各个命名空间的配置。安装 Docker 后，用户可以在 /sys/fs/cgroup/memory/docker/ 目录下看到对 Docker 组应用的各种限制项，包括全局限制和位于子目录中对于某个容器的单独限制：

```
$ ls /sys/fs/cgroup/memory/docker
140573f8582584d8e331368288a96a8838f4a7ed0ff7ee50824f81bc0459677a    memory.kmem.
    limit_in_bytes              memory.kmem.usage_in_bytes              memory.soft_limit_
    in_bytes
```

```
cgroup.clone_children                                             memory.kmem.
    max_usage_in_bytes       memory.limit_in_bytes          memory.stat
cgroup.event_control                                              memory.kmem.
    slabinfo                 memory.max_usage_in_bytes      memory.swappiness
cgroup.procs                                                      memory.kmem.
    tcp.failcnt                 memory.move_charge_at_immigrate  memory.usage_in_
    bytes
memory.failcnt                                                        memory.
    kmem.tcp.limit_in_bytes        memory.numa_stat              memory.use_
    hierarchy
memory.force_empty                                                memory.kmem.
    tcp.max_usage_in_bytes  memory.oom_control              notify_on_release
memory.kmem.failcnt                                               memory.kmem.
    tcp.usage_in_bytes       memory.pressure_level          tasks
```

用户可以通过修改这些文件值来控制组，从而限制 Docker 应用资源。例如，通过下面的命令可限制 Docker 组中的所有进程使用的物理内存总量不超过 100 MB：

```
$ sudo echo 104857600 >/sys/fs/cgroup/memory/docker/memory.limit_in_bytes
```

进入对应的容器文件夹，可以看到对应容器的限制和目前的使用状态：

```
$ cd 140573f8582584d8e331368288a96a8838f4a7ed0ff7ee50824f81bc0459677a/
$ ls
cgroup.clone_children  memory.kmem.failcnt              memory.kmem.tcp.limit_
    in_bytes       memory.max_usage_in_bytes        memory.soft_limit_in_bytes
    notify_on_release
cgroup.event_control   memory.kmem.limit_in_bytes       memory.kmem.tcp.max_usage_
    in_bytes  memory.move_charge_at_immigrate  memory.stat            tasks
cgroup.procs            memory.kmem.max_usage_in_bytes  memory.kmem.tcp.usage_in_
    bytes      memory.numa_stat                 memory.swappiness
memory.failcnt           memory.kmem.slabinfo             memory.kmem.usage_in_
    bytes      memory.oom_control            memory.usage_in_bytes
memory.force_empty       memory.kmem.tcp.failcnt          memory.limit_in_bytes
    memory.pressure_level            memory.use_hierarchy
$ cat memory.stat
cache 0
rss 172032
rss_huge 0
shmem 0
mapped_file 0
dirty 0
writeback 0
pgpgin 17002
pgpgout 16960
pgfault 42227
pgmajfault 0
inactive_anon 0
active_anon 172032
inactive_file 0
active_file 0
unevictable 0
hierarchical_memory_limit 9223372036854771712
total_cache 0
total_rss 172032
```

```
total_rss_huge 0
total_shmem 0
total_mapped_file 0
total_dirty 0
total_writeback 0
total_pgpgin 17002
total_pgpgout 16960
total_pgfault 42227
total_pgmajfault 0
total_inactive_anon 0
total_active_anon 172032
total_inactive_file 0
total_active_file 0
total_unevictable 0
```

同时，可以在创建或启动容器时为每个容器指定资源的限制，例如使用 -c|--cpu-shares[=0] 参数可调整容器使用 CPU 的权重；使用 -m|--memory[=MEMORY] 参数可调整容器最多使用内存的大小。

17.4　联合文件系统

联合文件系统（UnionFS）是一种轻量级的高性能分层文件系统，它支持将文件系统中的修改信息作为一次提交，并层层叠加，同时可以将不同目录挂载到同一个虚拟文件系统下，应用看到的是挂载的最终结果。联合文件系统是实现 Docker 镜像的技术基础。

Docker 镜像可以通过分层来进行继承。例如，用户基于基础镜像（用来生成其他镜像的基础，往往没有父镜像）来制作各种不同的应用镜像。这些镜像共享同一个基础镜像层，提高了存储效率。此外，当用户改变了一个 Docker 镜像（比如升级程序到新的版本），则会创建一个新的层（layer）。因此，用户不用替换整个原镜像或者重新建立，只需要添加新层即可。用户分发镜像的时候，也只需要分发被改动的新层内容（增量部分）。这让 Docker 的镜像管理变得十分轻量和快速。

1. Docker 存储原理

Docker 目前通过插件化方式支持多种文件系统后端。Debian/Ubuntu 上成熟的 AUFS（Another Union File System，或 v2 版本往后的 Advanced multi layered Unification File System），就是一种联合文件系统实现。AUFS 支持为每一个成员目录（类似 Git 的分支）设定只读（readonly）、读写（readwrite）或写出（whiteout-able）权限，同时 AUFS 里有一个类似分层的概念，对只读权限的分支可以逻辑上进行增量地修改（不影响只读部分的）。

Docker 镜像自身就是由多个文件层组成，每一层有基于内容的唯一的编号（层 ID）。可以通过 docker history 查看一个镜像由哪些层组成。例如查看 ubuntu:16.04 镜像由 6 层组成，每层执行了不同的命令，如下所示：

```
$ docker history ubuntu:16.04
IMAGE                          CREATED                          CREATED BY
```

```
    SIZE                COMMENT
0458a4468cbc        2 weeks ago         /bin/sh -c #(nop)  CMD ["/bin/bash"]
    0B
<missing>           2 weeks ago         /bin/sh -c mkdir -p /run/systemd && echo
    'do…   7B
<missing>           2 weeks ago         /bin/sh -c sed -i 's/^#\
    s*\(deb.*universe\)$…   2.76kB
<missing>           2 weeks ago         /bin/sh -c rm -rf /var/lib/apt/lists/*
    0B
<missing>           2 weeks ago         /bin/sh -c set -xe   && echo '#!/bin/sh' >
    /…   745B
<missing>           2 weeks ago         /bin/sh -c #(nop) ADD file:
    a3344b835ea6fdc56…   112MB
```

对于 Docker 镜像来说，这些层的内容都是不可修改的、只读的。而当 Docker 利用镜像启动一个容器时，将在镜像文件系统的最顶端再挂载一个新的可读写的层给容器。容器中的内容更新将会发生在可读写层。当所操作对象位于较深的某层时，需要先复制到最上层的可读写层。当数据对象较大时，往往意味着较差的 IO 性能。因此，对于 IO 敏感型应用，一般推荐将容器修改的数据通过 volume 方式挂载，而不是直接修改镜像内数据。

另外，对于频繁启停 Docker 容器的场景下，文件系统的 IO 性能也将十分关键。

2. Docker 存储结构

所有的镜像和容器都存储都在 Docker 指定的存储目录下，以 Ubuntu 宿主系统为例，默认路径是 /var/lib/docker。在这个目录下面，存储由 Docker 镜像和容器运行相关的文件和目录，可能包括 builder、containerd、containers、image、network、aufs/overlay2、plugins、runtimes、swarm、tmp、trust、volumes 等。

其中，如果使用 AUFS 存储后端，则最关键的就是 aufs 目录，保存 Docker 镜像和容器相关数据和信息。包括 layers、diff 和 mnt 三个子目录。1.9 版本和之前的版本中，命名跟镜像层的 ID 是匹配的；而自 1.10 开始，层数据相关的文件和目录名与层 ID 不再匹配。

layers 子目录包含层属性文件，用来保存各个镜像层的元数据：某镜像的某层下面包括哪些层。例如：某镜像由 5 层组成，则文件内容应该如下：

```
# cat aufs/layers/78f4601eee00b1f770b1aecf5b6433635b99caa5c11b8858dd6c8cec03b458
    4f-init
d2a0ecffe6fa4ef3de9646a75cc629bbd9da7eead7f767cb810f9808d6b3ecb6
29460ac934423a55802fcad24856827050697b4a9f33550bd93c82762fb6db8f
b670fb0c7ecd3d2c401fbfd1fa4d7a872fbada0a4b8c2516d0be18911c6b25d6
83e4dde6b9cfddf46b75a07ec8d65ad87a748b98cf27de7d5b3298c1f3455ae4

# cat aufs/layers/d2a0ecffe6fa4ef3de9646a75cc629bbd9da7eead7f767cb810f9808d6b3ecb6
29460ac934423a55802fcad24856827050697b4a9f33550bd93c82762fb6db8f
b670fb0c7ecd3d2c401fbfd1fa4d7a872fbada0a4b8c2516d0be18911c6b25d6
83e4dde6b9cfddf46b75a07ec8d65ad87a748b98cf27de7d5b3298c1f3455ae4
```

diff 子目录包含层内容子目录，用来保存所有镜像层的内容数据。例如：

```
# ls aufs/diff/78f4601eee00b1f770b1aecf5b6433635b99caa5c11b8858dd6c8cec03b4584f-init/
dev  etc
```

mnt 子目录下面的子目录是各个容器最终的挂载点，所有相关的 AUFS 层在这里挂载到一起，形成最终效果。一个运行中容器的根文件系统就挂载在这下面的子目录上。同样，1.10 版本之前的 Docker 中，子目录名和容器 ID 是一致的。其中，还包括容器的元数据、配置文件和运行日志等。

3. 多种文件系统比较

Docker 目前支持的联合文件系统种类包括 AUFS、btrfs、Device Mapper、overlay、overlay2、vfs、zfs 等。多种文件系统目前的支持情况总结如下：

- AUFS：最早支持的文件系统，对 Debian/Ubuntu 支持好，虽然没有合并到 Linux 内核中，但成熟度很高；
- btrfs：参考 zfs 等特性设计的文件系统，由 Linux 社区开发，试图未来取代 Device Mapper，成熟度有待提高；
- Device Mapper：RedHat 公司和 Docker 团队一起开发用于支持 RHEL 的文件系统，内核支持，性能略慢，成熟度高；
- overlay：类似于 AUFS 的层次化文件系统，性能更好，从 Linux 3.18 开始已经合并到内核，但成熟度有待提高；
- overlay 2：Docker 1.12 后推出，原生支持 128 层，效率比 OverlayFS 高，较新版本的 Docker 支持，要求内核大于 4.0；
- vfs：基于普通文件系统（ext、nfs 等）的中间层抽象，性能差，比较占用空间，成熟度也一般。
- zfs：最初设计为 Solaris 10 上的写时文件系统，拥有不少好的特性，但对 Linux 支持还不够成熟。

目前，AUFS 应用最为广泛，支持也相对成熟，推荐生产环境考虑。对于比较新的内核，可以尝试 overlay2，作为 Docker 最新推荐使用的文件系统，将具有更多的特性和潜力。

17.5　Linux 网络虚拟化

Docker 的本地网络实现其实就是利用了 Linux 上的网络命名空间和虚拟网络设备（特别是 veth pair）。熟悉这两部分的基本概念有助于理解 Docker 网络的实现过程。

1. 基本原理

直观上看，要实现网络通信，机器需要至少一个网络接口（物理接口或虚拟接口）与外界相通，并可以收发数据包；此外，如果不同子网之间要进行通信，还需要额外的路由机制。

Docker 中的网络接口默认都是虚拟接口。虚拟接口的最大优势就是转发效率极高。这是因为 Linux 通过在内核中进行数据复制来实现虚拟接口之间的数据转发，即发送接口的发送缓存中的数据包将被直接复制到接收接口的接收缓存中，而无须通过外部物理网络设备进行交换。对于本地系统和容器内系统来看，虚拟接口跟一个正常的以太网卡相比并无区别，只是它的速度要快得多。

Docker 容器网络就很好地利用了 Linux 虚拟网络技术，它在本地主机和容器内分别创建一个虚拟接口 veth，并连通（这样的一对虚拟接口叫做 veth pair），如图 17-4 所示。

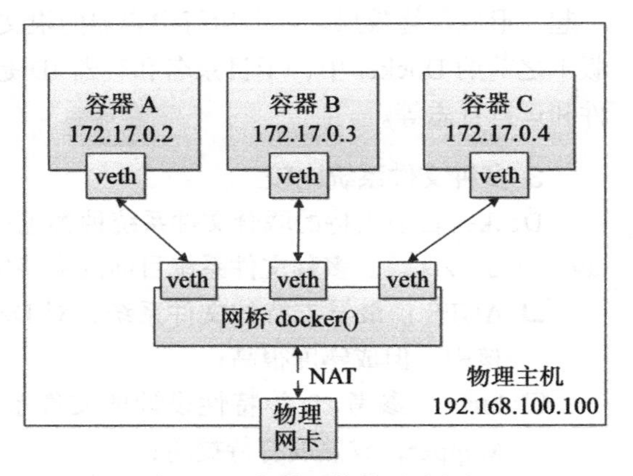

图 17-4 容器网络的基本原理

2. 网络创建过程

一般情况下，Docker 创建一个容器的时候，会具体执行如下操作：

1）创建一对虚拟接口，分别放到本地主机和新容器的命名空间中；

2）本地主机一端的虚拟接口连接到默认的 docker0 网桥或指定网桥上，并具有一个以 veth 开头的唯一名字，如 veth1234；

3）器一端的虚拟接口将放到新创建的容器中，并修改名字作为 eth0。这个接口只在容器的命名空间可见；

4）从网桥可用地址段中获取一个空闲地址分配给容器的 eth0（例如 172.17.0.2/16），并配置默认路由网关为 docker0 网卡的内部接口 docker0 的 IP 地址（例如 172.17.42.1/16）。

完成这些之后，容器就可以使用它所能看到的 eth0 虚拟网卡来连接其他容器和访问外部网络。

用户也可以通过 `docker network` 命令来手动管理网络，这将在后续章节中介绍。

在使用 `docker [container] run` 命令启动容器的时候，可以通过 `--net` 参数来指定容器的网络配置。有 5 个可选值 `bridge`、`none`、`container`、`host` 和用户定义的网络：

- `--net=bridge`：默认值，在 Docker 网桥 docker0 上为容器创建新的网络栈；
- `--net=none`：让 Docker 将新容器放到隔离的网络栈中，但是不进行网络配置。之后，用户可以自行配置；
- `--net=container:NAME_or_ID`：让 Docker 将新建容器的进程放到一个已存在容器的网络栈中，新容器进程有自己的文件系统、进程列表和资源限制，但会和已存在的容器共享 IP 地址和端口等网络资源，两者进程可以直接通过 lo 环回接口通信；
- `--net=host`：告诉 Docker 不要将容器网络放到隔离的命名空间中，即不要容器化容器内的网络。此时容器使用本地主机的网络，它拥有完全的本地主机接口访问权限。容器进程跟主机其他 root 进程一样可以打开低范围的端口，可以访问本地网络服务（比如 D-bus），还可以让容器做一些影响整个主机系统的事情，比如重启主机。因此使用这个选项的时候要非常小心。如果进一步使用 `--privileged=true` 参数，容器甚至会被允许直接配置主机的网络栈；
- `--net=user_defined_network`：用户自行用 network 相关命令创建一个网络，

之后将容器连接到指定的已创建网络上去。

3. 手动配置网络

用户使用 --net=none 后，Docker 将不对容器网络进行配置。下面，介绍手动完成配置网络的整个过程。通过这个过程，可以了解到 Docker 配置网络的更多细节。

首先，启动一个 ubuntu:16.04 容器，指定 --net=none 参数：

```
$ docker run -i -t --rm --net=none ubuntu:16.04 /bin/bash
root@63f36fc01b5f:/#
```

在本地主机查找容器的进程 id，并为它创建网络命名空间：

```
$ docker [container] inspect -f '{{.State.Pid}}' 63f36fc01b5f
2778
$ pid=2778
$ sudo mkdir -p /var/run/netns
$ sudo ln -s /proc/$pid/ns/net /var/run/netns/$pid
```

检查桥接网卡的 IP 和子网掩码信息：

```
$ ip addr show docker0
21: docker0: ...
inet 172.17.42.1/16 scope global docker0
...
```

创建一对“veth pair”接口 A 和 B，绑定 A 接口到网桥 docker0，并启用它：

```
$ sudo ip link add A type veth peer name B
$ sudo brctl addif docker0 A
$ sudo ip link set A up
```

将 B 接口放到容器的网络命名空间，命名为 eth0，启动它并配置一个可用 IP（桥接网段）和默认网关：

```
$ sudo ip link set B netns $pid
$ sudo ip netns exec $pid ip link set dev B name eth0
$ sudo ip netns exec $pid ip link set eth0 up
$ sudo ip netns exec $pid ip addr add 172.17.42.99/16 dev eth0
$ sudo ip netns exec $pid ip route add default via 172.17.42.1
```

以上，就是 Docker 配置网络的具体过程。

当容器终止后，Docker 会清空容器，容器内的网络接口会随网络命名空间一起被清除，A 接口也被自动从 docker0 卸载并清除。此外，在删除 /var/run/netns/ 下的内容之前，用户可以使用 ip netns exec 命令在指定网络命名空间中进行配置，从而更新容器内的网络配置。

17.6　本章小结

本章具体剖析了 Docker 实现的一些核心技术，包括 Docker 基本架构、runc，以及实现所依赖的操作系统中的命名空间、控制组、联合文件系统、虚拟网络支持等各种特性。

从本章的讲解中，读者可以看到，Docker 的优秀特性跟操作系统自身的支持，特别是 Linux 上成熟的已有容器技术支持是分不开的。在实际使用 Docker 容器的过程中，还将涉及如何调整系统配置来优化容器性能，这些都需要有丰富的 Linux 系统运维知识和实践经验。通过 runc 等更通用的容器运行时技术标准，Docker 目前已经可以移植到 Linux 之外的多种平台上，这将使得它的应用范围更为广泛。

此外，通过引入插件化组件（如网络插件），Docker 还可以支持更丰富的功能，这将在后续章节中介绍。

第18章 Chapter 18

配置私有仓库

在使用Docker一段时间后，往往会发现手头积累了大量的自定义镜像文件，这些文件通过公有仓库（如Dockerhub）进行管理并不方便；另外有时候只是希望在内部用户之间进行分享，不希望暴露出去。在这种情况下，就有必要搭建一个本地私有镜像仓库。

在第一部分中，笔者曾介绍快速使用Registry镜像搭建一个私有仓库的方法。本章将具体讲解Registry的使用技巧，并通过案例来展示如何搭建一个功能完善的私有镜像仓库。在搭建完成本地的私有仓库服务后，来会剖析Registry的配置参数，最后会介绍通过编写脚本来实现对镜像的快速批量化管理。

18.1 安装Docker Registry

Docker Registry工具目前最新为2.0系列版本，这一版本和一些类库和工具一起被打包为负责容器内容分发的工具集：Docker Distribution。目前其核心的功能组件仍为负责镜像仓库的管理。

新版本的Registry基于Golang进行了重构，提供更好的性能和扩展性，并且支持Docker 1.6+的API，非常适合用来构建私有的镜像注册服务器。官方仓库中也提供了Registry的镜像，因此用户可以通过容器运行和源码安装两种方式来使用Registry。

1. 基于容器安装运行

基于容器的运行方式十分简单，只需要一条命令：

```
$ docker run -d -p 5000:5000 --restart=always --name registry registry:2
```

启动后，服务监听在本地的5000端口，可以通过访问http://localhost:5000/v2/测试启动成功。

Registry 比较关键的参数是配置文件和仓库存储路径。默认的配置文件为 /etc/docker/registry/config.yml，因此，通过如下命令，可以指定使用本地主机上的配置文件（如 /home/user/registry-conf）：

```
$ docker run -d -p 5000:5000 \
    --restart=always \
    --name registry \
    -v /home/user/registry-conf/config.yml:/etc/docker/registry/config.yml \
    registry:2
```

默认的存储位置为 /var/lib/registry，可以通过 -v 参数来映射本地的路径到容器内。例如，下面将镜像存储到本地 /opt/data/registry 目录：

```
$ docker run -d -p 5000:5000 \
    --restart=always \
    --name registry \
    -v /opt/data/registry:/var/lib/registry \
    registry:2
```

2. 本地安装运行

有时候需要本地运行仓库服务，可以通过源码方式进行安装。

首先安装 Golang 环境支持，以 Ubuntu 为例，可以执行如下命令：

```
$ sudo add-apt-repository ppa:ubuntu-lxc/lxd-stable
$ sudo apt-get update
$ sudo apt-get install golang
```

确认 Golang 环境安装成功，并配置 $GOPATH 环境变量，例如 /go。

创建 $GOPATH/src/github.com/docker/ 目录，并获取源码：

```
$ mkdir -p $GOPATH/src/github.com/docker/
$ cd $GOPATH/src/github.com/docker/
$ git clone https://github.com/docker/distribution.git
$ cd distribution
```

将自带的模板配置文件复制到 /etc/docker/registry/ 路径下，创建存储目录 /var/lib/registry：

```
$ cp cmd/registry/config-dev.yml /etc/docker/registry/config.yml
$ mkdir -p /var/lib/registry
```

然后执行安装操作：

```
$ make PREFIX=/go clean binaries
```

编译成功后，可以通过下面的命令来启动：

```
$ registry serve /etc/docker/registry/config.yml
```

此时使用访问本地的 5000 端口，看到返回信息为 200 OK，则说明运行成功：

```
$ curl -i 127.0.0.1:5000/v2/
HTTP/1.1 200 OK
Content-Length: 2
Content-Type: application/json; charset=utf-8
```

```
Docker-Distribution-Api-Version: registry/2.0
X-Content-Type-Options: nosniff
Date: Wed, 31 Sep 2016 06:36:10 GMT

{}
```

18.2 配置 TLS 证书

当本地主机运行 Registry 服务后，所有能访问到该主机的 Docker Host 都可以把它作为私有仓库使用，只需要在镜像名称前面添加上具体的服务器地址即可。

例如将本地的 ubuntu:latest 镜像上传到私有仓库 myrepo.com：

```
$ docker tag ubuntu:latest myrepo.com:5000/ubuntu:latest
$ docker push myrepo.com:5000/ubuntu:latest
```

或者从私有仓库 myrepo.com 下载镜像到本地：

```
$ docker pull myrepo.com:5000/ubuntu
$ docker tag myrepo.com:5000/ubuntu ubuntu
```

私有仓库需要启用 TLS 认证，否则会报错。在第一部分中，我们介绍了通过添加 DOCKER_OPTS="--insecure-registry myrepo.com:5000 来避免这个问题。在这里将介绍如何获取和生成 TLS 证书。

1. 自行生成证书

使用 Openssl 工具可以很容易地生成私人证书文件：

```
$ mkdir -p certs
$ openssl req -newkey rsa:4096 -nodes -sha256 -keyout certs/myrepo.key -x509
    -days 365 -out certs/myrepo.crt
```

生成过程中会提示填入各种信息，注意 CN 一栏的信息要填入跟访问的地址相同的域名，例如这里应该为 myrepo.com。

生成结果为秘钥文件 myrepo.key，以及证书文件 myrepo.crt。其中证书文件需要发送给用户，并且配置到用户 Docker Host 上，注意路径需要跟域名一致，例如：

```
/etc/docker/certs.d/myrepo.com:5000/ca.crt
```

2. 从代理商申请证书

如果 Registry 服务需要对外公开，需要申请大家都认可的证书。知名的代理商包括 SSLs.com、GoDaddy.com、LetsEncrypt.org、GlobalSign.com 等，用户可以自行选择权威的证书提供商。

3. 启用证书

当拥有秘钥文件和证书文件后，可以配置 Registry 启用证书支持，主要通过使用 REGISTRY_HTTP_TLS_CERTIFICATE 和 REGISTRY_HTTP_TLS_KEY 参数：

```
docker run -d \
```

```
--restart=always \
--name registry \
-v 'pwd'/certs:/certs \
-e REGISTRY_HTTP_ADDR=0.0.0.0:443 \
-e REGISTRY_HTTP_TLS_CERTIFICATE=/certs/myrepo.crt \
-e REGISTRY_HTTP_TLS_KEY=/certs/myrepo.key \
-p 443:443 \
registry:2
```

18.3 管理访问权限

通常在生产场景中，对私有仓库还需要进行访问代理并提供认证和用户管理。

1. Docker Registry v2 的认证模式

Docker Registry v2 的认证模式和 v1 有了较大的变化，降低了系统的复杂度、减少了服务之间的交互次数，其基本工作模式如图 18-1 所示。

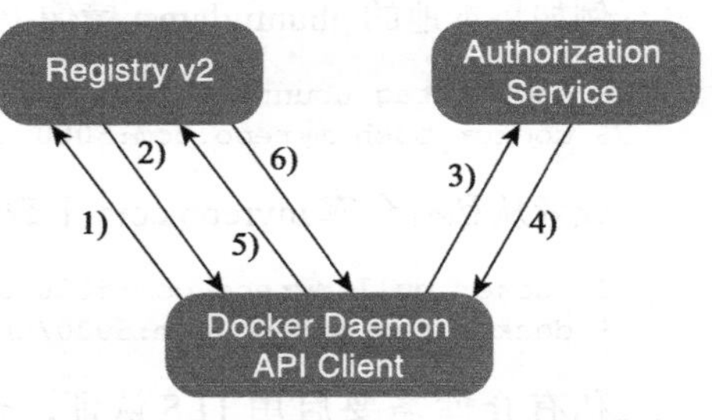

图 18-1 Docker Registry v2 的认证模式

具体交互过程包括如下步骤：

1）Docker Daemon 或者其他客户端尝试访问 Registry 服务器，比如 pull、push 或者访问 manifiest 文件；

2）在 Registry 服务器开启了认证服务模式时，就会直接返回 401 Unauthorized 错误，并通知调用方如何获得授权；

3）调用方按照要求，向 Authorization Service 发送请求，并携带 Authorization Service 需要的信息，比如用户名、密码；

4）如果授权成功，则可以拿到合法的 Bearer token，来标识该请求方可以获得的权限；

5）请求方将拿到 Bearer token 加到请求的 Authorization header 中，再次尝试步骤 1 中的请求；

6）Registry 服务通过验证 Bearer token 以及 JWT 格式的授权数据，来决定用户是否有权限进行请求的操作。

当启用认证服务时，需要注意以下两个地方：

- 对于 Authentication Service，Docker 官方目前并没有放出对应的实现方案，需要自行实现对应的服务接口；
- Registry 服务和 Authentication 服务之间通过证书进行 Bearer token 的生成和认证，所以要保证两个服务之间证书的匹配。

除了使用第三方实现的认证服务（如 docker_auth、SUSE Portus 等）外，还可以通过 Nginx 代理方式来配置基于用户名和密码的认证。

2. 配置 Nginx 代理

使用 Nginx 来代理 registry 服务的原理十分简单，在上一节中，我们让 Registry 服务监听在 127.0.0.1:5000，这意味着只允许本机才能通过 5000 端口访问到，其他主机是无法访问到的。为了让其他主机访问到，可以通过 Nginx 监听在对外地址的 15000 端口，当外部访问请求到达 15000 端口时，内部再将请求转发到本地的 5000 端口。具体操作如下。

首先，安装 Nginx：

```
$ sudo apt-get -y install nginx
```

在 /etc/nginx/sites-available/ 目录下，创建新的站点配置文件 /etc/nginx/sites-available/docker-registry.conf，代理本地的 15000 端口转发到 5000 端口。

配置文件内容如下：

```
# 本地的 registry 服务监听在 15000 端口
upstream docker-registry {
  server localhost:5000;
}

# 代理服务器监听在 15000 端口
server {
    listen 15000;
    server_name private-registry-server.com;
    add_header 'Docker-Distribution-Api-Version' 'registry/2.0' always;


    # If you have SSL certification files, then can enable this section.
    ssl on;
    ssl_certificate /etc/ssl/certs/myrepo.crt;
    ssl_certificate_key /etc/ssl/private/myrepo.key;

    proxy_pass                          http://docker-registry;
    proxy_set_header  Host                \$http_host;   # required for docker
        client's sake
    proxy_set_header  X-Real-IP         \$remote_addr; # pass on real client's IP
    proxy_set_header  X-Forwarded-For   \$proxy_add_x_forwarded_for;
    proxy_set_header  X-Forwarded-Proto \$scheme;
    proxy_read_timeout                  600;

    client_max_body_size 0; # disable any limits to avoid HTTP 413 for large
        image uploads

    # required to avoid HTTP 411: see Issue #1486
    (https://github.com/dotcloud/docker/issues/1486)
    chunked_transfer_encoding on;

    location /v2/ {
        # 禁止旧版本 Docker 访问
        if (\$http_user_agent ~ "^(docker\/1\.(3|4|5(?!\.[0-9]-dev))|Go ).*\$" ) {
            return 404;
        }

         # 配置转发访问请求到 registry 服务
         proxy_pass http://docker-registry;
    }
}
```

建立配置文件软连接，放到 /etc/nginx/sites-enabled/ 下面，让 Nginx 启用它，最后重启 Nginx 服务：

```
$ sudo ln -s /etc/nginx/sites-available/docker-registry.conf /etc/nginx/sites-
    enabled/docker-registry.conf
$ service nginx restart
```

之后，可以通过上传镜像来测试服务是否正常。

测试上传本地的 ubuntu:latest 镜像：

```
$ docker tag ubuntu:16.04 127.0.0.1:15000/ubuntu:latest
$ docker push 127.0.0.1:15000/ubuntu:latest
```

3. 添加用户认证

公共仓库 DockerHub 是通过注册索引（index）服务来实现的。由于 index 服务并没有完善的开源实现，在这里介绍基于 Nginx 代理的用户访问管理方案。Nginx 支持基于用户名和密码的访问管理。

首先，在配置文件的 location / 字段中添加两行：

```
...
location / {
        # let Nginx know about our auth file
        auth_basic              "Please Input username/password";
        auth_basic_user_file    docker-registry-htpasswd;

        proxy_pass http://docker-registry;
    }
 ...
```

其中，auth_basic 行说明启用认证服务，不通过的请求将无法转发。auth_basic_user_file docker-registry-htpasswd; 行指定了验证的用户名和密码存储文件为本地（/etc/nginx/ 下）的 docker-registry-htpasswd 文件。

docker-registry-htpasswd 文件中存储用户名和密码的格式为每行放一个用户名、密码对。例如：

```
...
user1:password1
user2:password2
...
```

需要注意的是，密码字段存储的并不是明文，而是使用 crypt 函数加密过的字符串。

要生成加密后的字符串，可以使用 htpasswd 工具，首先安装 apache2-utils：

```
$ sudo aptitude install apache2-utils -y
```

创建用户 user1，并添加密码。

例如，如下的操作会创建 /etc/nginx/docker-registry-htpasswd 文件来保存用户名和加密后的密码信息，并创建 user1 和对应密码：

```
$ sudo htpasswd -c /etc/nginx/docker-registry-htpasswd user1
```

```
$ New password:
$ Re-type new password:
$ Adding password for user user1
```

添加更多用户，可以重复上面的命令（密码文件存在后，不需要再使用 -c 选项来新创建）。

最后，重新启动 Nginx 服务：

```
$ sudo service nginx restart
```

此时，通过浏览器访问本地的服务 http://127.0.0.1:15000/v2/，会弹出对话框，提示需要输入用户名和密码。

通过命令行访问，需要在地址前面带上用户名和密码才能正常返回：

```
$ curl USERNAME:PASSWORD@127.0.0.1:15000/v2/
```

除了使用 Nginx 作为反向代理外，Registry 自身也支持简单的基于用户名和密码的认证，以及基于 token 的认证，可以通过如下环境变量来指定：

```
REGISTRY_AUTH: htpasswd
REGISTRY_AUTH_HTPASSWD_PATH: /auth/htpasswd
REGISTRY_AUTH_HTPASSWD_REALM: basic
```

4. 用 Compose 启动 Registry

一般情况下，用户使用 Registry 需要的配置包括存储路径、TLS 证书和用户认证。这里提供一个基于 Docker Compose 的快速启动 Registry 的模板：

```
registry:
    restart: always
    image: registry:2.1
    ports:
        - 5000:5000
    environment:
        REGISTRY_HTTP_TLS_CERTIFICATE: /certs/myrepo.crt
        REGISTRY_HTTP_TLS_KEY: /certs/myrepo.key
        REGISTRY_AUTH: htpasswd
        REGISTRY_AUTH_HTPASSWD_PATH: /auth/docker-registry-htpasswd
        REGISTRY_AUTH_HTPASSWD_REALM: basic
    volumes:
        - /path/to/data:/var/lib/registry
        - /path/to/certs:/certs
        - /path/to/auth:/auth
```

18.4 配置 Registry

Docker Registry 利用提供了一些样例配置，用户可以直接使用它们进行开发或生产部署。笔者将以下面的示例配置为例，介绍如何使用配置文件来管理私有仓库。

1. 示例配置

```
version: 0.1
```

```
log:
    level: debug
    fields:
        service: registry
        environment: development
    hooks:
        - type: mail
          disabled: true
          levels:
            - panic
          options:
            smtp:
                addr: mail.example.com:25
                username: mailuser
                password: password
                insecure: true
            from: sender@example.com
            to:
                - errors@example.com
storage:
    delete:
        enabled: true
    cache:
            blobdescriptor: redis
    filesystem:
            rootdirectory: /var/lib/registry
    maintenance:
            uploadpurging:
                enabled: false
http:
    addr: :5000
    debug:
        addr: localhost:5001
    headers:
        X-Content-Type-Options: [nosniff]
redis:
    addr: localhost:6379
    pool:
        maxidle: 16
        maxactive: 64
        idletimeout: 300s
    dialtimeout: 10ms
    readtimeout: 10ms
    writetimeout: 10ms
notifications:
    endpoints:
        - name: local-5003
          url: http://localhost:5003/callback
          headers:
            Authorization: [Bearer <an example token>]
          timeout: 1s
          threshold: 10
          backoff: 1s
          disabled: true
        - name: local-8083
          url: http://localhost:8083/callback
```

```
                timeout: 1s
                threshold: 10
                backoff: 1s
                disabled: true
health:
    storagedriver:
        enabled: true
        interval: 10s
        threshold: 3
```

2. 选项

这些选项以 yaml 文件格式提供，用户可以直接进行修改，也可以添加自定义的模板段。默认情况下变量可以从环境变量中读取，例如 log.level: debug 可以配置为：

```
export LOG_LEVEL=debug
```

比较重要的选项包括版本信息、log 选项、hooks 选项、存储选项、认证选项、HTTP 选项、通知选项、redis 选项、健康监控选项、代理选项和验证选项等。下面分别介绍。

（1）版本信息

```
version: 0.1
```

（2）log 选项

日志相关，代码如下：

```
log:
    level: debug
    formatter: text
    fields:
        service: registry
        environment: staging
```

其中：

- level：字符串类型，标注输出调试信息的级别，包括 debug、info、warn、error；
- fomatter：字符串类型，日志输出的格式，包括 text、json、logstash 等；
- fields：增加到日志输出消息中的键值对，可以用于过滤日志。

（3）hooks 选项

配置当仓库发生异常时，通过邮件发送日志时的参数，代码如下：

```
hooks:
    - type: mail
      levels:
            - panic
    options:
        smtp:
                addr: smtp.sendhost.com:25
                username: sendername
                password: password
                insecure: true
            from: name@sendhost.com
            to:
```

```
            - name@receivehost.com
```

（4）存储选项

storage 选项将配置存储的引擎，默认支持包括本地文件系统、Google 云存储、AWS S3 云存储和 OpenStack Swift 分布式存储等，代码如下：

```
storage:
    filesystem:
        rootdirectory: /var/lib/registry
    azure:
        accountname: accountname
        accountkey: base64encodedaccountkey
        container: containername
    gcs:
        bucket: bucketname
        keyfile: /path/to/keyfile
        rootdirectory: /gcs/object/name/prefix
    s3:
        accesskey: awsaccesskey
        secretkey: awssecretkey
        region: us-west-1
        regionendpoint: http://myobjects.local
        bucket: bucketname
        encrypt: true
        keyid: mykeyid
        secure: true
        v4auth: true
        chunksize: 5242880
        multipartcopychunksize: 33554432
        multipartcopymaxconcurrency: 100
        multipartcopythresholdsize: 33554432
        rootdirectory: /s3/object/name/prefix
    swift:
        username: username
        password: password
        authurl: https://storage.myprovider.com/auth/v1.0 or
            https://storage.myprovider.com/v2.0 or https://storage.myprovider.
                com/v3/auth
        tenant: tenantname
        tenantid: tenantid
        domain: domain name for Openstack Identity v3 API
        domainid: domain id for Openstack Identity v3 API
        insecureskipverify: true
        region: fr
        container: containername
        rootdirectory: /swift/object/name/prefix
    oss:
        accesskeyid: accesskeyid
        accesskeysecret: accesskeysecret
        region: OSS region name
        endpoint: optional endpoints
        internal: optional internal endpoint
        bucket: OSS bucket
        encrypt: optional data encryption setting
        secure: optional ssl setting
```

```
        chunksize: optional size valye
        rootdirectory: optional root directory
    inmemory:
    delete:
        enabled: false
    cache:
        blobdescriptor: inmemory
    maintenance:
        uploadpurging:
            enabled: true
            age: 168h
            interval: 24h
            dryrun: false
    redirect:
        disable: false
```

比较重要的选项如下：

- maintenance：配置维护相关的功能，包括对孤立旧文件的清理、开启只读模式等；
- delete：是否允许删除镜像功能，默认关闭；
- cache：开启对镜像层元数据的缓存功能，默认开启；

（5）认证选项

对认证类型的配置，代码如下：

```
auth:
    silly:
        realm: silly-realm
        service: silly-service
    token:
        realm: token-realm
        service: token-service
        issuer: registry-token-issuer
        rootcertbundle: /root/certs/bundle
    htpasswd:
        realm: basic-realm
        path: /path/to/htpasswd
```

其中：

- silly：仅供测试使用，只要请求头带有认证域即可，不做内容检查；
- token：基于 token 的用户认证，适用于生产环境，需要额外的 token 服务来支持；
- htpasswd：基于 Apache htpasswd 密码文件的权限检查。

（6）HTTP 选项

与 HTTP 服务相关的配置，代码如下：

```
http:
    addr: localhost:5000
    net: tcp
    prefix: /my/nested/registry/
    host: https://myregistryaddress.org:5000
    secret: asecretforlocaldevelopment
    relativeurls: false
```

```
tls:
    certificate: /path/to/x509/public
    key: /path/to/x509/private
    clientcas:
        - /path/to/ca.pem
        - /path/to/another/ca.pem
    letsencrypt:
        cachefile: /path/to/cache-file
        email: emailused@letsencrypt.com
debug:
    addr: localhost:5001
headers:
    X-Content-Type-Options: [nosniff]
http2:
    disabled: false
```

其中：

- addr：必选，服务监听地址；
- secret：必选，与安全相关的随机字符串，用户可以自己定义；
- tls：证书相关的文件路径信息；
- http2：是否开启 http2 支持，默认关闭。

（7）通知选项

有事件发生时候的通知系统：

```
notifications:
    endpoints:
        - name: alistener
          disabled: false
          url: https://my.listener.com/event
          headers: <http.Header>
          timeout: 500
          threshold: 5
          backoff: 1000
```

（8）redis 选项

Registry 可以用 Redis 来缓存文件块，这里可以配置相关选项：

```
redis:
    addr: localhost:6379
    password: asecret
    db: 0
    dialtimeout: 10ms
    readtimeout: 10ms
    writetimeout: 10ms
    pool:
        maxidle: 16
        maxactive: 64
        idletimeout: 300s
```

（9）健康监控选项

与健康监控相关，主要是对配置服务进行检测判断系统状态，代码如下：

```
health:
    storagedriver:
        enabled: true
        interval: 10s
        threshold: 3
    file:
        - file: /path/to/checked/file
          interval: 10s
    http:
        - uri: http://server.to.check/must/return/200
          headers:
            Authorization: [Basic QWxhZGRpbjpvcGVuIHNlc2FtZQ==]
        statuscode: 200
        timeout: 3s
        interval: 10s
        threshold: 3
    tcp:
        - addr: redis-server.domain.com:6379
          timeout: 3s
          interval: 10s
          threshold: 3
```

默认并未启用。

(10)代理选项

配置 Registry 作为一个 pull 代理，从远端（目前仅支持官方仓库）下拉 Docker 镜像，代码如下：

```
proxy:
    remoteurl: https://registry-1.docker.io
    username: [username]
    password: [password]
```

之后，用户可以通过如下命令来配置 Docker 使用代理：

```
$ docker --registry-mirror=https://myrepo.com:5000 daemon
```

(11)验证选项

限定来自指定地址的客户端才可以执行 push 操作，代码如下：

```
validation:
    enabled: true
    manifests:
        urls:
            allow:
                - ^https?://([^/]+\.)*example\.com/
            deny:
                - ^https?://www\.example\.com/
```

18.5 批量管理镜像

在之前章节中，笔者介绍了如何对单个镜像进行上传、下载的操作。有时候，本地镜像很多，逐个打标记进行操作将十分浪费时间。这里将以批量上传镜像为例，介绍如何利用脚本实现对镜像的批量化处理。

1. 批量上传指定镜像

可以使用下面的 push_images.sh 脚本，批量上传本地的镜像到注册服务器中，默认是本地注册服务器 127.0.0.1:5000，用户可以通过修改 registry=127.0.0.1:5000 这行来指定目标注册服务器：

```
#!/bin/sh

# This script will upload the given local images to a registry server ($registry
    is the default value).
# See:
https://github.com/yeasy/docker_practice/blob/master/_local/push_images.sh
# Usage:  push_images image1 [image2...]
# Author: yeasy@github
# Create: 2014-09-23

#The registry server address where you want push the images into
registry=127.0.0.1:5000

### DO NOT MODIFY THE FOLLOWING PART, UNLESS YOU KNOW WHAT IT MEANS ###
echo_r () {
    [ $# -ne 1 ] && return 0
    echo -e "\033[31m$1\033[0m"
}
echo_g () {
    [ $# -ne 1 ] && return 0
    echo -e "\033[32m$1\033[0m"
}
echo_y () {
    [ $# -ne 1 ] && return 0
    echo -e "\033[33m$1\033[0m"
}
echo_b () {
    [ $# -ne 1 ] && return 0
    echo -e "\033[34m$1\033[0m"
}

usage() {
    docker images
    echo "Usage: $0 registry1:tag1 [registry2:tag2...]"
}

[ $# -lt 1 ] && usage && exit

echo_b "The registry server is $registry"

for image in "$@"
do
    echo_b "Uploading $image..."
    docker tag $image $registry/$image
    docker push $registry/$image
```

```
    docker rmi $registry/$image
    echo_g "Done"
done
```

建议把脚本存放到本地可执行路径下，例如放在 /usr/local/bin/ 下面。然后添加可执行权限，就可以使用该脚本了：

```
$ sudo chmod a+x /usr/local/bin/push_images.sh
```

例如，推送本地的 ubuntu:latest 和 centos:centos7 两个镜像到本地仓库：

```
$ ./push_images.sh ubuntu:latest centos:centos7
The registry server is 127.0.0.1
Uploading ubuntu:latest...
The push refers to a repository [127.0.0.1:5000/ubuntu] (len: 1)
Sending image list
Pushing repository 127.0.0.1:5000/ubuntu (1 tags)
Image 511136ea3c5a already pushed, skipping
Image bfb8b5a2ad34 already pushed, skipping
Image c1f3bdbd8355 already pushed, skipping
Image 897578f527ae already pushed, skipping
Image 9387bcc9826e already pushed, skipping
Image 809ed259f845 already pushed, skipping
Image 96864a7d2df3 already pushed, skipping
Pushing tag for rev [96864a7d2df3] on
    {http://127.0.0.1:5000/v1/repositories/ubuntu/ tags/latest}
Untagged: 127.0.0.1:5000/ubuntu:latest
Done
Uploading centos:centos7...
The push refers to a repository [127.0.0.1:5000/centos] (len: 1)
Sending image list
Pushing repository 127.0.0.1:5000/centos (1 tags)
Image 511136ea3c5a already pushed, skipping
34e94e67e63a: Image successfully pushed
70214e5d0a90: Image successfully pushed
Pushing tag for rev [70214e5d0a90] on
    {http://127.0.0.1:5000/v1/repositories/centos/ tags/centos7}
Untagged: 127.0.0.1:5000/centos:centos7
Done
```

上传后，查看本地镜像，会发现上传中创建的临时标签也同时被清理了。

2. 上传本地所有镜像

在 push_images 工具的基础上，还可以进一步地创建 push_all 工具，来上传本地所有镜像：

```
#!/bin/sh
# This script will upload all local images to a registry server ($registry is
    the default value).
# This script requires the push_images, which can be found at https://github.
    com/yeasy/docker_practice/blob/master/_local/push_images.sh
# Usage:  push_all
# Author: yeasy@github
# Create: 2014-09-23
```

```
for image in 'docker images|grep -v "REPOSITORY"|grep -v "<none>"|awk '{print
    $1":"$2}''
do
    push_images.sh $image
done
```

另外，推荐读者把它放在 /usr/local/bin/ 下面，并添加可执行权限。这样就可以通过 push_all 命令来同步本地所有镜像到本地私有仓库了。

同样的，读者可以试着修改脚本，实现批量化下载镜像、删除镜像、更新镜像标签等更多的操作。

18.6 使用通知系统

Docker Registry v2 还内置提供了 Notification 功能，提供了非常方便、快捷地集成接口，避免了 v1 中需要用户自己实现的麻烦。

Notification 功能其实就是 Registry 在有事件发生的时候，向用户自己定义的地址发送 webhook 通知。目前的事件包括镜像 manifest 的 push、pull，镜像层的 push、pull。这些动作会被序列化成 webhook 事件的 payload，为集成服务提供事件详情，并通过 Registry v2 的内置广播系统发送到用户定义的服务接口，Registry v2 将这些用户服务接口称为 Endpoints。

Registry 服务器的事件会通过 HTTP 协议发送到用户定义的所有 Endpoints 上，而且每个 Registry 实例的每个 Endpoint 都有自己独立的队列、重试选项以及 HTTP 的目的地址。当一个动作发生时，会被转换成对应的事件并放置到一个内存队列中。镜像服务器会依次处理队列中的事件，并向用户定义的 Endpoint 发送请求。事件发送处理是串行的，但是 Registry 服务器并不会保证其到达顺序。

1. 相关配置

Notification 在 Docker Registry 中的相关配置如下：

```
notifications:
    endpoints:
        -  name: cd-handler
            disabled: false
            url: http://cd-service-host/api/v1/cd-service
            headers:
                Authorization: [token ******************]
            timeout: 1s
            threshold: 5
            backoff: 10s
```

上面的配置会在 pull 或者 push 发生时向 http://cd-service-host/api/v1/cd-service 发送事件，并在 HTTP 请求的 header 中传入认证信息，可以是 Basic、token、Bearer 等模式，主要用于接收事件方进行身份认证。更新配置后，需要重启 Registry 服务器，如果配置正确，会在日志中看到对应的提示信息，比如：

```
configuring endpoint listener (http://cd-service-host/api/v1/cd-service), time-
    out=1s, headers=map[Authorization: [token ******]]
```

此时，用户再通过 docker 客户端进行 push、pull，或者查询一些 manifiest 信息时，就会有相应的事件发送到定义的 Endpoint 上。

接下来看一下事件的格式及其主要属性：

```
{
    "events": [
        {
            "id": "70f44894-c4b4-4be8-9691-d37db77074cd",
            "timestamp": "2016-06-05T01:57:04.654256149Z",
            "action": "push",
            "target": {
                "mediaType": "application/vnd.docker.distribution.manifest.v1+
                    json",
                "size": 45765,
                "digest": "sha256:fd0af29ba2ae034449bffb18dd6db2ed90d798464cc43a
                    a81e63770713edaea8",
                "length": 45765,
                "repository": "test-user/hello-world" ,
                "url": "http://registry-server/v2/test-user/hello-world/manifests/
                    sha256:fd0af29ba2ae034449bffb18dd6db2ed90d798464cc43aa81e6377
                    0713edaea8"
            },
            "request": {
                "id": "9d3d837f-d7ed-4fa9-afb4-dda58687a6ce",
                "addr": "client-host:46504",
                "host": "registry-server",
                "method": "PUT",
                "useragent": "docker/1.9.1 go/go1.4.2 git-commit/a34a1d5 kernel/
                    4.2.0-35-generic os/linux arch/amd64"
            },
            "actor": {
                "name": "test-user"
            },
            "source": {
                "addr": "8e14c2a190f2:5000",
                "instanceID": "c564003e-dd9b-4a9b-8a30-fe8564e97ba9"
            }
        }
    ]
}
```

每个事件的 payload，都是一个定义好的 JSON 格式的数据。通知系统的主要属性主要包括 action、target.mediaType、target.repository、target.url、request.method、request.useragent、actor.name 等，参见表 18-1。

表 18-1　通知系统的主要属性及描述

属　性	类　型	描　述
action	string	事件所关联的动作类型，pull 或 push

（续）

属　性	类　型	描　述
target.mediaType	string	时间 payload 类型，如 application/octet-stream 等
target.repository	string	镜像名称
target.url	string	事件对应的数据地址，可以通过这个 URL 来获取此事件带来的更改
request.method	string	HTTP 请求的方法
request.useragent	string	带来此事件的客户端类型
actor.name	string	发起此次动作的用户

2. 通知系统的使用场景

理解了如何配置 Docker Registry v2 的 Notification、Endpoint 以及接收的 Event 数据格式，我们就可以很方便地实现一些个性化的需求。这里简单列举两个场景：一个是如何统计镜像的上传、下载次数，方便了解镜像的使用情况；另一个是对服务的持续部署，方便管理镜像，参见图 18-2。

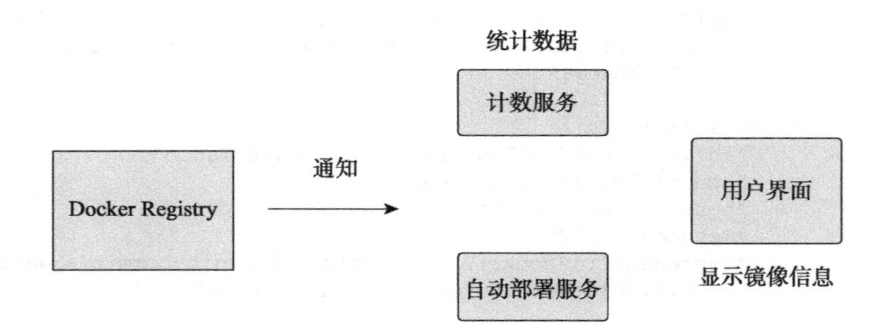

图 18-2　通知系统整合持续部署

（1）镜像上传、下载计数

很常见的一个场景是根据镜像下载次数，向用户推荐使用最多的镜像，或者统计镜像更新的频率，以便了解用户对镜像的维护程度。

用户可以利用 Notification 功能定义自己的计数服务，并在 Docker Registry 上配置对应的 Endpoint。在有 pull、push 动作发生时，对对应镜像的下载或者上传次数进行累加，达到计数效果。然后添加一个查询接口，供用户查看用户镜像的上传、下载次数，或者提供排行榜等扩展服务。

（2）实现应用的自动部署

在这个场景下，可以在新的镜像 push 到 Docker Registry 服务器时候，自动创建或者更新对应的服务，这样可以快速查看新镜像的运行效果或者进行集成测试。用户还可以根据事件中的相应属性，比如用户信息、镜像名称等，调用对应的服务部署接口进行自动化部署操作。

另外，镜像的命名规则是 namespace/repository:tag，但在上面的事件 payload 示例中，并没有看到 tag 的属性。如果需要 tag 信息，需要使用 Docker Registry v2.4.0 及以上的版本，在这个版本中对应的 manifest 事件中将会携带 tag 的属性，来标识该动作涉及的镜像版本信息。

18.7 本章小结

本章详细介绍了使用 Docker Registry 的两种主要方式：通过容器方式运行和通过本地安装运行并注册为系统服务，以及添加 Nginx 反向代理和添加用户认证功能。接下来还详细介绍了 Docker Registry 配置文件中各个选项的含义和使用。最后演示如何通过脚本来实现对镜像的批量管理，以及使用 Registry 的通知系统来支持更多应用场景。

读者通过本章的学习，将能轻松搭建一套私有的仓库服务环境，并对其进行管理操作。私有仓库服务是集中存储镜像的场所，它的性能和稳定性将影响基于 Docker 容器的开发和部署过程。

在生产环境中，笔者推荐使用负载均衡来提高仓库服务的性能；还可以利用 HAProxy 等方式对仓库服务增加容错功能。同时，为了安全考虑，要为仓库访问启用 HTTPS 等加密协议来确保通信安全。

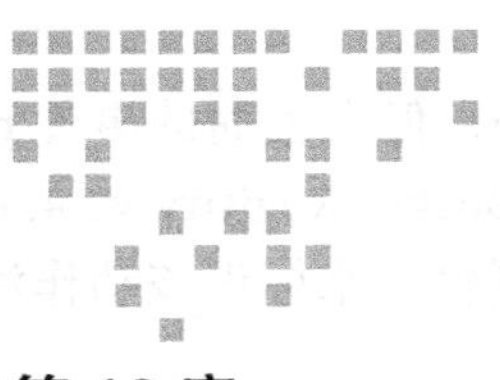

Chapter 19 第19章

安全防护与配置

Docker 是基于 Linux 操作系统实现的应用虚拟化。运行在容器内的进程，与运行在本地系统中的进程在本质上并无区别，因此，配置的安全策略不合适将可能给本地系统带来安全风险。

可见，Docker 的安全性在生产环境中是十分关键的衡量因素。Docker 容器的安全性，在很大程度上依赖于 Linux 系统自身。目前，在评估 Docker 的安全性时，主要考虑下面几个方面：

- Linux 内核的命名空间机制提供的容器隔离安全；
- Linux 控制组机制对容器资源的控制能力安全；
- Linux 内核的能力机制所带来的操作权限安全；
- Docker 程序（特别是服务端）本身的抗攻击性；
- 其他安全增强机制（包括 AppArmor、SELinux 等）对容器安全性的影响；
- 通过第三方工具（如 Docker Bench 工具）对 Docker 环境的安全性进行评估。

本章将从这几个方面讨论 Docker 的安全机制。

19.1 命名空间隔离的安全

Docker 容器和 LXC 容器在实现上很相似，所提供的安全特性也基本一致。当用 docker [container] run 命令启动一个容器时，Docker 将在后台为容器创建一个独立的命名空间。命名空间提供了最基础也是最直接的隔离，在容器中运行的进程不会被运行在本地主机上的进程和其他容器通过正常渠道发现和影响。

例如，通过命名空间机制，每个容器都有自己独有的网络栈，意味着它们不能访问其他容器的套接字（socket）或接口。当然，容器默认可以与本地主机网络连通，如果主机系统上做了相应的交换设置，容器可以像跟主机交互一样的和其他容器交互。启动容器时，指定公共端口或使用连接系统，容器可以相互通信了（用户可以根据配置来限制通信的策略）。

从网络架构的角度来看，所有的容器实际上是通过本地主机的网桥接口（docker0）进行相互通信，就像物理机器通过物理交换机通信一样。

那么，Linux 内核中实现命名空间（特别是网络命名空间）的机制是否足够成熟呢？Linux 内核从 2.6.15 版本（2008 年 7 月发布）开始引入命名空间，至今经历了数年的演化和改进，并应用于诸多大型生产系统中。实际上，命名空间的想法和设计提出的时间要更早，最初是 OpenVZ 项目的重要特性。OpenVZ 项目早在 2005 年就已经正式发布，其设计和实现更加成熟。

当然，与虚拟机方式相比，通过命名空间来实现的隔离并不是那么绝对。运行在容器中的应用可以直接访问系统内核和部分系统文件。因此，用户必须保证容器中应用是安全可信的（这跟保证运行在系统中的软件是可信的一个道理），否则本地系统将可能受到威胁，即必须保证镜像的来源和自身可靠。

Docker 自 1.3.0 版本起对镜像管理引入了签名系统，加强了对镜像安全性的防护，用户可以通过签名来验证镜像的完整性和正确性。

19.2　控制组资源控制的安全

控制组是 Linux 容器机制中的另外一个关键组件，它负责实现资源的审计和限制。

控制组机制的相关技术出现于 2006 年，Linux 内核从 2.6.24 版本开始正式引入该技术。当用户执行 docker [container] run 命令启动一个 Docker 容器时，Docker 将通过 Linux 相关的调用，在后台为容器创建一个独立的控制组策略集合，该集合将限制容器内应用对资源的消耗。

控制组提供了很多有用的特性。它可以确保各个容器公平地分享主机的内存、CPU、磁盘 IO 等资源；当然，更重要的是，通过控制组可以限制容器对资源的占用，确保了当某个容器对资源消耗过大时，不会影响到本地主机系统和其他容器。

尽管控制组不负责隔离容器之间相互访问、处理数据和进程，但是它在防止恶意攻击特别是拒绝服务攻击（DDoS）方面是十分有效的。

对于支持多用户的服务平台（比如公有的各种 PaaS、容器云）上，控制组尤其重要。例如，当个别应用容器出现异常的时候，可以保证本地系统和其他容器正常运行而不受影响，从而避免引发“雪崩”灾难。

19.3　内核能力机制

能力机制（capability）是 Linux 内核一个强大的特性，可以提供细粒度的权限访问控制。

传统的 Unix 系统对进程权限只有根权限（用户 id 为 0，即为 root 用户）和非根权限（用户非 root 用户）两种粗粒度的区别。

Linux 内核自 2.2 版本起支持能力机制，将权限划分为更加细粒度的操作能力，既可以作用在进程上，也可以作用在文件上。例如，一个 Web 服务进程只需要绑定一个低于 1024 端口的权限，并不需要完整的 root 权限，那么给它授权 net_bind_service 能力即可。此外，还可以赋予很多其他类似能力来避免进程获取 root 权限。

默认情况下，Docker 启动的容器有严格限制，只允许使用内核的一部分能力，包括 chown、dac_override、fowner、kill、setgid、setuid、setpcap、net_bind_service、net_raw、sys_chroot、mknod、setfcap、audit_write，等等。

使用能力机制对加强 Docker 容器的安全性有很多好处。通常，在服务器上会运行一堆特权进程，包括 ssh、cron、syslogd、硬件管理工具模块（例如负载模块）、网络配置工具等。容器与这些进程是不同的，因为几乎所有的特权进程都由容器以外的支持系统来进行管理。例如：

- ssh 访问由宿主主机上的 ssh 服务来管理；
- cron 通常应该作为用户进程执行，权限交给使用它服务的应用来处理；
- 日志系统可由 Docker 或第三方服务管理；
- 硬件管理无关紧要，容器中也就无须执行 udevd 以及类似服务；
- 络管理也都在主机上设置，除非特殊需求，容器不需要对网络进行配置。

从上面的例子可以看出，大部分情况下，容器并不需要“真正的”root 权限，容器只需要少数的能力即可。为了加强安全，容器可以禁用一些没必要的权限，包括：

- 完全禁止任何文件挂载操作；
- 禁止直接访问本地主机的套接字；
- 禁止访问一些文件系统的操作，比如创建新的设备、修改文件属性等；
- 禁止模块加载。

这样，就算攻击者在容器中取得了 root 权限，也不能获得本地主机的较高权限，能进行的破坏也有限。

不恰当地给容器分配了内核能力，会导致容器内应用获取破坏本地系统的权限。例如，早期的 Docker 版本曾经不恰当地继承 CAP_DAC_READ_SEARCH 能力，导致容器内进程可以通过系统调用访问到本地系统的任意文件目录。

默认情况下，Docker 采用白名单机制，禁用了必需的一些能力之外的其他权限，目前支持 CAP_CHOWN、CAP_DAC_OVERRIDE、CAP_FSETID、CAP_FOWNER、CAP_MKNOD、CAP_NET_RAW、CAP_SETGID、CAP_SETUID、CAP_SETFCAP、CAP_SETPCAP、CAP_NET_BIND_SERVICE、CAP_SYS_CHROOT、CAP_KILL、CAP_AUDIT_WRITE 等。

当然，用户也可以根据自身需求为 Docker 容器启用额外的权限。

19.4　Docker 服务端的防护

使用 Docker 容器的核心是 Docker 服务端。Docker 服务的运行目前还需要 root 权限的支持，因此服务端的安全性十分关键。

首先，必须确保只有可信的用户才能访问到 Docker 服务。Docker 允许用户在主机和容器间共享文件夹，同时不需要限制容器的访问权限，这就容易让容器突破资源限制。例如，恶意用户启动容器的时候将主机的根目录 / 映射到容器的 /host 目录中，那么容器理论上就可以对主机的文件系统进行任意修改了。事实上，几乎所有虚拟化系统都允许类似的资源共享，而没法阻止恶意用户共享主机根文件系统到虚拟机系统。

这将会造成很严重的安全后果。因此，当提供容器创建服务时（例如通过一个 Web 服务器），要更加注意进行参数的安全检查，防止恶意用户用特定参数来创建一些破坏性的容器。

为了加强对服务端的保护，Docker 的 REST API（客户端用来与服务端通信的接口）在 0.5.2 之后使用本地的 Unix 套接字机制替代了原先绑定在 127.0.0.1 上的 TCP 套接字，因为后者容易遭受跨站脚本攻击。现在用户使用 Unix 权限检查来加强套接字的访问安全。

用户仍可以利用 HTTP 提供 REST API 访问。建议使用安全机制，确保只有可信的网络或 VPN 网络，或证书保护机制（例如受保护的 stunnel 和 ssl 认证）下的访问可以进行。此外，还可以使用 TLS 证书来加强保护，可以进一步参考 dockerd 的 tls 相关参数。

最近改进的 Linux 命名空间机制将可以实现使用非 root 用户来运行全功能的容器。这将从根本上解决了容器和主机之间共享文件系统而引起的安全问题。

目前，Docker 自身改进安全防护的目标是实现以下两个重要安全特性：

- 将容器的 root 用户映射到本地主机上的非 root 用户，减轻容器和主机之间因权限提升而引起的安全问题；
- 允许 Docker 服务端在非 root 权限下运行，利用安全可靠的子进程来代理执行需要特权权限的操作。这些子进程将只允许在限定范围内进行操作，例如仅仅负责虚拟网络设定或文件系统管理、配置操作等。

19.5　更多安全特性的使用

除了默认启用的能力机制之外，还可以利用一些现有的安全软件或机制来增强 Docker 的安全性，例如 GRSEC、AppArmor、SELinux 等：

- 在内核中启用 GRSEC 和 PAX，这将增加更多的编译和运行时的安全检查；并且通过地址随机化机制来避免恶意探测等。启用该特性不需要 Docker 进行任何配置；
- 使用一些增强安全特性的容器模板，比如带 AppArmor 的模板和 RedHat 带 SELinux 策略的模板。这些模板提供了额外的安全特性；
- 用户可以自定义更加严格的访问控制机制来定制安全策略。

此外，在将文件系统挂载到容器内部时候，可以通过配置只读（read-only）模式来避免容器内的应用通过文件系统破坏外部环境，特别是一些系统运行状态相关的目录，包括但不限于 /proc/sys、/proc/irq、/proc/bus 等。这样，容器内应用进程可以获取所需要的系统信息，但无法对它们进行修改。

同时，对于应用容器场景下，Docker 内启动应用的用户都应为非特权用户（可以进一步禁用用户权限，如访问 Shell），避免出现故障时对容器内其他资源造成损害。

19.6 使用第三方检测工具

前面笔者介绍了大量增强 Docker 安全性的手段。要逐一去检查会比较繁琐，好在已经有了一些进行自动化检查的开源工具，比较出名的有 Docker Bench 和 clair。

19.6.1 Docker Bench

Docker Bench 是一个开源项目，代码托管在 https://github.com/docker/docker-bench-security。该项目按照互联网安全中心（Center for Internet Security，CIS）对于 Docker 1.13.0+ 的安全规范进行一系列环境检查，可发现当前 Docker 部署在配置、安全等方面的潜在问题。CIS Docker 规范在主机配置、Docker 引擎、配置文件权限、镜像管理、容器运行时环境、安全项等六大方面都进行了相关的约束和规定，推荐大家在生产环境中使用 Docker 时，采用该规范作为部署的安全标准。

Docker Bench 自身也提供了 Docker 镜像，采用如下命令，可以快速对本地环境进行安全检查：

```
$ docker run -it --net host --pid host --userns host --cap-add audit_control \
    -e DOCKER_CONTENT_TRUST=$DOCKER_CONTENT_TRUST \
    -v /var/lib:/var/lib \
    -v /var/run/docker.sock:/var/run/docker.sock \
    -v /usr/lib/systemd:/usr/lib/systemd \
    -v /etc:/etc --label docker_bench_security \
    docker/docker-bench-security

# ------------------------------------------------------------------------------
# Docker Bench for Security v1.3.4
#
# Docker, Inc. (c) 2015-
#
# Checks for dozens of common best-practices around deploying Docker containers
    in production.
# Inspired by the CIS Docker Community Edition Benchmark v1.1.0.
# ------------------------------------------------------------------------------

Initializing

[INFO] 1 - Host Configuration
[WARN] 1.1  - Ensure a separate partition for containers has been created
```

```
[NOTE] 1.2  - Ensure the container host has been Hardened
[INFO] 1.3  - Ensure Docker is up to date
[INFO]      * Using 17.11.0, verify is it up to date as deemed necessary
[INFO]      * Your operating system vendor may provide support and security main-
              tenance for Docker
[INFO] 1.4  - Ensure only trusted users are allowed to control Docker daemon
[INFO]      * docker:x:999:baohua
[WARN] 1.5  - Ensure auditing is configured for the Docker daemon
[WARN] 1.6  - Ensure auditing is configured for Docker files and directories -
              /var/lib/docker
[WARN] 1.7  - Ensure auditing is configured for Docker files and directories -
              /etc/docker
[WARN] 1.8  - Ensure auditing is configured for Docker files and directories -
              docker.service
[INFO] 1.9  - Ensure auditing is configured for Docker files and directories -
              docker.socket
...
```

输出结果中，带有不同的级别，说明问题的严重程度，最后会给出整体检查结果和评分。一般要尽量避免出现 WARN 或以上的问题。

用户也可以通过获取最新开源代码方式启动检测：

```
$ git clone https://github.com/docker/docker-bench-security.git
$ cd docker-bench-security
$ docker-compose run --rm docker-bench-security
```

19.6.2 clair

除了 Docker Bench 外，还有 CoreOS 团队推出的 clair，它基于 Go 语言实现，支持对容器（支持 appc 和 Docker）的文件层进行静态扫描发现潜在漏洞。项目地址为 https://github.com/coreos/clair。读者可以使用 Docker 或 Docker-compose 方式快速进行体验。

使用 Docker 方式启动 clair，如下所示：

```
$ mkdir $PWD/clair_config
$ curl -L
    https://raw.githubusercontent.com/coreos/clair/master/config.yaml.sample -o
        $PWD/clair_config/config.yaml
$ docker run -d -e POSTGRES_PASSWORD="" -p 5432:5432 postgres:9.6
$ docker run --net=host -d -p 6060-6061:6060-6061 -v $PWD/clair_config:/config
    quay.io/coreos/clair-git:latest -config=/config/config.yaml
使用 Docker-Compose 方式启动 clair。
$ curl -L
    https://raw.githubusercontent.com/coreos/clair/master/contrib/compose/
        docker-compose.yml -o $HOME/docker-compose.yml
$ mkdir $HOME/clair_config
$ curl -L
    https://raw.githubusercontent.com/coreos/clair/master/config.yaml.sample -o
        $HOME/clair_config/config.yaml
$ $EDITOR $HOME/clair_config/config.yaml # Edit database source to be post-
    gresql://postgres:password@postgres:5432?sslmode=disable
$ docker-compose -f $HOME/docker-compose.yml up -d
```

19.7 本章小结

总体来看，基于 Docker 自身支持的安全机制并结合 Apparmor、SELinux、GRSEC 等第三方安全机制，可以很好地保证容器的运行安全。

但是技术层面实现的安全只是理论上的，需要配合一系列安全的执行流程与合规的使用手段。特别是对于生产系统来说，影响安全的维度比较复杂，发生风险的位置很多。除了通过安全监测来减少服务正常运行的安全风险外，还要配合完善的安全监控系统，在出现问题时能及时进行响应。

在使用 Docker 的过程中，尤其需要注意如下几方面：

- 首先要牢记容器自身所提供的隔离性只是相对的，并没有虚拟机那样完善。因此，必须对容器内应用进行严格的安全审查。同时从容器层面来看，容器即应用，原先保障应用安全的各种手段，都可以合理地借鉴利用；
- 采用专用的服务器来运行 Docker 服务端和相关的管理服务（比如 ssh 监控和进程监控、管理工具 nrpe、collectd 等），并对该服务器启用最高级别的安全机制。而把其他业务服务都放到容器中去运行，确保即便个别容器出现问题，也不会影响到其他容器资源；
- 将运行 Docker 容器的机器划分为不同的组，互相信任的机器放到同一个组内；组之间进行资源隔离；同时进行定期的安全检查；
- 大规模运营场景下，需要考虑在容器网络上进行必备的安全防护，避免诸如 DDoS、ARP 攻击、规则表攻击等网络安全威胁，这也是生产环境需要关注的重要问题。

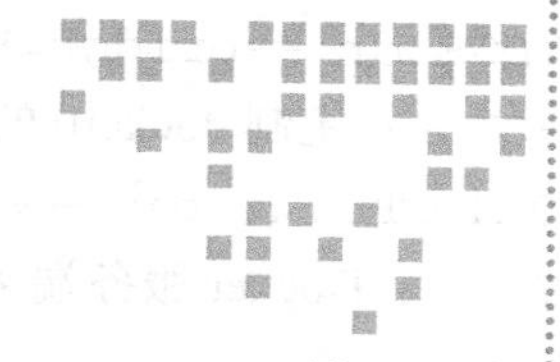

第20章 Chapter 20

高级网络功能

本章将介绍关于Docker网络的高级知识，包括网络的启动和配置参数、DNS的使用配置、容器访问和端口映射的相关实现。在本章中，笔者将介绍在一些具体场景中，Docker支持的网络定制配置。以及通过Linux命令来调整、补充、甚至替换Docker默认的网络配置。最后，将介绍关于Docker网络的一些工具和项目。

20.1 启动与配置参数

1. 网络启动过程

Docker服务启动时会首先在主机上自动创建一个docker0虚拟网桥，实际上是一个Linux网桥。网桥可以理解为一个软件交换机，负责挂载其上的接口之间进行包转发。

同时，Docker随机分配一个本地未占用的私有网段（在RFC1918中定义）中的一个地址给docker0接口。比如典型的172.17.0.0/16网段，掩码为255.255.0.0。此后启动的容器内的网口也会自动分配一个该网段的地址。

当创建一个Docker容器的时候，同时会创建了一对veth pair互联接口。当向任一个接口发送包时，另外一个接口自动收到相同的包。互联接口的一端位于容器内，即eth0；另一端在本地并被挂载到docker0网桥，名称以veth开头（例如vethAQI2QT）。通过这种方式，主机可以与容器通信，容器之间也可以相互通信。如此一来，Docker就创建了在主机和所有容器之间一个虚拟共享网络，如图20-1所示。

2. 网络相关参数

下面是与Docker网络相关的命令参数。其中部分命令选项只有在Docker服务启动的时候才能配置，修改后重启生效，包括：

- -b BRIDGE or --bridge=BRIDGE：指定容器挂载的网桥；
- --bip=CIDR：定制 docker0 的掩码；
- -H SOCKET... or --host=SOCKET...：Docker 服务端接收命令的通道；
- --icc=true|false：是否支持容器之间进行通信；
- --ip-forward=true|false：启用 net.ipv4.ip_forward，即打开转发功能；
- --iptables=true|false：禁止 Docker 添加 iptables 规则；
- --mtu=BYTES：容器网络中的 MTU。

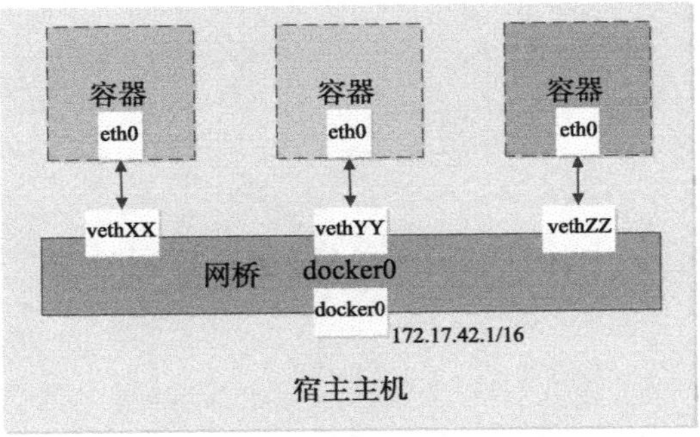

图 20-1 Docker 网络连接原理示意图

下面的命令选项既可以在启动服务时指定，也可以 Docker 容器启动（使用 docker [container] run 命令）时候指定。在 Docker 服务启动的时候指定则会成为默认值，后续执行该命令时可以覆盖设置的默认值：

- --dns=IP_ADDRESS：使用指定的 DNS 服务器；
- --dns-opt=""：指定 DNS 选项；
- --dns-search=DOMAIN：指定 DNS 搜索域。

还有些选项只能在 docker [container] run 命令执行时使用，因为它针对容器的配置：

- -h HOSTNAME or --hostname=HOSTNAME：配置容器主机名；
- -ip=""：指定容器内接口的 IP 地址；
- --link=CONTAINER_NAME:ALIAS：添加到另一个容器的连接；
- --net=bridge|none|container:NAME_or_ID|host|user_defined_network：配置容器的桥接模式；
- --network-alias：容器在网络中的别名；
- -p SPEC or --publish=SPEC：映射容器端口到宿主主机；
- -P or --publish-all=true|false：映射容器所有端口到宿主主机。

其中，--net 选项支持以下五种模式：

- --net=bridge：默认配置。为容器创建独立的网络命名空间，分配网卡、IP 地址等网络配置，并通过 veth 接口对将容器挂载到一个虚拟网桥（默认为 docker0）上；
- --net=none：为容器创建独立的网络命名空间，但不进行网络配置，即容器内没有创建网卡、IP 地址等；
- --net=container:NAME_or_ID：新创建的容器共享指定的已存在容器的网络命名空间，两个容器内的网络配置共享，但其他资源（如进程空间、文件系统等）还是相互隔离的；
- --net=host：不为容器创建独立的网络命名空间，容器内看到的网络配置（网卡信息、路由表、Iptables 规则等）均与主机上的保持一致。注意其他资源还是与主机隔离的；

- --net=user_defined_network：用户自行用 network 相关命令创建一个网络，同一个网络内的容器彼此可见，可以采用更多类型的网络插件。

20.2 配置容器 DNS 和主机名

Docker 服务启动后会默认启用一个内嵌的 DNS 服务，来自动解析同一个网络中的容器主机名和地址，如果无法解析，则通过容器内的 DNS 相关配置进行解析。用户可以通过命令选项自定义容器的主机名和 DNS 配置，下面分别介绍。

1. 相关配置文件

容器中主机名和 DNS 配置信息可以通过三个系统配置文件来管理：/etc/resolv.conf、/etc/hostname 和 /etc/hosts。

启动一个容器，在容器中使用 mount 命令可以看到这三个文件挂载信息：

```
$ docker run -it ubuntu
root@75dbd6685305:/# mount
...
/dev/sda on /etc/resolv.conf type ext4 (rw,noatime,errors=remount-ro, data=
    ordered)
/dev/sda on /etc/hostname type ext4 (rw,noatime,errors=remount-ro,data=ordered)
/dev/sda on /etc/hosts type ext4 (rw,noatime,errors=remount-ro,data=ordered)
...
```

Docker 启动容器时，会从宿主机上复制 /etc/resolv.conf 文件，并删除掉其中无法连接到的 DNS 服务器：

```
root@75dbd6685305:/# cat /etc/resolv.conf
nameserver 8.8.8.8
search my-docker-cloud.com
```

/etc/hosts 文件中默认只记录了容器自身的地址和名称：

```
root@75dbd6685305:/# cat /etc/hosts
172.17.0.2  75dbd6685305
::1 localhost ip6-localhost ip6-loopback
127.0.0.1   localhost
```

/etc/hostname 文件则记录了容器的主机名：

```
root@75dbd6685305:/# cat /etc/hostname
75dbd6685305
```

2. 容器内修改配置文件

容器运行时，可以在运行中的容器里直接编辑 /etc/hosts、/etc/hostname 和 /etc/resolve.conf 文件。但是这些修改是临时的，只在运行的容器中保留，容器终止或重启后并不会被保存下来，也不会被 docker commit 提交。

3. 通过参数指定

如果用户想要自定义容器的配置，可以在创建或启动容器时利用下面的参数指定，注意一般不推荐与 -net=host 一起使用，会破坏宿主机上的配置信息：

- 指定主机名 -h HOSTNAME 或者 --hostname=HOSTNAME：设定容器的主机名。容器主机名会被写到容器内的 /etc/hostname 和 /etc/hosts。但这个主机名只有容器内能中看到，在容器外部则看不到，既不会在 docker ps 中显示，也不会在其他容器的 /etc/hosts 中看到；
- --link=CONTAINER_NAME:ALIAS：记录其他容器主机名。在创建容器的时候，添加一个所连接容器的主机名到容器内 /etc/hosts 文件中。这样，新建容器可以直接使用主机名与所连接容器通信；
- --dns=IP_ADDRESS：指定 DNS 服务器。添加 DNS 服务器到容器的 /etc/resolv.conf 中，容器会用指定的服务器来解析所有不在 /etc/hosts 中的主机名；
- --dns-option list：指定 DNS 相关的选项；
- --dns-search=DOMAIN：指定 DNS 搜索域。设定容器的搜索域，当设定搜索域为 .example.com 时，在搜索一个名为 host 的主机时，DNS 不仅搜索 host，还会搜索 host.example.com。

20.3 容器访问控制

容器的访问控制主要通过 Linux 上的 iptables 防火墙软件来进行管理和实现。iptables 是 Linux 系统流行的防火墙软件，在大部分发行版中都自带。

1. 容器访问外部网络

从前面的描述中，我们知道容器默认指定了网关为 docker0 网桥上的 docker0 内部接口。docker0 内部接口同时也是宿主机的一个本地接口。因此，容器默认情况下可以访问到宿主机本地网络。如果容器要想通过宿主机访问到外部网络，则需要宿主机进行辅助转发。

在宿主机 Linux 系统中，检查转发是否打开，代码如下：

```
$ sudo sysctl net.ipv4.ip_forward
net.ipv4.ip_forward = 1
```

如果为 0，说明没有开启转发，则需要手动打开：

```
$ sudo sysctl -w net.ipv4.ip_forward=1
```

Docker 服务启动时会默认开启 --ip-forward=true，自动配置宿主机系统的转发规则。

2. 容器之间访问

容器之间相互访问需要两方面的支持：

- 网络拓扑是否已经连通。默认情况下，所有容器都会连接到 docker0 网桥上，这意味着默认情况下拓扑是互通的；

- 本地系统的防火墙软件 iptables 是否允许访问通过。这取决于防火墙的默认规则是允许（大部分情况）还是禁止。

下面分两种情况介绍容器间的访问。

（1）访问所有端口

当启动 Docker 服务时候，默认会添加一条“允许”转发策略到 iptables 的 FORWARD 链上。通过配置 --icc=true|false（默认值为 true）参数可以控制默认的策略。

为了安全考虑，可以在 Docker 配置文件中配置 DOCKER_OPTS=--icc=false 来默认禁止容器之间的相互访问。

同时，如果启动 Docker 服务时手动指定 --iptables=false 参数，则不会修改宿主机系统上的 iptables 规则。

（2）访问指定端口

在通过 -icc=false 禁止容器间相互访问后，仍可以通过 --link=CONTAINER_NAME:ALIAS 选项来允许访问指定容器的开放端口。

例如，在启动 Docker 服务时，可以同时使用 icc=false --iptables=true 参数来配置容器间禁止访问，并允许 Docker 自动修改系统中的 iptables 规则。此时，系统中的 iptables 规则可能是类似如下规则，禁止所有转发流量：

```
$ sudo iptables -nL
...
Chain FORWARD (policy ACCEPT)
target     prot opt source               destination
DROP       all  --  0.0.0.0/0            0.0.0.0/0
...
```

之后，启动容器（docker [container] run）时使用 --link=CONTAINER_NAME:ALIAS 选项。Docker 会在 iptable 中为两个互联容器分别添加一条 ACCEPT 规则，允许相互访问开放的端口（取决于 Dockerfile 中的 EXPOSE 行）。

此时，iptables 的规则可能是类似如下规则：

```
$ sudo iptables -nL
...
Chain FORWARD (policy ACCEPT)
target     prot opt source               destination
ACCEPT     tcp  --  172.17.0.2           172.17.0.3          tcp spt:80
ACCEPT     tcp  --  172.17.0.3           172.17.0.2          tcp dpt:80
DROP       all  --  0.0.0.0/0            0.0.0.0/0
```

注意　--link=CONTAINER_NAME:ALIAS 中的 CONTAINER_NAME 目前必须是 Docker 自动分配的容器名，或使用 --name 参数指定的名字。不能为容器 -h 参数配置的主机名。

20.4　映射容器端口到宿主主机的实现

默认情况下，容器可以主动访问到外部网络的连接，但是外部网络无法访问到容器。

1. 容器访问外部实现

假设容器内部的网络地址为 172.17.0.2，本地网络地址为 10.0.2.2。容器要能访问外部网络，源地址不能为 172.17.0.2，需要进行源地址映射（Source NAT，SNAT)，修改为本地系统的 IP 地址 10.0.2.2。

映射是通过 iptables 的源地址伪装操作实现的。查看主机 nat 表上 POSTROUTING 链的规则。该链负责网包要离开主机前，改写其源地址：

```
$ sudo iptables -t nat -nvL POSTROUTING
Chain POSTROUTING (policy ACCEPT 12 packets, 738 bytes)
pkts bytes target     prot opt in     out     source               destination
...
0     0 MASQUERADE  all  --  *      !docker0  172.17.0.0/16        0.0.0.0/0
...
```

其中，上述规则将所有源地址在 172.17.0.0/16 网段，且不是从 docker0 接口发出的流量（即从容器中出来的流量），动态伪装为从系统网卡发出。MASQUERADE 行动与传统 SNAT 行动相比，好处是能动态地从网卡获取地址。

2. 外部访问容器实现

容器允许外部访问，可以在 docker [container] run 时候通过 -p 或 -P 参数来启用。

不管用哪种办法，其实也是在本地的 iptable 的 nat 表中添加相应的规则，将访问外部 IP 地址的包进行目标地址 DNAT，将目标地址修改为容器的 IP 地址。

以一个开放 80 端口的 Web 容器为例，使用 -P 时，会自动映射本地 49000～49900 范围内的随机端口到容器的 80 端口：

```
$ iptables -t nat -nvL
Chain PREROUTING (policy ACCEPT 236 packets, 33317 bytes)
 pkts bytes target     prot opt in     out     source               destination
  567 30236 DOCKER     all  --  *      *       0.0.0.0/0            0.0.0.0/0
            ADDRTYPE match dst-type LOCAL

Chain DOCKER (2 references)
 pkts bytes target     prot opt in     out           source         destination
  0    0     RETURN     all  --  docker0 *           0.0.0.0/0      0.0.0.0/0
  0    0     RETURN     all  --  br-337120b7e82e *   0.0.0.0/0      0.0.0.0/0
  0    0     DNAT       tcp  --  !docker0 *          0.0.0.0/0      0.0.0.0/0
 tcp dpt:49153 to:172.17.0.2:80
...
```

可以看到，nat 表中涉及两条链：PREROUTING 链负责包到达网络接口时，改写其目的地址，其中规则将所有流量都转发到 DOCKER 链；而 DOCKER 链将所有不是从 docker0 进来的包（意味着不是本地主机产生)，同时目标端口为 49153 的修改其目标地址为 172.17.0.2，目标端口修改为 80。

使用 -p 80:80 时，与上面类似，只是本地端口也为 80：

```
$ iptables -t nat -nvL
...
```

```
Chain PREROUTING (policy ACCEPT 236 packets, 33317 bytes)
 pkts bytes target     prot opt in     out     source               destination
  567 30236 DOCKER     all  --  *      *       0.0.0.0/0
           0.0.0.0/0            ADDRTYPE match dst-type LOCAL

Chain DOCKER (2 references)
 pkts bytes target     prot opt in     out     source               destination
    0     0 DNAT       tcp  --  !docker0 *     0.0.0.0/0            0.0.0.0/0
tcp dpt:80 to:172.17.0.2:80
...
```

这里有两点需要注意：

- 规则映射地址为 0.0.0.0，意味着将接受主机来自所有网络接口上的流量。用户可以通过 `-p IP:host_port:container_port` 或 `-p IP::port` 来指定绑定的外部网络接口，以制定更严格的访问规则；
- 如果希望映射绑定到某个固定的宿主机 IP 地址，可以在 Docker 配置文件中指定 `DOCKER_OPTS="--ip=IP_ADDRESS"`，之后重启 Docker 服务即可生效。

20.5 配置容器网桥

Docker 服务默认会创建一个名称为 docker0 的 Linux 网桥（其上有一个 docker0 内部接口），它在内核层连通了其他的物理或虚拟网卡，这就将所有容器和本地主机都放到同一个物理网络。用户使用 Docker 创建多个自定义网络时可能会出现多个容器网桥。

Docker 默认指定了 docker0 接口的 IP 地址和子网掩码，让主机和容器之间可以通过网桥相互通信，它还给出了 MTU（接口允许接收的最大传输单元），通常是 1500 B，或宿主主机网络路由上支持的默认值。这些值都可以在服务启动的时候进行配置：

- `--bip=CIDR`：IP 地址加掩码格式，例如 192.168.1.5/24；
- `--mtu=BYTES`：覆盖默认的 Docker mtu 配置。

也可以在配置文件中配置 `DOCKER_OPTS`，然后重启服务。由于目前 Docker 网桥是 Linux 网桥，用户可以使用 `brctl show` 来查看网桥和端口连接信息：

```
$ sudo brctl show
bridge name     bridge id               STP enabled     interfaces
docker0         8000.3a1d7362b4ee       no              veth65f9
                                                   vethdda6
```

> 注意 如果系统中没有自带 `brctl` 命令，可以使用 `sudo apt-get install bridge-utils` 命令来安装（Debian、Ubuntu 系列系统）。

每次创建一个新容器的时候，Docker 从可用的地址段中选择一个空闲的 IP 地址分配给容器的 eth0 端口，并且使用本地主机上 docker0 接口的 IP 作为容器的默认网关：

```
$ docker run -it --rm debian:stable bash
# ip addr show eth0
```

```
66: eth0@if67: <BROADCAST,MULTICAST,UP,LOWER_UP> mtu 1500 qdisc noqueue state UP
    group default
     link/ether 02:42:ac:11:00:03 brd ff:ff:ff:ff:ff:ff link-netnsid 0
     inet 172.17.0.3/16 scope global eth0
        valid_lft forever preferred_lft forever
# ip route
default via 172.17.0.1 dev eth0
172.17.0.0/16 dev eth0 proto kernel scope link src 172.17.0.3
```

目前，Docker 不支持在启动容器时候指定 IP 地址。

> 注意 容器默认使用 Linux 网桥，用户也可以替换为 OpenvSwitch 等功能更强大的网桥实现，支持更多的软件定义网络特性。

20.6 自定义网桥

除了默认的 docker0 网桥，用户也可以指定其他网桥来连接各个容器。在启动 Docker 服务的时候，可使用 `-b BRIDGE` 或 `--bridge=BRIDGE` 来指定使用的网桥。

如果服务已经运行，就需要先停止服务，并删除旧的网桥：

```
$ sudo service docker stop
$ sudo ip link set dev docker0 down
$ sudo brctl delbr docker0
```

然后创建一个网桥 bridge0：

```
$ sudo brctl addbr bridge0
$ sudo ip addr add 192.168.5.1/24 dev bridge0
$ sudo ip link set dev bridge0 up
```

查看确认网桥创建并启动：

```
$ ip addr show bridge0
4: bridge0: <BROADCAST,MULTICAST> mtu 1500 qdisc noop state UP group default
    link/ether 66:38:d0:0d:76:18 brd ff:ff:ff:ff:ff:ff
    inet 192.168.5.1/24 scope global bridge0
        valid_lft forever preferred_lft forever
```

配置 Docker 服务，默认桥接到创建的网桥上：

```
$ echo 'DOCKER_OPTS="-b=bridge0"' >> /etc/default/docker
$ sudo service docker start
```

启动 Docker 服务：

新建一个容器，可以看到它已经桥接到了 bridge0 上。

可以继续用 `brctl show` 命令查看桥接的信息。另外，在容器中可以使用 `ip addr` 和 `ip route` 命令来查看 IP 地址配置和路由信息。

20.7　使用 OpenvSwitch 网桥

Docker 默认使用的是 Linux 自带的网桥实现，可以替换为使用功能更强大的 OpenvSwitch 虚拟交换机实现。

1. 环境

在 debian:stable 系统中进行测试。操作流程也适用于 RedHat/CentOS 系列系统，但少数命令和配置文件可能略有差异。

2. 安装 Docker

安装最近版本的 Docker 并启动服务。默认情况下，Docker 服务会创建一个名为 docker0 的 Linux 网桥，作为连接容器的本地网桥。

可以通过如下命令查看：

```
$ sudo brctl show
bridge name     bridge id               STP enabled     interfaces
docker0         8000.000000000000       no
```

网桥上内部接口的默认地址一般为 172.17.0.1：

```
$ ifconfig docker0
docker0   Link encap:Ethernet  HWaddr 02:42:cf:31:5e:f7
          inet addr:172.17.0.1  Bcast:0.0.0.0  Mask:255.255.0.0
          inet6 addr: fe80::42:cfff:fe31:5ef7/64 Scope:Link
          UP BROADCAST RUNNING MULTICAST  MTU:1500  Metric:1
          RX packets:604 errors:0 dropped:0 overruns:0 frame:0
          TX packets:740 errors:0 dropped:0 overruns:0 carrier:0
          collisions:0 txqueuelen:0
          RX bytes:19636 (19.6 KB)  TX bytes:39072 (39.0 KB)
```

3. 安装 OpenvSwitch

通过如下命令安装 OpenvSwitch：

```
$ sudo aptitude install openvswitch-switch
```

测试添加一个网桥 br0 并查看：

```
$ sudo ovs-vsctl add-br br0
$ sudo ovs-vsctl show
20d0b972-e323-4e3c-9e66-1d8bb57c7ff5
    Bridge ovs-br
        Port ovs-br
            Interface br0
                type: internal
    ovs_version: "2.0.2"
```

4. 配置容器连接到 OpenvSwitch 网桥

目前 OpenvSwitch 网桥还不能直接支持挂载容器，需要手动在 OpenvSwitch 网桥上创建虚拟网口并挂载到容器中。操作方法如下。

(1)创建无网口容器

启动一个容器，并指定不创建网络，后面我们手动添加网络。较新版本的 Docker 默认不允许在容器内修改网络配置，需要在 run 的时候指定参数 –privileged=true：

```
$ docker run --net=none --privileged=true -it debian:stable bash
root@298bbb17c244:/#
```

记住这里容器的 id 为 298bbb17c244。

此时在容器内查看网络信息，只能看到一个本地网卡 lo：

```
root@298bbb17c244:/# ifconfig
lo        Link encap:Local Loopback
          inet addr:127.0.0.1  Mask:255.0.0.0
          inet6 addr: ::1/128 Scope:Host
          UP LOOPBACK RUNNING  MTU:65536  Metric:1
          RX packets:0 errors:0 dropped:0 overruns:0 frame:0
          TX packets:0 errors:0 dropped:0 overruns:0 carrier:0
          collisions:0 txqueuelen:0
          RX bytes:0 (0.0 B)  TX bytes:0 (0.0 B)
```

(2)手动为容器添加网络

下载 OpenvSwitch 项目提供的支持 Docker 容器的辅助脚本 ovs-docker：

```
$ wget https://github.com/openvswitch/ovs/raw/master/utilities/ovs-docker
$ sudo chmod a+x ovs-docker
```

为容器添加网卡，并挂载到 br0 上，命令如下：

```
$ sudo ./ovs-docker add-port br0 eth0 298bbb17c244 --ipaddress=172.17.0.2/16
```

添加成功后，在容器内查看网络信息，多了一个新添加的网卡 eth0，以及对应添加的 IP 地址：

```
root@298bbb17c244:/# ifconfig
eth0      Link encap:Ethernet  HWaddr ae:3d:75:2c:18:ba
          inet addr:172.17.0.2  Bcast:172.17.255.255  Mask:255.255.0.0
          inet6 addr: fe80::ac3d:75ff:fe2c:18ba/64 Scope:Link
          UP BROADCAST RUNNING MULTICAST  MTU:1500  Metric:1
          RX packets:187 errors:0 dropped:2 overruns:0 frame:0
          TX packets:11 errors:0 dropped:0 overruns:0 carrier:0
          collisions:0 txqueuelen:1000
          RX bytes:33840 (33.8 KB)  TX bytes:1170 (1.1 KB)

lo        Link encap:Local Loopback
          inet addr:127.0.0.1  Mask:255.0.0.0
          inet6 addr: ::1/128 Scope:Host
          UP LOOPBACK RUNNING  MTU:65536  Metric:1
          RX packets:0 errors:0 dropped:0 overruns:0 frame:0
          TX packets:0 errors:0 dropped:0 overruns:0 carrier:0
          collisions:0 txqueuelen:0
          RX bytes:0 (0.0 B)  TX bytes:0 (0.0 B)
```

在容器外，配置 OpenvSwitch 的网桥 br0 内部接口地址为 172.17.0.1/16（只要与所挂载容器IP在同一个子网内即可)：

```
$ sudo ifconfig br0 172.17.0.1/16
```

(3)测试连通

经过上面步骤，容器已经连接到了网桥br0上了，拓扑如下所示：

```
容器(172.17.0.2/16)<-> br0 网桥 <-> br0 内部端口(172.17.0.1/16)
```

此时，在容器内就可以测试是否连通到网桥br0上了：

```
root@298bbb17c244:/# ping 172.17.0.1
PING 172.17.0.1 (172.17.0.1) 56(84) bytes of data.
64 bytes from 172.17.0.1: icmp_seq=1 ttl=64 time=0.874 ms
64 bytes from 172.17.0.1: icmp_seq=2 ttl=64 time=0.079 ms
^C
--- 172.17.0.1 ping statistics ---
2 packets transmitted, 2 received, 0% packet loss, time 1001ms
rtt min/avg/max/mdev = 0.079/0.476/0.874/0.398 ms
```

在容器内也可以配置默认网关为br0接口地址：

```
root@298bbb17c244:/# route add default gw 172.17.0.1
```

删除该接口的命令为：

```
$ sudo ./ovs-docker del-port br0 eth0 <CONTAINER_ID>
```

另外，用户也可以直接使用支持OpenvSwitch的容器云平台（如Kubernetes、OpenStack等）来自动化这一过程。

20.8 创建一个点到点连接

在默认情况下，Docker会将所有容器连接到由docker0提供的虚拟网络中。

用户有时候需要两个容器之间可以直连通信，而不用通过主机网桥进行桥接。解决办法很简单：创建一对peer接口，分别放到两个容器中，配置成点到点链路类型即可。

下面笔者将通过手动操作完成Docker配置容器网络的过程。

首先启动两个容器：

```
$ docker run -i -t --rm --net=none debian:stable /bin/bash
root@1f1f4c1f931a:/#
$ docker run -i -t --rm --net=none debian:stable /bin/bash
root@12e343489d2f:/#
```

找到进程号，然后创建网络命名空间的跟踪文件：

```
$ docker [container] inspect -f '{{.State.Pid}}' 1f1f4c1f931a
2989
$ docker [container] inspect -f '{{.State.Pid}}' 12e343489d2f
3004
$ sudo mkdir -p /var/run/netns
```

```
$ sudo ln -s /proc/2989/ns/net /var/run/netns/2989
$ sudo ln -s /proc/3004/ns/net /var/run/netns/3004
```

创建一对 peer 接口：

```
$ sudo ip link add A type veth peer name B
```

添加 IP 地址和路由信息：

```
$ sudo ip link set A netns 2989
$ sudo ip netns exec 2989 ip addr add 10.1.1.1/32 dev A
$ sudo ip netns exec 2989 ip link set A up
$ sudo ip netns exec 2989 ip route add 10.1.1.2/32 dev A

$ sudo ip link set B netns 3004
$ sudo ip netns exec 3004 ip addr add 10.1.1.2/32 dev B
$ sudo ip netns exec 3004 ip link set B up
$ sudo ip netns exec 3004 ip route add 10.1.1.1/32 dev B
```

现在这两个容器就可以相互 ping 通，并成功建立连接。点到点链路不需要子网和子网掩码。此外，也可以不指定 `--net=none` 来创建点到点链路。这样容器还可以通过原先的网络来通信。

利用类似的办法，可以创建一个只跟主机通信的容器。但是一般情况下，更推荐使用 `--icc=false` 命令来关闭容器之间的通信。

20.9 本章小结

本章具体讲解了使用 Docker 网络的一些高级部署和操作配置，包括配置启动参数、DNS、容器的访问控制管理等。并介绍了 Docker 网络相关的一些工具和项目。

网络是一个十分复杂的领域，所涉及的学科和技术门类众多，包括软件、硬件、系统、协议等等。要在大规模复杂场景下提供稳定的网络服务，要求运营者对于整个网络栈的管理都要到位。

Docker 最初基于操作系统上的本地网络支持技术，较快提供了基本的网络支持。随着 Docker 越来越多地应用在各种分布式环境，网络方面的需求越来越复杂，容器网络目前已经成为了云计算领域的关键技术。

如何结合已有的网络虚拟化技术来解决容器网络的问题，仍将是未来云计算领域值得持续探讨的重点技术话题。下一章将介绍 Docker 标准化的插件式网络方案：libnetwork。

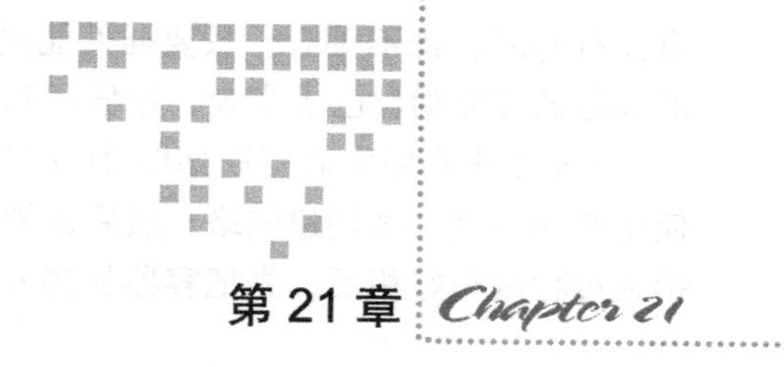

第 21 章 Chapter 21

libnetwork 插件化网络功能

从 1.7.0 版本开始，Docker 正式把网络与存储这两部分的功能实现都以插件化形式剥离出来，允许用户通过指令来选择不同的后端实现。剥离出来的独立容器网络项目即为 libnetwork 项目。Docker 希望将来能为不同类型的容器定义统一规范的网络层标准，支持多种操作系统平台，这也是 Docker 希望构建强大容器生态系统的一些积极的尝试。

本章将介绍 libnetwork 的概念和使用，包括容器网络模型、相关操作命令，以及具体如何利用 libnetwork 来构建跨主机的容器网络。

21.1 容器网络模型

libnetwork 中容器网络模型（Container Networking Model，CNM）十分简洁和抽象，可以让其上层使用网络功能的容器最大程度地忽略底层具体实现。

容器网络模型的结构如图 21-1 所示。

容器网络模型包括三种基本元素：

- 沙盒（Sandbox）：代表一个容器（准确地说，是其网络命名空间）；
- 接入点（Endpoint）：代表网络上可以挂载容器的接口，会分配 IP 地址；
- 网络（Network）：可以连通多个接入点的一个子网。

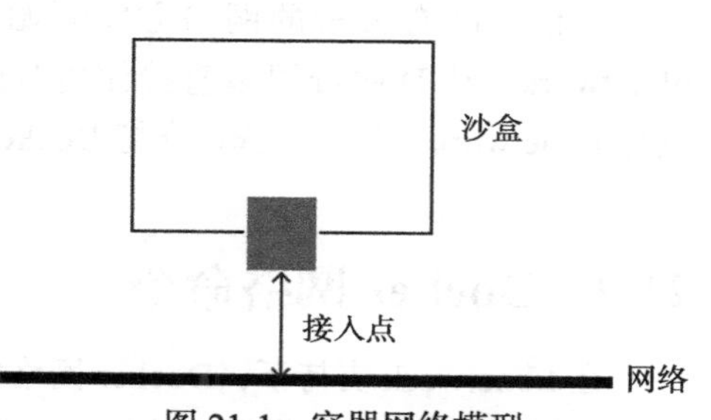

图 21-1 容器网络模型

可见，对于使用 CNM 的容器管理系统来说，具体底下网络如何实现，不同子网彼此怎么隔离，有没有 QoS，都不关心。只要插件能提供网络和接入点，只需把容器给接上或者拔下，剩下的都是插件驱动自己去实现，这样就解耦了容器和网络功能，十分灵活。

CNM 的典型生命周期如图 21-2 所示：首先，驱动注册自己到网络控制器，网络控制器使用驱动类型，来创建网络；然后在创建的网络上创建接口；最后把容器连接到接口上即可。销毁过程则正好相反，先把容器从接入口上卸载，然后删除接入口和网络即可。

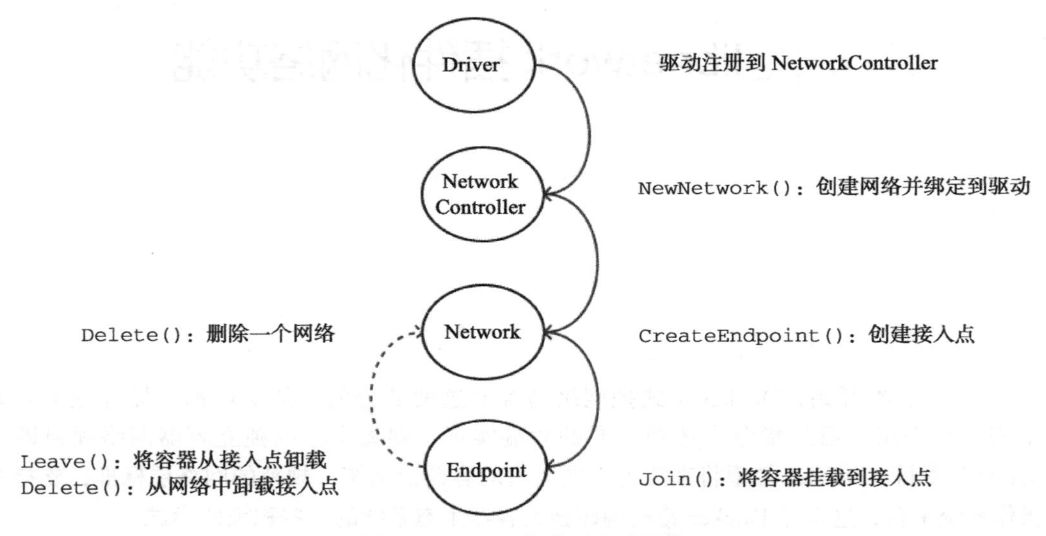

图 21-2 CNM 的典型生命周期

目前 CNM 支持的驱动类型有四种：Null、Bridge、Overlay、Remote，简单介绍如下：

- Null：不提供网络服务，容器启动后无网络连接；
- Bridge：就是 Docker 传统上默认用 Linux 网桥和 Iptables 实现的单机网络；
- Overlay：是用 vxlan 隧道实现的跨主机容器网络；
- Remote：扩展类型，预留给其他外部实现的方案，比如有一套第三方的 SDN 方案（如 OpenStack Neutron）就可以接进来。

从位置上看，libnetwork 往上提供容器支持，往下隐藏实现差异，自身处于十分关键的中间层。读者如果熟悉计算机网络协议模型的话，libnetwork 可以类比为最核心的 TCP/IP 层。

目前，已有大量的网络方案开始支持 libnetwork。包括 OpenStack Kuryr 项目，使用 libnetwork，让 Docker 可以直接使用 Neutron 提供的网络功能。Calico 等团队也编写了插件支持 libnetwork，可以无缝地支持 Docker 高级网络功能。

21.2 Docker 网络命令

在 libnetwork 支持下，Docker 网络相关操作都作为 network 的子命令出现。

围绕着 CNM 生命周期的管理，主要包括以下命令：

- create：创建一个网络；
- connect：将容器接入到网络；
- disconnect：把容器从网络上断开；
- inspect：查看网络的详细信息。
- ls：列出所有的网络；
- prune：清理无用的网络资源；
- rm：删除一个网络。

1. 创建网络

create 命令用于创建一个新的容器网络。Docker 内置了 bridge（默认使用）和 overlay 两种驱动，分别支持单主机和多主机场景。Docker 服务在启动后，会默认创建一个 bridge 类型的网桥 bridge。不同网络之间默认相互隔离。

创建网络命令格式为 docker network create [OPTIONS] NETWORK。

支持参数包括：

- -attachable[=false]：支持手动容器挂载；
- -aux-address=map[]：辅助的 IP 地址；
- -con©g-from=""：从某个网络复制配置数据；
- -con©g-only[=false]：启用仅可配置模式；
- -d, -driver="bridge"：网络驱动类型，如 bridge 或 overlay；
- -gateway=[]：网关地址；
- -ingress[=false]：创建一个 Swarm 可路由的网状网络用于负载均衡，可将对某个服务的请求自动转发给一个合适的副本；
- -internal[=false]：内部模式，禁止外部对所创建网络的访问；
- -ip-range=[]：指定分配 IP 地址范围；
- -ipam-driver="default"：IP 地址管理的插件类型；
- -ipam-opt=map[]：IP 地址管理插件的选项；
- -ipv6[=false]：支持 IPv6 地址；
- -label value：为网络添加元标签信息；
- -o, -opt=map[]：网络驱动所支持的选项；
- -scope=""：指定网络范围；
- -subnet=[]：网络地址段，CIDR 格式，如 172.17.0.0/16。

2. 接入网络

connect 命令将一个容器连接到一个已存在的网络上。连接到网络上的容器可以跟同一网络中其他容器互通，同一个容器可以同时接入多个网络。也可以在执行 docker run 命令时候通过 –net 参数指定容器启动后自动接入的网络。

接入网络命令格式为 docker network connect [OPTIONS] NETWORK CONTAINER。

支持参数包括：

- -alias=[]：为容器添加一个别名，此别名仅在所添加网络上可见；
- -ip=""：指定 IP 地址，需要注意不能跟已接入的容器地址冲突；
- -ip6=""：指定 IPv6 地址；
- -link value：添加链接到另外一个容器；
- -link-local-ip=[]：为容器添加一个链接地址。

3. 断开网络

disconnect 命令将一个连接到网络上的容器从网络上断开连接。

命令格式为 docker network disconnect [OPTIONS] NETWORK CONTAINER。

支持参数包括 -f，-force：强制把容器从网络上移除。

4. 查看网络信息

inspect 命令用于查看一个网络的具体信息（JSON 格式），包括接入的容器、网络配置信息等。

命令格式为 docker network inspect [OPTIONS] NETWORK [NETWORK...]。

支持参数包括：

- -f，-format=""：给定一个 Golang 模板字符串，对输出结果进行格式化，如只查看地址配置可以用 -f '{{.IPAM.Con©g}}'；
- -v，-verbose[=false]：输出调试信息。

5. 列出网络

ls 命令用于列出网络。命令格式为 docker network ls [OPTIONS]，其中支持的选项主要有：

- -f，-©lter=""：指定输出过滤器，如 driver=bridge；
- -format=""：给定一个 golang 模板字符串，对输出结果进行格式化；
- -no-trunc[=false]：不截断地输出内容；
- -q，-quiet[=false]：安静模式，只打印网络的 ID。

实际上，在不执行额外网络命令的情况下，用户执行 docker network ls 命令，一般情况下可以看到已创建的三个网络：

```
$ docker network ls
NETWORK ID          NAME                DRIVER
461e02c94370        bridge              bridge
e4d5886b2d2f        none                null
adbc1879bac5        host                host
```

分别为三种驱动的网络：null、host 和 bridge。

6. 清理无用网络

prune 命令用于清理已经没有容器使用的网络。

命令格式为 docker network prune [OPTIONS] [flags]，支持参数包括：

- -filter="": 指定选择过滤器；
- -f, -force: 强制清理资源。

7. 删除网络

rm 命令用于删除指定的网络。当网络上没有容器连接上时，才会成功删除。

命令格式为 docker network rm NETWORK [NETWORK...]。

21.3 构建跨主机容器网络

在这里，笔者将演示使用 libnetwork 自带的 Overlay 类型驱动来轻松实现跨主机的网络通信。Overlay 驱动默认采用 VXLAN 协议，在 IP 地址可以互相访问的多个主机之间搭建隧道，让容器可以互相访问。

1. 配置网络信息管理数据库

我们知道，在现实世界中，要连通不同的主机，需要交换机或路由器（跨子网时需要）这样的互联设备。这些设备一方面是在物理上起到连接作用，但更重要的是起到了网络管理的功能。例如，主机位置在什么地方，地址是多少等信息，都需要网络管理平面来维护。

在 libnetwork 的网络方案中，要实现跨主机容器网络，也需要类似的一个网络信息管理机制，只不过这个机制简单得多，只是一个键值数据库而已，如 Consul、Etcd、ZooKeeper 等工具都可以满足需求。

以 Consul 为例，启动一个 progrium/consul 容器，并映射服务到本地的 8500 端口，代码如下：

```
$ docker run -d \
    -p "8500:8500" \
    -h "consul" \
    progrium/consul -server -bootstrap
1ad6b71cfdf83e1925d960b7c13f40294b7d84618828792a84069aea2e52770d
```

所在主机作为数据库节点。

2. 配置 Docker 主机

启动两台 Docker 主机 n1 和 n2，分别安装好最新的 Docker-engine（1.7.0+）。确保这两台主机之间可以通过 IP 地址互相访问，另外，都能访问到数据库节点的 8500 端口。

配置主机的 Docker 服务启动选项如下：

```
DOCKER_OPTS="$DOCKER_OPTS --cluster-store=consul://<CONSUL_NODE>:8500 --cluster-
    advertise=eth0:2376"
```

重新启动 Docker 服务：

```
$ sudo service docker restart
```

3. 创建网络

分别在 n1 和 n2 上查看现有的 Docker 网络，包括三个默认网络：分别为 bridge、host 和 none 类型：

```
n1:$ docker network ls
NETWORK ID NAME DRIVER
dc581a3eab4c bridge bridge
ee21a768c6f6 host host
8d1ee747b894 none null
n2:$ docker network ls
NETWORK ID NAME DRIVER
e7f24593bada bridge bridge
5bfae3a62214 host host
4adc19ad9bc7 none null
```

在任意节点上创建网络 multi，例如在 n1 上执行如下命令即可完成对跨主机网络的创建：

```
n1:$ docker network create -d overlay multi
eadd374a18434a14c6171b778600507f300d330f4622067d3078009a58506c2d
```

创建成功后，可以同时在 n1 和 n2 上查看到新的网络 multi 的信息：

```
n1:$ docker network ls
NETWORK ID NAME DRIVER
dc581a3eab4c bridge bridge
ee21a768c6f6 host host
eadd374a1843 multi overlay
8d1ee747b894 none null
n2:$ docker network ls
NETWORK ID NAME DRIVER
e7f24593bada bridge bridge
5bfae3a62214 host host
eadd374a1843 multi overlay
4adc19ad9bc7 none null
```

此时，还可以通过 docker network inspect 命令查看网络的具体信息：

```
$ docker network inspect multi
[
    {
        "Name": "multi",
        "Id":
        "eadd374a18434a14c6171b778600507f300d330f4622067d3078009a58506c2d",
        "Scope": "global",
        "Driver": "overlay",
        "EnableIPv6": false,
        "IPAM": {
            "Driver": "default",
            "Options": {},
            "Config": [
                {
                    "Subnet": "10.0.0.0/24",
                    "Gateway": "10.0.0.1/24"
                }
            ]
```

```
        },
        "Internal": false,
        "Containers": {},
        "Options": {},
        "Labels": {}
    }
]
```

4. 测试网络

在 n1 上启动一个容器 c1，通过 --net 选项指定连接到 multi 网络上。

查看网络信息，其中一个接口 eth0 已经连接到了 multi 网络上：

```
n1:$ docker run -it --name=c1 --net=multi busybox
/ # ip a
1: lo: <LOOPBACK,UP,LOWER_UP> mtu 65536 qdisc noqueue
    link/loopback 00:00:00:00:00:00 brd 00:00:00:00:00:00
    inet 127.0.0.1/8 scope host lo
        valid_lft forever preferred_lft forever
    inet6 ::1/128 scope host
        valid_lft forever preferred_lft forever
72: eth0: <BROADCAST,MULTICAST,UP,LOWER_UP> mtu 1450 qdisc noqueue
    link/ether 02:42:0a:00:00:02 brd ff:ff:ff:ff:ff:ff
    inet 10.0.0.2/24 scope global eth0
        valid_lft forever preferred_lft forever
    inet6 fe80::42:aff:fe00:2/64 scope link
        valid_lft forever preferred_lft forever
74: eth1: <BROADCAST,MULTICAST,UP,LOWER_UP> mtu 1500 qdisc noqueue
    link/ether 02:42:ac:12:00:02 brd ff:ff:ff:ff:ff:ff
    inet 172.18.0.2/16 scope global eth1
        valid_lft forever preferred_lft forever
    inet6 fe80::42:acff:fe12:2/64 scope link
        valid_lft forever preferred_lft forever
```

在 n2 上启动一个容器 c2，同样连接到 multi 网络上。

通过 ping c1 进行测试，可以访问到另外一台主机 n1 上的容器 c1：

```
n2:$ docker run -it --name=c2 --net=multi busybox
/ # ping c1
PING c1 (10.0.0.2): 56 data bytes
64 bytes from 10.0.0.2: seq=0 ttl=64 time=0.705 ms
64 bytes from 10.0.0.2: seq=1 ttl=64 time=0.712 ms
64 bytes from 10.0.0.2: seq=2 ttl=64 time=0.629 ms
^C
--- c1 ping statistics ---
3 packets transmitted, 3 packets received, 0% packet lossround-trip min/avg/max
    = 0.629/0.682/0.712 ms
```

21.4　本章小结

本章介绍了 Docker 最新的网络功能和插件化网络工具：libnetwork。Docker 在 1.7.0 之前主要支持本地主机网络，之后重点加强了跨主机通信网络能力。目前，Docker 的功能已经从单主机上小规模服务场景，拓展到了大规模的集群场景甚至数据中心场景，为容器云场景提供了便利支持。从位置上看，libnetwork 位于整个容器网络栈最核心的中间层。通过容器网络模型，libnetwork 抽象了下层的网络实现，让其上容器可以无缝使用不同的底层网络支持技术。无论是物理网络还是虚拟网络，只要支持容器网络模型标准，即可被 Docker 容器所使用。

相比传统场景，容器自身的动态性、高密度都对网络技术带来了更多新的挑战。Docker 从 1.12.0 开始将 Swarm 模式也内嵌到了引擎中，以提供对集群网络更好的支持。笔者相信，能否更好地利用好软件定义网络技术，将是容器在大规模集群场景下得到有效使用的关键。

第四部分 Part 4

开源项目

- 第 22 章　Etcd——高可用的键值数据库
- 第 23 章　Docker 三剑客之 Machine
- 第 24 章　Docker 三剑客之 Compose
- 第 25 章　Docker 三剑客之 Swarm
- 第 26 章　Mesos——优秀的集群资源调度平台
- 第 27 章　Kubernetes——生产级容器集群平台
- 第 28 章　其他相关项目

开源技术之所以受到越来越多的关注，得到越来越多的应用，很重要的一个原因是不同项目之间彼此合作和补充，共同构建了健康完善的生态系统。

围绕着容器技术，多个社区和公司都推出了很多优秀的工具，让容器的使用变得更加简单，让更多的业务场景都能从容器技术中获益。

本部分将介绍一些相关的重点开源项目，共有 7 章内容。

第 22 章介绍 CoreOS 公司开源的高可用分布式键值数据库 Etcd，该项目已经广泛应用到分布式系统的共识实现和服务发现中。

第 23 到 25 章将介绍 Docker 公司推出的三剑客：Machine、Compose 和 Swarm。这三件利器的出现，让 Docker 不仅支持单机的虚拟化，而且能支持更广泛的集群平台，提供更强大灵活的功能。

第 26 章介绍 Mesos 开源项目，该项目是定位数据中心操作系统的内核，具备简洁的设计、强大的功能，以及灵活的插件支持机制，得到众多容器云平台的青睐。

第 27 章介绍 Kubernetes 项目，该项目在业界鼎鼎大名，由 Google 公司开源，已经成为容器集群管理平台的事实标准。

最后，第 28 章还介绍了众多其他项目，这些项目在持续集成、管理、编程开发等功能上各有特色，可为用户带来诸多效率上的提升。

第 22 章 Chapter 22

Etcd——高可用的键值数据库

Etcd 是 CoreOS 团队（同时发起了 CoreoS、Rocket 等热门项目）发起的一个开源分布式键值仓库项目，可以用于分布式系统中的配置信息管理和服务发现（service discovery），目前已经被广泛应用到大量开源项目中，包括 Kubernetes、CloudFoundry、CoreOS Fleet 和 Salesforce 等。

在这一章里面，笔者将详细介绍该项目的相关知识，包括安装和使用，以及集群管理的相关知识等。

22.1 Etcd 简介

Etcd 是 CoreOS 团队于 2013 年 6 月发起的开源项目，它的目标是构建一个高可用的分布式键值（key-value）仓库，遵循 Apache v2 许可，基于 Go 语言实现。

接触过分布式系统的读者应该知道，分布式系统中最基本的问题之一就是实现信息的共识，在此基础上才能实现对服务配置信息的管理、服务的发现、更新、同步，等等。而要解决这些问题，往往需要利用一套能保证一致性的分布式数据库系统，比如经典的 Apache ZooKeeper 项目[1]，采用了 Paxos 算法来实现数据的强一致性。

Etcd 专门为集群环境设计，采用了更为简洁的 Raft 共识算法[2]，同样可以实现数据强一致性，并支持集群节点状态管理和服务自动发现等。

---

[1] Apache ZooKeeper 是一套知名的分布式系统中进行同步和一致性管理的工具。

[2] Raft 是一套通过选举主节点来实现分布式系统一致性的算法，相比于大名鼎鼎的 Paxos 算法，它的算法过程相对容易理解，由 Stanford 大学的 Diego Ongaro 和 John Ousterhout 提出。更多细节可以参考 https://raftconsensus.github.io。

Etcd 目前在 github.com/coreos/etcd 进行维护，最新为 3.x 系列版本。

受到 Apache ZooKeeper 项目和 doozer 项目（doozer 是一个一致性分布式数据库实现，主要面向少量数据，更多信息可以参考 https://github.com/ha/doozerd）的启发，Etcd 在进行设计的时候重点考虑了下面四个要素：

- **简单**：支持 RESTful API 和 gRPC API；
- **安全**：基于 TLS 方式实现安全连接访问；
- **快速**：支持每秒一万次的并发写操作，超时控制在毫秒量级；
- **可靠**：支持分布式结构，基于 Raft 算法实现一致性。

通常情况下，用户使用 Etcd 可以在多个节点上启动多个实例，并将它们添加为一个集群。同一个集群中的 Etcd 实例将会自动保持彼此信息的一致性，这意味着分布在各个节点上的应用也将获取到一致的信息。

22.2 安装和使用 Etcd

Etcd 基于 Go 语言实现，因此，用户可以从项目主页：https://github.com/coreos/etcd 下载源代码自行编译（最新版本需要 Go 1.9 以上版本），也可以下载编译好的二进制文件，甚至直接使用制作好的 Docker 镜像文件来体验。

下面分别讲解基于二进制文件和 Docker 镜像两种方式，步骤都十分简单。

1. 二进制文件方式

（1）下载和安装

编译好的二进制文件都在 github.com/coreos/etcd/releases 页面，用户可以选择需要的版本，或通过下载工具下载。

例如，下面的命令使用 curl 工具下载压缩包，并解压到本地：

```
$ curl -L https://github.com/coreos/etcd/releases/download/v3.3.1/etcd-v3.3.1-
    linux-amd64.tar.gz | tar xzvf
```

解压后，可以看到文件包括若干二进制文件和文档文件：

```
$ cd etcd-v3.3.1-linux-amd64
$ ls
Documentation  etcd  etcdctl  README-etcdctl.md  README.md  READMEv2-etcdctl.md
```

其中 etcd 是服务主文件，etcdctl 是提供给用户的命令客户端，其他都是文档文件。

> 注意 某些版本中还含有 etcd-migrate 二进制文件，可以协助进行旧版本的迁移。

通过下面的命令将所需要的二进制文件都放到系统可执行路径 /usr/local/bin/ 下：

```
$ sudo cp etcd* /usr/local/bin/
```

Etcd 安装到此完成。

（2）使用Etcd

下面将先以单节点模式为例讲解Etcd支持的功能和操作。

可通过如下命令查看etcd的版本信息：

```
$ etcd --version

etcd Version: 3.3.1
Git SHA: 28f3f26c0
Go Version: go1.9.4
Go OS/Arch: linux/amd64
```

接下来，直接执行Etcd命令，将启动一个服务节点，监听在本地的2379（客户端请求端口）和2380（其他节点连接端口）。

显示类似如下的信息：

```
$ etcd
13:20:36.559979 I | etcdmain: etcd Version: 3.3.1
13:20:36.560467 I | etcdmain: Git SHA: 28f3f26c0
13:20:36.560687 I | etcdmain: Go Version: go1.9.4
13:20:36.560890 I | etcdmain: Go OS/Arch: linux/amd64
13:20:36.561118 I | etcdmain: setting maximum number of CPUs to 1, total number
    of available CPUs is 1
13:20:36.561414 W | etcdmain: no data-dir provided, using default data-dir ./
    default.etcd
13:20:36.562055 I | embed: listening for peers on http://localhost:2380
13:20:36.562414 I | embed: listening for client requests on localhost:2379
13:20:36.572548 I | etcdserver: name = default
...
```

此时，可以通过REST API直接查看集群健康状态：

```
$ curl -L http://127.0.0.1:2379/health
{"health": "true"}
```

当然，也可以使用自带的`etcdctl`命令进行查看（实际上是封装了REST API调用）：

```
$ etcdctl cluster-health
member ce2a822cea30bfca is healthy: got healthy result from http://localhost:2379
cluster is healthy
```

通过`etcdctl`设置和获取键值也十分方便，例如设置键值对testkey: "hello world"：

```
$ etcdctl set testkey "hello world"
hello world
$ etcdctl get testkey
hello world
```

说明键值对已经设置成功了。

当然，除了`etcdctl`命令外，也可以直接通过HTTP访问本地2379端口的方式来进行操作，例如查看`testkey`的值：

```
$ curl -L -X PUT http://localhost:2379/v2/keys/testkey -d value="hello world"
{"action":"set","node":{"key":"/testkey","value":"hello world","modifiedIndex":5,
```

```
    "createdIndex":5},"prevNode":{"key":"/testkey","value":"hello world","modifi
    edIndex":4,"createdIndex":4}}
$ curl -L http://localhost:2379/v2/keys/testkey
{"action":"get","node":{"key":"/testkey","value":"hello world","modifiedIndex":5,
    "createdIndex":5}}
```

注意目前 API 版本为 v2，将来出了新版本后，API 路径中则对应为新版本号。

2. Docker 镜像方式下载

以 Etcd 3.3.1 为例，镜像名称为 quay.io/coreos/etcd:v3.3.1，可以通过下面的命令启动 etcd 服务监听到本地的 2379 和 2380 端口：

```
$ docker run \
    -p 2379:2379 \
    -p 2380:2380 \
    -v /etc/ssl/certs/:/etc/ssl/certs/
    quay.io/coreos/etcd:v3.3.1
```

3. 数据目录

作为数据库，最重要的自然是数据存放位置。Etcd 默认创建的本地数据目录为 ${name}.etcd，其中 ${name} 为节点别名。默认情况下本地数据路径为 default.etcd。

用户也可以通过 --data-dir 选项来指定本地数据存放的位置，下面命令指定 Etcd 节点别名为 test，数据存放目录为 test.etcd：

```
$ etcd --name "test" --data-dir test.etcd
```

查看数据目录下内容：

```
$ tree test.etcd
test.etcd
└── member
    ├── snap
    │   └── db
    └── wal
        ├── 0000000000000000-0000000000000000.wal
        └── 0.tmp

3 directories, 3 files
```

其中，snap 目录下将定期记录节点的状态快照信息，wal 目录下则记录数据库的操作日志信息（可以通过 --wal-dir 参数来指定存放到特定目录）。

4. 服务启动参数

Etcd 服务启动的时候支持一些参数，用户可以通过这些参数来调整服务和集群的行为。

另外，参数可以通过环境变量形式传入，命名全部为大写并且加 ETCD_ 前缀，例如 ETCD_NAME='etcd-cluster'。主要参数包括：通用参数、节点参数、集群参数、代理参数、安全参数。

（1）通用参数

这些参数主要跟节点自身配置相关，参见表 22-1。

表 22-1　Etcd 通用参数

参　数	说　明
-config-file	服务配置文件路径
-name 'default'	设置成员节点的别名，建议为每个成员配置可识别的命名
-data-dir '${name}.etcd'	数据存储的目录
-wal-dir ''	指定 wal(write-ahead-log) 目录，存有数据库操作日志
-snapshot-count '10000'	提交多少次事务就出发一次快照
-max-snapshots 5	最多保留多少个 snapshot，0 表示无限制
-max-wals 5	最多保留多少个 wal 文件，0 表示无限制

（2）节点参数

这些参数跟节点行为有关，参见表 22-2。

表 22-2　Etcd 节点参数

参　数	说　明
-heartbeat-interval '100'	心跳时间间隔，单位为毫秒，默认值为 100 毫秒
-election-timeout '1000'	(重新) 选举时间间隔，单位为毫秒
-listen-peer-urls 'http://localhost:2380'	Peer 消息的监听服务地址列表
-listen-client-urls 'http://localhost:2379'	客户端请求的监听地址列表
-cors ''	跨域资源访问的控制白名单
-quota-backend-bytes '0'	后端存储报警的阈值
-max-txn-ops '128'	一次事务中允许的最多操作个数，默认值为 128
-max-request-bytes '1572864'	允许接收的客户端请求的最大字节数
-grpc-keepalive-min-time '5s'	客户端向服务端检测存活的最小等待时间，默认值为 5 秒
-grpc-keepalive-interval '2h'	服务端检测客户端存活的等待时间，默认值为 2 小时，0 表示禁用
-grpc-keepalive-timeout '20s'	关闭一条不响应的 gRPC 连接的额外等待时间，默认值为 20 秒，0 表示禁用

（3）集群参数

这些参数跟集群行为有关，参见表 22-3。

表 22-3　Etcd 集群参数

参　数	说　明
-initial-advertise-peer-urls 'http://localhost:2380'	广播到集群中本成员的 peer 监听通信地址
-initial-cluster 'default=http://localhost:2380'	初始的集群启动配置

（续）

参 数	说 明
-initial-cluster-state 'new'	初始化集群状态，默认为新建，也可以指定为 existing 表示要加入一个已有集群中
-initial-cluster-token 'etcd-cluster'	启动集群的时候指定集群口令，只有相同 token 的节点才能加入到同一集群
-advertise-client-urls 'http://localhost:2379'	广播到集群中本成员的监听客户端请求的地址
-discovery ''	通过自动探测方式发现集群成员的地址，指定用于探测的地址
-discovery-proxy ''	使用代理用于探测服务
-discovery-srv ''	用于启动集群的 DNS 服务域
-strict-reconfig-check 'true'	默认启用严格检查，当某个重新配置请求可能导致多数失败时，则拒绝掉
-auto-compaction-retention '0'	自动进行（键值历史）压缩的保留长度，单位为小时，0 表示不启用
-auto-compaction-mode 'periodic'	自动进行压缩的模式，如 periodic（定期）或 revision（版本号）
-enable-v2 'true'	是否接受 V2 版本的客户端接入
-debug 'false'	是否开启调试信息
-log-package-levels ''	记录日志的级别，如 DEBUG 或 INFO
-log-output 'default'	日志输出的目标
-force-new-cluster 'false'	强制创建一个新的单节点集群

（4）代理参数

这些参数主要是当 Etcd 服务自身仅作为代理模式时候使用，即转发来自客户端的请求到指定的 Etcd 集群。此时，Etcd 服务本身并不参与集群中去，不保存数据和参加选举。其中的参数参见表 22-4。

表 22-4 Etcd 代理参数

参 数	说 明
-proxy 'off'	是否开启代理模式，可以为 on（开启）、off（关闭）、readonly（只读）
-proxy-failure-wait 5000	失败状态的等待时间，单位为毫秒
-proxy-refresh-interval 30000	节点刷新时间间隔，单位为毫秒
-proxy-dial-timeout 1000	发起连接的超时时间，单位为毫秒
-proxy-read-timeout 0	读请求的超时时间，单位为毫秒
-proxy-write-timeout 5000	写请求的超时时间，单位为毫秒

（5）安全参数

这些参数主要用于指定通信时候的 TLS 证书、密钥配置，参见表 22-5。

表 22-5　Etcd 安全参数

参　数	说　明
-cert-file ''	通信时使用的 TLS 证书文件路径
-key-file ''	客户端通信时 TLS 密钥文件路径
-client-cert-auth 'false'	是否对客户端启用证书认证
-client-crl-file ''	客户端的证书撤销列表文件路径
-trusted-ca-file ''	客户端通信时信任的 CA 文件
-auto-tls 'false'	客户端使用自动生成的 TLS 证书
-peer-cert-file ''	对等成员节点的 TLS 证书文件
-peer-key-file ''	对等成员节点的 TLS 密钥文件
-peer-client-cert-auth 'false'	是否启用对等成员节点客户端认证
-peer-trusted-ca-file ''	对等成员节点的信任 CA 文件路径
-peer-auto-tls 'false'	是否使用自动生成的 TLS 证书，当 -peer-key-file 和 -peer-cert-file 未指定时
-peer-crl-file ''	对等成员之间证书撤销列表文件路径
-auth-token 'simple'	指定认证口令类型和选项，如 simple 或 jwt

22.3　使用客户端命令

etcdctl 是 Etcd 官方提供的命令行客户端，它支持一些基于 HTTP API 封装好的命令，供用户直接跟 Etcd 服务打交道，而无须基于 API 的方式。当然，这些命令跟 API 实际上是对应的，最终效果上并无不同之处。

某些情况下使用 etcdctl 十分方便。例如用户需要对 Etcd 服务进行简单测试或者手动来修改数据库少量内容；也推荐在刚接触 Etcd 时通过 etcdctl 命令来熟悉服务相关功能。

Etcd 项目二进制发行包中已经包含了 etcdctl 工具，没有的话，可以从 github.com/coreos/etcd/releases 手动下载。

etcdctl 的命令格式为：

```
$ etcdctl [全局选项] 命令 [命令选项] [命令参数]
```

全局选项参数见表 22-6。

表 22-6　etcdctl 命令全局选项参数

参　数	说　明
-debug	输出调试信息，显示执行命令时发起的请求
-no-sync	发出请求前不主动同步集群信息
-output simple, -o simple	输出响应消息的格式，可以为 simple、json 或 extended
-discovery-srv value, -D value	通过域名查询来探测集群成员信息

（续）

参　　数	说　　明
-insecure-discovery	接受非安全的集群节点
-endpoints value	集群中成员地址列表，多个成员用逗号隔开
-cert-file value	如果集群需要 HTTPS 认证，提供 TLS 的证书文件路径
-key-file value	认证的证书文件路径
-ca-file value	域名相关的根证书文件路径
-username value, -u value	用户名和密码验证信息
-timeout value	请求的连接超时，默认为 2s
-total-timeout '5s'	命令执行总超时，默认为 5s
--help, -h	显示帮助命令信息
--version, -v	打印版本信息

支持的命令大体上分为：数据类操作和非数据类操作。

Etcd 作为一个分布式数据库，与 ZooKeeper 类似，采用了类似文件目录的结构，数据类操作基本围绕对文件（即某个键）或目录进行。大家可以对比 Linux 的文件和目录操作命令，可以发现两者之间的相似性。

数据类操作命令见表 22-7。

表 22-7　Etcd 数据类操作命令

命　　令	说　　明	命　　令	说　　明
set	设置某键对应的值	exec-watch	某键值变化时执行指定命令
get	获取某键对应的值	ls	列出目录下内容
update	更新某键对应的值	mkdir	创建新的目录
mk	创建新的键值	rmdir	删除空目录或者一个键值
rm	删除键值或目录	setdir	创建目录（允许目录已存在）
watch	监控某键值的变化	updatedir	更新已存在的目录

非数据类操作命令见表 22-8，主要是 Etcd 提供的系统配置、权限管理等。

表 22-8　Etcd 非数据类操作命令

命　　令	说　　明
backup	备份指定的 Etcd 目录
cluster-health	检查 etcd 集群健康状况
member	添加、删除或列出成员，需要带具体子命令
user	用户添加、权限管理，需要带具体子命令
role	角色添加、权限管理，需要带具体子命令
auth	全局认证管理
help, h	打印命令帮助信息

下面分别来看各个操作的主要用法和功能。

22.3.1　数据类操作

数据类操作围绕对键值和目录的 CRUD（符合 REST 风格的一套操作：Create）完整生命周期的管理。

Etcd 在键的组织上十分灵活。用户指定的键可以为只有一级的名字，如 testkey，此时实际上都直接放在根目录 / 下面，也可以为指定层次化目录结构（类似于 ZooKeeper），如 cluster1/node2/testkey，则将创建相应的目录结构。

提示　CRUD 即 Create, Read, Update, Delete，是符合 REST 风格的一套 API 操作规范。

1. set

设置某个键的值为给定值。例如：

```
$ etcdctl set /testdir/testkey "Hello world"
Hello world
```

支持的选项包括：

- -ttl value：键值的超时时间（单位为秒），不配置（默认为 0）则永不超时；
- -swap-with-value value：若该键现在的值是 value，则进行设置操作；
- -swap-with-index value：若该键现在的索引值是指定索引，则进行设置操作，默认值为 0。

注意　--ttl 选项十分有用。在分布式环境中，系统往往是不可靠的，在基于 Etcd 设计分布式锁的时候，可以通过超时时间避免出现发生死锁的情况。

2. get

获取指定键的值。例如：

```
$ etcdctl set testkey hello
hello
$ etcdctl update testkey world
world
```

当键不存在时，则会报错。例如：

```
$ etcdctl get testkey2
Error:  100: Key not found (/testkey2) [1]
```

支持的选项为：

- -sort：对返回结果进行排序；
- -quorum，-q：需要从大多数处得到结果。

3. update

当键存在时，更新值内容。例如：

```
$ etcdctl set testkey hello
hello
$ etcdctl update testkey world
world
```

当键不存在时，则会报错。例如：

```
$ etcdctl update testkey2 world
Error:  100: Key not found (/testkey2) [1]
```

支持的选项为 –ttl ‘0’：超时时间（单位为秒），默认为 0，意味着永不超时。

4. mk

如果给定的键不存在，则创建一个新的键值。例如：

```
$ etcdctl mk /testdir/testkey "Hello world"
Hello world
```

当键存在的时候，执行该命令会报错，例如：

```
$ etcdctl set testkey "Hello world"
Hello world
$ ./etcdctl mk testkey "Hello world"
Error:  105: Key already exists (/testkey) [2]
```

支持的选项为：

- ❑ `-in-order`：创建按顺序的键值；
- ❑ `-ttl '0'`：超时时间（单位为秒），默认值为 0，意味着永不超时。

5. rm

删除某个键值。例如：

```
$ etcdctl rm testkey
```

当键不存在时，则会报错。例如：

```
$ etcdctl rm testkey2
Error:  100: Key not found (/testkey2) [8]
```

支持的选项为：

- ❑ `-dir`：如果键是个空目录或者是键值对则删除；
- ❑ `-recursive, -r`：删除目录和所有子键；
- ❑ `-with-value value`：检查现有的值是否匹配；
- ❑ `-with-index value`：检查现有的 index 是否匹配，默认值为 0。

6. watch

监测一个键值的变化，一旦键值发生更新，就会输出最新的值并退出。

例如，用户更新 testkey 键值为 Hello world：

```
$ etcdctl watch testkey
Hello world
```

支持的选项包括：

- -forever, -f：一直监测，直到用户按 CTRL+C 退出；
- -after-index value：在指定 index 之前一直监测，默认为 0；
- -recursive, -r：返回所有的键值和子键值。

7. exec-watch

监测一个键值的变化，一旦键值发生更新，就执行给定命令。这个功能十分强大，很多时候可以用于实时根据键值更新本地服务的配置信息，并重新加载服务。可以实现分布式应用配置的自动分发。

例如，一旦检测到 testkey 键值被更新，则执行 ls 命令：

```
$ etcdctl exec-watch testkey -- sh -c 'ls'
default.etcd
Documentation
etcd
etcdctl
etcd-migrate
README-etcdctl.md
README.md
```

支持的选项包括：

- -after-index value：在指定 index 之前一直监测，默认为 0；
- -recursive, -r：返回所有的键值和子键值。

8. ls

列出目录（默认为根目录）下的键或者子目录，默认不显示子目录中内容。例如：

```
$ etcdctl set testkey 'hi'
hi
$ etcdctl set dir/test 'hello'
hello
$ etcdctl ls
/testkey
/dir
$ etcdctl ls dir
/dir/test
```

支持的选项包括：

- -sort：将输出结果排序；
- -recursive, -r：如果目录下有子目录，则递归输出其中的内容；
- -p：对于输出为目录，在最后添加 / 进行区分；
- -quorum, -q：需要从大多数节点返回结果。

9. mkdir

如果给定的键目录不存在，则创建一个新的键目录。例如：

```
$ etcdctl mkdir testdir
```

当键目录存在的时候，执行该命令会报错，例如：

```
$ etcdctl mkdir testdir
$ etcdctl mkdir testdir
Error:  105: Key already exists (/testdir) [7]
```

支持的选项为 `-ttl value`：超时时间（单位为秒），默认值为 0，意味着永不超时。

10. rmdir

删除一个空目录，或者键值对。若目录不空，会报错，例如：

```
$ etcdctl set /dir/testkey hi
hi
$ etcdctl rmdir /dir
Error:  108: Directory not empty (/dir) [13]
```

11. setdir

创建一个键目录，无论存在与否。实际上，目前版本当目录已经存在的时候会报错，例如：

```
$ etcdctl setdir /test/test
$ etcdctl ls --recursive
/test
/test/test
```

支持的选项为 –ttl value：超时时间（单位为秒），默认值为 0，意味着永不超时。

12. updatedir

更新一个已经存在的目录的属性（目前只有存活时间），例如：

```
$ etcdctl mkdir /test/test --ttl 100
$ etcdctl updatedir /test/test --ttl 200
```

支持的选项为 –ttl value：超时时间（单位为秒），默认值为 0，意味着永不超时。

22.3.2 非数据类操作

非数据类操作不直接对数据本身进行管理，而是负责围绕集群自身的一些配置。

1. backup

备份 Etcd 的配置状态数据目录。

支持的选项包括：

- `-data-dir value`：要进行备份的 Etcd 的数据存放目录；
- `-wal-dir value`：要进行备份的 Etcd wal 数据路径；
- `-backup-dir value`：备份数据到指定路径；

- -backup-wal-dir value：备份 wal 数据到指定路径；
- -with-v3：备份 v3 版本数据。

例如，备份默认配置的信息到当前路径下的 tmp 子目录：

```
$ etcdctl backup --data-dir default.etcd --backup-dir tmp
```

可以查看 tmp 目录下面多了一个 member 目录：

```
$ ls tmp/member
snap  wal
```

其中，snap 为快照目录，保存节点状态快照文件（注意这些快照文件定期生成）；wal 保存了数据库预写日志（write ahead log）信息。

> 注意　预写日志要求数据库在发生实际提交前必须先将操作写入日志，可以保障系统在崩溃后根据日志回复状态。

2. cluster-health

查看 Etcd 集群的健康状态。例如：

```
$ etcdctl cluster-health
member ce2a822cea30bfca is healthy: got healthy result from http://localhost:2379
cluster is healthy
```

支持的选项包括 –forever, -f：每隔 10 秒钟检查一次，直到手动终止（通过 Ctrl+C 命令）。

3. member

通过 list、add、remove 等子命令列出、添加、删除 Etcd 实例到 Etcd 集群中。例如，本地启动一个 Etcd 服务实例后，可以用如下命令进行查看默认的实例成员：

```
$ etcdctl member list
ce2a822cea30bfca: name=default peerURLs=http://localhost:2380,http://local-
    host:7001 clientURLs=http://localhost:2379,http://localhost:4001
```

4. user

对用户进行管理，包括一系列子命令：

- add：添加一个用户；
- get：查询用户细节；
- list：列出所有用户；
- remove：删除用户；
- grant：添加用户到角色；
- revoke：删除用户的角色；
- passwd：修改用户的密码。

默认情况下，需要先创建（启用）root 用户作为 etcd 集群的最高权限管理员：

```
$ etcdctl user add root
New password:
```

创建一个 testuser 用户，会提示输入密码：

```
$ etcdctl user add testuser
New password:
```

分配某些已有角色给用户：

```
$ etcdctl user grant testuser -roles testrole
```

5. role

对用户角色进行管理，包括一系列子命令：

- add：添加一个角色；
- get：查询角色细节；
- list：列出所有用户角色；
- remove：删除用户角色；
- grant：添加路径到角色控制，可以为 read、write 或者 readwrite；
- revoke：删除某路径的用户角色信息。

默认带有 root、guest 两种角色，前者为全局最高权限，后者为不带验证情况下的用户。例如：

```
$ etcdctl role add testrole
$ etcdctl role grant testrole -path '/key/*' -read
```

6. auth

是否启用访问验证。enable 为启用，disable 为禁用。例如，在 root 用户创建后，启用认证：

```
$ etcdctl auth enable
```

22.4 Etcd 集群管理

Etcd 的集群也采用了典型的“主 - 从”模型，通过 Raft 协议来保证在一段时间内有一个节点为主节点，其他节点为从节点。一旦主节点发生故障，其他节点可以自动再重新选举出新的主节点。

与其他分布式系统类似，集群中节点个数推荐为奇数个，最少为 3 个，此时 quorum 为 2，越多节点个数自然能提供更多的冗余性，但同时会带来写数据性能的下降。

> 注意 在分布式系统中有一个很重要的概念：quorum，意味着一个集群正常工作需要能参加投票的节点个数的最小值，非拜占庭容错情况下为集群的一半再加一。

22.4.1 构建集群

构建集群无非是让节点们知道自己加入了哪个集群，其他对等节点的访问信息是啥。

Etcd 支持两种模式来构建集群：静态配置和动态发现。

1. 静态配置集群信息

顾名思义，静态配置就是提取写好集群中的有关信息。例如，假设读者想要用三个节点来构建一个集群，地址分别为：

节　点	地　址
Node1	10.0.0.1
Node2	10.0.0.2
Node3	10.0.0.3

首先在各个节点上将地址和别名信息添加到 /etc/hosts：

```
10.0.0.1 Node1
10.0.0.2 Node2
10.0.0.3 Node3
```

可以通过如下命令来启动各个节点上的 etcd 服务，分别命名为 n1、n2 和 n3。

在节点 1 上，执行如下命令：

```
$ etcd --name n1 \
    --initial-cluster-token cluster1 \
    --initial-cluster-state new \
    --listen-client-urls http://Node1:2379,http://localhost:2379 \
    --listen-peer-urls http://Node1:2380 \
    --advertise-client-urls http://Node1:2379 \
    --initial-advertise-peer-urls http://Node1:2380 \
    --initial-cluster n1=http://Node1:2380,n2=http://Node2:2380,n3=http://Node3:2380
```

在节点 2 上，执行：

```
$ etcd --name n2 \
    --initial-cluster-token cluster1 \
    --initial-cluster-state new \
    --listen-client-urls http://Node2:2379,http://localhost:2379 \
    --listen-peer-urls http://Node2:2380 \
    --advertise-client-urls http://Node2:2379 \
    --initial-advertise-peer-urls http://Node2:2380 \
    --initial-cluster n1=http://Node1:2380,n2=http://Node2:2380,n3=http://Node3:2380
```

在节点 3 上，执行：

```
$ etcd --name n3 \
    --initial-cluster-token cluster1 \
    --initial-cluster-state new \
    --listen-client-urls http://Node3:2379,http://localhost:2379 \
    --listen-peer-urls http://Node3:2380 \
    --advertise-client-urls http://Node3:2379 \
    --initial-advertise-peer-urls http://Node3:2380 \
    --initial-cluster n1=http://Node1:2380,n2=http://Node2:2380,n3=http://Node3:2380
```

成功后，可以在任一节点上通过 etcdctl 来查看当前集群中的成员信息：

```
$ etcdctl member list 228428dce5a59f3b: name=n3 peerURLs=http://Node3:2380 client-
    URLs=http://Node3:2379
5051932762b33d8e: name=n1 peerURLs=http://Node1:2380 clientURLs=http://Node1:2379
8ee612d82821a4e7: name=n2 peerURLs=http://Node2:2380 clientURLs=http://Node2:2379
```

2. 动态发现

静态配置的方法虽然简单，但是如果节点信息需要变动的时候，就需要手动进行修改。

很自然想到，可以通过动态发现的方法，让集群自动更新节点信息。要实现动态发现，首先需要一套支持动态发现的服务。

CoreOS 提供了一个公开的 Etcd 发现服务，地址在 https://discovery.etcd.io。使用该服务的步骤也十分简单，介绍如下。

首先，为要创建的集群申请一个独一无二的 uuid，需要提供的唯一参数为集群中节点的个数：

```
$ curl https://discovery.etcd.io/new?size=3
https://discovery.etcd.io/7f66dc8d468a1c940969a8c329ee329a
```

返回的地址就是该集群要实现动态发现的独一无二的地址。分别在各个节点上指定服务发现地址信息，替代掉原先动态指定的节点列表。

在节点 1 上，执行：

```
$ etcd --name n1 \
    --initial-cluster-token cluster1 \
    --initial-cluster-state new \
    --listen-client-urls http://Node1:2379,http://localhost:2379 \
    --listen-peer-urls http://Node1:2380 \
    --advertise-client-urls http://Node1:2379 \
    --initial-advertise-peer-urls http://Node1:2380 \
    --discovery https://discovery.etcd.io/7f66dc8d468a1c940969a8c329ee329a
```

在节点 2 上，执行：

```
$ etcd --name n2 \
    --initial-cluster-token cluster1 \
    --initial-cluster-state new \
    --listen-client-urls http://Node2:2379,http://localhost:2379 \
    --listen-peer-urls http://Node2:2380 \
    --advertise-client-urls http://Node2:2379 \
    --initial-advertise-peer-urls http://Node2:2380 \
    --discovery https://discovery.etcd.io/7f66dc8d468a1c940969a8c329ee329a
```

在节点 3 上，执行：

```
$ etcd --name n3 \
    --initial-cluster-token cluster1 \
    --initial-cluster-state new \
    --listen-client-urls http://Node3:2379,http://localhost:2379 \
    --listen-peer-urls http://Node3:2380 \
    --advertise-client-urls http://Node3:2379 \
    --initial-advertise-peer-urls http://Node3:2380 \
    --discovery https://discovery.etcd.io/7f66dc8d468a1c940969a8c329ee329a
```

当然，用户也可以配置私有的服务。

另外一种实现动态发现的机制是通过 DNS 域名，即为每个节点指定同一个子域的域名，然后通过域名发现来自动注册。例如，三个节点的域名分别为：

- n1.mycluster.com
- n2.mycluster.com
- n3.mycluster.com

则启动参数中的集群节点列表信息可以替换为 `-discovery-srv mycluster.com`。

22.4.2 集群参数配置

影响集群性能的因素可能有很多，包括时间同步、网络抖动、存储压力、读写压力，等等，需要通过优化配置尽量减少这些因素的影响。

1. 时钟同步

对于分布式集群来说，各个节点上的同步时钟十分重要，Etcd 集群需要各个节点时钟差异不超过 1s，否则可能会导致 Raft 协议的异常。

因此，各个节点要启动同步时钟协议。以 Ubuntu 系统为例：

```
$ sudo aptitude install ntp
$ sudo service ntp restart
```

用户也可以修改 `/etc/ntp.conf` 文件，来指定 NTP 服务器地址，建议多个节点采用统一的配置。

2. 心跳消息时间间隔和选举时间间隔

对于 Etcd 集群来说，有两个因素十分重要：心跳消息时间间隔和选举时间间隔。前者意味着主节点每隔多久通过心跳消息来通知从节点自身的存活状态；后者意味着从节点多久没收到心跳通知后可以尝试发起选举自身为主节点。显然，后者要比前者大，一般建议设为前者的 5 倍以上。时间越短，发生故障后恢复越快，但心跳信息占用的计算和网络资源也越多。

默认情况下，心跳消息间隔为 100ms。选举时间间隔为 1s（上限为 50s，但完全没必要这么长）。这个配置在本地局域网环境下是比较合适的，但是对于跨网段的情况，需要根据节点之间的 RTT 适当进行调整。

可以在启动服务时候通过 `-heartbeat-interval` 和 `-election-timeout` 参数来指定。

例如，一般情况下，跨数据中心的集群可以配置为：

```
$ etcd -heartbeat-interval=200  -election-timeout=2000
```

也可通过环境变量指定：

```
$ ETCD_HEARTBEAT_INTERVAL=100 ETCD_ELECTION_TIMEOUT=500 etcd
```

对于跨地域的网络（例如中美之间的数据中心 RTT 往往在数百 ms），还可以适当延长。

3. snapshot 频率

Etcd 会定期将数据的修改存储为 `snapshot`，默认情况下每 10 000 次修改才会存一个 `snapshot`。在存储的时候会有大量数据进行写入，影响 Etcd 的性能。建议将这个值调整的小一些，例如每提交 2000 个事务就做一次 snapshot：

```
$ etcd -snapshot-count=2000
```

也可通过环境变量指定：

```
ETCD_SNAPSHOT_COUNT=2000 etcd
```

4. 修改节点

无论是添加、删除还是迁移节点，都要一个一个地进行，并且确保先修改配置信息（包括节点广播的监听地址、集群中节点列表等），然后再进行操作。

例如要删除多个节点，当有主节点要被删除时，需要先删掉一个，等集群中状态稳定（新的主节点重新生成）后，再删除另外节点。

要迁移或替换节点的时候，先将节点从集群中删除掉，等集群状态重新稳定后，再添加上新的节点。当然，使用旧节点的数据目录文件会加快新节点的同步过程，但是要保证这些数据是完整的，且是比较新的。

5. 节点恢复

Etcd 集群中的节点会通过数据目录来存放修改信息和集群配置。

一般来说，当某个节点出现故障时候，本地数据已经过期甚至格式破坏。如果只是简单地重启进程，容易造成数据的不一致。这个时候，保险的做法是先通过命令（例如 `etcdctl member rm [member]`）来删除该节点，然后清空数据目录，再重新作为空节点加入。

Etcd 提供了 `-strict-reconfig-check` 选项，确保当集群状态不稳定时候（例如启动节点数还不够达到 quorum）拒绝对配置状态的修改。

6. 重启集群

极端情况下，集群中大部分节点都出现问题，需要重启整个集群。

这个时候，最保险的办法是找到一个数据记录完整且比较新的节点，先以它为唯一节点创建新的集群，然后将其他节点一个一个地添加进来，添加过程中注意保证集群的稳定性。

22.5 本章小结

本章介绍了强大的分布式键值仓库 Etcd，包括如何利用它进行读写数据等操作，以及 Etcd 集群管理的一些要点。Etcd 提供了很多有用的功能，包括数据监听、定期快照等。

通过实践案例，可以看出 Etcd 的功能十分类似于 ZooKeeper，但作为后起之秀，它在 REST 接口支持、访问权限管理、大量数据存储方面表现更为优秀。同时，提供了多种语言（目前包括 Python、Go、Java 等）实现的客户端支持。基于 Etcd，用户可以很容易实现集群中的配置管理和服务发现等复杂功能。类似的项目还包括 Consul 等。

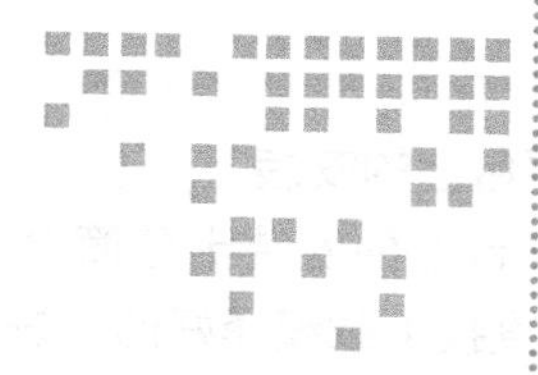

第 23 章 Chapter 23

Docker 三剑客之 Machine

Docker Machine 是 Docker 官方三剑客项目之一，负责使用 Docker 容器的第一步：在多种平台上快速安装和维护 Docker 运行环境。它支持多种平台，让用户可以在很短时间内在本地或云环境中搭建一套 Docker 主机集群。

本章将介绍 Docker Machine 项目的具体情况，以及安装和使用的相关命令。

23.1 Machine 简介

Machine 项目是 Docker 官方的开源项目，负责实现对 Docker 运行环境进行安装和管理，特别在管理多个 Docker 环境时，使用 Machine 要比手动管理高效得多。

Machine 的定位是“在本地或者云环境中创建 Docker 主机”。其代码在 https://github.com/docker/machine 上开源，遵循 Apache-2.0 许可，目前最新版本为 0.13.0。

Machine 项目主要由 Go 语言编写，用户可以在本地任意指定由 Machine 管理的 Docker 主机，并对其进行操作。

其基本功能包括：

- 在指定节点或平台上安装 Docker 引擎，配置其为可使用的 Docker 环境；
- 集中管理（包括启动、查看等）所安装的 Docker 环境。

Machine 连接不同类型的操作平台是通过对应驱动来实现的，目前已经集成了包括 AWS、IBM、Google，以及 OpenStack、VirtualBox、vSphere 等多种云平台的支持。

23.2 安装 Machine

Docker Machine 可以在多种操作系统平台上安装，包括 Linux、Mac OS 以及 Windows，

下面分别介绍。

1. Linux 平台上的安装

在 Linux 平台上的安装十分简单，推荐从官方 Release 库（https://github.com/docker/machine/releases）直接下载编译好的二进制文件即可。

例如，在 Linux 64 位系统上直接下载对应的二进制包，以最新的 0.13.0 为例：

```
$ sudo curl -L https://github.com/docker/machine/releases/download/v0.13.0/
    docker-machine-'uname -s'-'uname -m' > docker-machine
$ sudo mv docker-machine /usr/local/bin/docker-machine
$ sudo chmod +x /usr/local/bin/docker-machine
```

安装完成后，查看版本信息，验证运行正常：

```
$ docker-machine -v
docker-machine version 0.13.0, build 9ba6da9
```

为了支持命令自动补全，还可以安装补全脚本：

```
$ scripts=( docker-machine-prompt.bash docker-machine-wrapper.bash docker-
    machine.bash ); for i in "${scripts[@]}"; do sudo wget https://raw.githubuser-
    content.com/docker/machine/v0.13.0/contrib/completion/bash/${i} -P /etc/
    bash_completion.d; done
```

2. Mac OS 系统上的安装

Mac OS 平台上的安装跟 Linux 平台十分类似，唯一不同的是下载二进制文件的路径不同。例如，同样是 0.13.0 版本，Mac OS 平台上的安装命令为：

```
$ curl -L https://github.com/docker/machine/releases/download/v0.13.0/docker-
    machine-'uname -s'-'uname -m' >/usr/local/bin/docker-machine
$ chmod +x /usr/local/bin/docker-machine
```

3. Windows 系统上的安装

Windows 平台的安装要复杂一些，首先需要安装 git-bash（https://git-for-windows.github.io）。git-bash 是 Windows 下的 git 客户端软件包，会提供类似 Linux 下的一些基本的工具，例如 bash、curl、ssh 命令等，最新版本为 2.16。

安装之后，启动一个 `git-bash` 的命令行界面，仍然通过下载二进制包方式安装 Docker Machine：

```
$ if [[ ! -d "$HOME/bin" ]]; then mkdir -p "$HOME/bin"; fi
$ curl -L https://github.com/docker/machine/releases/download/v0.13.0/docker-
    machine-Windows-x86_64.exe > "$HOME/bin/docker-machine.exe" && \
chmod +x "$HOME/bin/docker-machine.exe"
```

23.3 使用 Machine

Docker Machine 通过多种后端驱动来管理不同的资源，包括虚拟机、本地主机和云平台等。通过 `-d` 选项可以选择支持的驱动类型。

1. 虚拟机

可以通过 virtualbox 驱动支持本地（需要已安装 virtualbox）启动一个虚拟机环境，并配置为 Docker 主机：

```
$ docker-machine create --driver=virtualbox test
```

将启动一个全新的虚拟机，并安装 Docker 引擎。

安装成功后，可以通过 `docker-machine env` 命令查看访问所创建 Docker 环境所需要的配置信息：

```
$ docker-machine env test
    export DOCKER_TLS_VERIFY="1"
    export DOCKER_HOST="tcp://192.168.56.101:2376"
    export DOCKER_CERT_PATH="/Users/<yourusername>/.docker/machine/machines/default"
    export DOCKER_MACHINE_NAME="test"
    # Run this command to configure your shell:
    # eval "$(docker-machine env test)"
```

使用完毕后，可以通过如下命令来停止 Docker 主机：

```
$ docker-machine stop test
```

此外，Machine 还支持 Microsoft Hyper-V 虚拟化平台。

2. 本地主机

这种驱动适合主机操作系统和 SSH 服务都已经安装好，需要对其安装 Docker 引擎。

首先确保本地主机可以通过 user 账号的 key 直接 ssh 到目标主机。使用 `generic` 类型的驱动，注册一台 Docker 主机，命名为 test：

```
$ docker-machine create -d generic --generic-ip-address=10.0.100.102 --generic-
    ssh-user=user test
Running pre-create checks...
Creating machine...
(test) OUT | Importing SSH key...
Waiting for machine to be running, this may take a few minutes...
Machine is running, waiting for SSH to be available...
Detecting operating system of created instance...
Detecting the provisioner...
Provisioning created instance...
...
```

从命令输出上可以看到，Machine 通过 SSH 连接到指定节点，并在上面安装 Docker 引擎。

创建主机成功后，可以通过 `docker-machine ls` 命令来查看注册到本地管理列表中的 Docker 主机：

```
$ docker-machine ls
NAME   ACTIVE   DRIVER    STATE     URL                          SWARM   DOCKER    ERRORS
test   -        generic   Running   tcp://10.0.100.102:2376               v18.3
```

还可以通过 `inspect` 命令查看指定 Docker 主机的具体信息。

3. 云平台驱动

以 Amazon Web Services 云平台为例，配置其上的虚拟机为 Docker 主机。

需要指定 Access Key ID、Secret Access Key、VPC ID 等信息。例如：

```
$ docker-machine create --driver amazonec2 --amazonec2-access-key AKI*******
    --amazonec2-secret-key 8T93C********* --amazonec2-vpc-id vpc-****** aws_instance
```

其他支持的云平台还包括 Microsoft Azure、Digital Ocean、Exoscale、Google Compute Engine、Rackspace、IBM Softlayer 等，用户可根据自身情况选择使用。

4. 客户端配置

默认情况下，所有的客户端配置数据都会自动存放在 ~/.docker/machine/machines/ 路径下。用户可以定期备份这一目录以避免出现客户端连接配置丢失。

当然，该路径下内容仅为客户端侧的配置和数据，删除其下内容并不会影响到已经创建的 Docker 环境。

23.4 Machine 命令

Machine 提供了一系列的子命令，每个命令都带有一系列参数，可以通过如下命令查看具体用法：

```
$ docker-machine <COMMAND> -h
```

命令参见表 23-1。

表 23-1 Machine 命令列表

命　令	说　明
active	查看当前激活状态的 Docker 主机
config	查看到激活 Docker 主机的连接信息
creat	创建一个 Docker 主机
env	显示连接到某个主机需要的环境变量
inspect	以 json 格式输出指定 Docker 主机的详细信息
ip	获取指定的 Docker 主机地址
kill	直接杀死指定的 Docker 主机
ls	列出所有管理的主机
regenerate-certs	为某个主机重新生成 TLS 认证信息
restart	重启指定 Docker 主机
rm	删除某台 Docker 主机。对应虚机会被删除
scp	在 Docker 主机之间以及 Docker 主机和本地之间通过 scp 命令来远程复制文件
ssh	通过 SSH 连到主机上，执行命令
start	启动一个指定的 Docker 主机。如果对象是虚拟机，该虚拟机将被启动

（续）

命　　令	说　　明
status	获取指定Docker主机的状态，包括Running、Paused、Saved、Stopped、Stopping、Starting、Error等
stop	停止一个Docker主机
upgrade	将指定主机的Docker版本更新为最新
url	获取指定Docker主机的监听URL
help, h	输出帮助信息

下面具体介绍部分命令的用法。

1. active

格式为docker-machine active [arg...]。

支持-timeout, -t "10"选项，代表超时时间，默认为10s。查看当前激活状态的Docker主机。激活状态意味着当前的DOCKER_HOST环境变量指向该主机。例如，下面命令列出当前激活主机为dev主机：

```
$ docker-machine ls
NAME      ACTIVE   DRIVER         STATE     URL
dev                virtualbox     Running   tcp://192.168.56.102:2376
staging   *        digitalocean   Running   tcp://104.236.60.101:2376
$ echo $DOCKER_HOST
tcp://104.236.60.101:2376
$ docker-machine active
staging
```

2. config

格式为docker-machine config [OPTIONS] [arg...]。

支持-swarm参数，表示打印Swarm集群信息，而不是Docker信息。查看到Docker主机的连接配置信息。例如，下面显示dev主机的连接信息：

```
$ docker-machine config dev
--tlsverify --tlscacert="/home/docker_user/.docker/machines/dev/ca.pem" --tl-
    scert="/home/docker_user/.docker/machines/dev/cert.pem" --tlskey="/home/
    docker_user/.docker/machines/dev/key.pem" -H tcp://192.168.56.102:2376
```

3. create

格式为docker-machine create [OPTIONS] [arg...]。创建一个Docker主机环境。支持的选项包括：

- ❑ -driver, -d "virtualbox"：指定驱动类型；
- ❑ -engine-install-url "https://get.docker.com"：配置Docker主机时的安装URL；
- ❑ -engine-opt option：以键值对格式指定所创建Docker引擎的参数；
- ❑ -engine-insecure-registry option：以键值对格式指定所创建Docker引擎允许访问的不支持认证的注册仓库服务；

- -engine-registry-mirror option：指定使用注册仓库镜像；
- -engine-label option：为所创建的 Docker 引擎添加标签；
- -engine-storage-driver：存储后端驱动类型；
- -engine-env option：指定环境变量；
- -swarm：配置 Docker 主机加入到 Swarm 集群中；
- -swarm-image "swarm:latest"：使用 Swarm 时候采用的镜像；
- -swarm-master：配置机器作为 Swarm 集群的 master 节点；
- -swarm-discovery：Swarm 集群的服务发现机制参数；
- -swarm-strategy "spread"：Swarm 默认调度策略；
- -swarm-opt option：任意传递给 Swarm 的参数；
- -swarm-host "tcp://0.0.0.0:3376"：指定地址将监听 Swarm master 节点请求；
- -swarm-addr：从指定地址发送广播加入 Swarm 集群服务。

例如，通过如下命令可以创建一个 Docker 主机的虚拟机镜像：

```
$ docker-machine create -d virtualbox \
    --engine-storage-driver overlay \
    --engine-label name=testmachine \
    --engine-label year=2018 \
    --engine-opt dns=8.8.8.8 \
    --engine-env HTTP_PROXY=http://proxy.com:3128 \
    --engine-insecure-registry registry.private.com \
    mydockermachine
```

所创建 Docker 主机虚拟机中的 Docker 引擎将：

- 使用 overlay 类型的存储驱动；
- 带有 name=testmachine 和 year=2015 两个标签；
- 引擎采用 8.8.8.8 作为默认 DNS；
- 环境变量中指定 HTTP 代理服务 http://proxy.com:3128。
- 允许使用不带验证的注册仓库服务 registry.private.com。

4. env

格式为 docker-machine env [OPTIONS] [arg...]。

显示连接到某个主机需要的环境变量。支持的选项包括：

- -swarm：显示 Swarm 集群配置；
- -shell：指定所面向的 Shell 环境，默认为当前自动探测；
- -unset，-u：取消对应的环境变量；
- -no-proxy：添加对象主机地址到 NO_PROXY 环境变量。

例如，显示连接到 default 主机所需要的环境变量：

```
$ docker-machine env default
export DOCKER_TLS_VERIFY="1"
export DOCKER_HOST="tcp://192.168.56.102:2376"
```

```
export DOCKER_CERT_PATH="/home/docker_user/.docker/machine/certs"
export DOCKER_MACHINE_NAME="default"
```

5. inspect

格式为docker-machine inspect [OPTIONS] [arg...]。

以json格式输出指定Docker主机的详细信息。支持-format，-f选项使用指定的Go模板格式化输出。例如：

```
$ docker-machine inspect default
{
    "DriverName": "virtualbox",
    "Driver": {
        "MachineName": "docker-host-128be8d287b2028316c0ad5714b90bcfc11f998056f2
            f790f7c1f43f3d1e6eda",
        "SSHPort": 22,
        "Memory": 1024,
        "DiskSize": 20000,
        "Boot2DockerURL": "",
        "IPAddress": "192.168.56.102"
    },
    ...
}
```

6. ip

获取指定Docker主机地址。例如，获取default主机的地址，可以用如下命令：

```
$ docker-machine ip default
192.168.56.102
```

7. kill

直接杀死指定的Docker主机。

指定Docker主机会强行停止。

8. ls

列出所有管理的主机。格式为docker-machine ls [OPTIONS] [arg...]。例如：

```
$ docker-machine ls
NAME        ACTIVE   DRIVER       STATE     URL
default     -        virtualbox   Stopped
test0       -        virtualbox   Running   tcp://192.168.56.105:2376
test1       -        virtualbox   Running   tcp://192.168.56.106:2376
test2       *        virtualbox   Running   tcp://192.168.56.107:2376
```

可以通过--filter只输出某些Docker主机，支持过滤器包括名称正则表达式、驱动类型、Swarm管理节点名称、状态等。例如：

```
$ docker-machine ls --filter state=Stopped
NAME   ACTIVE   DRIVER       STATE     URL   SWARM
default   -        virtualbox   Stopped
```

支持选项包括：

- --quiet，-q：减少无关输出信息；
- --filter [--filter option --filter option]：只输出符合过滤条件主机；
- -timeout，-t "10"：命令执行超时时间，默认为 10s；
- -format，-f：使用所指定的 Go 模板格式化输出。

23.5 本章小结

本章介绍了 Docker 三剑客之一：Docker Machine 项目。通过介绍可以看出，当要对多个 Docker 主机环境进行安装、配置和管理时，采用 Docker Machine 的方式将远比手动方式快捷。不仅提高了操作速度，更通过批量统一的管理减少了出错的可能。尤其在大规模集群和云平台环境中推荐使用。

当然，读者也可以考虑使用 Ansible 等 DevOps 工具来实现对 Docker 环境的自动化管理工作。

安装完成 Docker 环境后，配合 Compose 和 Swarm，可以实现完整的 Docker 容器生命周期管理。

第 24 章 Chapter 24

Docker 三剑客之 Compose

编排（Orchestration）功能，是复杂系统是否具有灵活可操作性的关键。特别在 Docker 应用场景中，编排意味着用户可以灵活地对各种容器资源实现定义和管理。

Compose 作为 Docker 官方编排工具，其重要性不言而喻，它可以让用户通过编写一个简单的模板文件，快速地创建和管理基于 Docker 容器的应用集群。

本章将介绍 Compose 项目的具体情况，以及如何进行安装和使用，最后还通过具体案例来展示如何编写 Compose 模板文件。

24.1 Compose 简介

Compose 项目是 Docker 官方的开源项目，负责实现对基于 Docker 容器的多应用服务的快速编排。从功能上看，跟 OpenStack 中的 Heat 十分类似。其代码目前在 https://github.com/docker/compose 上开源。

Compose 定位是“定义和运行多个 Docker 容器的应用”，其前身是开源项目 Fig，目前仍然兼容 Fig 格式的模板文件。

通过第一部分中的介绍，读者已经知道使用一个 Dockerfile 模板文件，可以让用户很方便地定义一个单独的应用容器。然而，在日常工作中，经常会碰到需要多个容器相互配合来完成某项任务的情况。例如要实现一个 Web 项目，除了 Web 服务容器本身，往往还需要再加上后端的数据库服务容器，甚至还包括前端的负载均衡容器等。

Compose 恰好满足了这样的需求。它允许用户通过一个单独的 `docker-compose.yml` 模板文件（YAML 格式）来定义一组相关联的应用容器为一个服务栈（stack）。

Compose 中有几个重要的概念：

- **任务**（task）：一个容器被称为一个任务。任务拥有独一无二的 ID，在同一个服务中的多个任务序号依次递增。
- **服务**（service）：某个相同应用镜像的容器副本集合，一个服务可以横向扩展为多个容器实例。
- **服务栈**（stack）：由多个服务组成，相互配合完成特定业务，如 Web 应用服务、数据库服务共同构成 Web 服务栈，一般由一个 `docker-compose.yml` 文件定义。

Compose 的默认管理对象是服务栈，通过子命令对栈中的多个服务进行便捷的生命周期管理。

Compose 项目由 Python 编写，实现上调用了 Docker 服务提供的 API 来对容器进行管理。因此，只要所操作的平台支持 Docker API，就可以在其上利用 Compose 来进行编排管理。

24.2 安装与卸载

Compose 目前支持 Linux 和 Mac OS 平台，两者的安装过程大同小异。安装 Compose 之前，要先安装 Docker 引擎，请参考第一部分中章节，在此不再赘述。

Compose 可以通过 Python 的 pip 工具进行安装，可以直接下载编译好的二进制文件使用，甚至直接运行在 Docker 容器中。前两种方式是传统方式，适合本地环境下安装使用；最后一种方式则不破坏系统环境，更适合云计算场景。

1. pip 安装

这种方式是将 Compose 当作一个 Python 应用从 PyPI 源中安装。

执行安装命令：

```
$ sudo pip install -U docker-compose
```

可以看到类似如下输出，说明安装成功：

```
Collecting docker-compose
    Downloading docker_compose-1.19.0-py2.py3-none-any.whl (115kB)
...
Successfully installed cached-property-1.3.1 certifi-2018.1.18 chardet-3.0.4
    docker-2.7.0 docker-compose-1.19.0 docker-pycreds-0.2.2 idna-2.6 ipaddress-1.0.19
    requests-2.18.4 six-1.10.0 texttable-0.9.1 urllib3-1.22 websocket-client-0.47.0
```

安装成功后，可以查看 `docker-compose` 命令的基本用法：

```
$ docker-compose -h
Define and run multi-container applications with Docker.

Usage:
    docker-compose [-f <arg>...] [options] [COMMAND] [ARGS...]
    docker-compose -h|--help

Options:
    -f, --file FILE                 Specify an alternate compose file (default:
       docker-compose.yml)
```

```
  -p, --project-name NAME     Specify an alternate project name (default: dir-
     ectory name)
  --verbose                   Show more output
  --no-ansi                   Do not print ANSI control characters
  -v, --version               Print version and exit
  -H, --host HOST             Daemon socket to connect to

  --tls                       Use TLS; implied by --tlsverify
  --tlscacert CA_PATH         Trust certs signed only by this CA
  --tlscert CLIENT_CERT_PATH  Path to TLS certificate file
  --tlskey TLS_KEY_PATH       Path to TLS key file
  --tlsverify                 Use TLS and verify the remote
  --skip-hostname-check       Don't check the daemon's hostname against the name
      specified

                              in the client certificate (for example if your
                                  docker host
                              is an IP address)
  --project-directory PATH    Specify an alternate working directory
                              (default: the path of the Compose file)

Commands:
  build              Build or rebuild services
  bundle             Generate a Docker bundle from the Compose file
  config             Validate and view the Compose file
  create             Create services
  down               Stop and remove containers, networks, images, and volumes
  events             Receive real time events from containers
  exec               Execute a command in a running container
  help               Get help on a command
  images             List images
  kill               Kill containers
  logs               View output from containers
  pause              Pause services
  port               Print the public port for a port binding
  ps                 List containers
  pull               Pull service images
  push               Push service images
  restart            Restart services
  rm                 Remove stopped containers
  run                Run a one-off command
  scale              Set number of containers for a service
  start              Start services
  stop               Stop services
  top                Display the running processes
  unpause            Unpause services
  up                 Create and start containers
  version            Show the Docker-Compose version information
```

之后，可以添加 bash 补全命令：

```
$ curl -L https://raw.githubusercontent.com/docker/compose/1.19.0/contrib/com-
    pletion/bash/docker-compose > /etc/bash_completion.d/docker-compose
```

2. 二进制包

官方定义编译好二进制包，供大家使用。这些发布的二进制包可以在 https://github.com/

docker/compose/releases 页面找到。

将这些二进制文件下载后直接放到执行路径下，并添加执行权限即可。例如，在 Linux 平台上：

```
$ sudo curl -L https://github.com/docker/compose/releases/download/1.19.0/
    docker-compose-'uname -s'-'uname -m' > /usr/local/bin/docker-compose
$ sudo chmod a+x /usr/local/bin/docker-compose
```

可以使用 docker-compose version 命令来查看版本信息，以测试是否安装成功：

```
$ docker-compose version
docker-compose version 1.19.0, build 9e633ef
docker-py version: 2.7.0
CPython version: 2.7.12
OpenSSL version: OpenSSL 1.0.2g  1 Mar 2016
```

3. 容器中执行

Compose 既然是一个 Python 应用，自然也可以直接用容器来执行它：

```
$ curl -L https://github.com/docker/compose/releases/download/1.19.0/run.sh > /
    usr/local/bin/docker-compose
$ chmod +x /usr/local/bin/docker-compose
```

实际上，查看下载的 run.sh 脚本内容，如下：

```
set -e

VERSION="1.19.0"
IMAGE="docker/compose:$VERSION"

# Setup options for connecting to docker host
if [ -z "$DOCKER_HOST" ]; then
    DOCKER_HOST="/var/run/docker.sock"
fi
if [ -S "$DOCKER_HOST" ]; then
    DOCKER_ADDR="-v $DOCKER_HOST:$DOCKER_HOST -e DOCKER_HOST"
else
    DOCKER_ADDR="-e DOCKER_HOST -e DOCKER_TLS_VERIFY -e DOCKER_CERT_PATH"
fi

# Setup volume mounts for compose config and context
if [ "$(pwd)" != '/' ]; then
    VOLUMES="-v $(pwd):$(pwd)"
fi
if [ -n "$COMPOSE_FILE" ]; then
    compose_dir=$(dirname $COMPOSE_FILE)
fi
# TODO: also check --file argument
if [ -n "$compose_dir" ]; then
    VOLUMES="$VOLUMES -v $compose_dir:$compose_dir"
fi
if [ -n "$HOME" ]; then
    VOLUMES="$VOLUMES -v $HOME:$HOME -v $HOME:/root" # mount $HOME in /root to
        share docker.config
```

```
fi

# Only allocate tty if we detect one
if [ -t 1 ]; then
    DOCKER_RUN_OPTIONS="-t"
fi
if [ -t 0 ]; then
    DOCKER_RUN_OPTIONS="$DOCKER_RUN_OPTIONS -i"
fi

exec docker run --rm $DOCKER_RUN_OPTIONS $DOCKER_ADDR $COMPOSE_OPTIONS $VOLUMES
    -w "$(pwd)" $IMAGE "$@"
```

可以看到，它其实是下载了 docker/compose 镜像并运行。

4. 卸载

如果是二进制包方式安装的，删除二进制文件即可：

```
$ sudo rm /usr/local/bin/docker-compose
```

如果是通过 Python pip 工具安装的，则可以执行如下命令删除：

```
$ sudo pip uninstall docker-compose
```

24.3 Compose 模板文件

模板文件是使用 Compose 的核心，涉及的指令关键字也比较多。但大家不用担心，这里的大部分指令与 docker [container] create|run 相关参数的含义都是类似的。

默认的模板文件名称为 docker-compose.yml，格式为 YAML 格式，目前最新的版本为 v3。

版本 1 的 Compose 文件结构十分简单，每个顶级元素为服务名称，次级元素为服务容器的配置信息，例如：

```
webapp:
    image: examples/web
    ports:
        - "80:80"
    volumes:
        - "/data"
```

版本 2 和 3 扩展了 Compose 的语法，同时尽量保持跟旧版本的兼容，除了可以声明网络和存储信息外，最大的不同一是添加了版本信息，另一个是需要将所有的服务放到 services 根下面。

例如，上面例子改写为版本 3，并启用资源限制，内容如下：

```
version:"3"
services:
    webapp:
        image: examples/web
```

```
        deploy:
            replicas: 2
            resources:
                limits:
                    cpus: "0.1"
                    memory: 100M
                restart_policy:
                    condition: on-failure
        ports:
            - "80:80"
        networks:
            - mynet
        volumes:
            - "/data"
networks:
    mynet:
```

注意每个服务都必须通过 image 指令指定镜像或 build 指令（需要 Dockerfile）等来自动构建生成镜像。

如果使用 build 指令，在 Dockerfile 中设置的选项（例如：CMD、EXPOSE、VOLUME、ENV 等）将会自动被获取，无须在 docker-compose.yml 中再次设置。

命令列表参见表 24-1。

表 24-1 Compose 模板文件主要命令

命　令	功　能
build	指定 Dockerfile 所在文件夹的路径
cap_add, cap_drop	指定容器的内核能力（capacity）分配
command	覆盖容器启动后默认执行的命令
cgroup_parent	指定父 cgroup 组，意味着将继承该组的资源限制。目前不支持 Swarm 模式
container_name	指定容器名称。目前不支持 Swarm 模式
devices	指定设备映射关系，不支持 Swarm 模式
depends_on	指定多个服务之间的依赖关系
dns	自定义 DNS 服务器
dns_search	配置 DNS 搜索域
dockerfile	指定额外的编译镜像的 Dockefile 文件
entrypoint	覆盖容器中默认的入口命令
env_file	从文件中获取环境变量
environment	设置环境变量
expose	暴露端口，但不映射到宿主机，只被连接的服务访问
extends	基于其他模板文件进行扩展
external_links	链接到 docker-compose.yml 外部的容器

（续）

命　令	功　能
extra_hosts	指定额外的 host 名称映射信息
healthcheck	指定检测应用健康状态的机制
image	指定为镜像名称或镜像 ID
isolation	配置容器隔离的机制 v
labels	为容器添加 Docker 元数据信息
links	链接到其他服务中的容器
logging	跟日志相关的配置
network_mode	设置网络模式
networks	所加入的网络
pid	跟主机系统共享进程命名空间
ports	暴露端口信息
secrets	配置应用的秘密数据
security_opt	指定容器模板标签（label）机制的默认属性（用户、角色、类型、级别等）
stop_grace_period	指定应用停止时，容器的优雅停止期限。过期后则通过 SIGKILL 强制退出。默认值为 10s
stop_signal	指定停止容器的信号
sysctls	配置容器内的内核参数。目前不支持 Swarm 模式
ulimits	指定容器的 ulimits 限制值
userns_mode	指定用户命名空间模式。目前不支持 Swarm 模式
volumes	数据卷所挂载路径设置
restart	指定重启策略
deploy	指定部署和运行时的容器相关配置。该命令只在 Swarm 模式下生效，且只支持 docker stack deploy 命令部署

下面介绍部分指令的用法。

1. build

指定 Dockerfile 所在文件夹的路径（可以是绝对路径，或者相对 docker-compose.yml 文件的路径）。Compose 将会利用它自动构建应用镜像，然后使用这个镜像，例如：

```
version: '3'
services:
    app:
        build: /path/to/build/dir
```

build 指令还可以指定创建镜像的上下文、Dockerfile 路径、标签、Shm 大小、参数和缓存来源等，例如：

```
version: '3'
services:
    app:
        build:
            context: /path/to/build/dir
            dockerfile: Dockerfile-app
            labels:
                version: "2.0"
                released: "true"
            shm_size: '2gb'
            args:
                key: value
                name: myApp
            cache_from:
                - myApp:1.0
```

2. cap_add, cap_drop

指定容器的内核能力（capacity）分配。例如，让容器拥有所有能力可以指定为：

```
cap_add:
    - ALL
```

去掉 NET_ADMIN 能力可以指定为：

```
cap_drop:
    - NET_ADMIN
```

3. command

覆盖容器启动后默认执行的命令，可以为字符串格式或 JSON 数组格式。例如：

```
command: echo "hello world"
```

或者：

```
command: ["bash", "-c", "echo", "hello world"]
```

4. configs

在 Docker Swarm 模式下，可以通过 configs 来管理和访问非敏感的配置信息。支持从文件读取或外部读取。例如：

```
version: "3.3"
services:
    app:
        image: myApp:1.0
        deploy:
            replicas: 1
        configs:
            - file_config
            - external_config
configs:
    file_config:
        file: ./config_file.cfg
    external_config:
        external: true
```

5. cgroup_parent

指定父cgroup组，意味着将继承该组的资源限制。目前不支持在Swarm模式中使用。例如，创建了一个cgroup组名称为cgroups_1：

```
cgroup_parent: cgroups_1
```

6. container_name

指定容器名称。默认将会使用“项目名称_服务名称_序号”这样的格式。目前不支持在Swarm模式中使用。例如：

```
container_name: docker-web-container
```

需要注意，指定容器名称后，该服务将无法进行扩展，因为Docker不允许多个容器实例重名。

7. devices

指定设备映射关系，不支持Swarm模式。例如：

```
devices:
    - "/dev/ttyUSB1:/dev/ttyUSB0"
```

8. depends_on

指定多个服务之间的依赖关系。启动时，会先启动被依赖服务。例如，可以指定依赖于db服务：

```
depends_on: db
```

9. dns

自定义DNS服务器。可以是一个值，也可以是一个列表。例如：

```
dns: 8.8.8.8
dns:
    - 8.8.8.8
    - 9.9.9.9
```

10. dns_search

配置DNS搜索域。可以是一个值，也可以是一个列表。例如：

```
dns_search: example.com
dns_search:
    - domain1.example.com
    - domain2.example.com
```

11. dockerfile

如果需要，指定额外的编译镜像的Dockefile文件，可以通过该指令来指定。例如：

```
dockerfile: Dockerfile-alternate
```

注意 该指令不能跟image同时使用，否则Compose将不知道根据哪个指令来生成最终的服务镜像。

12. entrypoint

覆盖容器中默认的入口命令。注意，也会取消掉镜像中指定的入口命令和默认启动命令。例如，覆盖为新的入口命令：

```
entrypoint: python app.py
```

13. env_file

从文件中获取环境变量，可以为单独的文件路径或列表。如果通过 docker-compose -f FILE 方式来指定 Compose 模板文件，则 env_file 中变量的路径会基于模板文件路径。如果有变量名称与 environment 指令冲突，则按照惯例，以后者为准。例如：

```
env_file: .env

env_file:
    - ./common.env
    - ./apps/web.env
    - /opt/secrets.env
```

环境变量文件中每一行必须符合格式，支持 # 开头的注释行，例如：

```
# common.env: Set development environment
PROG_ENV=development
```

14. environment

设置环境变量，可以使用数组或字典两种格式。只给定名称的变量会自动获取运行 Compose 主机上对应变量的值，可以用来防止泄露不必要的数据。例如：

```
environment:
    RACK_ENV: development
    SESSION_SECRET:
```

或者：

```
environment:
    - RACK_ENV=development
    - SESSION_SECRET
```

注意，如果变量名称或者值中用到 true|false，yes|no 等表达布尔含义的词汇，最好放到引号里，避免 YAML 自动解析某些内容为对应的布尔语义：

http://yaml.org/type/bool.html 中给出了这些特定词汇，包括

```
 y|Y|yes|Yes|YES|n|N|no|No|NO
|true|True|TRUE|false|False|FALSE
|on|On|ON|off|Off|OFF
```

15. expose

暴露端口，但不映射到宿主机，只被连接的服务访问。仅可以指定内部端口为参数，如下所示：

```
expose:
```

```
    - "3000"
    - "8000"
```

16. extends

基于其他模板文件进行扩展。例如，我们已经有了一个 webapp 服务，定义一个基础模板文件为 common.yml，如下所示：

```
# common.yml
webapp:
    build: ./webapp
    environment:
        - DEBUG=false
        - SEND_EMAILS=false
```

再编写一个新的 development.yml 文件，使用 common.yml 中的 webapp 服务进行扩展：

```
# development.yml
web:
    extends:
        file: common.yml
        service: webapp
    ports:
        - "8000:8000"
    links:
        - db
    environment:
        - DEBUG=true
db:
    image: postgres
```

后者会自动继承 common.yml 中的 webapp 服务及环境变量定义。使用 extends 需要注意以下两点：

- 要避免出现循环依赖，例如 A 依赖 B，B 依赖 C，C 反过来依赖 A 的情况。
- extends 不会继承 links 和 volumes_from 中定义的容器和数据卷资源。

一般情况下，推荐在基础模板中只定义一些可以共享的镜像和环境变量，在扩展模板中具体指定应用变量、链接、数据卷等信息。

17. external_links

链接到 docker-compose.yml 外部的容器，甚至并非 Compose 管理的外部容器。参数格式跟 links 类似。

```
external_links:
    - redis_1
    - project_db_1:mysql
    - project_db_1:postgresql
```

18. extra_hosts

类似 Docker 中的 --add-host 参数，指定额外的 host 名称映射信息。

例如：

```
extra_hosts:
    - "googledns:8.8.8.8"
    - "dockerhub:52.1.157.61"
```

会在启动后的服务容器中 /etc/hosts 文件中添加如下两条条目。

```
8.8.8.8 googledns
52.1.157.61 dockerhub
```

19. healthcheck

指定检测应用健康状态的机制，包括检测方法（test)、间隔（interval)、超时（timeout)、重试次数（retries)、启动等待时间（start_period）等。

例如，指定检测方法为访问 8080 端口，间隔为 30 秒，超时为 15 秒，重试 3 次，启动后等待 30 秒再做检查。

```
healthcheck:
    test: ["CMD", "curl", "-f", "http://localhost:8080"]
    interval: 30s
    timeout: 15s
    retries: 3
    start_period: 30s
```

20. image

指定为镜像名称或镜像 ID。如果镜像在本地不存在，Compose 将会尝试拉去这个镜像。

例如：

```
image: ubuntu
image: orchardup/postgresql
image: a4bc65fd
```

21. isolation

配置容器隔离的机制，包括 default、process 和 hyperv。

22. labels

为容器添加 Docker 元数据（metadata）信息。例如可以为容器添加辅助说明信息。

```
labels:
    com.startupteam.description: "webapp for a startup team"
    com.startupteam.department: "devops department"
    com.startupteam.release: "rc3 for v1.0"
```

23. links

注意：links 命令属于旧的用法，可能在后续版本中被移除。

链接到其他服务中的容器。使用服务名称（同时作为别名）或服务名称：服务别名（SERVICE:ALIAS）格式都可以。

```
links:
    - db
```

```
    - db:database
    - redis
```

使用的别名将会自动在服务容器中的 /etc/hosts 里创建。例如：

```
172.17.2.186  db
172.17.2.186  database
172.17.2.187  redis
```

被链接容器中相应的环境变量也将被创建。

24. logging

跟日志相关的配置，包括一系列子配置。

logging.driver：类似于 Docker 中的 --log-driver 参数，指定日志驱动类型。目前支持三种日志驱动类型：

```
driver: "json-file"
driver: "syslog"
driver: "none"
```

logging.options：日志驱动的相关参数。例如：

```
logging:
    driver: "syslog"
    options:
        syslog-address: "tcp://192.168.0.42:123"
```

或：

```
logging:
    driver: "json-file"
    options:
        max-size: "1000k"
        max-file: "20"
```

25. network_mode

设置网络模式。使用和 docker client 的 --net 参数一样的值。

```
network_mode: "none"
network_mode: "bridge"
network_mode: "host"
network_mode: "service:[service name]"
network_mode: "container:[name or id]"
```

26. networks

所加入的网络。需要在顶级的 networks 字段中定义具体的网络信息。

例如，指定 web 服务的网络为 web_net，并添加服务在网络中别名为 web_app。

```
services:
    web:
        networks:
            web_net:
                aliases: web_app
```

```
            ipv4_address: 172.16.0.10

networks:
    web_net:
        driver: bridge
        enable_ipv6: true
        ipam:
            driver: default
            config:
                subnet: 172.16.0.0/24
```

27. pid

跟主机系统共享进程命名空间。打开该选项的容器之间，以及容器和宿主机系统之间可以通过进程 ID 来相互访问和操作。

```
pid: "host"
```

28. ports

暴露端口信息。

使用宿主：容器（HOST:CONTAINER）格式，或者仅仅指定容器的端口（宿主将会随机选择端口）都可以。

```
ports:
    - "3000"
    - "8000:8000"
    - "49100:22"
    - "127.0.0.1:8001:8001"
```

或者：

```
ports:
    - target: 80
      published: 8080
      protocol: tcp
      mode: ingress
```

注意 当使用 HOST:CONTAINER 格式来映射端口时，如果你使用的容器端口小于 60 并且没放到引号里，可能会得到错误结果，因为 YAML 会自动解析 xx:yy 这种数字格式为 60 进制。为避免出现这种问题，建议数字串都采用引号包括起来的字符串格式。

29. secrets

配置应用的秘密数据。

可以指定来源秘密、挂载后名称、权限等。

例如：

```
version: "3.1"
services:
    web:
        image: webapp:stable
```

```
        deploy:
          replicas: 2
        secrets:
          - source: web_secret
            target: web_secret
            uid: '103'
            gid: '103'
            mode: 0444
secrets:
  web_secret:
    file: ./web_secret.txt
```

30. security_opt

指定容器模板标签（label）机制的默认属性（用户、角色、类型、级别等）。

例如，配置标签的用户名和角色名：

```
security_opt:
    - label:user:USER
    - label:role:ROLE
```

31. stop_grace_period

指定应用停止时，容器的优雅停止期限。过期后则通过SIGKILL强制退出。

默认值为10s。

32. stop_signal

指定停止容器的信号，默认为SIGTERM。

33. sysctls

配置容器内的内核参数。Swarm模式中不支持。

例如，指定连接数为4096和开启TCP的syncookies：

```
sysctls:
    net.core.somaxconn: 4096
    net.ipv4.tcp_syncookies: 1
```

34. ulimits

指定容器的ulimits限制值。

例如，指定最大进程数为65535，指定文件句柄数为20000（软限制，应用可以随时修改，不能超过硬限制）和40000（系统硬限制，只能root用户提高）。

```
ulimits:
    nproc: 65535
    nofile:
      soft: 20000
      hard: 40000
```

35. userns_mode

指定用户命名空间模式。Swarm模式中不支持。例如，使用主机上的用户命名空间：

```
userns_mode: "host"
```

36. volumes

数据卷所挂载路径设置。可以设置宿主机路径（HOST:CONTAINER）或加上访问模式（HOST:CONTAINER:ro）。

支持 driver、driver_opts、external、labels、name 等子配置。

该指令中路径支持相对路径。例如

```
volumes:
    - /var/lib/mysql
    - cache/:/tmp/cache
    - ~/configs:/etc/configs/:ro
```

或者可以使用更详细的语法格式：

```
volumes:
    - type: volume
      source: mydata
      target: /data
      volume:
          nocopy: true
volumes:
    mydata:
```

37. restart

指定重启策略，可以为 no（不重启）、always（总是）、on-failure（失败时）、unless-stopped（除非停止）。

注意 Swarm 模式下要使用 restart_policy。在生产环境中推荐配置为 always 或者 unless-stopped。

例如，配置除非停止：

```
restart: unless-stopped
```

38. deploy

指定部署和运行时的容器相关配置。该命令只在 Swarm 模式下生效，且只支持 docker stack deploy 命令部署。

例如：

```
version: '3'
services:
    redis:
        image: web:stable
        deploy:
            replicas: 3
            update_config:
                parallelism: 2
                delay: 10s
            restart_policy:
                condition: on-failure
```

deploy 命令中包括 endpoint_mode、labels、mode、placement、replicas、resources、restart_ policy、update_config 等配置项。

(1) endpoint_mode

指定服务端点模式。包括两种类型：

- vip：Swarm 分配一个前端的虚拟地址，客户端通过给地址访问服务，而无须关心后端的应用容器个数；
- dnsrr：Swarm 分配一个域名给服务，用户访问域名时候回按照轮流顺序返回容器地址。

例如：

```
version: '3'
services:
    redis:
        image: web:stable
        deploy:
            mode: replicated
            replicas: 3
            endpoint_mode: vip
```

(2) labels

指定服务的标签。注意标签信息不会影响到服务内的容器。

例如：

```
version: "3"
services:
    web:
        image: web:stable
        deploy:
            labels:
                description: "This is a web application service."
```

(3) mode

定义容器副本模式，可以为：

- global：每个 Swarm 节点上只有一个该应用容器；
- replicated：整个集群中存在指定份数的应用容器副本，默认值。

例如，指定集群中 web 应用保持 3 个副本：

```
version: "3"
services:
    web:
        image: web:stable
        deploy:
            mode: replicated
            replicas: 3
```

(4) placement

定义容器放置的限制（constraints）和配置（preferences）。限制可以指定只有符合要求的节点上才能运行该应用容器；配置可以指定容器的分配策略。例如，指定集群中 web 应用容器只存在于高安全的节点上，并且在带有 zone 标签的节点上均匀分配。：

```
version: '3'
services:
    db:
        image: web:stable
        deploy:
            placement:
                constraints:
                    - node.labels.security==high
                preferences:
                    - spread: node.labels.zone
```

（5）replicas

容器副本模式为默认的 replicated 时，指定副本的个数。

（6）resources

指定使用资源的限制，包括 CPU、内存资源等。例如，指定应用使用的 CPU 份额为 10%～25%，内存为 200 MB 到 500 MB。

```
version: '3'
services:
    redis:
        image: web:stable
        deploy:
            resources:
                limits:
                    cpus: '0.25'
                    memory: 500M
                reservations:
                    cpus: '0.10'
                    memory: 200M
```

（7）restart_policy

指定容器重启的策略。例如，指定重启策略为失败时重启，等待 2s，重启最多尝试 3 次，检测状态的等待时间为 10s。

```
version: "3"
services:
    redis:
        image: web:stable
        deploy:
            restart_policy:
                condition: on-failure
                delay: 2s
                max_attempts: 3
                window: 10s
```

（8）update_config

有些时候需要对容器内容进行更新，可以使用该配置指定升级的行为。包括每次升级多少个容器（parallelism）、升级的延迟（delay）、升级失败后的行动（failure_action）、检测升级后状态的等待时间（monitor）、升级后容忍的最大失败比例（max_failure_ratio）、升级顺序（order）等。例如，指定每次更新两个容器、更新等待 10s、先停止旧容器再升级。

```
version: "3.4"
services:
    redis:
        image: web:stable
        deploy:
            replicas: 2
            update_config:
                parallelism: 2
                delay: 10s
                order: stop-first
```

39. 其他指令

此外，还有包括 domainname、hostname、ipc、mac_address、privileged、read_only、shm_size、stdin_open、tty、user、working_dir 等指令，基本跟 docker-run 中对应参数的功能一致。例如，指定容器中工作目录：

```
working_dir: /code
```

指定容器中搜索域名、主机名、mac 地址等：

```
domainname: your_website.com
hostname: test
mac_address: 08-00-27-00-0C-0A
```

允许容器中运行一些特权命令：

```
privileged: true
```

40. 读取环境变量

从 1.5.0 版本开始，Compose 模板文件支持动态读取主机的系统环境变量。例如，下面的 Compose 文件将从运行它的环境中读取变量 ${MONGO_VERSION} 的值（不指定时则采用默认值 3.2），并写入执行的指令中。

```
db:
    image: "mongo:${MONGO_VERSION-3.2}"
```

如果直接执行 docker-compose up 则会启动一个 mongo:3.2 镜像的容器；如果执行 MONGO_VERSION=2.8 docker-compose up 则会启动一个 mongo:2.8 镜像的容器。

41. 扩展特性

从 3.4 开始，Compose 还支持用户自定义的扩展字段。利用 YAML 语法里的锚点引用功能来引用自定义字段内容。例如：

```
version: '3.4'
x-logging:
    &default-logging
    options:
        max-size: '10m'
```

```
        max-file: '10'
    driver: json-file

services:
    web:
        image: webapp:stable
        logging: *default-logging
```

24.4 Compose 命令说明

对于 Compose 来说，大部分命令的对象既可以是项目本身，也可以指定为项目中的服务或者容器。如果没有特别的说明，命令对象将是项目，这意味着项目中所有的服务都会受到命令影响。

执行 `docker-compose [COMMAND] --help` 或者 `docker-compose help [COMMAND]` 可以查看具体某个命令的使用格式。

Compose 命令的基本的使用格式是：

```
docker-compose [-f=<arg>...] [options] [COMMAND] [ARGS...]
```

命令选项如下：

- `-f, --file FILE`：指定使用的 Compose 模板文件，默认为 docker-compose.yml，可以多次指定；
- `-p, --project-name NAME`：指定项目名称，默认将使用所在目录名称作为项目名；
- `--verbose`：输出更多调试信息；
- `-v, --version`：打印版本并退出；
- `-H, –host HOST`：指定所操作的 Docker 服务地址；
- `-tls`：启用 TLS，如果指定 –tlsverify 则默认开启；
- `-tlscacert CA_PATH`：信任的 TLS CA 的证书；
- `-tlscert CLIENT_CERT_PATH`：客户端使用的 TLS 证书；
- `-tlskey TLS_KEY_PATH`：TLS 的私钥文件路径；
- `-tlsverify`：使用 TLS 校验连接对方；
- `-skip-hostname-check`：不使用 TLS 证书校验对方的主机名；
- `-project-directory PATH`：指定工作目录，默认为 Compose 文件所在路径。

命令列表见表 24-2。

表 24-2 Compose 命令

命令	功能
build	构建（重新构建）项目中的服务容器
bundle	创建一个可分发的配置包，包括整个服务栈的所有数据，他人可以利用该文件启动服务栈
config	校验和查看 Compose 文件的配置信息

（续）

命　令	功　能
down	停止服务栈，并删除相关资源，包括容器、挂载卷、网络、创建镜像等 默认情况下只清除所创建的容器和网络资源
events	实时监控容器的事件信息
exec	在一个运行中的容器内执行给定命令
help	获得一个命令的帮助
images	列出服务所创建的镜像
kill	通过发送 SIGKILL 信号来强制停止服务容器
logs	查看服务容器的输出
pause	暂停一个服务容器
port	打印某个容器端口所映射的公共端口
ps	列出项目中目前的所有容器
pull	拉取服务依赖的镜像
push	推送服务创建的镜像到镜像仓库
restart	重启项目中的服务
rm	删除所有（停止状态的）服务容器
run	在指定服务上执行一个命令
scale	设置指定服务运行的容器个数
start	启动已经存在的服务容器
stop	停止已经处于运行状态的容器，但不删除它
top	显示服务栈中正在运行的进程信息
unpause	恢复处于暂停状态中的服务
up	尝试自动完成一系列操作：包括构建镜像，（重新）创建服务，启动服务，并关联服务相关容器等
version	打印版本信息

Compose 命令使用说明如下。

1. build

格式为 `docker-compose build [options] [SERVICE...]`。

构建（重新构建）项目中的服务容器。

服务容器一旦构建后，将会带上一个标记名，例如对于 Web 项目中的一个 db 容器，可能是 `web_db`。

可以随时在项目目录下运行 `docker-compose build` 来重新构建服务。

选项包括：

- `--force-rm`：强制删除构建过程中的临时容器；
- `--no-cache`：构建镜像过程中不使用 cache（这将加长构建过程）；

- --pull：始终尝试通过 pull 来获取更新版本的镜像；
- -m, -memory MEM：指定创建服务所使用的内存限制；
- -build-arg key=val：指定服务创建时的参数。

2. bundle

格式为 docker-compose bundle [options]。

创建一个可分发（Distributed Application Bundle，DAB）的配置包，包括整个服务栈的所有数据，他人可以利用该文件启动服务栈。

支持选项包括：

- -push-images：自动推送镜像到仓库；
- -o, -output PATH：配置包的导出路径。

3. config

格式为 docker-compose config [options]。

校验和查看 Compose 文件的配置信息。

支持选项包括：

- -resolve-image-digests：为镜像添加对应的摘要信息；
- -q, -quiet：只检验格式正确与否，不输出内容；
- -services：打印出 Compose 中所有的服务信息；
- -volumes：打印出 Compose 中所有的挂载卷信息；

4. down

格式为 docker-compose down [options]。

停止服务栈，并删除相关资源，包括容器、挂载卷、网络、创建镜像等。

默认情况下只清除所创建的容器和网络资源。

支持选项包括：

- -rmi type：指定删除镜像的类型，包括 all（所有镜像），local（仅本地）；
- -v, -volumes：删除挂载数据卷；
- -remove-orphans：清除孤儿容器，即未在 Compose 服务中定义的容器；
- -t, -timeout TIMEOUT：指定超时时间，默认为 10s。

5. events

格式为 docker-compose events [options] [SERVICE...]。

实时监控容器的事件信息。

支持选项包括 -json：以 Json 对象流格式输出事件信息。

6. exec

格式为 docker-compose exec [options] [-e KEY=VAL...] SERVICE COMMAND [ARGS...]。

在一个运行中的容器内执行给定命令。

支持选项包括：

- -d：在后台运行命令；
- -privileged：以特权角色运行命令；
- -u，-user USER：以给定用户身份运行命令；
- -T：不分配 TTY 伪终端，默认情况下会打开；
- -index=index：当服务有多个容器实例时指定容器索引，默认为第一个；
- -e，-env KEY=VAL：设置环境变量。

7. help

获得一个命令的帮助。

8. images

格式为 docker-compose images [options] [SERVICE...]。

列出服务所创建的镜像。

支持选项为：

- -q：仅显示镜像的 ID。

9. kill

格式为 docker-compose kill [options] [SERVICE...]。

通过发送 SIGKILL 信号来强制停止服务容器。

支持通过 -s 参数来指定发送的信号，例如通过如下指令发送 SIGINT 信号。

```
$ docker-compose kill -s SIGINT
```

10. logs

格式为 docker-compose logs [options] [SERVICE...]。

查看服务容器的输出。默认情况下，docker-compose 将对不同的服务输出使用不同的颜色来区分。可以通过 --no-color 来关闭颜色。

该命令在调试问题的时候十分有用。

支持选项为：

- -no-color：关闭彩色输出；
- -f，-follow：持续跟踪输出日志消息；
- -t，-timestamps：显示时间戳信息；
- -tail="all"：仅显示指定行数的最新日志消息。

11. pause

格式为 docker-compose pause [SERVICE...]。

暂停一个服务容器。

12. port

格式为 docker-compose port [options] SERVICE PRIVATE_PORT。

打印某个容器端口所映射的公共端口。

选项：

- --protocol=proto：指定端口协议，tcp（默认值）或者 udp；
- --index=index：如果同一服务存在多个容器，指定命令对象容器的序号（默认为 1）。

13. ps

格式为 docker-compose ps [options] [SERVICE...]。

列出项目中目前的所有容器。

选项包括 -q：只打印容器的 ID 信息。

14. pull

格式为 docker-compose pull [options] [SERVICE...]。

拉取服务依赖的镜像。

选项包括 --ignore-pull-failures：忽略拉取镜像过程中的错误。

15. push

格式为 docker-compose push [options] [SERVICE...]。

推送服务创建的镜像到镜像仓库。

选项包括 --ignore-push-failures：忽略推送镜像过程中的错误。

16. restart

格式为 docker-compose restart [options] [SERVICE...]。

重启项目中的服务。

选项包括 -t, --timeout TIMEOUT：指定重启前停止容器的超时（默认为 10 秒）。

17. rm

格式为 docker-compose rm [options] [SERVICE...]。

删除所有（停止状态的）服务容器。推荐先执行 docker-compose stop 命令来停止容器。

选项：

- -f, --force：强制直接删除，包括非停止状态的容器。一般尽量不要使用该选项。
- -v：删除容器所挂载的数据卷。

18. run

格式为 docker-compose run [options] [-p PORT...] [-e KEY=VAL...] SERVICE [COMMAND] [ARGS...]。

在指定服务上执行一个命令。

例如：

```
$ docker-compose run ubuntu ping docker.com
```

将会启动一个 ubuntu 服务容器，并执行 ping docker.com 命令。

默认情况下，如果存在关联，则所有关联的服务将会自动被启动，除非这些服务已经在运行中。

该命令类似启动容器后运行指定的命令，相关卷、链接等等都将会按照配置自动创建。

两个不同点：

- 给定命令将会覆盖原有的自动运行命令；
- 会自动创建端口，以避免冲突。

如果不希望自动启动关联的容器，可以使用 --no-deps 选项，例如

```
$ docker-compose run --no-deps web python manage.py shell
```

将不会启动 web 容器所关联的其他容器。

选项：

- `-d`：后台运行容器；
- `--name NAME`：为容器指定一个名字；
- `--entrypoint CMD`：覆盖默认的容器启动指令；
- `-e KEY=VAL`：设置环境变量值，可多次使用选项来设置多个环境变量；
- `-u, --user=""`：指定运行容器的用户名或者 uid；
- `--no-deps`：不自动启动关联的服务容器；
- `--rm`：运行命令后自动删除容器，d 模式下将忽略；
- `-p, --publish=[]`：映射容器端口到本地主机；
- `--service-ports`：配置服务端口并映射到本地主机；
- `-T`：不分配伪 tty，意味着依赖 tty 的指令将无法运行。

19. scale

格式为 `docker-compose scale [options] [SERVICE=NUM...]`。

设置指定服务运行的容器个数。

通过 `service=num` 的参数来设置数量。例如：

```
$ docker-compose scale web=3 db=2
```

将启动 3 个容器运行 web 服务，2 个容器运行 db 服务。

一般的，当指定数目多于该服务当前实际运行容器，将新创建并启动容器；反之，将停止容器。

选项包括 `-t, --timeout TIMEOUT`：停止容器时候的超时（默认为 10 秒）。

20. start

格式为 `docker-compose start [SERVICE...]`。

启动已经存在的服务容器。

21. stop

格式为 docker-compose stop [options] [SERVICE...]。

停止已经处于运行状态的容器，但不删除它。通过 docker-compose start 可以再次启动这些容器。

选项包括 -t，--timeout TIMEOUT：停止容器时候的超时（默认为 10 秒）。

22. top

格式为 docker-compose top [SERVICE...]。

显示服务栈中正在运行的进程信息。

23. unpause

格式为 docker-compose unpause [SERVICE...]。

恢复处于暂停状态中的服务。

24. up

格式为 docker-compose up [options] [SERVICE...]。

该命令十分强大，它将尝试自动完成包括构建镜像，（重新）创建服务，启动服务，并关联服务相关容器的一系列操作。

链接的服务都将会被自动启动，除非已经处于运行状态。

可以说，大部分时候都可以直接通过该命令来启动一个项目。

默认情况，docker-compose up 启动的容器都在前台，控制台将会同时打印所有容器的输出信息，可以很方便进行调试。

当通过 Ctrl-C 停止命令时，所有容器将会停止。

如果使用 docker-compose up -d，将会在后台启动并运行所有的容器。一般推荐生产环境下使用该选项。

默认情况，如果服务容器已经存在，docker-compose up 将会尝试停止容器，然后重新创建（保持使用 volumes-from 挂载的卷），以保证新启动的服务匹配 docker-compose.yml 文件的最新内容。如果用户不希望容器被停止并重新创建，可以使用 docker-compose up --no-recreate。这样将只会启动处于停止状态的容器，而忽略已经运行的服务。如果用户只想重新部署某个服务，可以使用 docker-compose up --no-deps -d <SERVICE_NAME> 来重新创建服务并后台停止旧服务，启动新服务，并不会影响到其所依赖的服务。

选项：

- -d：在后台运行服务容器；
- --no-color：不使用颜色来区分不同的服务的控制台输出；
- --no-deps：不启动服务所链接的容器；
- --force-recreate：强制重新创建容器，不能与 --no-recreate 同时使用；
- --no-recreate：如果容器已经存在了，则不重新创建，不能与 --force-recreate 同时使用；

- --no-build：不自动构建缺失的服务镜像；
- --abort-on-container-exit：当有容器停止时中止整个服务，与 -d 选项冲突。
- -t, --timeout TIMEOUT：停止容器时候的超时（默认为 10 秒），与 -d 选项冲突；
- --remove-orphans：删除服务中未定义的孤儿容器；
- --exit-code-from SERVICE：退出时返回指定服务容器的退出符；
- --scale SERVICE=NUM：扩展指定服务实例到指定数目。

25. version

格式为 docker-compose version。

打印版本信息。

24.5　Compose 环境变量

环境变量可以用来配置 Compose 的行为，参见表 24-3。

表 24-3　Compose 环境变量

变　量	说　明
COMPOSE_PROJECT_NAME	设置 Compose 的项目名称，默认是当前工作目录（docker-compose. yml 文件所在目录）的名字 Compose 会为每一个启动的容器前添加的项目名称。例如，一个名称为 proj 的项目，其中的 web 容器名称可能为 proj_web_1
COMPOSE_FILE	设置要使用的 docker-compose.yml 的路径。如果不指定，默认会先查找当前工作目录下是否存在 docker-compose.yml 文件，如果还找不到，则继续查找上层目录
COMPOSE_API_VERSION	某些情况下，Compose 发出的 Docker 请求，其版本可能在服务端并不支持，可以通过指定 API 版本来临时解决这个问题 在生产环境中不推荐使用这个临时方案，要通过适当的升级来保证客户端和服务端版本的兼容性
DOCKER_HOST	设置 Docker 服务端的监听地址。默认使用 unix:///var/run/ docker.sock，这其实也是 Docker 客户端采用的默认值
DOCKER_TLS_VERIFY	如果该环境变量不为空，则与 Docker 服务端的所有交互都通过 TLS 协议进行加密
DOCKER_CERT_PATH	配置 TLS 通信所需要的验证文件（包括 ca.pem、cert.pem 和 key.pem）的路径，默认是 ~/.docker
COMPOSE_HTTP_TIMEOUT	Compose 向 Docker 服务端发送请求的超时，默认值为 60s
COMPOSE_TLS_VERSION	指定与 Docker 服务进行交互的 TLS 版本，支持版本为 TLSv1（默认值）、TLSv1_1、TLSv1_2
COMPOSE_PATH_SEPARATOR	指定 COMPOSE_FILE 环境变量中的路径间隔符
COMPOSE_IGNORE_ORPHANS	是否忽略孤儿容器

（续）

变　量	说　明
COMPOSE_PARALLEL_LIMIT	设置 Compose 可以执行进程的并发数
COMPOSE_INTERACTIVE_NO_CLI	尝试不使用 Docker 命令行来执行 run 和 exec 指令

以 DOCKER_ 开头的变量和用来配置 Docker 命令行客户端的使用一样。

24.6 Compose 应用案例一：Web 负载均衡

负载均衡器 + Web 应用是十分经典的应用结构。下面，笔者将创建一个该结构的 Web 项目：一个 Haproxy 作为负载均衡器，后端挂载三个 Web 容器。

首先创建一个 haproxy_web 目录，作为项目工作目录，并在其中分别创建两个子目录：web 和 haproxy。

1. web 子目录

在 web 子目录下将放置所需 Web 应用代码和 Dockerfile，一会将生成需要的 Web 镜像。

这里用 Python 程序来实现一个简单的 Web 应用，该应用能响应 HTTP 请求，返回的页面将打印出访问者的 IP 和响应请求的后端容器的 IP。

编写一个 index.py 作为服务器文件，代码为：

```
#!/usr/bin/python
#authors: yeasy.github.com

import sys
import BaseHTTPServer
from SimpleHTTPServer import SimpleHTTPRequestHandler
import socket
import fcntl
import struct
import pickle
from datetime import datetime
from collections import OrderedDict

class HandlerClass(SimpleHTTPRequestHandler):
    def get_ip_address(self,ifname):
        s = socket.socket(socket.AF_INET, socket.SOCK_DGRAM)
        return socket.inet_ntoa(fcntl.ioctl(
            s.fileno(),
            0x8915,  # SIOCGIFADDR
            struct.pack('256s', ifname[:15])
        )[20:24])
    def log_message(self, format, *args):
        if len(args) < 3 or "200" not in args[1]:
            return
        try:
            request = pickle.load(open("pickle_data.txt","r"))
        except:
```

```
            request=OrderedDict()
        time_now = datetime.now()
        ts = time_now.strftime('%Y-%m-%d %H:%M:%S')
        server = self.get_ip_address('eth0')
        host=self.address_string()
        addr_pair = (host,server)
        if addr_pair not in request:
            request[addr_pair]=[1,ts]
        else:
            num = request[addr_pair][0]+1
            del request[addr_pair]
            request[addr_pair]=[num,ts]
        file=open("index.html", "w")
        file.write("<!DOCTYPE html> <html> <body><center><h1><font color=\"blue\"
            face=\"Georgia, Arial\" size=8><em>HA</em></font> Webpage Visit
            Results</h1></center>");
        for pair in request:
            if pair[0] == host:
                guest = "LOCAL: "+pair[0]
            else:
                guest = pair[0]
            if (time_now-datetime.strptime(request[pair][1],'%Y-%m-%d %H:%M:%S')).
                seconds < 3:
                file.write("<p style=\"font-size:150%\" >#"+ str(request[pair]
                    [1]) +": <font color=\"red\">"+str(request[pair][0])+ "</font>
                    requests " + "from &lt<font color=\"blue\">"+guest+"</font>&gt
                    to WebServer &lt<font color=\"blue\">"+pair[1]+"</font>&gt</p>")
            else:
                file.write("<p style=\"font-size:150%\" >#"+ str(request[pair][1])
                    +": <font color=\"maroon\">"+str(request[pair][0])+ "</font>
                    requests " + "from &lt<font color=\"navy\">"+guest+"</font>&gt
                    to WebServer &lt<font color=\"navy\">"+pair[1]+"</font>&gt</p>")
        file.write("</body> </html>");
        file.close()
        pickle.dump(request,open("pickle_data.txt","w"))

if __name__ == '__main__':
    try:
        ServerClass  = BaseHTTPServer.HTTPServer
        Protocol     = "HTTP/1.0"
        addr = len(sys.argv) < 2 and "0.0.0.0" or sys.argv[1]
        port = len(sys.argv) < 3 and 80 or int(sys.argv[2])
        HandlerClass.protocol_version = Protocol
        httpd = ServerClass((addr, port), HandlerClass)
        sa = httpd.socket.getsockname()
        print "Serving HTTP on", sa[0], "port", sa[1], "..."
        httpd.serve_forever()
    except:
        exit()
```

生成一个临时的 `index.html` 文件，其内容会被 index.py 来更新：

```
$ touch index.html
```

生成一个 Dockerfile，部署该 Web 应用，内容为：

```
FROM python:2.7
WORKDIR /code
ADD . /code
EXPOSE 80
CMD python index.py
```

2. haproxy 目录

该目录将配置 haproxy 镜像。在其中生成一个 haproxy.cfg 文件，内容为：

```
global
    log 127.0.0.1 local0
    log 127.0.0.1 local1 notice
    maxconn 4096

defaults
    log global
    mode http
    option httplog
    option dontlognull
    timeout connect 5000ms
    timeout client 50000ms
    timeout server 50000ms

listen stats
    bind 0.0.0.0:70
    mode http
    stats enable
    stats hide-version
    stats scope .
    stats realm Haproxy\ Statistics
    stats uri /
    stats auth user:pass

frontend balancer
    bind 0.0.0.0:80
    mode http
    default_backend web_backends

backend web_backends
    mode http
    option forwardfor
    balance roundrobin
    server weba weba:80 check
    server webb webb:80 check
    server webc webc:80 check
    option httpchk GET /
    http-check expect status 200
```

3. docker-compose.yml

在 haproxy_web 目录下编写一个 docker-compose.yml 文件，该文件是 Compose 使用的主模板文件。其中，指定启动 3 个 Web 容器（weba、webb、webc），以及 1 个 haproxy 容器：

```
# This will start a haproxy and three web services. haproxy will act as a loadbalancer.
# Authors: yeasy.github.com

weba:
    build: ./web
    expose:
        - 80

webb:
    build: ./web
    expose:
        - 80

webc:
    build: ./web
    expose:
        - 80

haproxy:
    image: haproxy:1.6
    volumes:
        - ./haproxy:/haproxy-override
        - ./haproxy/haproxy.cfg:/usr/local/etc/haproxy/haproxy.cfg:ro
    links:
        - weba
        - webb
        - webc
    ports:
        - "80:80"
        - "70:70"
```

4. 运行 compose 项目

现在 haproxy_web 目录应该长成下面的样子：

```
haproxy_web
├ docker-compose.yml
├── haproxy
│   └── haproxy.cfg
└── web
    ├── Dockerfile
    ├── index.html
    └── index.py
```

在该目录下执行 sudo docker-compose up 命令，控制台会整合打印出所有容器的输出信息：

```
$ sudo docker-compose up
Recreating haproxyweb_webb_1...
Recreating haproxyweb_webc_1...
Recreating composehaproxyweb_weba_1...
Recreating composehaproxyweb_haproxy_1...
Attaching to composehaproxyweb_webb_1, composehaproxyweb_webc_1, composeha-
    proxyweb_weba_1, composehaproxyweb_haproxy_1
```

此时通过浏览器访问本地的 80 端口，会获取到页面信息，如图 24-1 所示。

HA Webpage Visit Results

#2015-11-18 02:26:47: 2 requests from <LOCAL: 172.17.0.45> to WebServer <172.17.0.44>

图 24-1 访问本地 80 端口

经过 haproxy 自动转发到后端的某个 Web 容器上，刷新页面，可以观察到访问的容器地址的变化。

访问本地 70 端口，可以查看到 haproxy 的统计信息，如图 24-2 所示。

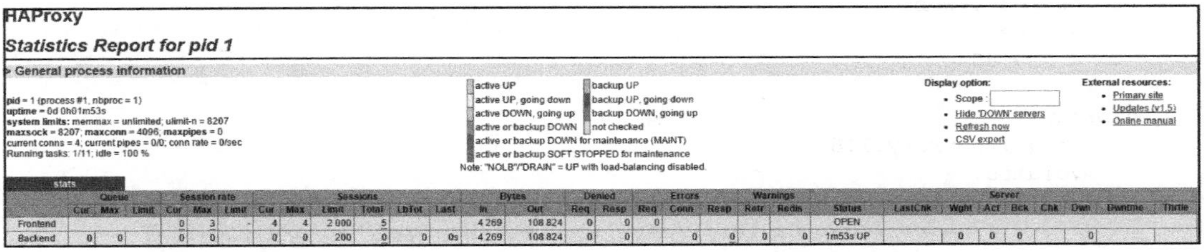

HAProxy

Statistics Report for pid 1

图 24-2 访问本地 70 端口

查看本地的镜像，会发现 Compose 自动创建的 haproxyweb_weba、haproxyweb_webb、haproxyweb_webc 镜像：

```
$ docker images
REPOSITORY          TAG          IMAGE ID          CREATED            VIRTUAL SIZE
haproxyweb_webb     latest       33d5e6f5e20b      44 minutes ago     675.2 MB
haproxyweb_weba     latest       33d5e6f5e20b      44 minutes ago     675.2 MB
haproxyweb_webc     latest       33d5e6f5e20b      44 minutes ago     675.2 MB
```

当然，还可以进一步使用 `consul` 等方案来实现服务自动发现，这样就可以不用手动指定后端的 Web 容器了，更为灵活。

24.7 Compose 应用案例二：大数据 Spark 集群

Spark 是 Berkeley 开发的分布式计算的框架，相对于 Hadoop 来说，Spark 可以缓存中间结果到内存而提高某些需要迭代的计算场景的效率，目前收到广泛关注。

熟悉 Hadoop 的同学也不必担心，Spark 很多设计理念和用法都跟 Hadoop 保持一致和相似，并且在使用上完全兼容 HDFS。但是 Spark 的安装并不容易，依赖包括 Java、Scala、HDFS 等。

通过使用 Docker Compose，可以快速的在本地搭建一套 Spark 环境，方便大家开发 Spark 应用，或者扩展到生产环境。

1. 准备工作

这里，笔者采用热门的 `sequenceiq/docker-spark` 镜像，这个镜像已经安装了对

Spark 的完整依赖。由于镜像比较大（2 GB 多），推荐先下载镜像到本地：

```
$ docker pull sequenceiq/spark:1.4.0
```

（1）docker-compose.yml 文件

首先新建一个 spark_cluster 目录，并在其中创建一个 docker-compose.yml 文件。文件内容如下：

```
master:
    image: sequenceiq/spark:1.4.0
    hostname: master
    ports:
    - "4040:4040"
        - "8042:8042"
        - "7077:7077"
        - "8088:8088"
        - "8080:8080"
    restart: always
    deploy:
            resources:
                limits:
                    cpus: '0.50'
                    memory: 1024M
                reservations:
                    cpus: '0.25'
                    memory: 256M
    command: bash /usr/local/spark/sbin/start-master.sh && ping localhost > /dev/null
worker:
    image: sequenceiq/spark:1.4.0
    links:
        - master:master
    expose:
        - "8081"
    restart: always
    command: bash /usr/local/spark/sbin/start-slave.sh spark://master:7077 && ping
        localhost >/dev/null
```

docker-compose.yml 中定义了两种类型的服务：master 和 slave。master 类型的服务容器将负责管理操作，worker 则负责具体处理。

（2）master 服务

master 服务映射了好几组端口到本地，分别功能为：

- 4040：Spark 运行任务时候提供 web 界面观测任务的具体执行状况，包括执行到哪个阶段、在哪个 executor 上执行；
- 8042：Hadoop 的节点管理界面；
- 7077：Spark 主节点的监听端口，用户可以提交应用到这个端口，worker 节点也可以通过这个端口连接到主节点构成集群；
- 8080：Spark 的监控界面，可以看到所有的 worker、应用整体信息；
- 8088：Hadoop 集群的整体监控界面，如图 24-3 所示。

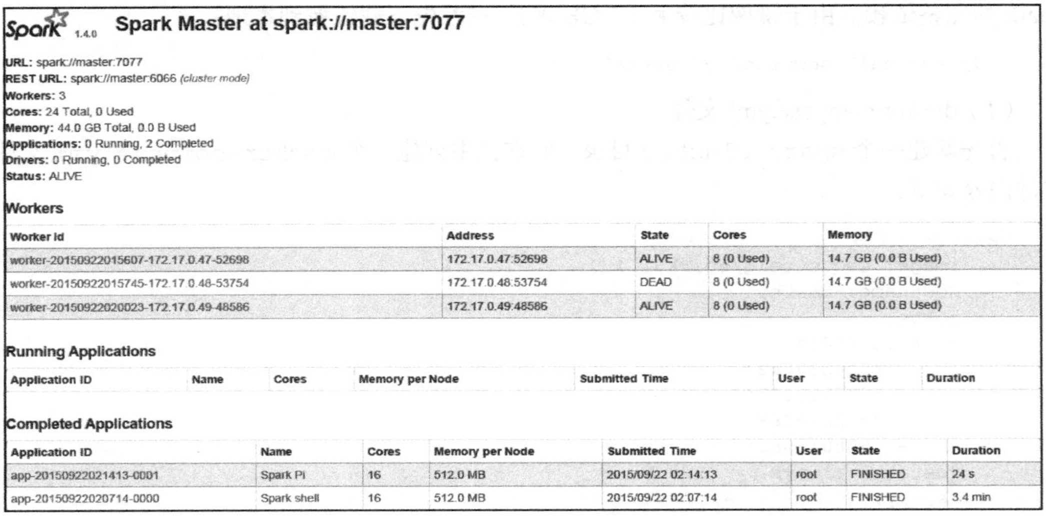

Spark 1.4.0 Spark Master at spark://master:7077

URL: spark://master:7077
REST URL: spark://master:6066 (cluster mode)
Workers: 3
Cores: 24 Total, 0 Used
Memory: 44.0 GB Total, 0.0 B Used
Applications: 0 Running, 2 Completed
Drivers: 0 Running, 0 Completed
Status: ALIVE

Workers

Worker Id	Address	State	Cores	Memory
worker-20150922015607-172.17.0.47-52698	172.17.0.47:52698	ALIVE	8 (0 Used)	14.7 GB (0.0 B Used)
worker-20150922015745-172.17.0.48-53754	172.17.0.48:53754	DEAD	8 (0 Used)	14.7 GB (0.0 B Used)
worker-20150922020023-172.17.0.49-48586	172.17.0.49:48586	ALIVE	8 (0 Used)	14.7 GB (0.0 B Used)

Running Applications

Application ID	Name	Cores	Memory per Node	Submitted Time	User	State	Duration

Completed Applications

Application ID	Name	Cores	Memory per Node	Submitted Time	User	State	Duration
app-20150922021413-0001	Spark Pi	16	512.0 MB	2015/09/22 02:14:13	root	FINISHED	24 s
app-20150922020714-0000	Spark shell	16	512.0 MB	2015/09/22 02:07:14	root	FINISHED	3.4 min

图 24-3 监控界面

（3）worker 服务

类似于 master 节点，启动后，执行了 /usr/local/spark/sbin/start-slave.sh spark://master:7077 命令来配置自己为 worker 节点，然后通过 ping 来避免容器退出。注意，启动脚本后面需要提供 spark://master:7077 参数来指定 master 节点地址。8081 端口提供的 Web 界面，可以看到该 worker 节点上任务的具体执行情况，如图 24-4 所示。

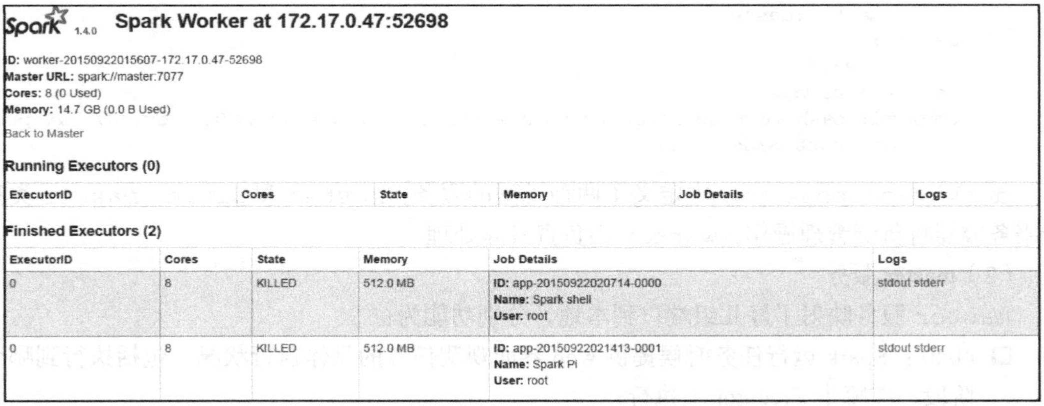

Spark 1.4.0 Spark Worker at 172.17.0.47:52698

ID: worker-20150922015607-172.17.0.47-52698
Master URL: spark://master:7077
Cores: 8 (0 Used)
Memory: 14.7 GB (0.0 B Used)
Back to Master

Running Executors (0)

ExecutorID	Cores	State	Memory	Job Details	Logs

Finished Executors (2)

ExecutorID	Cores	State	Memory	Job Details	Logs
0	8	KILLED	512.0 MB	ID: app-20150922020714-0000 Name: Spark shell User: root	stdout stderr
0	8	KILLED	512.0 MB	ID: app-20150922021413-0001 Name: Spark Pi User: root	stdout stderr

图 24-4 查看 worker 节点上的任务执行情况

2. 启动集群

在 spark_cluster 目录下执行启动命令：

```
$ docker-compose up
```

可以看到类似如下的输出：

```
Creating sparkcompose_master_1...
Creating sparkcompose_slave_1...
Attaching to sparkcompose_master_1, sparkcompose_slave_1
master_1 | /
master_1 | Starting sshd: [  OK  ]
slave_1  | /
slave_1  | Starting sshd: [  OK  ]
master_1 | Starting namenodes on [master]
slave_1  | Starting namenodes on [5d0ea02da185]
master_1 | master: starting namenode, logging to /usr/local/hadoop/logs/hadoop-
    root-namenode-master.out
slave_1  | 5d0ea02da185: starting namenode, logging to /usr/local/hadoop/logs/
    hadoop-root-namenode-5d0ea02da185.out
master_1 | localhost: starting datanode, logging to /usr/local/hadoop/logs/
    hadoop-root-datanode-master.out
slave_1  | localhost: starting datanode, logging to /usr/local/hadoop/logs/
    hadoop-root-datanode-5d0ea02da185.out
master_1 | Starting secondary namenodes [0.0.0.0]
slave_1  | Starting secondary namenodes [0.0.0.0]
master_1 | 0.0.0.0: starting secondarynamenode, logging to /usr/local/hadoop/
    logs/hadoop-root-secondarynamenode-master.out
master_1 | starting yarn daemons
master_1 | starting resourcemanager, logging to /usr/local/hadoop/logs/yarn--
    resourcemanager-master.out
master_1 | localhost: starting nodemanager, logging to /usr/local/hadoop/logs/
    yarn-root-nodemanager-master.out
master_1 | starting org.apache.spark.deploy.master.Master, logging to /usr/
    local/spark-1.4.0-bin-hadoop2.6/sbin/../logs/spark--org.apache.spark.deploy.
    master.Master-1-master.out
slave_1  | 0.0.0.0: starting secondarynamenode, logging to /usr/local/hadoop/
    logs/hadoop-root-secondarynamenode-5d0ea02da185.out
slave_1  | starting yarn daemons
slave_1  | starting resourcemanager, logging to /usr/local/hadoop/logs/yarn--
    resourcemanager-5d0ea02da185.out
slave_1  | localhost: starting nodemanager, logging to /usr/local/hadoop/logs/
    yarn-root-nodemanager-5d0ea02da185.out
slave_1  | starting org.apache.spark.deploy.worker.Worker, logging to /usr/
    local/spark-1.4.0-bin-hadoop2.6/sbin/../logs/spark--org.apache.spark.deploy.
    worker.Worker-1-5d0ea02da185.out
```

docker-compose 服务起来后，我们还可以用 scale 命令来动态扩展 Spark 的 worker 节点数，例如：

```
$ docker-compose scale worker=2
Creating and starting 2... done
```

3. 执行应用

Spark 推荐用 spark-submit 命令来提交执行的命令，基本语法为：

```
spark-submit \
    --class your-class-name \
    --master master_url \
```

```
    your-jar-file
    app_params
```

例如，我们可以使用 spark 自带样例中的计算 Pi 的应用。

在 master 节点上执行命令：

```
/usr/local/spark/bin/spark-submit --master spark://master:7077 --conf "spark.
    eventLog.enabled=true" --class org.apache.spark.examples.SparkPi /usr/local/
    spark/lib/spark-examples-1.4.0-hadoop2.6.0.jar 1000
```

最后的参数 1000 表示要计算的迭代次数为 1000 次。

任务运行中，可以用浏览器访问 4040 端口，看到任务被分配到了两个 worker 节点上执行，如图 24-5 所示。

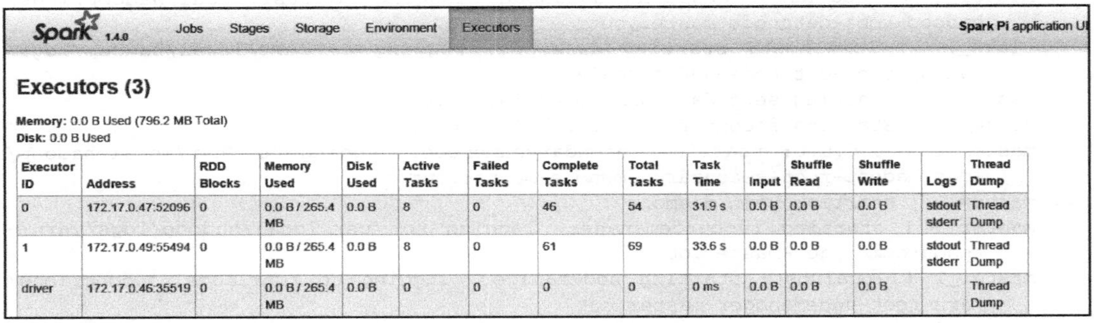

Spark 1.4.0 Jobs Stages Storage Environment Executors Spark Pi application UI

Executors (3)

Memory: 0.0 B Used (796.2 MB Total)
Disk: 0.0 B Used

Executor ID	Address	RDD Blocks	Memory Used	Disk Used	Active Tasks	Failed Tasks	Complete Tasks	Total Tasks	Task Time	Input	Shuffle Read	Shuffle Write	Logs	Thread Dump
0	172.17.0.47:52096	0	0.0 B / 265.4 MB	0.0 B	8	0	46	54	31.9 s	0.0 B	0.0 B	0.0 B	stdout stderr	Thread Dump
1	172.17.0.49:55494	0	0.0 B / 265.4 MB	0.0 B	8	0	61	69	33.6 s	0.0 B	0.0 B	0.0 B	stdout stderr	Thread Dump
driver	172.17.0.46:35519	0	0.0 B / 265.4 MB	0.0 B	0	0	0	0	0 ms	0.0 B	0.0 B	0.0 B		Thread Dump

图 24-5 任务运行情况

计算过程中也会输出结果，如下所示：

```
...
INFO scheduler.TaskSetManager: Finished task 998.0 in stage 0.0 (TID 998) in 201
    ms on 172.17.0.49 (998/1000)
INFO scheduler.TaskSetManager: Finished task 999.0 in stage 0.0 (TID 999) in 142
    ms on 172.17.0.49 (999/1000)
INFO scheduler.TaskSetManager: Finished task 997.0 in stage 0.0 (TID 997) in 220
    ms on 172.17.0.49 (1000/1000)
INFO scheduler.TaskSchedulerImpl: Removed TaskSet 0.0, whose tasks have all
    completed, from pool
INFO scheduler.DAGScheduler: ResultStage 0 (reduce at SparkPi.scala:35) finished
    in 23.149 s
INFO scheduler.DAGScheduler: Job 0 finished: reduce at SparkPi.scala:35, took
    23.544018 s
Pi is roughly 3.1417124
INFO handler.ContextHandler: stopped o.s.j.s.ServletContextHandler{/metrics/
    json,null}
INFO handler.ContextHandler: stopped o.s.j.s.ServletContextHandler{/stages/
    stage/kill,null}
INFO handler.ContextHandler: stopped o.s.j.s.ServletContextHandler{/api,null}
...
```

24.8 本章小结

本章介绍了 Docker 的官方工具 Compose 的安装和使用，以及模板文件的语法和命令，并结合两个具体案例展示 Compose 带来的编排能力。

在 Docker 三剑客中，Compose 掌管运行时的编排能力，位置十分关键。使用 Compose 模板文件，用户可以编写包括若干服务的一个模板文件快速启动服务栈；如果分发给他人，也可快速创建一套相同的服务栈。

推荐读者在日常工作中注意使用 Compose 来编写服务模板，并注意对常见工具栈的模板文件进行积累。

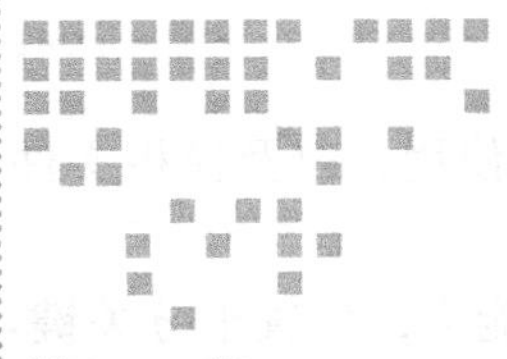

Chapter 25 第 25 章

Docker 三剑客之 Swarm

Docker Swarm 是 Docker 官方三剑客项目之一，提供 Docker 容器集群服务，是 Docker 官方对容器云生态进行支持的核心方案。使用它，用户可以将多个 Docker 主机抽象为大规模的虚拟 Docker 服务，快速打造一套容器云平台。

本章将介绍 Swarm 项目的相关情况，以及如何进行安装和使用。最后还对 Swarm 的服务发现后端、调度器和过滤器等功能进行讲解。

25.1 Swarm 简介

Docker Swarm 是 Docker 公司推出的官方容器集群平台，基于 Go 语言实现，代码开源在 https://github.com/docker/swarm。目前，包括 Rackspace 等平台都采用了 Swarm，用户也很容易在 AWS 等公有云平台使用 Swarm。

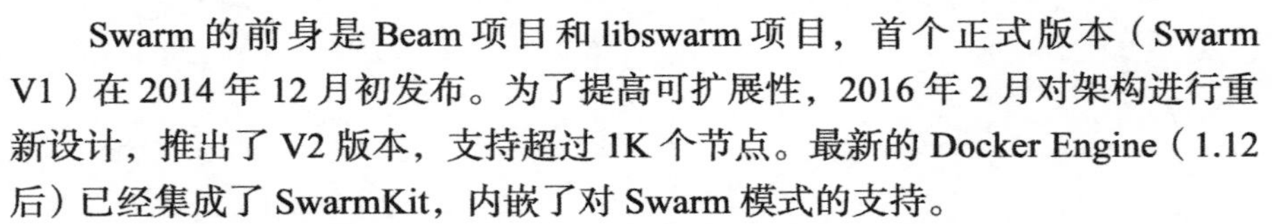

Swarm 的前身是 Beam 项目和 libswarm 项目，首个正式版本（Swarm V1）在 2014 年 12 月初发布。为了提高可扩展性，2016 年 2 月对架构进行重新设计，推出了 V2 版本，支持超过 1K 个节点。最新的 Docker Engine（1.12 后）已经集成了 SwarmKit，内嵌了对 Swarm 模式的支持。

作为容器集群管理器，Swarm 最大的优势之一就是原生支持 Docker API，给用户使用带来极大的便利。各种基于标准 API 的工具比如 Compose、Docker SDK、各种管理软件，甚至 Docker 本身等都可以很容易的与 Swarm 进行集成。这大大方便了用户将原先基于单节点的系统移植到 Swarm 上。同时 Swarm 内置了对 Docker 网络插件的支持，用户可以很容易地部署跨主机的容器集群服务。

Swarm 也采用了典型的“主从”结构（如图 25-1 所示），通过 Raft 协议来在多个管理节点（Manager）中实现共识。工作节点（Worker）上运行 agent 接受管理节点的统一管理和任务分配。用户提交服务请求只需要发给管理节点即可，管理节点会按照调度策略在集群中分配节点来运行服务相关的任务。

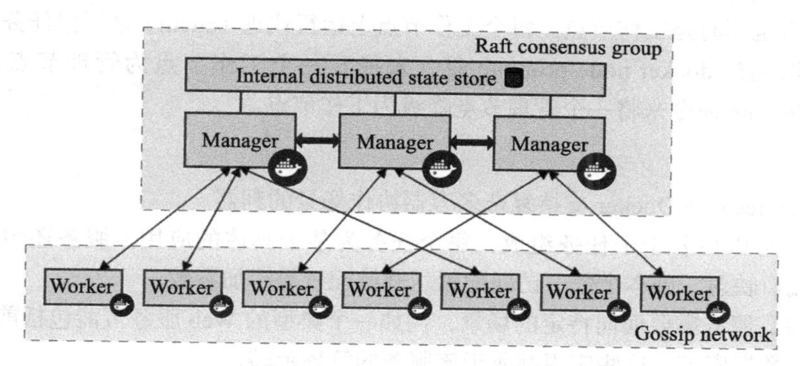

图 25-1　Swarm 的主从结构

在 Swarm V2 中，集群中会自动通过 Raft 协议分布式选举出 Manager 节点，无须额外的发现服务支持，避免了单点瓶颈。同时，V2 中内置了基于 DNS 的负载均衡和对外部负载均衡机制的集成支持。

本章将以 Swarm V2 为主进行介绍。

25.2　基本概念

Swarm 在 Docker 基础上扩展了支持多节点的能力，同时兼容了大部分的 Docker 操作。Swarm 中以集群为单位进行管理，支持服务层面的操作。

下面首先介绍 Swarm 使用中的一些基本概念。

1. Swarm 集群

Swarm 集群（Cluster）为一组被统一管理起来的 Docker 主机。集群是 Swarm 所管理的对象。这些主机通过 Docker 引擎的 Swarm 模式相互沟通，其中部分主机可能作为管理节点（manager）响应外部的管理请求，其他主机作为工作节点（worker）来实际运行 Docker 容器。当然，同一个主机也可以即作为管理节点，同时作为工作节点。

当用户使用 Swarm 集群时，首先定义一个服务（指定状态、复制个数、网络、存储、暴露端口等），然后通过管理节点发出启动服务的指令，管理节点随后会按照指定的服务规则进行调度，在集群中启动起来整个服务，并确保它正常运行。

2. 节点

节点（Node）是 Swarm 集群的最小资源单位。每个节点实际上都是一台 Docker 主机。

Swarm 集群中节点分为两种：

- 管理节点（manager node）：负责响应外部对集群的操作请求，并维持集群中资源，分发任务给工作节点。同时，多个管理节点之间通过 Raft 协议构成共识。一般推荐每个集群设置 5 个或 7 个管理节点；

- 工作节点（worker node）：负责执行管理节点安排的具体任务。默认情况下，管理节点自身也同时是工作节点。每个工作节点上运行代理（agent）来汇报任务完成情况。

用户可以通过 docker node promote 命令来提升一个工作节点为管理节点；或者通过 docker node demote 命令来将一个管理节点降级为工作节点。

3. 服务

服务（Service）是 Docker 支持复杂多容器协作场景的利器。

一个服务可以由若干个任务组成，每个任务为某个具体的应用。服务还包括对应的存储、网络、端口映射、副本个数、访问配置、升级配置等附加参数。

一般来说，服务需要面向特定的场景，例如一个典型的 Web 服务可能包括前端应用、后端应用，以及数据库等。这些应用都属于该服务的管理范畴。

Swarm 集群中服务类型也分为两种（可以通过 –mode 指定）：

- 复制服务（replicated services）模式：默认模式，每个任务在集群中会存在若干副本，这些副本会被管理节点按照调度策略分发到集群中的工作节点上。此模式下可以使用 –replicas 参数设置副本数量；
- 全局服务（global services）模式：调度器将在每个可用节点都执行一个相同的任务。该模式适合运行节点的检查，如监控应用等。

4. 任务

任务是 Swarm 集群中最小的调度单位，即一个指定的应用容器。例如仅仅运行前端业务的前端容器。任务从生命周期上将可能处于创建（NEW）、等待（PENDING）、分配（ASSIGNED）、接受（ACCEPTED）、准备（PREPARING）、开始（STARTING）、运行（RUNNING）、完成（COMPLETE）、失败（FAILED）、关闭（SHUTDOWN）、拒绝（REJECTED）、孤立（ORPHANED）等不同状态。

Swarm 集群中的管理节点会按照调度要求将任务分配到工作节点上。例如指定副本为 2 时，可能会被分配到两个不同的工作节点上。一旦当某个任务被分配到一个工作节点，将无法被转移到另外的工作节点，即 Swarm 中的任务不支持迁移。

5. 服务的外部访问

Swarm 集群中的服务要被集群外部访问，必须要能允许任务的响应端口映射出来。Swarm 中支持入口负载均衡（ingress load balancing）的映射模式。该模式下，每个服务都会被分配一个公开端口（PublishedPort），该端口在集群中任意节点上都可以访问到，并被保留给该服务。

当有请求发送到任意节点的公开端口时，该节点若并没有实际执行服务相关的容器，则会通过路由机制将请求转发给实际执行了服务容器的工作节点。

25.3　使用 Swarm

用户在安装 Docker 1.12 或更新的版本后，即可直接尝试 Swarm 模式的相关功能。假定分别准备两个 Linux 主机，作为管理节点（实际上也同时具备工作节点功能）和工作节点。

下面来演示 Swarm 集群的主要操作，包括：

- swarm init：在管理节点上创建一个集群；
- node list：列出集群中的节点信息；
- swarm join：加入一个新的节点到已有集群中；
- swarm update：更新一个 Swarm 集群；
- swarm leave：离开一个 Swarm 集群。

此外，还可以使用 docker service 命令部署 Docker 应用服务到集群中；

1. 创建集群

在管理节点上执行如下命令来创建一个新的 Swarm 集群，创建成果后会自动提示如何加入更多节点到集群中。

```
$ docker swarm init --advertise-addr <manager ip>
Swarm initialized: current node (gx58j18py3a6ilwjga1xa020w) is now a manager.

To add a worker to this swarm, run the following command:

    docker swarm join --token SWMTKN-1-103qkj58873ehq5rnzcvxf7nark0rp2vz2tg0lr7p
        bfx9c1rhd-c8hswawqsi7vnplo5mfic34f4 <manager ip>:2377

To add a manager to this swarm, run 'docker swarm join-token manager' and follow
    the instructions.
```

注意返回的 token 串，这是集群的唯一 id，加入集群的各个节点将需要这个信息。

另外，默认的管理服务端口为 2377，需要能被工作节点访问到；另外，为了支持集群的成员发现和外部服务映射，还需要再所有节点上开启 7946 TCP/UDP 端口和 4789 UDP 端口。

Swarm init 命令支持的参数包括：

- -advertise-addr [:port]：指定服务监听的地址和端口；
- -autolock：自动锁定管理服务的启停操作，对服务进行启动或停止都需要通过口令来解锁；
- -availability string：节点的可用性，包括 active、pause、drain 三种，默认为 active；
- -cert-expiry duration：根证书的过期时长，默认为 90 天；
- -data-path-addr：指定数据流量使用的网络接口或地址；
- -dispatcher-heartbeat duration：分配组件的心跳时长，默认为 5 秒；
- -external-ca external-ca：指定使用外部的证书签名服务地址；
- -force-new-cluster：强制创建新集群；
- -max-snapshots uint：Raft 协议快照保留的个数；

- -snapshot-interval uint：Raft协议进行快照的间隔（单位为事务个数），默认为10 000个事物；
- -task-history-limit int：任务历史的保留个数，默认为5。

2. 查看集群信息

此时通过docker info命令可以查看到集群的信息：

```
$ docker info
...
Swarm: active
    NodeID: gx58j18py3a6ilwjga1xa020w
    Is Manager: true
    ClusterID: zhphtrge3wke0kb7hfabd2g7j
    Managers: 1
    Nodes: 1
    Orchestration:
        Task History Retention Limit: 5
        ...
```

还可以查看集群中已经加入的节点情况，此时只有一个管理节点：

```
$ docker node ls
ID                            HOSTNAME   STATUS  AVAILABILITY   MANAGER STATUS
gx58j18py3a6ilwjga1xa020w *  localhost  Ready   Active         Leader
```

3. 加入集群

在所有要加入集群的普通节点上面执行swarm join命令，表示把这台机器加入指定集群当中。例如，在工作节点上，将其加入刚创建的集群，则可以通过：

```
$ docker swarm join --token SWMTKN-1-103qkj58873ehq5rnzcvxf7nark0rp2vz2tg0lr7pbf
    x9c1rhd-c8hswawqsi7vnplo5mfic34f4 <manager ip>:2377
This node joined a swarm as a worker.
```

此时，在管理节点上再次查看集群中节点情况，可以看到新加入的工作节点：

```
$ docker node ls
ID                            HOSTNAME   STATUS  AVAILABILITY   MANAGER STATUS
gx58j18py3a6ilwjga1xa020w *  localhost  Ready   Active         Leader
dmidjjnk5fyl8fokd4rdx21g5     ubuntu     Ready   Active
```

4. 使用集群服务

那么，怎么使用Swarm提供的服务呢？实际上有两种方法，一种是使用Docker原来的客户端命令，只要指定使用Swarm manager服务的监听地址即可。例如，manager服务监听的地址为<manager ip>:2377，则可以通过指定-H <manager ip>:2377选项来继续使用Docker客户端，执行任意Docker命令，例如ps、info、run等。

另外一种方法，也是推荐的做法，是使用新的docker service命令，可以获得包括多主机网络等更高级的特性支持。

创建好Swarm集群后，可以在管理节点上执行如下命令来快速创建一个应用服务，并制定服务的复制份数为2。如下命令所示，默认会自动检查确认服务状态都正常：

```
$ docker service create --replicas 2 --name ping_app debian:jessie ping docker.com
xhz42acixnrnphivw5uqxjiei
overall progress: 2 out of 2 tasks
1/2: running   [==================================================>]
2/2: running   [==================================================>]
verify: Service converged
```

（1）查看服务

此时使用 service ls 查看集群中服务情况，会发现新创建的 ping_app 服务；还可通过 service inspect 命令来查看服务的具体信息：

```
$ docker service ls
ID            NAME      MODE        REPLICAS     IMAGE          PORTS
xhz42acixnrn  ping_app  replicated  2/2          debian:jessie

$ docker service inspect --pretty ping_app

ID:             xhz42acixnrnphivw5uqxjiei
Name:           ping_app
Service Mode:   Replicated
  Replicas:       2
Placement:
UpdateConfig:
    Parallelism:    1
    On failure:     pause
    Monitoring Period: 5s
    Max failure ratio: 0
    Update order:       stop-first
RollbackConfig:
    Parallelism:    1
    On failure:     pause
    Monitoring Period: 5s
    Max failure ratio: 0
    Rollback order:     stop-first
ContainerSpec:
    Image:          debian:jessie@sha256:44d53bda18cc6b564cedca4bd4d7cfacce37a3f4
        3a439ea8a73c4d8c32f53400
    Args:           ping docker.com
Resources:
Endpoint Mode:  vip
```

同时，管理节点和工作节点上都运行了一个容器，镜像为 debian:jessie，命令为 ping docker.com：

```
$ docker service ps ping_app

ID NAME IMAGE NODE DESIRED STATE CURRENT STATE  ERROR  PORTS
i63sgvspdqnt  ping_app.1  debian:jessie  ubuntu     Running  Running 3 minutes ago
otn0cui23kmg  ping_app.2  debian:jessie  localhost  Running  Running 3 minutes ago
```

（2）扩展服务

用户还可以通过 docker service scale <SERVICE-ID>=<NUMBER-OF-TASKS> 命令来对服务进行伸缩，例如将服务复制个数从 2 改为 1：

```
$ docker service scale ping_app=1
ping_app scaled to 1
overall progress: 1 out of 1 tasks
1/1: running   [==================================================>]
verify: Service converged
```

服务使用完成后可以通过 `docker service rm <SERVICE-ID>` 命令来进行删除。服务命令更多的参数可以通过 `docker service help` 进行查看。

（3）使用外部服务地址

Swarm 通过路由机制支持服务对外映射到指定端口，该端口可以在集群中任意节点上进行访问，即使该节点上没有运行服务实例。需要在创建服务时使用 `--publish` 参数：

```
docker service create \
    --name <service name> \
    --publish published=<pub port>,target=<container port> \
    <IMAGE>
```

之后，用户访问集群中任意节点的，都会被 Swarm 的负载均衡器代理到对应的服务实例。用户也可以配置独立的负载均衡服务，后端指向集群中各个节点对应的外部端口，获取高可用特性。

5. 更新集群

用户可以使用 `docker swarm update [OPTIONS]` 命令来更新一个集群，主要包括如下配置信息：

- `-autolock`：启动或关闭自动锁定；
- `-cert-expiry duration`：根证书的过期时长，默认为 90 天；
- `-dispatcher-heartbeat duration`：分配组件的心跳时长，默认为 5 秒；
- `-external-ca external-ca`：指定使用外部的证书签名服务地址；
- `-max-snapshots uint`：Raft 协议快照保留的个数；
- `-snapshot-interval uint`：Raft 协议进行快照的间隔（单位为事务个数），默认为 10 000 个事物；
- `-task-history-limit int`：任务历史的保留个数，默认为 5。

6. 离开集群

节点可以在任何时候通过 `swarm leave` 命令离开一个集群。命令格式为 `docker swarm leave [OPTIONS]`，支持 `-f`，`--force` 意味着强制离开集群。

25.4 使用服务命令

Swarm 提供了对应用服务的良好的支持，使用 Swarm 集群可以充分满足应用服务可扩展、高可用的需求。Docker 通过 `service` 命令来管理应用服务，主要包括 `create`、`inspect`、`logs`、`ls`、`ps`、`rm`、`rollback`、`scale`、`update` 等若干子命令，参见表 25-1。

表 25-1 service 命令及说明

命 令	说 明	命 令	说 明
create	创建应用	rm	删除服务
inspect	查看应用的详细信息	rollback	回滚服务
logs	获取服务或任务的日志信息	scale	对服务进行横向扩展调整
ls	列出服务的信息	update	更新服务
ps	列出服务中包括的任务信息		

1. create

顾名思义，负责创建一个应用，命令格式为 `docker service create [OPTIONS] IMAGE [COMMAND] [ARG...]`。

`create` 命令支持的参数很多，比较有用的包括：

- ❑ `-config config`：指定暴露给服务的配置；
- ❑ `-constraint list`：应用实例在集群中被放置时的位置限制；
- ❑ `-d, -detach`：不等待创建后对应用进行状态探测即返回；
- ❑ `-dns list`：自定义使用的 DNS 服务器地址；
- ❑ `-endpoint-mode string`：指定外部访问的模式，包括 vip（虚地址自动负载均衡）或 dnsrr（DNS 轮询）；
- ❑ `-e, -env list`：环境变量列表；
- ❑ `-health-cmd string`：进行健康检查的指令；
- ❑ `-l, -label list`：执行服务的标签；
- ❑ `-mode string`：服务模式，包括 replicated（默认）或 global；
- ❑ `-replicas uint`：指定实例的复制份数；
- ❑ `-secret secret`：向服务暴露的秘密数据；
- ❑ `-u, -user string`：指定用户信息，UID:[GID]；
- ❑ `-w, -workdir string`：指定容器中的工作目录位置。

用户可以通过 `docker service create --help` 来查看完整的使用选项。

2. inspect

查看应用的详细信息，命令格式为 `docker service inspect [OPTIONS] SERVICE [SERVICE...]`。支持的参数主要包括：

- ❑ `-f, -format string`：使用 Go 模板指定格式化输出；
- ❑ `-pretty`：以适合阅读的格式输出。

3. logs

获取某个服务或任务的日志信息。命令格式为 `docker service logs [OPTIONS] SERVICE|TASK`。支持的参数主要包括：

- -details：输出所有的细节日志信息；
- -f，-follow：持续跟随输出；
- -no-resolve：在输出中不将对象的 ID 映射为名称；
- -no-task-ids：输出中不包括任务的 ID 信息；
- -no-trunc：不截断输出信息；
- -raw：输出原始格式信息；
- -since string：输出自指定时间开始的日志，如 2018-01-02T03:04:56 或 42m
- -tail string：只输出给定行数的最新日志信息；
- -t，-timestamps：打印日志的时间戳。

4. ls

列出服务的信息。命令格式为 docker service ls [OPTIONS]。支持的参数主要包括：

- -f，-filter filter：只输出符合过滤条件的服务；
- -format string：按照 Go 模板格式化输出；
- -q，-quiet：只输出服务的 ID 信息。

5. ps

列出服务中包括的任务信息。命令格式为 docker service ps [OPTIONS] SERVICE [SERVICE...]。支持的参数主要包括：

- -f，-filter filter：只输出符合过滤条件的任务；
- -format string：按照 Go 模板格式化输出；
- -no-resolve：不将 IDs 映射为名称；
- -no-trunc：不截断输出信息；
- -q，-quiet：只输出服务的 ID 信息。

6. rm

删除指定的若干服务。命令格式为 docker service rm SERVICE [SERVICE...]。

7. rollback

回滚服务的配置。命令格式为 docker service rollback [OPTIONS] SERVICE。支持的参数主要包括：

- -d，-detach：执行后返回，不等待服务状态校验完整；
- -q，-quiet：不显示执行进度信息。

8. scale

对服务进行横向扩展调整。命令格式为 docker service scale SERVICE= REPLICAS [SERVICE=REPLICAS...]。

支持的参数主要包括 -d，-detach：执行后返回，不等待服务状态校验完整。

9. update

更新一个服务。命令格式为 docker service update [OPTIONS] SERVICE。支持的参数很多，主要包括：

- -args command：服务的命令参数；
- -config-add config：增加或更新一个服务的配置信息；
- -config-rm list：删除一个配置文件；
- -constraint-add list：增加或更新放置的限制条件；
- -constraint-rm list：删除一个限制条件；
- -d，-detach：执行后返回，不等待服务状态校验完整；
- -dns-add list：增加或更新 DNS 服务信息；
- -dns-rm list：删除 DNS 服务信息；
- -endpoint-mode string：指定外部访问的模式，包括 vip（虚地址自动负载均衡）或 dnsrr（DNS 轮询）；
- -entrypoint command：指定默认的入口命令；
- -env-add list：添加或更新一组环境变量；
- -env-rm list：删除环境变量；
- -health-cmd string：进行健康检查的指令；
- -label-add list：添加或更新一组标签信息；
- -label-rm list：删除一组标签信息；
- -no-healthcheck：不进行健康检查；
- -publish-add port：添加或更新外部端口信息；
- -publish-rm port：删除端口信息；
- -q，-quiet：不显示进度信息；
- -read-only：指定容器的文件系统为只读；
- -replicas uint：指定服务实例的复制份数；
- -rollback：回滚到上次配置；
- -secret-add secret：添加或更新服务上的秘密数据；
- -secret-rm list：删除服务上的秘密数据；
- -update-parallelism uint：更新执行的并发数；
- -u，-user string：指定用户信息，UID:[GID]；
- -w，-workdir string：指定容器中的工作目录位置。

25.5 本章小结

本章介绍了 Docker Swarm 的安装、使用和主要功能。通过使用 Swarm，用户可以将若干 Docker 主机节点组成的集群当作一个大的虚拟 Docker 主机使用。并且，原先基于单机的

Docker 应用，可以无缝地迁移到 Swarm 上来。通过使用服务，Swarm 集群可以支持多个应用构建的复杂业务，并很容易对其进行升级等操作。

在生产环境中，Swarm 的管理节点要考虑高可用性和安全保护，一方面多个管理节点应该分配到不同的容灾区域，另一方面服务节点应该配合数字证书等手段限制访问。

Swarm 功能已经被无缝嵌入到了 Docker 1.12+ 版本中，用户今后可以直接使用 Docker 命令来完成相关功能的配置，对 Swarm 集群的管理更加简便。

第 26 章 Chapter 26

Mesos——优秀的集群资源调度平台

Mesos 项目是源自 UC Berkeley 的对集群资源进行抽象和管理的开源项目，类似于操作系统内核，使用它可以很容易地实现分布式应用的自动化调度。同时，Mesos 自身也很好地结合和主持了 Docker 等相关容器技术，基于 Mesos 已有的大量应用框架，可以实现用户应用的快速上线。本章将介绍 Mesos 项目的安装、使用、配置、核心原理和实现。

26.1 简介

Mesos 最初由 UC Berkeley 的 AMP 实验室于 2009 年发起，遵循 Apache 协议，目前已经成立了 Mesosphere 公司进行运营。Mesos 可以将整个数据中心的资源（包括 CPU、内存、存储、网络等）进行抽象和调度，使得多个应用同时运行在集群中分享资源，并无须关心资源的物理分布情况。

如果把数据中心中的集群资源看做一台服务器，那么 Mesos 要做的事情，其实就是今天操作系统内核的职责：抽象资源 + 调度任务。Mesos 项目主要由 C++ 语言编写，项目官方网址为 http://mesos.apache.org，代码已经相对成熟，目前最新版本为 1.5.0 版本。Mesos 拥有许多引人注目的特性，包括：

- 支持数万个节点的大规模场景（Apple、Twitter、eBay 等公司使用）；
- 支持多种应用框架，包括 Marathon、Singularity、Aurora 等；
- 支持 HA（基于 ZooKeeper 实现）；
- 支持 Docker、LXC 等容器机制进行任务隔离；
- 提供了多个流行语言的 API，包括 Python、Java、C++ 等；
- 自带了简洁易用的 WebUI，方便用户直接进行操作。

值得注意的是，Mesos 自身只是一个资源抽象的平台，要使用它往往需要结合运行其上的分布式应用（在 Mesos 中称为框架，framework），比如 Hadoop、Spark 等可以进行分布式计算的大数据处理应用；比如 Marathon 可以实现 PaaS，快速部署应用并自动保持运行；比如 ElasticSearch 可以索引海量数据，提供灵活的整合和查询能力……大部分时候，用户只需跟这些框架打交道即可，完全无须关心底层的资源调度情况，因为 Mesos 已经自动帮你实现了。这大大方便了上层应用的开发和运维。

当然，用户也可以基于 Mesos 打造自己的分布式应用框架。

26.2 Mesos 安装与使用

以 Mesos 结合 Marathon 应用框架为例，来看一下如何快速搭建一套 Mesos 平台。

Marathon 是可以与 Mesos 一起协作的一个框架，基于 Scala 实现，可以实现保持应用的持续运行。

另外，Mesos 默认利用 ZooKeeper 来进行多个主节点之间的选举，以及从节点发现主节点的过程。一般在生产环境中，需要启动多个 Mesos master 服务（推荐 3 或 5 个），并且推荐使用 Supervisord 等进程管理器来自动保持服务的运行。

ZooKeeper 是一个分布式集群中信息同步的工具，通过自动在多个节点中选举 `leader`，保障多个节点之间的某些信息保持一致性。

1. 安装

安装主要需要 Mesos、ZooKeeper 和 Marathon 三个软件包。

Mesos 也采用了经典的“主－从”结构，一般包括若干主节点和大量从节点。其中，Mesos master 服务和 ZooKeeper 需要部署到所有的主节点，Mesos slave 服务需要部署到所有从节点。Mrathon 可以部署到主节点。

安装可以通过源码编译、软件源或者 Docker 镜像方式进行，下面分别进行介绍。

（1）源码编译

源码编译方式可以保障获取到最新版本，但编译过程比较费时间。

首先，从 apache.org 开源网站下载最新的源码：

```
$ git clone https://git-wip-us.apache.org/repos/asf/mesos.git
```

其中，主要代码在 `src` 目录下，应用框架代码在 `frameworks` 目录下，文档在 `docs` 目录下，`include` 中包括了跟 Mesos 打交道使用的一些 API 定义头文件。

安装依赖主要包括 Java 运行环境、Linux 上的自动编译环境等：

```
$ sudo apt-get update
$ sudo apt-get install -y openjdk-8-jdk autoconf libtool \
build-essential python-dev python-boto libcurl4-nss-dev \
libsasl2-dev maven libapr1-dev libsvn-dev
```

后面就是常规 C++ 项目的方法，配置之后利用 Makefile 进行编译和安装：

```
$ cd mesos
$ ./bootstrap
$ mkdir build
$ cd build && ../configure --with-network-isolator
$ make
$ make check && sudo make install
```

（2）软件源安装

通过软件源方式进行安装相对会省时间，但往往不是最新版本。这里以 Ubuntu 系统为例，首先添加软件源地址：

```
$ sudo apt-key adv --keyserver keyserver.ubuntu.com --recv E56151BF
$ DISTRO=$(lsb_release -is | tr '[:upper:]' '[:lower:]')
$ CODENAME=$(lsb_release -cs)
$ echo "deb http://repos.mesosphere.io/${DISTRO} ${CODENAME} main" | \
sudo tee /etc/apt/sources.list.d/mesosphere.list
```

刷新本地软件仓库信息并安装 ZooKeeper、Mesos、Marathon 三个软件包：

```
$ sudo apt-get -y update && sudo apt-get -y install zookeeper mesos marathon
```

注意，Marathon 最新版本需要 jdk 1.8+ 的支持。如果系统中有多个 Java 版本，需要检查配置默认的 JDK 版本是否符合要求：

```
$ sudo update-alternatives --config java
```

安装 Mesos 成功后，会在 `/usr/sbin/` 下面发现 `mesos-master` 和 `mesos-slave` 两个二进制文件，分别对应主节点上需要运行的管理服务和从节点上需要运行的任务服务。用户可以手动运行二进制文件启动服务，也可以通过 `service` 命令来方便进行管理。例如，在主节点上重启 Mesos 管理服务：

```
$ sudo service mesos-master restart
```

通过 `service` 命令来管理，实际上是通过调用 `/usr/bin/mesos-init-wrapper` 脚本文件进行处理。

（3）Docker 方式安装

需要如下三个镜像：

- ZooKeeper：https://registry.hub.docker.com/u/garland/zookeeper/
- Mesos：https://registry.hub.docker.com/u/garland/mesosphere-docker-mesos-master/
- Marathon：https://registry.hub.docker.com/u/garland/mesosphere-docker-marathon/

其中 `mesos-master` 镜像在后面将分别作为 master 和 slave 角色进行使用。

首先，拉取三个镜像：

```
$ docker pull garland/zookeeper
$ docker pull garland/mesosphere-docker-mesos-master
$ docker pull garland/mesosphere-docker-marathon
```

导出主节点机器的地址到环境变量：

```
$ HOST_IP=10.0.0.2
```

在主节点上启动 ZooKeepr 容器：

```
docker run -d \
-p 2181:2181 \
-p 2888:2888 \
-p 3888:3888 \
garland/zookeeper
```

在主节点上启动 Mesos Master 服务容器：

```
docker run --net="host" \
-p 5050:5050 \
-e "MESOS_HOSTNAME=${HOST_IP}" \
-e "MESOS_IP=${HOST_IP}" \
-e "MESOS_ZK=zk://${HOST_IP}:2181/mesos" \
-e "MESOS_PORT=5050" \
-e "MESOS_LOG_DIR=/var/log/mesos" \
-e "MESOS_QUORUM=1" \
-e "MESOS_REGISTRY=in_memory" \
-e "MESOS_WORK_DIR=/var/lib/mesos" \
-d \
garland/mesosphere-docker-mesos-master
```

在主节点上启动 Marathon：

```
docker run \
-d \
-p 8080:8080 \
garland/mesosphere-docker-marathon --master zk://${HOST_IP}:2181/mesos --zk
    zk://${HOST_IP}:2181/marathon
```

再从节点上启动 Mesos slave 容器：

```
docker run -d \
--name mesos_slave_1 \
--entrypoint="mesos-slave" \
-e "MESOS_MASTER=zk://${HOST_IP}:2181/mesos" \
-e "MESOS_LOG_DIR=/var/log/mesos" \
-e "MESOS_LOGGING_LEVEL=INFO" \
garland/mesosphere-docker-mesos-master:latest
```

接下来，可以通过访问本地 8080 端口来使用 Marathon 启动任务了。

2. 配置说明

下面以本地通过软件源方式安装为例，解释如何修改各个配置文件。

（1）ZooKeepr

ZooKeepr 是一个分布式应用的协调工具，用来管理多个主节点的选举和冗余，监听在 2181 端口。推荐至少布置三个主节点来被 ZooKeeper 维护。配置文件默认都在 /etc/zookeeper/conf/ 目录下。比较关键的配置文件有两个：`myid` 和 `zoo.cfg`。

myid 文件会记录加入 ZooKeeper 集群的节点的序号（1-255 之间）。/var/lib/zookeeper/myid 文件其实也是软链接到了该文件。比如配置某节点序号为 1，则需要在该节点上执行：

```
$ echo 1 | sudo dd of=/etc/zookeeper/conf/myid
```

节点序号在 ZooKeeper 集群中必须唯一，不能出现多个拥有相同序号的节点。

另外，需要修改 zoo.cfg 文件，该文件是主配置文件，主要需要添加上加入 ZooKeeper 集群的机器的序号和对应监听地址。例如，现在 ZooKeeper 集群中有三个节点，地址分别为 10.0.0.2、10.0.0.3、10.0.0.4，序号分别配置为 2、3、4。则配置如下的三行：

```
server.2=10.0.0.2:2888:3888
server.3=10.0.0.3:2888:3888
server.4=10.0.0.4:2888:3888
```

其中第一个端口 2888 负责从节点连接到主节点的；第二个端口 3888 则负责主节点进行选举时候通信。

也可以用主机名形式，则需要各个节点 /etc/hosts 文件中都记录地址到主机名对应的映射关系。

完成配置后，启动 ZooKeeper 服务：

```
$ sudo service zookeeper start
```

（2）Mesos

Mesos 的默认配置目录有三个：

- /etc/mesos/：主节点和从节点都会读取的配置文件，最关键的是 zk 文件存放主节点的信息；
- /etc/mesos-master/：只有主节点会读取的配置，等价于启动 mesos-master 命令时候的默认选项；
- /etc/mesos-slave/：只有从节点会读取的配置，等价于启动 mesos-master 命令时候的默认选项。

最关键的是需要在所有节点上修改 /etc/mesos/zk，写入主节点集群的 ZooKeeper 地址列表，例如：

```
zk://10.0.0.2:2181,10.0.0.3:2181,10.0.0.4:2181/mesos
```

此外，/etc/default/mesos、/etc/default/mesos-master、/etc/default/mesos-slave 这三个文件中可以存放一些环境变量定义，Mesos 服务启动之前，会将这些环境变量导入进来作为启动参数。格式为 MESOS_OPTION_NAME。

下面分别说明在主节点和从节点上的配置。

主节点配置　一般只需要关注 /etc/mesos-master/ 目录下的文件。默认情况下目录下为空。该目录下文件命名和内容需要跟 mesos-master 支持的命令行选项一一对应。可以通过 mesos-master --help 命令查看支持的选项。

如果某个文件 key 中内容为 value，则在 mesos-master 服务启动的时候，会自动添加

参数 --key=value 给二进制命令。

例如，mesos-master 服务默认监听在 loopback 端口，即 127.0.0.1:5050，我们需要修改主节点监听的地址，则可以创建 /etc/mesos-master/ip 文件，在其中写入主节点监听的外部地址。

为了正常启动 mesos-master 服务，还需要指定 work_dir 参数（表示应用框架的工作目录）的值，可以通过创建 /etc/mesos-master/work_dir 文件，在其中写入目录，例如 /var/lib/mesos。工作目录下会生成一个 replicated_log 目录，会存有各种同步状态的持久化信息。

此外，还需要指定 quorum 参数的值，该参数用来表示 ZooKeeper 集群中要求最少参加表决的节点数目。一般设置为比 ZooKeeper 集群中节点个数的半数多一些（比如三个节点的话，可以配置为 2）。

最后，要修改 Mesos 集群的名称，可以创建 /etc/mesos-master/cluster 文件，在其中写入集群的别名，例如 MesosCluster。

总结下，在 /etc/mesos-master 目录下，建议配置至少四个参数文件：ip、quorum、work_dir、cluster。

修改配置之后，启动服务即可生效：

```
$ sudo service mesos-master start
```

更多选项可以参考后面的配置项解析章节。

主节点服务启动后，可以在从节点上启动 mesos-slave 服务来加入主节点管理的集群。

从节点配置 一般只需要关注 /etc/mesos-slave/ 目录下的文件。默认情况下目录下为空。文件命名和内容也是跟主节点类似，对应二进制文件支持的命令行参数。

建议在从节点上，创建 /etc/mesos-slave/ip 文件，在其中写入跟主节点通信的地址。

修改配置之后，需要重新启动服务：

```
$ sudo service mesos-slave start
```

更多选项可以参考后面的配置项解析章节。

（3）Marathon

Marathon 作为 Mesos 的一个应用框架，配置要更为简单，必需的配置项有 --master 和 --zk。安装完成后，会在 /usr/bin 下多一个 marathon shell 脚本，为启动 Marathon 时候执行的命令。

配置目录为 /etc/marathon/conf（需要手动创建），此外默认配置文件在 /etc/default/marathon。手动创建配置目录，并添加配置项（文件命名和内容跟 Mesos 风格一致），让 Marathon 能连接到已创建的 Mesos 集群中：

```
$ sudo mkdir -p /etc/marathon/conf
$ sudo cp /etc/mesos/zk /etc/marathon/conf/master
```

同时，让 Marathon 也将自身的状态信息保存到 ZooKeeper 中。创建 /etc/marathon/conf/zk 文件，添加 ZooKeeper 地址和路径：

```
zk://10.0.0.2:2181,10.0.0.2:2181,10.0.0.2:2181/marathon
```

启动 marathon 服务：

```
$ sudo service marathon start
```

3. 访问 Mesos 图形界面

Mesos 自带了 Web 图形界面，可以方便用户查看集群状态。用户在 Mesos 主节点服务和从节点服务都启动后，可以通过浏览器访问主节点 5050 端口，看到的界面如图 26-1 所示，已经有两个 slave 节点加入了。

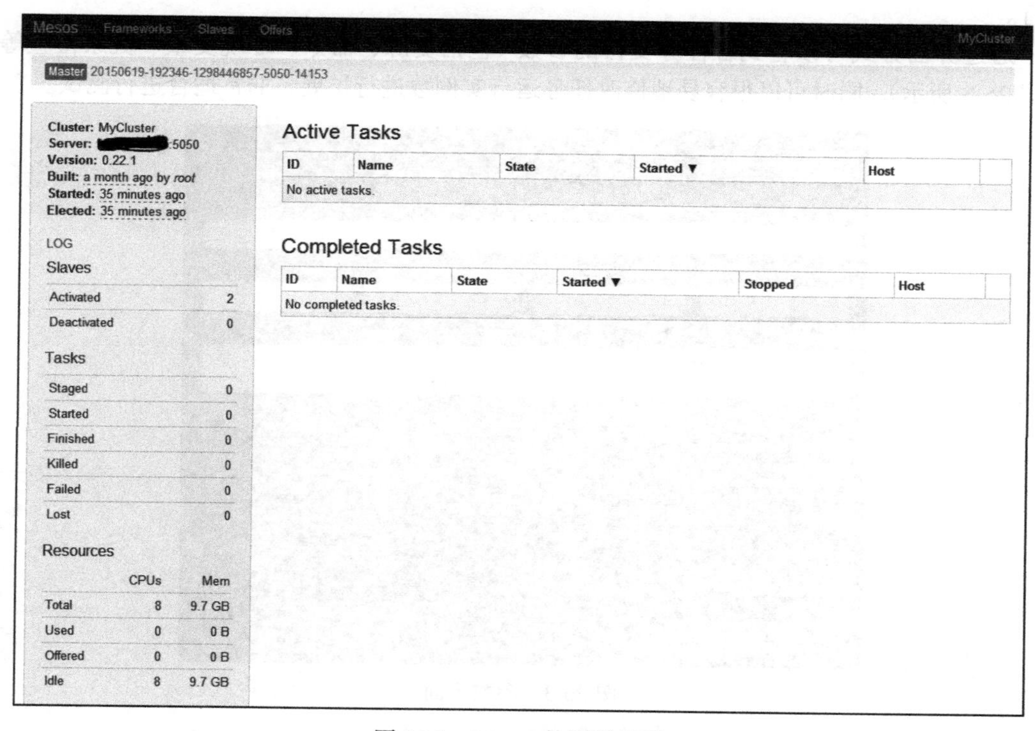

图 26-1　Mesos 的图形界面

通过 Slaves 标签页能看到加入集群的从节点的信息。如果没有启动 Marathon 服务，在 Frameworks 标签页下将看不到任何内容。

4. 访问 Marathon 图形界面

Marathon 服务启动成功后，在 Mesos 的 Web 界面的 Frameworks 标签页下面将能看到名称为 marathon 的框架出现。

同时可以通过浏览器访问 8080 端口，看到 Marathon 自己的管理界面，如图 26-2 所示。

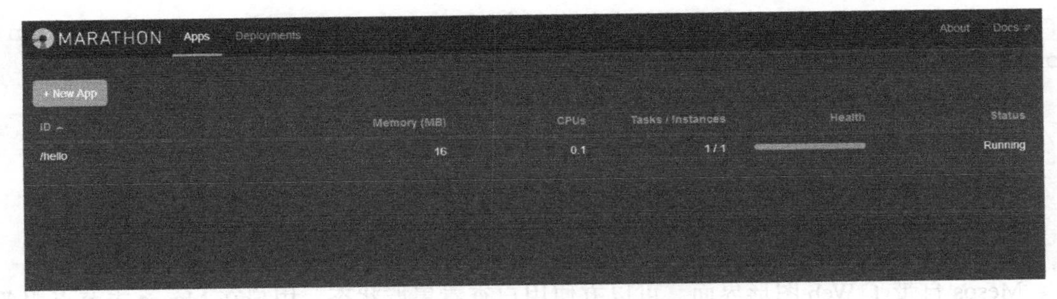

图 26-2 Marathon 的图形界面

此时，可以通过界面或者 REST API 来创建一个应用，Marathon 会保持该应用的持续运行。

通过界面方式可以看到各任务支持的参数（包括资源、命令、环境变量、健康检查等，如图 26-3 所示），同时可以很容易地修改任务运行实例数进行扩展，非常适合进行测试。

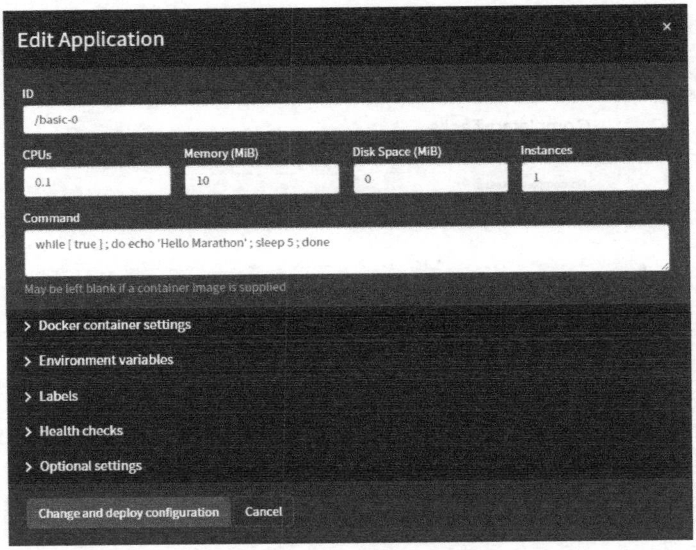

图 26-3 参数界面

如果要更自动化地使用 Marathon，则需要通过它的 REST API 进行操作。

一般情况下，启动新任务需要先创建一个定义模板（json 格式），然后发到指定的 API。例如，示例任务 basic-0 的定义模板为：

```
{
    "id": "basic-0",
    "cmd": "while [ true ] ; do echo 'Hello Marathon' ; sleep 5 ; done",
    "cpus": 0.1,
    "mem": 10.0,
    "instances": 1
}
```

该任务申请资源为 0.1 个单核 CPU 资源和 10 MB 的内存资源，具体命令为每隔五秒钟用 shell 打印一句 Hello Marathon。

可以通过如下命令发出 basic-0 任务到 Marathon 框架，框架会分配任务到某个满足条件的从节点上，成功会返回一个 json 对象，描述任务的详细信息：

```
$ curl -X POST http://marathon_host:8080/v2/apps -d @basic-0.json -H "Content-
    type: application/json"
{"id":"/basic-0", "cmd":"while [ true ] ; do echo 'Hello Marathon' ; sleep 5 ;
    done","args":null,"user":null,"env":{},"instances":1,"cpus":0.1,"mem":10,
    "disk":0,"executor":"","constraints":[],"uris":[],"storeUrls":[],"ports":
    [0],"requirePorts":false,"backoffSeconds":1,"backoffFactor":1.15,"maxLaunch
    DelaySeconds":3600,"container":null,"healthChecks":[],"dependencies":[],
    "upgradeStrategy":{"minimumHealthCapacity":1,"maximumOverCapacity":1},
    "labels":{},"acceptedResourceRoles":null,"version":"2015-12-28T05:33:05.805Z",
    "tasksStaged":0,"tasksRunning":0,"tasksHealthy":0,"tasksUnhealthy":0,
    "deployments":[{"id":"3ec3fbd5-11e4-479f-bd17-813d33e43e0c"}],"tasks":[]}%
```

Marathon 的更多 REST API 可以参考本地自带的文档：http://marathon_host:8080/api-console/index.html。

此时，如果运行任务的从节点出现故障，任务会自动在其他可用的从节点上启动。此外，目前也已经支持基于 Docker 容器的任务。需要先在 Mesos slave 节点上为 slave 服务配置 --containerizers=docker,mesos 参数。

例如，下面的示例任务：

```
{
    "id": "basic-3",
    "cmd": "python3 -m http.server 8080",
    "cpus": 0.5,
    "mem": 32.0,
    "container": {
        "type": "DOCKER",
        "volumes": [],
        "docker": {
            "image": "python:3",
            "network": "BRIDGE",
            "portMappings": [
                {
                    "containerPort": 8080,
                    "hostPort": 31000,
                    "servicePort": 0,
                    "protocol": "tcp"
                }
            ],
            "privileged": false,
            "parameters": [],
            "forcePullImage": true
        }
    }
}
```

该任务启动一个 python:3 容器，执行 python3 -m http.server 8080 命令，作

为一个简单的 Web 服务，实际端口会映射到宿主机的 31000 端口。

注意区分 `hostPort` 和 `servicePort`，前者代表任务映射到的本地可用端口（可用范围由 Mesos slave 汇报，默认为 31000～32000）；后者作为服务管理的端口，可作为一些服务发行机制使用进行转发，在整个 Marathon 集群中是唯一的。

任务执行后，也可以在对应 slave 节点上通过 Docker 命令查看容器运行情况，容器将以 `mesos-SLAVE_ID` 开头：

```
$ docker ps
CONTAINER ID          IMAGE                       COMMAND                        CREATED
    STATUS              PORTS                       NAMES
1226b4ec8d7d          python:3                   "/bin/sh -c 'python3 "    3 days ago
    Up 3 days            0.0.0.0:10000->8080/tcp    mesos-06db0fba-49dc-4d28-ad87-
    6c2d5a020866-S10.b581149e-2c43-46a2-b652-1a0bc10204b3
```

26.3 原理与架构

首先需要强调，Mesos 自身只是一个资源调度框架，并非一整套完整的应用管理平台，所以只有 Mesos 自己是不能干活的。但是基于 Mesos，可以比较容易地为各种应用管理框架或者中间件平台（作为 Mesos 的应用）提供分布式运行能力；同时多个框架也可以同时运行在一个 Mesos 集群中，提高整体的资源使用效率。

Mesos 对自己定位范围的划分，使得它要完成的任务很明确，其他任务框架也可以很容易与它进行整合。

26.3.1 架构

图 26-4 展示了 Mesos 的基本架构，来自 Mesos 官方。

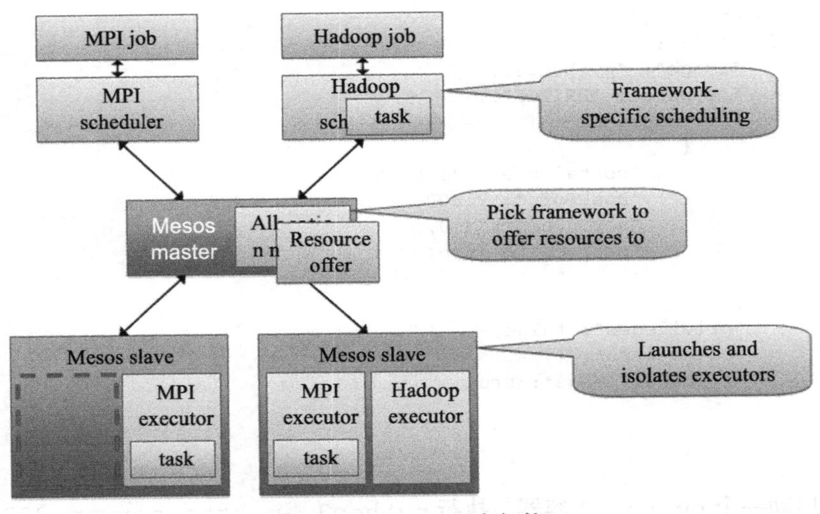

图 26-4 Mesos 基本架构

可以看出，Mesos 采用了经典的“主 - 从”架构，其中主节点（管理节点）可以使用 ZooKeeper 来做 HA。Mesos master 服务将运行在主节点上，Mesos slave 服务则需要运行在各个计算任务节点上。负责完成具体任务的应用框架，与 Mesos master 进行交互，来申请资源。

26.3.2　基本单元

Mesos 有三个基本的组件：管理服务（master）、任务服务（slave）以及应用框架（framework）。

- 管理服务——master：跟大部分分布式系统中类似，主节点起到管理作用，将看到全局的信息，负责不同应用框架之间的资源调度和逻辑控制。应用框架需要注册到管理服务上才能被使用。用户和应用需要通过主节点提供的 API 来获取集群状态和操作集群资源。
- 任务服务——slave：负责汇报本从节点上的资源状态（空闲资源、运行状态等等）给主节点，并负责隔离本地资源来执行主节点分配的具体任务。隔离机制目前包括各种容器机制，包括 LXC、Docker 等。
- 应用框架——framework：应用框架是实际干活的，包括两个主要组件：
    - 调度器（scheduler）：注册到主节点，等待分配资源；
    - 执行器（executor）：在从节点上执行框架指定的任务（框架也可以使用 Mesos 自带的执行器，包括 shell 脚本执行器和 Docker 执行器）。

应用框架可以分两种：一种是对资源的需求会扩展（比如 Hadoop、Spark 等），申请后还可能调整；另一种是对资源的需求将会固定（MPI 等），一次申请即可。

26.3.3　调度

对于一个资源调度框架来说，最核心的就是调度机制，怎么能快速高效地完成对某个应用框架资源的分配，是核心竞争力所在。最理想情况下（大部分时候都无法实现），最好是能猜到应用们的实际需求，实现最大化的资源使用率。

Mesos 为了实现尽量优化的调度，采取了两层（two-layer）的调度算法。

1. 算法基本过程

调度的基本思路很简单，master 先全局调度一大块资源给某个 framework，framework 自己再实现内部的细粒度调度，决定哪个任务用多少资源。两层调度简化了 Mesos master 自身的调度过程，通过将复杂的细粒度调度交由 framework 实现，避免了 Mesos master 成为性能瓶颈。

调度机制支持插件机制来实现不同的策略。默认是 Dominant Resource Fairness（DRF）。

提示　DRF 算法细节可以参考论文《Dominant Resource Fairness: Fair Allocation of Multiple Resource Types》。其核心思想是对不同类型资源的多个请求，计算请求的主资源类型，然后根据主资源进行公平分配。

---

2. 调度过程

调度通过 offer 发送的方式进行交互。一个 offer 是一组资源，例如 <1 CPU, 2 GB Mem>。基本调度过程如下：

1）slave 节点会周期性汇报自己可用的资源给 master；

2）某个时候，master 收到应用框架发来的资源请求，根据调度策略，计算出来一个资源 offer 给 framework；

3）framework 收到 offer 后可以决定要不要，如果接受的话，返回一个描述，说明自己希望如何使用和分配这些资源来运行某些任务（可以说明只希望使用部分资源，则多出来的会被 master 收回）；

4）master 则根据 framework 答复的具体分配情况发送给 slave，以使用 framework 的 executor 来按照分配的资源策略执行任务。

具体给出一个例子，某从节点向主节点汇报自己有 <4 CPU, 8 GB Mem> 的空闲资源，同时，主节点看到某个应用框架请求 <3 CPU, 6 GB Mem>，就创建一个 offer <slave#1, 4 CPU, 8 GB Mem> 把满足的资源发给应用框架。应用框架（的调度器）收到 offer 后觉得可以接受，就回复主节点，并告诉主节点希望运行两个任务：一个占用 <1 CPU, 2 GB Mem>，一个占用 <2 CPU, 4 GB Mem>。主节点收到任务信息后分配任务到从节点上进行运行（实际上是应用框架的执行器来负责执行任务）。任务运行结束后资源可以被释放出来。剩余的资源还可以继续分配给其他应用框架或任务。

应用框架在收到 offer 后，如果 offer 不满足自己的偏好（例如希望继续使用上次的 slave 节点），则可以选择拒绝 offer，等待 master 发送新的 offer 过来。另外，可以通过过滤器机制来加快资源的分配过程。

3. 过滤器

framework 可以通过过滤器机制告诉 master 它的资源偏好，比如希望分配过来的 offer 有哪个资源，或者至少有多少资源等。过滤器可以避免某些应用资源长期分配不到所需要的资源的情况，加速整个资源分配的交互过程。

4. 回收机制

为了避免某些任务长期占用集群中资源，Mesos 也支持回收机制。主节点可以定期回收计算节点上的任务所占用的资源，可以动态调整长期任务和短期任务的分布。

26.3.4 高可用性

从架构上看，最为核心的节点是 master 节点。除了使用 ZooKeeper 来解决单点失效问题之外，Mesos 的 master 节点自身还提供了很高的鲁棒性。

Mesos master 节点在重启后，可以动态通过 slave 和 framework 发来的消息重建内部状态，虽然可能导致一定的时延，但这避免了传统控制节点对数据库的依赖。

当然，为了减少 master 节点的负载过大，在集群中 slave 节点数目较多的时候，要避免把各种通知的周期配置得过短。实践中，可以通过部署多个 Mesos 集群来保持单个集群的规模不要过大。

26.4　Mesos 配置解析

Mesos 支持在运行时通过命令行参数形式提供的配置项。如果是通过系统服务方式启动，也支持以配置文件或环境变量方式给出。当然，实际上最终是提取为命令行参数传递给启动命令。

Mesos 的配置项分为三种类型：通用项（master 和 slave 都支持），master 专属配置项，slave 专属配置项。

Mesos 配置项比较多，下面对一些重点配置进行描述。少数为必备项，意味着必须给出配置值；另外一些是可选配置，自己带有默认值。

26.4.1　通用项

通用项数量不多，主要涉及服务绑定地址和日志信息等，参见表 26-1。

表 26-1　Mesos 配置通用项

配　置　项	说　　明
--advertise_ip=VALUE	可以通过该地址访问到服务，比如应用框架访问到 master 节点
--advertise_port=VALUE	可以通过该端口访问到服务
--external_log_file=VALUE	指定存储日志的外部文件，可通过 Web 界面查看
--firewall_rules=VALUE endpoint	防火墙规则，VALUE 可以是 JSON 格式或者存有 JSON 格式的文件路径
--ip=VALUE	服务绑定到的 IP 地址，用来监听外面的请求
--log_dir=VALUE	日志文件路径，如果为空（默认值）则不存储日志到本地
--logbufsecs=VALUE buffer	设置多少秒的日志，然后写入本地
--logging_level=VALUE	日志记录的最低级别
--port=VALUE	绑定监听的端口，master 默认是 5050，slave 默认是 5051

26.4.2　master 专属配置项

这些配置项是针对主节点上的 Mesos master 服务的，围绕高可用、注册信息、对应用框架的资源管理等。用户应该根据本地主节点资源情况来合理的配置这些选项。

用户可以通过 `mesos-master --help` 命令来获取所有支持的配置项信息。必须指定的配置项有以下三个：

- `--quorum=VALUE`：必备项，使用基于 replicated-Log 的注册表（即利用 ZooKeeper 实现 HA）时，参与投票时的最少节点个数；

- --work_dir=VALUE：必备项，注册表持久化信息存储位置；
- --zk=VALUE：如果主节点为 HA 模式，此为必备项，指定 ZooKeepr 的服务地址，支持多个地址，之间用逗号隔离，例如 zk://username:password@host1:port1, host2:port2,.../path。还可以为存有路径信息的文件路径。

其他可选的配置项参见表 26-2。

表 26-2 Mesos 配置 master 专属项

配 置 项	说 明
--acls=VALUE	ACL 规则或所在文件
--allocation_interval=VALUE	执行 allocation 的间隔，默认为 1sec
--allocator=VALUE	分配机制，默认为 HierarchicalDRF
--[no-]authenticate	是否允许非认证过的 framework 注册
--[no-]authenticate_slaves	是否允许非认证过的 slaves 注册
--authenticators=VALUE	对 framework 或 salves 进行认证时的实现机制
--cluster=VALUE	集群别名，显示在 Web 界面上供用户识别的
--credentials=VALUE	存储加密后凭证的文件的路径
--external_log_file=VALUE	采用外部的日志文件
--framework_sorter=VALUE	给定 framework 之间的资源分配策略
--hooks=VALUE	master 中安装的 hook 模块
--hostname=VALUE	master 节点使用的主机名，不配置则从系统中获取
--[no-]log_auto_initialize	是否自动初始化注册表需要的 replicated 日志
--modules=VALUE	要加载的模块，支持文件路径或者 JSON
--offer_timeout=VALUE	offer 撤销的超时
--rate_limits=VALUE	framework 的速率限制，即 query per second（qps）
--recovery_slave_removal_limit= VALUE	限制注册表恢复后可以移除或停止的 slave 数目，超出后 master 会失败，默认是 100%
--slave_removal_rate_limit=VALUE slave	没有完成健康度检查时候被移除的速率上限，例如 1/10m 代表每十分钟最多有一个
--registry=VALUE	注册表信息的持久化策略，默认为 replicated_log 存放本地，还可以为 in_memory 放在内存中
--registry_fetch_timeout=VALUE	访问注册表失败超时
--registry_store_timeout=VALUE	存储注册表失败超时
--[no-]registry_strict	是否按照注册表中持久化信息执行操作，默认为 false
--roles=VALUE	集群中 framework 可以所属的分配角色
--[no-]root_submissions root	是否可以提交 framework，默认为 true
--slave_reregister_timeout=VALUE	新的 lead master 节点选举出来后，多久之内所有的 slave 需要注册，超时的 salve 将被移除并关闭，默认为 10m
--user_sorter=VALUE	在用户之间分配资源的策略，默认为 drf

（续）

配置项	说明
--webui_dir=VALUE webui	实现的文件目录所在，默认为 /usr/local/share/mesos/webui
--weights=VALUE	各个角色的权重
--whitelist=VALUE	文件路径，包括发送 offer 的 slave 名单，默认为 None
--zk_session_timeout=VALUE	session 超时，默认为 10s
--max_executors_per_slave=VALUE	配置了 --with-network-isolator 时可用，限制每个 slave 同时执行任务的个数

下面给出一个由三个节点组成的 master 集群典型配置，工作目录指定为 /tmp/mesos，集群名称为 mesos_cluster：

```
mesos-master \
--zk=zk://10.0.0.2:2181,10.0.0.3:2181,10.0.0.4:2181/mesos \
--quorum=2 \
--work_dir=/tmp/mesos \
--cluster=mesos_cluster
```

26.4.3 slave 专属配置项

slave 节点支持的配置项是最多的，因为它所完成的事情也最复杂。这些配置项既包括跟主节点打交道的一些参数，也包括对本地资源的配置，包括隔离机制、本地任务的资源限制等。

用户可以通过 mesos-slave --help 命令来获取所有支持的配置项信息。必备项就一个：--master=VALUE，master 所在地址，或对应 ZooKeeper 服务地址，或文件路径，可以是列表。其他可选配置项参见表 26-3。

表 26-3 Mesos 配置 slave 专属项

配置项	说明
--attributes=VALUE	机器属性
--authenticatee=VALUE	跟 master 进行认证时候的认证机制
--[no-]cgroups_enable_cfs	采用 CFS 进行带宽限制时候对 CPU 资源进行限制，默认为 false
--cgroups_hierarchy=VALUE	cgroups 的目录根位置，默认为 /sys/fs/cgroup
--[no-]cgroups_limit_swap	限制内存和 swap，默认为 false，只限制内存
--cgroups_root=VALUE	根 cgroups 的名称，默认为 mesos
--container_disk_watch_interval=VALUE	为容器进行硬盘配额查询的时间间隔
--containerizer_path=VALUE	采用外部隔离机制（--isolation=external）时候，外部容器机制执行文件路径
--containerizers=VALUE	可用的容器实现机制，包括 mesos、external、docker
--credential=VALUE	加密后凭证，或者所在文件路径
--default_container_image=VALUE	采用外部容器机制时，任务默认使用的镜像

（续）

配置项	说明
--default_container_info=VALUE	容器信息的默认值
--default_role=VALUE	资源默认分配的角色
--disk_watch_interval=VALUE	硬盘使用情况的周期性检查间隔，默认为 1m
--docker=VALUE	docker 执行文件的路径
--docker_remove_delay=VALUE	删除容器之前的等待时间，默认为 6h
--[no-]docker_kill_orphans	清除孤儿容器，默认为 true
--docker_sock=VALUE	docker sock 地址，默认为 /var/run/docker.sock
--docker_mesos_image=VALUE	运行 slave 的 docker 镜像，如果被配置，docker 会假定 slave 运行在一个 docker 容器里
--docker_sandbox_directory= VALUE	sandbox 映射到容器里的哪个路径
--docker_stop_timeout=VALUE	停止实例后等待多久执行 kill 操作，默认为 0s
--[no-]enforce_container_disk_quota	是否启用容器配额限制，默认为 false
--executor_registration_timeout=VALUE	执行应用最多可以等多久再注册到 slave，否则停止它，默认为 1m
--executor_shutdown_grace_period=VALUE	执行应用停止后，等待多久，默认为 5s
--external_log_file=VALUE	外部日志文件
--fetcher_cache_size=VALUE	fetcher 的 cache 大小，默认为 2GB
--fetcher_cache_dir=VALUE	fetcher cache 文件存放目录，默认为 /tmp/mesos/fetch
--frameworks_home=VALUE	执行应用前添加的相对路径，默认为空
--gc_delay=VALUE	多久清理一次执行应用目录，默认为 1w
--gc_disk_headroom=VALUE	调整计算最大执行应用目录年龄的硬盘留空量，默认为 0.1
--hadoop_home=VALUE	hadoop 安装目录，默认为空，会自动查找 HADOOP_HOME 或者从系统路径中查找
--hooks=VALUE	安装在 master 中的 hook 模块列表
--hostname=VALUE	slave 节点使用的主机名
--isolation=VALUE	隔离机制，例如 posix/cpu,posix/mem（默认）或者 cgroups/cpu,cgroups/mem、external 等
--launcher_dir=VALUE	mesos 可执行文件的路径，默认为 /usr/local/lib/mesos
--image_providers=VALUE	支持的容器镜像机制，例如 'APPC, DOCKER'
--oversubscribed_resources_interval=VALUE	slave 节点定期汇报超配资源状态的周期

（续）

配 置 项	说　明
--modules=VALUE	要加载的模块，支持文件路径或者 JSON
--perf_duration=VALUE	perf 采样时长，必须小于 perf_interval，默认为 10secs
--perf_events=VALUE	perf 采样的事件
--perf_interval=VALUE	perf 采样的时间间隔
--qos_controller=VALUE	超配机制中保障 QoS 的控制器名
--qos_correction_interval_min=VALUE	Qos 控制器纠正超配资源的最小间隔，默认为 0s
--recover=VALUE	回复后是否重连旧的执行应用，reconnect（默认值）是重连，cleanup 清除旧的执行器并退出
--recovery_timeout=VALUE	slave 恢复时的超时，太久则所有相关的执行应用将自行退出，默认为 15m
--registration_backoff_factor= VALUE	跟 master 进行注册时候的重试时间间隔算法的因子，默认为 1s，采用随机指数算法，最长 1m
--resource_monitoring_interval= VALUE	周期性监测执行应用资源使用情况的间隔，默认为 1s
--resources=VALUE	每个 slave 可用的资源，比如主机端口默认为 [31000, 32000]
--[no-]revocable_cpu_low_priority	运行在可撤销 CPU 上容器将拥有较低优先级，默认为 true
--slave_subsystems=VALUE	slave 运行在哪些 cgroup 子系统中，包括 memory，cpuacct 等，默认为空
--[no-]strict	是否认为所有错误都不可忽略，默认为 true
--[no-]switch_user	用提交任务的用户身份来运行，默认为 true
--work_dir=VALUE	framework 的工作目录，默认为 /tmp/mesos

下面这些选项需要配置 --with-network-isolator 一起使用（编译时需要启用 --with-network-isolator 参数）：

- --ephemeral_ports_per_container=VALUE 分配给一个容器的临时端口的最大数目，需要为 2 的整数幂（默认为 1024）；
- --eth0_name=VALUE public 网络的接口名称，如果不指定，根据主机路由进行猜测；
- --lo_name=VALUE loopback 网卡名称；
- --egress_rate_limit_per_container=VALUE 每个容器的输出流量限制速率限制（采用 fq_codel 算法来限速），单位是字节每秒；
- --[no-]-egress_unique_flow_per_container 是否把不同容器的流量当作彼此不同的流，避免彼此影响（默认为 false）；
- --[no-]network_enable_socket_statistics 是否采集每个容器的 socket 统计信息，默认为 false。

下面给出一个典型的 slave 配置，容器为 Docker，监听在 10.0.0.10 地址；节点上限制 16 个 CPU、64 GB 内存，容器的非临时端口范围指定为 [31000-32000]，临时端口范围指定为 [32768-57344]；每个容器临时端口最多为 512 个，并且外出流量限速为 50 MB/s：

```
mesos-slave \
--master=zk://10.0.0.2:2181,10.0.0.3:2181,10.0.0.4:2181/mesos \
--containerizers=docker \
--ip=10.0.0.10 \
--isolation=cgroups/cpu,cgroups/mem,network/port_mapping \
--resources=cpus:16;mem:64000;ports:[31000-32000];ephemeral_ports: [32768-
    57344] \
--ephemeral_ports_per_container=512 \
--egress_rate_limit_per_container=50000KB \
--egress_unique_flow_per_container
```

为了避免主机分配的临时端口跟我们指定的临时端口范围冲突，需要在主机节点上进行配置：

```
$ echo "57345 61000" > /proc/sys/net/ipv4/ip_local_port_range
```

注意 非临时端口是 Mesos 分配给框架，绑定到任务使用的，端口号往往有明确意义；临时端口是系统分配的，往往不太关心具体端口号。

26.5 日志与监控

Mesos 自身提供了强大的日志和监控功能，某些应用框架也提供了针对框架中任务的监控能力。通过这些接口用户可以实时获知集群的各种状态。

1. 日志配置

日志文件默认在 /var/log/mesos 目录下，根据日志等级带有不同后缀。用户可以通过日志来调试使用中碰到的问题。

一般情况下，推荐使用 --log_dir 选项来指定日志存放路径，并通过日志分析引擎来进行监控。

2. 监控

Mesos 提供了方便的监控接口，供用户查看集群中各个节点的状态。

（1）主节点

通过 http://MASTER_NODE:5050/metrics/snapshot 地址可以获取到 Mesos 主节点的各种状态统计信息，包括资源（CPU、硬盘、内存）使用、系统状态、从节点、应用框架、任务状态等。例如，查看主节点 10.0.0.2 的状态信息，并用 jq 来解析返回的 json 对象：

```
$ curl -s http://10.0.0.2:5050/metrics/snapshot |jq .
{
    "system/mem_total_bytes": 4144713728,
```

```
    "system/mem_free_bytes": 153071616,
    "system/load_5min": 0.37,
    "system/load_1min": 0.6,
    "system/load_15min": 0.29,
    "system/cpus_total": 4,
    "registrar/state_store_ms/p9999": 45.4096616192,
    "registrar/state_store_ms/p999": 45.399272192,
    "registrar/state_store_ms/p99": 45.29537792,
    "registrar/state_store_ms/p95": 44.8336256,
    "registrar/state_store_ms/p90": 44.2564352,
    "registrar/state_store_ms/p50": 34.362368,
    ...
    "master/recovery_slave_removals": 1,
    "master/slave_registrations": 0,
    "master/slave_removals": 0,
    "master/slave_removals/reason_registered": 0,
    "master/slave_removals/reason_unhealthy": 0,
    "master/slave_removals/reason_unregistered": 0,
    "master/slave_reregistrations": 2,
    "master/slave_shutdowns_canceled": 0,
    "master/slave_shutdowns_completed": 1,
    "master/slave_shutdowns_scheduled": 1
}
```


（2）从节点

通过 http://SLAVE_NODE:5051/metrics/snapshot 地址可以获取到 Mesos 从节点的各种状态统计信息，包括资源、系统状态、各种消息状态等：例如，查看从节点 10.0.0.10 的状态信息：

```
$ curl -s http://10.0.0.10:5051/metrics/snapshot |jq .
{
    "system/mem_total_bytes": 16827785216,
    "system/mem_free_bytes": 3377315840,
    "system/load_5min": 0.11,
    "system/load_1min": 0.16,
    "system/load_15min": 0.13,
    "system/cpus_total": 8,
    "slave/valid_status_updates": 11,
    "slave/valid_framework_messages": 0,
    "slave/uptime_secs": 954125.458927872,
    "slave/tasks_starting": 0,
    "slave/tasks_staging": 0,
    "slave/tasks_running": 1,
    "slave/tasks_lost": 0,
    "slave/tasks_killed": 2,
    "slave/tasks_finished": 0,
    "slave/executors_preempted": 0,
    "slave/executor_directory_max_allowed_age_secs": 403050.709525191,
    "slave/disk_used": 0,
    "slave/disk_total": 88929,
    "slave/disk_revocable_used": 0,
    "slave/disk_revocable_total": 0,
    "slave/disk_revocable_percent": 0,
    "slave/disk_percent": 0,
    "containerizer/mesos/container_destroy_errors": 0,
    "slave/container_launch_errors": 6,
```

```
    "slave/cpus_percent": 0.025,
    "slave/cpus_revocable_percent": 0,
    "slave/cpus_revocable_total": 0,
    "slave/cpus_revocable_used": 0,
    "slave/cpus_total": 8,
    "slave/cpus_used": 0.2,
    "slave/executors_registering": 0,
    "slave/executors_running": 1,
    "slave/executors_terminated": 8,
    "slave/executors_terminating": 0,
    "slave/frameworks_active": 1,
    "slave/invalid_framework_messages": 0,
    "slave/invalid_status_updates": 0,
    "slave/mem_percent": 0.00279552715654952,
    "slave/mem_revocable_percent": 0,
    "slave/mem_revocable_total": 0,
    "slave/mem_revocable_used": 0,
    "slave/mem_total": 15024,
    "slave/mem_used": 42,
    "slave/recovery_errors": 0,
    "slave/registered": 1,
    "slave/tasks_failed": 6
}
```

另外，通过 http://MASTER_NODE:5050/monitor/statistics.json 地址可以看到该从节点上容器网络相关的统计数据，包括进出流量、丢包数、队列情况等。获取方法同上，在此不再演示。

26.6 常见应用框架

应用框架是实际干活的，可以理解为 Mesos 之上跑的应用。应用框架注册到 Mesos master 服务上即可使用。用户大部分时候，只需要跟应用框架打交道。因此，选择合适的应用框架十分关键。

Mesos 目前支持的应用框架分为四大类：长期运行任务（以及 PaaS）、大数据处理、批量调度、数据存储。随着 Mesos 自身的发展，越来越多的框架开始支持 Mesos，表 26-4 总结了目前常用的一些框架。

表 26-4 Mesos 支持的常见应用框架

分类	框架	说明
长期运行的服务	Aurora	项目维护地址为 http://aurora.incubator.apache.org 利用 mesos 调度安排的任务，保证任务一直在运行提供 REST 接口，客户端和 webUI（8081 端口）
	Marathon	项目维护地址为 https://github.com/mesosphere/marathon 一个私有 PaaS 平台，保证运行的应用不被中断。如果任务停止了，会自动重启一个新的相同任务。支持任务为任意 bash 命令，以及容器。提供 REST 接口、客户端和 webUI（8080 端口）

（续）

分类	框架	说明
长期运行的服务	Singularity	项目维护地址为 https://github.com/HubSpot/Singularity 一个私有 PaaS 平台。调度器运行长期的任务和一次性任务。提供 REST 接口、客户端和 webUI（7099、8080 端口），支持容器
大数据处理	Cray Chapel	项目维护地址为 https://github.com/nqn/mesos-chapel 支持 Chapel 并行编程语言的运行框架
	Dpark	项目维护地址为 https://github.com/douban/dpark Spark 的 Python 实现
	Hadoop	项目维护地址为 https://github.com/mesos/hadoop 经典的 map-reduce 模型的实现
	Spark	项目维护地址为 http://spark.incubator.apache.org 跟 Hadoop 类似，但处理迭代类型任务会更好地使用内存做中间状态缓存，速度要快一些
	Storm	项目维护地址为 https://github.com/mesosphere/storm-mesos 分布式流计算，可以实时处理数据流
批量调度	Chronos	项目维护地址为 https://github.com/airbnb/chronos Cron 的分布式实现，负责任务调度，支持容错
	Jenkins	项目维护地址为 https://github.com/jenkinsci/mesos-plugin 大名鼎鼎的 CI 引擎。使用 mesos-jenkins 插件，可以将 Jenkins 的任务由 Mesos 集群来动态调度执行
	JobServer	项目维护地址为 http://www.grandlogic.com/content/html_docs/jobserver.html 基于 Java 的调度任务和数据处理引擎
	GoDocker	项目维护地址为 https://bitbucket.org/osallou/go-docker 基于 Docker 容器的集群维护工具。提供用户接口，除了支持 Mesos，还支持 Kubernetes、Swarm 等
数据存储	Cassandra	项目维护地址为 https://github.com/mesosphere/cassandra-mesos 高性能的分布式数据库。可扩展性很好，支持高可用
	ElasticSearch	项目维护地址为 https://github.com/mesosphere/elasticsearch-mesos 功能十分强大的分布式数据搜索引擎。一方面通过分布式集群实现可靠的数据库，一方面提供灵活的 API 对数据进行整合分析。ElasticSearch + LogStash + Kibana 目前合成为 ELK 工具栈
	Hypertable	项目维护地址为 https://code.google.com/p/hypertable 高性能的分布式数据库，支持结构化或者非结构化的数据存储
	Tachyon	项目维护地址为 http://tachyon-project.org/ 内存为中心的分布式存储系统，利用内存访问的高速提供高性能

26.7 本章小结

本章讲解了 Mesos 的安装使用、基本原理和架构，以及支持 Mesos 的重要应用框架。

Mesos 最初设计为资源调度器，然而其灵活的设计和对上层框架的优秀支持，使得它可以很好地支持大规模的分布式应用场景。结合 Docker，Mesos 可以很容易部署一套私有的容器云。

除了核心功能之外，Mesos 在设计上有许多值得借鉴之处，比如它清晰的定位、简洁的架构、细致的参数、高度容错的可靠，还有对限速、监控等的支持等。

Mesos 作为一套成熟的开源项目，可以很好地应用并集成到生产环境中，但它的定位集中在资源调度，往往需要结合应用框架或二次开发。

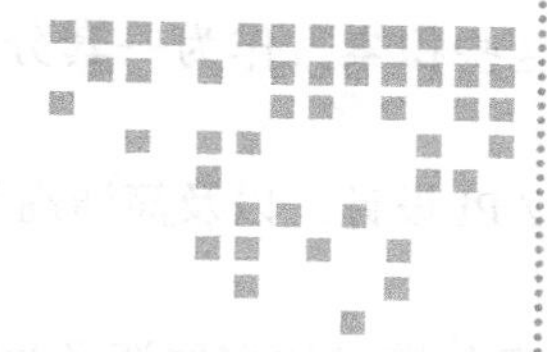

第 27 章 Chapter 27

Kubernetes——生产级容器集群平台

Kubernetes 是 Google 团队发起并维护的开源容器集群管理系统，底层基于 Docker、rkt 等容器技术，提供强大的应用管理和资源调度能力。Kubernetes 已经成为目前容器云领域影响力最大的开源平台，使用 Kubernetes，用户可以轻松搭建和管理一个可扩展的生产级别容器云。

本章将介绍 Kubernetes 相关的核心概念和重要实现组件，以及如何进行安装部署。读者通过学习 Kubernetes 的命令，可以体会如何在生产环境中灵活使用 Kubernetes 来提高应用开发和部署的效率。

27.1 简介

Kubernetes 是 Google 公司于 2014 年开源的容器集群管理项目。该项目基于 Go 语言实现，遵守 Apache v2 许可，试图为基于容器的应用部署和生产管理打造一套强大并且易用的操作平台。

Kubernetes 自开源之日起就吸引了众多公司和容器技术爱好者的关注，是目前容器集群管理最优秀的开源项目之一。已有 Microsoft、RedHat、IBM、Docker、Mesosphere、CoreOS 以及 SaltStack 等公司加入了 Kubernetes 社区。Kubernetes 已经在 box、bay、sap 等众多企业得到广泛应用，并且作为基础平台支撑了众多的容器云项目。

Kubernetes 的前身（Borg 系统）此前在 Google 内部已经应用了十几年，支撑每周数十亿规模容器的管理，积累了大量来自生产环境的宝贵实践经验。在设计 Kubernete 的时候，团队也很好地吸取了来自社区的建议，目前被云原生计算基金会（Cloud Native Computing Foundation，CNCF）管理，以开源项目形式持续演化。

正是因为这些积累，作为一套分布式应用容器集群系统，Kubernetes 拥有鲜明的技术优势：

- 优秀的 API 设计，以及简洁高效的架构设计，主要组件个数很少，彼此之间通过接口调用；
- 基于微服务模式的多层资源抽象模型，兼顾灵活性与可操作性，提出的 Pod 模型被许多平台借鉴；
- 可拓展性好，模块化容易替换，伸缩能力极佳；单集群即可支持 5000 个节点，同时运行 150 000 个 Pods；
- 自动化程度高，真正实现“所得即所需”，用户通过模板声明服务后，整个生命周期都是自动化管理，包括伸缩、负载均衡、资源分配、故障恢复、更新等；
- 部署支持多种环境，包括虚拟机、裸机部署，还很好支持常见云平台，包括 AWS、GCE 等；
- 支持丰富的运维和配置工具，方便用户对集群进行性能测试、问题检查和状态监控；
- 自带控制台、客户端命令等工具，允许用户通过多种方式与 kubernetes 集群进行交互。

基于 Kubernetes，可以很容易的实现一套容器云。Kubernetes 支持通过模板来定义服务的配置，用户将配置模板提交之后，Kubernetes 会自动管理（包括部署、发布、伸缩、更新等）应用容器来让服务维持指定状态，实现了十分高的可靠性，用户无须关心任何细节。

Kubernetes 目前在 github.com/kubernetes/kubernetes 进行维护，最新版本为 1.10.x。

主要版本历史

2015 年 7 月发布的 1.0 版本是 Kubernetes 的第一个正式版本，标志着核心功能已经逐渐成熟稳定，可以正式投入生产环境使用。

2016 年 3 月发布的 1.2.0 版本，在性能、稳定性和可管理性上都有了重大的优化和升级，包括对多可用域的支持、监控服务增强、上千物理节点的支持等令人振奋的特性。此后基本上在每个季度末发行一次版本的更新。

1.3.0 版本（2016 年 6 月发布）中，增强了多集群之间的联盟（Cross-Cluster Federated Services）服务，引入了 PetSet 来支持持久化带状态应用，并支持更大的集群规模。

1.4.0 版本中增强了对带状态应用的支持，完善了多集群联盟的 API，增强了安全控制和调度机制。

1.5.0 版本中将 PetSet 更名为 StatefulSet，修复稳定性，进一步提高了节点的鲁棒性和集群的可扩展性。

1.6.0 版本实现了高级调度功能，引入最新的 etcd v3，扩大集群规模为 5000 个节点。并新增了基于角色的访问控制，支持存储动态分配。

1.7.0 版本增强了安全性、可扩展性和对带状态应用的支持，并改善了网络策略和存储配置。

1.8.0 版本中删除了废弃的功能，如 OpenStack LBaaS v1 支持，修复大量 bug。

1.9.0 版本中将 apps/v1 Workloads API 稳定下来，引入容器存储接口，并改进 kube-proxy 的 ipvs 模式以支持更大规模的集群。

1.10.0 版本则重点改进了安全性（Kubelet TLS 启动）、存储和网络，改进了监控组件配置，并完成了 bug 修复，提高了稳定性和成熟度。

本书将以最新的 Kubernetes 1.10 版本系列为主，兼顾新特性进行剖析和实践。

提示 Kubernetes 来自希腊语，是“领航员”的意思，按照惯例，经常被缩写为 K8S。

27.2 核心概念

要想深入理解 Kubernetes 的特性和工作机制，首先要掌握 Kubernete 模型中的核心概念。这些核心概念反映了 Kubernetes 设计过程中对应用容器集群的认知模型，如图 27-1 所示。

Kubernetes 为了更好地管理应用的生命周期，将不同资源对象进行了进一步的操作抽象。学习使用 Kubernetes 实际上就是要掌握这些不同的抽象对象。

Kubernetes 中每种对象都拥有一个对应的声明式 API。对象包括三大属性：元数据（metadata）、规范（spec）和状态（status）。通过这三个属性，用户可以定义让某个对象处于给定的状态（如多少 Pod 运行在哪些节点上）以及表现策略（如如何升级、容错），而无须关心具体的实现细节。

当使用 Kubernetes 管理这些对象时，每个对象可以使用一个外部的 json 或 yaml 模板文件来定义，通过参数传递给命令或 API。每个模板文件中定义 apiVersion（如 v1）、kind（如 Deployment、Service）、metadata（包括名称、标签信息等）、spec（具体的定义）等信息。例如：

```
apiVersion: v1
kind: Service
metadata:
    name: nginxsvc
    labels:
        app: nginx
spec:
    type: NodePort
    ports:
    - port: 80
      protocol: TCP
      name: http
    - port: 443
      protocol: TCP
      name: https
    selector:
        app: nginx
```

基础的操作对象主要是指资源抽象对象，包括：

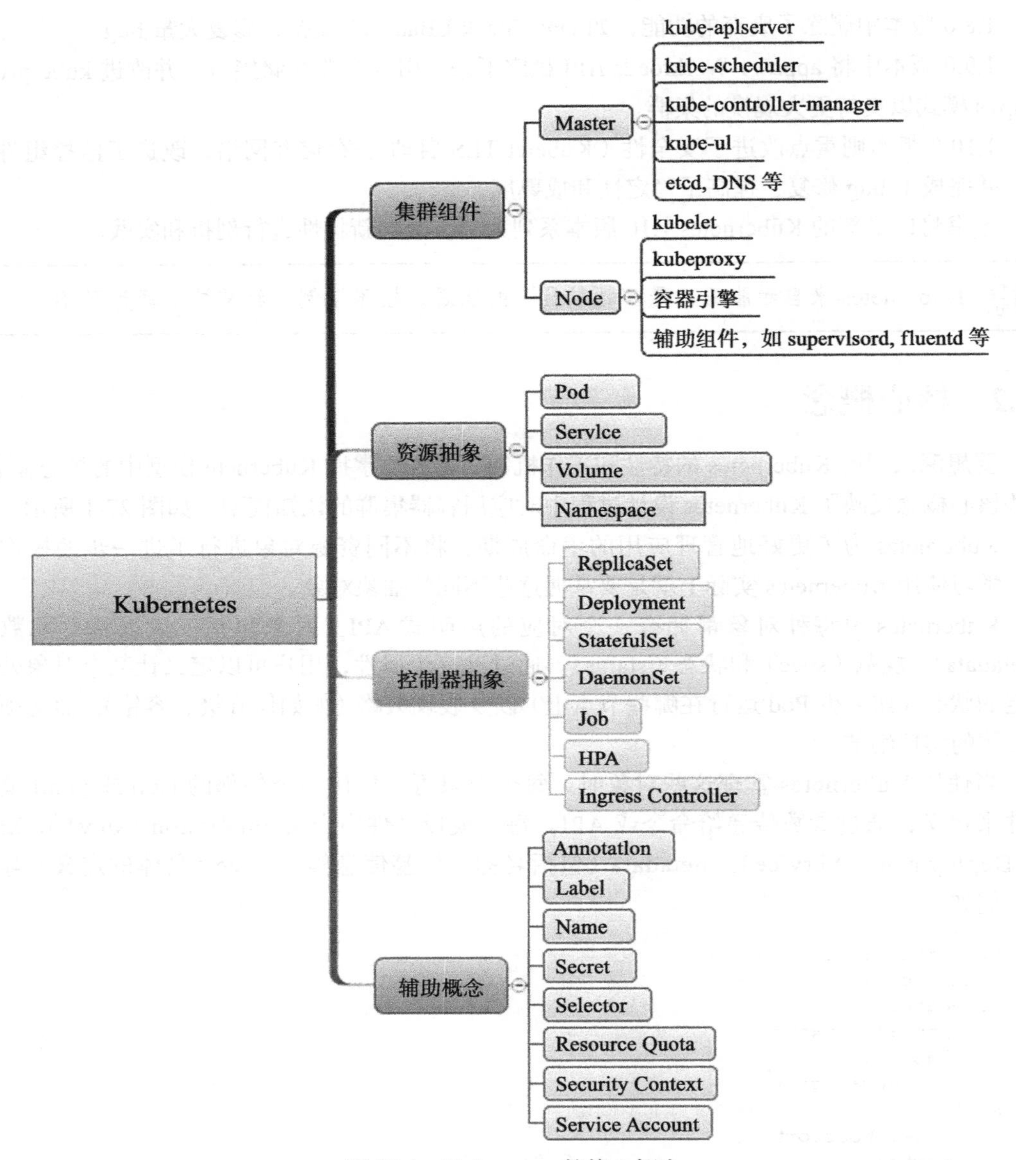

图 27-1　Kubernetes 的核心概念

- **容器组**（Pod）：Kubernetes 中最小的资源单位。由位于同一节点上若干容器组成，彼此共享网络命名空间和存储卷（Volume）。Pod 是 Kubernetes 中进行管理的最小资源单位，是最为基础的概念。跟容器类似，Pod 是短暂的，随时可变的，通常不带有状态。一般每个 Pod 中除了应用容器外，还包括一个初始的 pause 容器，完成网络和存储空间的初始化；
- **服务**（Service）：对外提供某个特定功能的一组 Pod（可通过标签来选择）和所关联的

访问配置。由于 Pod 的地址是不同的，而且可能改变，直接访问 Pod 将无法获得稳定的业务。Kubernetes 通过服务提供唯一固定的访问地址（如 IP 地址或者域名），不随后面 Pod 改变而变化。用户无须关心具体的 Pod 信息；

- **存储卷**（Volume）：存储卷类似 Docker 中的概念，提供数据的持久化存储（如 Pod 重启后），并支持更高级的生命周期管理和参数指定功能，支持多种本地和云存储类型；
- **命名空间**（Namespace）：Kubernetes 通过命名空间来实现虚拟化，将同一组物理资源虚拟为不同的抽象集群，避免不同租户的资源发生命名冲突，另外可以进行资源限额。

另外，为了方便操作这些基础对象，Kubernetes 还引入了控制器（Controller）的高级抽象概念。这些控制器面向特定场景提供了自动管理 Pod 功能，用户使用控制器而无须关心具体的 Pod 相关细节。

控制器抽象对象主要包括：

- **副本集**（ReplicaSet）：旧版本中叫做复制控制器（Replication Controller）。副本集是一个基于 Pod 的抽象。使用它可以让集群中始终维持某个 Pod 的指定副本数的健康实例。副本集中的 Pod 相互并无差异，可以彼此替换。由于操作相对底层，一般不推荐直接使用；
- **部署**（Deployment）：自 1.2.0 版本开始引入。比副本集更高级的抽象，可以管理 Pod 或副本集，并且支持升级操作。部署控制器可以提供提供比副本集更方便的操作，推荐使用；
- **状态集**（StatefulSet）：管理带有状态的应用。相比部署控制器，状态集可以为 Pod 分配独一无二的身份，确保在重新调配等操作时也不会相互替换。自 1.9 版本开始正式支持；
- **Daemon 集**（DaemonSet）：确保节点上肯定运行某个 Pod，一般用来采集日志（如 logstash）、监控节点（如 collectd）或提供存储（如 glusterd）使用；
- **任务**（Job）：适用于短期处理场景。任务将创建若干 Pod，并确保给定数目的 Pod 最终正常退出（完成指定的处理）；
- **横向 Pod 扩展器**（Horizontal Pod Autoscaler，HPA）：类似云里面的自动扩展组，根据 Pod 的使用率（典型如 CPU）自动调整一个部署里面 Pod 的个数，保障服务可用性；
- **入口控制器**（Ingress Controller）：定义外部访问集群中资源的一组规则，用来提供七层代理和负载均衡服务。

此外，还有一些管理资源相关的辅助概念，主要包括：

- **标签**（Label）：键值对，可以标记到资源对象上，用来对资源进行分类和筛选；
- **选择器**（Selector）：基于标签概念的一个正则表达式，可通过标签来筛选出一组资源；
- **注解**（Annotation）：键值对，可以存放大量任意数据，一般用来添加对资源对象的详细说明，可供其他工具处理。
- **秘密数据**（Secret）：存放敏感数据，例如用户认证的口令等；

- **名字**（Name）：用户提供给资源的别名，同类资源不能重名；
- **持久化存储**（PersistentVolume）：确保数据不会丢失；
- **资源限额**（Resource Quotas）：用来限制某个命名空间下对资源的使用，开始逐渐提供多租户支持；
- **安全上下文**（Security Context）：应用到容器上的系统安全配置，包括 uid、gid、capabilities、SELinux 角色等；
- **服务账号**（Service Accounts）：操作资源的用户账号。

后面分别解释这些核心概念的含义和用法。

27.3 资源抽象对象

Kubernetes 对集群中的资源进行了不同级别的抽象，每个资源都是一个 REST 对象，通过 API 进行操作，通过 json 或 yaml 格式的模板文件进行定义。

在使用 Kubernetes 过程中，要注意积累这些模板文件。在 Kubernetes 代码包的 example 目录下自带了十分翔实的示例模板文件，推荐读者参考使用。

27.3.1 容器组

在 Kubernetes 中，并不直接操作容器，最小的管理单位是容器组（Pod）。容器组由一个或多个容器组成，Kubernetes 围绕容器组进行创建、调度、停止等生命周期管理。

同一个容器组中，各个容器共享命名空间（包括网络、IPC、文件系统等容器支持的命名空间）、cgroups 限制和存储卷。这意味着同一个容器组中，各个应用可以很方便地相互进行访问，比如通过 `localhost` 地址进行网络访问，通过信号量和共享内存进行进程间通信等，类似经典场景中运行在同一个操作系统中的一组进程。可以简单地将一个 Pod 当作是一个抽象的“虚拟机”，里面运行若干个不同的进程（每个进程实际上就是一个容器）。

实现上，是先创建一个 `gcr.io/google_containers/pause` 容器，创建相关命名空间，然后创建 Pod 中的其他应用容器，并共享 `pause` 容器的命名空间。

组成容器组的若干容器往往是存在共同的应用目的，彼此关联十分紧密，例如一个 Web 应用与对应的日志采集应用、状态监控应用。如果单纯把这些相关的应用放一个容器里面，又会造成过度耦合，管理、升级都不方便。

容器组的经典应用场景包括：

- 内容管理，文件和数据加载，缓存管理等；
- 日志处理，状态快照等；
- 监控代理，消息发布等；
- 代理机制，网桥、网卡等；
- 控制器、管理器、配置以及更新等。

跟其他资源类似，容器组是一个 REST 对象，用户可以通过 yaml 或者 json 模板来定义一个容器组资源，例如：

```
apiVersion: v1
kind: Pod
metadata:
    name: nginx-test
spec:
    containers:
    - name: nginx
      image: nginx
      ports:
          - containerPort: 80
```

可以说，容器组既保持了容器轻量解耦的特性，又提供了调度操作的便利性，在实践中提供了比单个容器更为灵活和更有意义的抽象。

容器组生命周期包括五种状态值：待定、运行、成功、失败、未知。

- 待定（Pending）：已经被系统接受，但容器镜像还未就绪；
- 运行（Running）：分配到节点，所有容器都被创建，至少一个容器在运行中；
- 成功（Succeeded）：所有容器都正常退出，不需要重启，任务完成；
- 失败（Failed）：所有容器都退出，至少一个容器是非正常退出；
- 未知（Unknown）：未知状态，例如所在节点无法汇报状态。

27.3.2 服务

Kubernetes 主要面向的对象是持续运行，并且无状态（stateless）。

服务（Service）的提出，主要是要解决 Pod 地址可变的问题。由于 Pod 随时可能发生故障，并可能在其他节点上被重启，它的地址是不能保持固定的。因此，用一个服务来代表提供某一类功能（可以通过标签来筛选）的一些 Pod，并分配不随 Pod 位置变化而改变的虚拟访问地址（Cluster IP）。这也符合微服务的理念。

典型情况是，比如网站的后端服务，可能有多个 Pod 都运行了后端处理程序，它们可以组成一个服务。前端只需通过服务的唯一虚拟地址来访问即可，而无须关心具体是访问到了哪个 Pod。可见，服务跟负载均衡器实现的功能很相似。

根据访问方式的不同，服务可以分为如下几种类型：

- ClusterIP：提供一个集群内部的地址，该地址只能在集群内解析和访问。ClusterIP 是默认的服务类型；
- NodePort：在每个集群节点上映射服务到一个静态的本地端口（默认范围为 30 000～32 767）。从集群外部可以直接访问，并自动路由到内部自动创建的 ClusterIP；
- LoadBalancer：使用外部的路由服务，自动路由访问到自动创建的 NodePort 和 ClusterIP；
- ExternalName：将服务映射到 externalName 域指定的地址，需要 1.7 以上版本 kube-dns 的支持。

组成一个服务的 Pod 可能是属于不同复制控制器的，但服务自身是不知道复制控制器的存在的。

同样，服务也是一个 REST 对象，用户可以通过模板来定义一个服务资源：

```
{
    "kind": "Service",
    "apiVersion": "v1",
    "metadata": {
        "name": "web-service"
    },
    "spec": {
        "selector": {
            "app": "webApp"
        },
        "ports": [
            {
                "protocol": "TCP",
                "port": 80,
                "targetPort": 80
            }
        ]
    }
}
```

这个模板会筛选所有带有标签的 app: webApp 的 Pod，作为 web-service，对外呈现的访问端口为 80，映射到 Pod 的 80 端口上。

服务在创建后，会被自动分配一个集群地址，这个地址并不绑定到任何接口，将作为访问服务的抽象地址。访问该地址，会被映射到 Pod 的实际地址。实现上是通过 Kube-Proxy 进程。每个节点上都会运行一个 Kube-Proxy 进程，负责将到某个 Service 的访问给代理或者均衡到具体的 Pod 上去。同时，会为每一个服务都创建环境变量，指向集群地址；或者在 DNS 中注册该服务的集群地址。

也许会有用户考虑使用 DNS 方式来替代服务的集群 IP 机制，这是完全可以的，Kubernetes 也提供了基于 skydns 的插件支持。但是要处理好 DNS 查找的缓存过期时间问题。当某个 Pod 发生变化时，要让客户端本地的 DNS 缓存过期。

另外，服务支持进行不同类型的健康检查（通过容器 spec 中的 livenessProbe 或 ReadinessProbe 字段定义），目前包括三种类型：

- 通过 HTTP 获取资源是否成功；
- 在容器中执行指定命令，返回值是否为 0；
- 打开给定 socket 端口是否成功。

探测的结果可能为成功、失败或未知。其中 LivenessProbe 反映的是容器自身状态，如果配置了重启策略，则失败状态会触发自动重启；而 ReadinessProbe 字段用来则反映容器内的服务是否可用。

27.3.3 存储卷

存储卷（Volume）即容器挂载的数据卷，跟 Pod 有一致的生命周期，Pod 生存过程（包括重启）中，数据卷跟着存在；Pod 退出，则数据卷跟着退出。

几个比较常见的数据卷类型包括：emptyDir、hostPath、gcePersistentDisk、awsElasticBlockStore、nfs、gitRepo、secret。

- emptyDir：当 Pod 创建的时候，在节点上创建一个空的挂载目录，挂载到容器内。当 Pod 从节点离开（例如删除掉）的时候，自动删除挂载目录内数据。节点上的挂载位置可以为物理硬盘或内存。这一类的挂载适用于非持久化的存储，例如与 Pod 任务相关的临时数据等。除此之外，其他存储格式大都是持久化的；
- hostPath：将节点上某已经存在的目录挂载到 Pod 中，Pod 退出后，节点上的数据将保留；
- gcePersistentDisk：使用 GCE 的 Persistent Disk 服务，Pod 退出后，会保留数据；
- awsElasticBlockStore：使用 AWS 的 EBS Volume 服务，数据也会持久化保留；
- nfs：使用 NFS 协议的网络存储，也是持久化数据存储；
- gitRepo：挂载一个空目录到 Pod，然后 clone 指定的 git 仓库代码到里面，适用于直接从仓库中给定版本的代码来部署应用；
- secret：用来传递敏感信息（如密码等），基于内存的 tmpfs，挂载临时秘密文件。

其他类型的数据卷还包括 iscsi、flocker、glusterfs、rbd、downwardAPI、FlexVolume、AzureFileVolume 等。

持久化的存储以插件的形式提供为 PersistentVolume 资源，用户通过请求某个类型的 PersistentVolumeClaim 资源，来从匹配的持久化存储卷上获取绑定的存储。

资源定义仍然通过 yml 或 json 格式的模板文件，例如定义一个持久化存储卷：

```
apiVersion: v1
    kind: PersistentVolume
    metadata:
        name: pv01
    spec:
        capacity:
            storage: 100Gi
        accessModes:
            - ReadWriteOnce
        persistentVolumeReclaimPolicy: Recycle
        nfs:
            path: /tmp
            server: 192.168.0.2
```

27.4 控制器抽象对象

控制器抽象对象是基于对所操控对象的进一步抽象，附加了各种资源的管理功能，目前主要包括副本集、部署、状态集、Daemon 集、任务等。

1. 副本集和部署

副本集（ReplicaSet）和部署（Deployment）都适合于长期运行的应用类型。

在 Kubernetes 看来，Pod 资源是可能随时发生故障的，并不需要保证 Pod 的运行，而是在发生失败后重新生成。Kubernetes 通过复制控制器来实现这一功能。

用户申请容器组后，复制控制器将负责调度容器组到某个节点上，并保证它的给定份数（replica）正常运行。当实际运行 Pod 份数超过数目，则终止某些 Pod；当不足，则创建新的 Pod。一般建议，即使 Pod 份数是 1，也要使用复制控制器来创建，而不是直接创建 Pod。

可以将副本集类比为进程的监管者（supervisor）的角色，只不过它不光能保持 Pod 的持续运行，还能保持集群中给定类型 Pod 同时运行的个数为指定值。Pod 是临时性的，可以随时由副本集创建或者销毁，这意味着要通过 Pod 自身的地址访问应用是不能保证一致性的。Kubernetes 通过服务的概念来解决这个问题。

从 1.2.0 版本开始，Kubernetes 将正式引入部署机制来支持更灵活的 Pod 管理，从而用户无须直接跟复制控制器打交道了。部署代表用户对集群中应用的一次更新操作，在副本集的基础上还支持更新操作。每次滚动升级（rolling-update），会自动将副本集中旧版本的 Pod 逐渐替换为新的版本。

另外，副本集也可以支持成为“横向 Pod 扩展器”的操作对象。

2. 状态集

状态集（StatefulSet）是 1.5 版本开始引入的新概念。通常情况下，使用容器的应用都是不带状态的，意味着部署同一个应用的多个 Pod 彼此可以替换，而且生命周期可以是很短暂的。任何一个 Pod 退出后，Kubernetes 在集群中可以自动创建一个并按照调度策略调度到节点上。无状态的应用时候，关心的主要是副本的个数，而不关心名称、位置等。与此对应，某些应用需要关心 Pod 的状态（包括各种数据库和配置服务等），挂载独立的存储。一旦当某个 Pod 故障退出后，Kubernetes 会创建同一命名的 Pod，并挂载原来的存储，以便 Pod 中应用继续执行，实现了该应用的高可用性。

状态集正是针对这种需求而设计的，提供比副本集和部署更稳定可靠的运行支持。

3. Daemon 集

Daemon 集（DaemonSet）适合于长期运行在后台的伺服类型应用，例如对节点的日志采集或状态监控等后台支持服务。

Daemon 集的应用会确保在指定类型的每个节点上都运行一个该应用的 Pod。可能是集群中所有节点，也可能是指定标签的一类节点。

4. 任务

不同于长期运行的应用，任务（Job）代表批处理类型的应用。任务中应用完成某一类的处理即可退出，有头有尾。例如，计算 Pi 到多少位，可以指定若干个 Pod 成功完成计算，即算任务成功执行。

5. 横向 Pod 扩展器

横向 Pod 扩展器（Horizontal Pod Autoscaler，HPA）解决应用波动的情况。类似云里面的自动扩展组，扩展器根据 Pod 的使用率（典型如 CPU、内存等）自动调整一个部署里面 Pod

的个数，保障服务在不同压力情况下保证平滑的输出效果。

控制管理器会定期检查性能指标，在满足条件时候触发横向伸缩。Kubernetes 1.6 版本开始支持基于多个指标的伸缩。

27.5 其他抽象对象

1. 标签

标签（Label）是一组键值对，用来标记所绑定对象（典型的就是 Pod）的识别属性，进而可以分类。比如 name=apache|nginx、type=web|db、release=alpha|beta|stable、tier=frontend|backend 等。另外，Label 键支持通过 / 来添加前缀，可以用来标注资源的组织名称等。一般的，前缀不能超过 253 个字符，键名不能超过 63 个字符。

标签所定义的属性是不唯一的，这意味着不同资源可能带有相同的标签键值对。这些属性可以将业务的相关信息绑定到对象上，用来对资源对象进行分类和选择过滤。

2. 注解

注解（Annotation）跟标签很相似，也是键值对，但并非用来标识对象，同时可以存储更多更复杂的信息。不同的是，注解并不是为了分类资源对象，而是为了给对象增加更丰富的描述信息。这些信息是任意的，数据量可以很大，可以包括各种结构化、非结构化的数据。

常见的注解包括时间戳、发行信息、开发者信息等，一般是为了方便用户查找相关线索。

3. 选择器

基于资源对象上绑定的标签信息，选择器（Selector）可以通过指定标签键值对来过滤出一组特定的资源对象。

选择器支持的语法包括基于等式（Equality-based）的，和基于集合（Set-based）的。

基于等式的选择，即通过指定某个标签是否等于某个值，例如 env=production 或者 tier!=frontend 等。多个等式可以通过 AND 逻辑组合在一起。

基于集合的选择，即通过指定某个标签的值是否在某个集合内，例如 env in (staging, production)。

4. 秘密数据

秘密数据（Secret）资源用来保存一些敏感的数据，这些数据（例如密码）往往不希望别的用户看到，但是在启动某个资源（例如 Pod）的时候需要提供。通过把敏感数据放到 Secret 里面，用户只需要提供 Secret 的别名即可使用。

例如，我们希望通过环境变量传递用户名和密码信息到一个 Pod 中。

首先，将用户名和密码使用 base64 进行编码：

```
$ echo "admin" | base64
YWRtaW4K
$ echo "admin_pass" | base64
YWRtaW5fcGFzcwo=
```

编写一个 Secret 的对象模板，添加前面的 base64 编码数据：

```
apiVersion: v1
kind: Secret
metadata:
    name: test_secret
type: Opaque
data:
    password: YWRtaW5fcGFzcwo=
    username: YWRtaW4K
```

通过 kubectl 创建秘密数据对象 test_secret，例如：

```
$ kubectl create -f ./secret.yaml
secret "test_secret" created
```

通过环境变量在 Pod 中使用秘密数据，例如：

```
apiVersion: v1
kind: Pod
metadata:
  name: secret-test-pod
spec:
    containers:
        - name: test-container
          image: nginx
          env:
        - name: SECRET_USERNAME
          valueFrom:
              secretKeyRef:
                  name: test_secret
                  key: username
        - name: SECRET_PASSWORD
        valueFrom:
            secretKeyRef:
                name: test_secret
                key: password
    restartPolicy: Never
```

在对应容器（secret-test-pod.test-container）内，通过环境变量 $SECRET_USERNAME 和 $SECRET_PASSWORD 即可获取到原始的用户名和密码信息。

此外，还可以采用数据卷的方式把秘密数据的值以文件形式放到容器内。通常，秘密数据不要超过 1 MB。

在整个过程中，只有秘密数据的所有人和最终运行的容器（准确的说，需要是同一个服务账号下面的）能获取原始敏感数据，只接触到 Pod 定义模板的人是无法获取到的。

5. UID 和名字

Kubernetes 用 UID 和名字（Name）来标识对象。其中，UID 是全局唯一的，并且不能复用；而名字则仅仅要求对某种类型的资源（在同一个命名空间内）内是唯一的，并且当某个资源移除后，其名字可以被新的资源复用。

这意味着，可以创建一个 Pod 对象，命名为 test，同样可以创建一个复制控制器，命名也为 test。一般的，名字字符串的长度不要超过 253 个字符。

6. 命名空间

命名空间（Namespace）用来隔离不同用户的资源，类似租户或项目的概念。默认情况下，相同命名空间中的对象将具有相同的访问控制策略。

同一个命名空间内，资源不允许重名，但不同命名空间之间，允许存在重名。用户在创建资源的时候可以通过 `--namespace=<some_namespace>` 来指定所属的命名空间。

Kubernetes 集群启动后，会保留两个特殊的命名空间：

- default：资源未指定命名空间情况下，默认属于该空间；
- kube-system：由 Kubernetes 系统自身创建的资源。

另外，大部分资源都属于某个命名空间，但部分特殊资源，如节点、持久存储等不属于任何命名空间。

7. 污点和容忍

污点（Taint）和容忍（Toleration）用于辅助管理 Pod 到工作节点的调度过程。具有某个污点的工作节点，在不容忍的 Pod 看来，要尽量避免调度到它上面去。

通常情况下，可以为一个工作节点注明若干污点，只有对这些污点容忍的 Pod，才可以被调度到这些具有污点的节点上。

27.6　快速体验

目前，Kubenetes 支持在多种环境下的安装，包括本地主机、云服务（Google GAE、AWS 等）。最快速体验 Kubernetes 的方式是通过社区提供的 minikube 工具。

minikube 工具支持快速在本地安装一套 Kubenetes 集群，可在包括 Linux、macOS 或 Windows 上使用。最新的代码可以从 https://github.com/kubernetes/minikube 下载。

下面以 Linux 平台为例，讲解使用 minikube 工具快速搭建集群的过程。

1. 下载 minikube 和 kubectl

下载最新版本的 minikube，并复制到 /usr/local/bin 目录下。

```
$ curl -Lo minikube https://storage.googleapis.com/minikube/releases/latest/
    minikube-linux-amd64 && chmod +x minikube
$ cp minikube /usr/local/bin
```

kubectl 是 Kubernetes 提供的客户端，使用它可以操作启动后的集群。下载最新版本的 kubectl，并复制到 /usr/local/bin 目录下。

```
$ curl -Lo kubectl https://storage.googleapis.com/kubernetes-release/
    release/$(curl -s https://storage.googleapis.com/kubernetes-release/release/
    stable.txt)/bin/linux/amd64/kubectl && chmod +x kubectl
$ cp kubectl /usr/local/bin
```

2. 启动集群

minikube 启动集群有两种模式：一种是先在本地创建一个虚拟机，然后在里面创建 Kubernetes 集群；另一种是在本地直接创建集群，需要制定 -vm-driver=none 参数。

这里采用直接模式来创建 kubernetes 集群：

```
export MINIKUBE_WANTUPDATENOTIFICATION=false
export MINIKUBE_WANTREPORTERRORPROMPT=false
export MINIKUBE_HOME=$HOME
export CHANGE_MINIKUBE_NONE_USER=true
mkdir $HOME/.kube || true
touch $HOME/.kube/config

export KUBECONFIG=$HOME/.kube/config
sudo -E ./minikube start --vm-driver=none

# 使用 kubectl 检查 api server，确保集群创建成功
for i in {1..150}; do # timeout for 5 minutes
   ./kubectl get po &> /dev/null
   if [ $? -ne 1 ]; then
      break
   fi
   sleep 2
done
```

启动过程中的日志如下所示，如果没有报错，则说明启动成功。

```
minikube config set WantKubectlDownloadMsg false
========================================
Starting local Kubernetes v1.10.0 cluster...
Starting VM...
Getting VM IP address...
Moving files into cluster...
Downloading localkube binary
    163.02 MB / 163.02 MB [============================================] 100.00% 0s
    65 B / 65 B [======================================================] 100.00% 0s
Setting up certs...
Connecting to cluster...
Setting up kubeconfig...
Starting cluster components...
Kubectl is now configured to use the cluster.
===================
WARNING: IT IS RECOMMENDED NOT TO RUN THE NONE DRIVER ON PERSONAL WORKSTATIONS
    The 'none' driver will run an insecure kubernetes apiserver as root that may leave
       the host vulnerable to CSRF attacks

Loading cached images from config file.
```

3. 查看 Kubernetes 服务

使用 kubectl cluster-info 命令查看集群信息：

```
$ kubectl cluster-info
Kubernetes master is running at https://1.1.1.88:8443
```

```
To further debug and diagnose cluster problems, use 'kubectl cluster-info dump'.
```

查看本地新启动的容器，除了创建 Pod 空间所需的 pause 容器，还包括 kube-dns、dashboard、storage-provisioner、addon-manager 等：

```
$ docker ps                                                                    1

CONTAINER ID        IMAGE                                                    COMMAND
    CREATED             STATUS              PORTS               NAMES
cd31378af741        k8s.gcr.io/k8s-dns-sidecar-amd64                  "/sidecar --v=2 --lo…
    "   47 seconds ago      Up 47 seconds                           k8s_sidecar_kube-
    dns-54cccfbdf8-5j7qp_kube-system_28d7e49e-37d2-11e8-a407-164b1636b2f4_0
e2bac97a72c3        k8s.gcr.io/k8s-dns-dnsmasq-nanny-amd64                 "/dnsmasq-nanny
    -v=2…"   49 seconds ago      Up 49 seconds                           k8s_dnsmasq_
    kube-dns-54cccfbdf8-5j7qp_kube-system_28d7e49e-37d2-11e8-a407-164b1636b2f4_0
9c17e31c2549        k8s.gcr.io/k8s-dns-kube-dns-amd64                 "/kube-dns --domain=…
    "   51 seconds ago      Up 51 seconds                           k8s_kubedns_kube-
    dns-54cccfbdf8-5j7qp_kube-system_28d7e49e-37d2-11e8-a407-164b1636b2f4_0
5d8e1949dccf        k8s.gcr.io/kubernetes-dashboard-amd64                    "/dashboard
    --insecu…"   54 seconds ago      Up 53 seconds                           k8s_
    kubernetes-dashboard_kubernetes-dashboard-77d8b98585-jn4lm_kube-system_28a45898-
    37d2-11e8-a407-164b1636b2f4_0
d1f163534795        gcr.io/k8s-minikube/storage-provisioner                  "/storage-
    provisioner"   59 seconds ago      Up 58 seconds                           k8s_
    storage-provisioner_storage-provisioner_kube-system_27f5a2ce-37d2-11e8-a407-
    164b1636b2f4_0
5691f3c491e1        gcr.io/google_containers/pause-amd64:3.0                  "/pause"
    About a minute ago   Up About a minute                       k8s_POD_kube-dns-
    54cccfbdf8-5j7qp_kube-system_28d7e49e-37d2-11e8-a407-164b1636b2f4_0
a9948f29fdad        gcr.io/google_containers/pause-amd64:3.0                  "/pause"
    About a minute ago   Up About a minute                       k8s_POD_kubernetes-
    dashboard-77d8b98585-jn4lm_kube-system_28a45898-37d2-11e8-a407-164b1636b2f4_0
a65bad46c66d        gcr.io/google_containers/pause-amd64:3.0                  "/pause"
    About a minute ago   Up About a minute                       k8s_POD_storage-
    provisioner_kube-system_27f5a2ce-37d2-11e8-a407-164b1636b2f4_0
f0cc61d9b1b0        gcr.io/google-containers/kube-addon-manager        "/opt/kube-addons.
    sh"   About a minute ago   Up About a minute                       k8s_kube-
    addon-manager_kube-addon-manager-localhost_kube-system_c4c3188325a93a2d7fb1714e1a
    bf1259_0
c7c8a3d8581c        gcr.io/google_containers/pause-amd64:3.0                  "/pause"
    About a minute ago   Up About a minute                       k8s_POD_kube-addon-
    manager-localhost_kube-system_c4c3188325a93a2d7fb1714e1abf1259_0
```

4. 使用部署控制器管理服务

切换到预置的 minikube 客户端环境上下文：

```
$ kubectl config use-context minikube
```

用户也可以在执行 kubectl 命令的同时使用 --context=minikube 参数来指定上下文。

部署一个 hello-minikube 的应用部署：

```
$ kubectl run hello-minikube --image=k8s.gcr.io/echoserver:1.4 --port=8080
deployment.apps "hello-minikube" created
```

将所部署的应用创建类型为 NodePort 的服务，以将访问端口映射到外部：

```
$ kubectl expose deployment hello-minikube --type=NodePort
service "hello-minikube" exposed
```

查看本地容器，多了两个应用容器，属于同一个 Pod：

```
$ docker ps
CONTAINER ID  IMAGE  COMMAND  CREATED  STATUS  PORTS  NAMES
e5e49a7b7b21       k8s.gcr.io/echoserver
    "nginx -g 'daemon of…"    About a minute ago    Up About a minute
    k8s_hello-minikube_hello-minikube-c6c6764d-grv6m_default_b1ee7126-37d3-11e8-
    a407-164b1636b2f4_0
75e0a95c458d       gcr.io/google_containers/pause-amd64:3.0
    "/pause"                  About a minute ago    Up About a minute
    k8s_POD_hello-minikube-c6c6764d-grv6m_default_b1ee7126-37d3-11e8-a407-
    164b1636b2f4_0
```

使用 kubectl 查看本地的 Pod，发现新启动的部署类型：

```
$ kubectl get pod
NAME                           READY    STATUS    RESTARTS    AGE
hello-minikube-c6c6764d-grv6m  1/1      Running   0           2m
```

访问刚启动的 hello-minikube 应用的服务：

```
$ curl $(minikube service hello-minikube --url)
CLIENT VALUES:
client_address=172.17.0.1
command=GET
real path=/
query=nil
request_version=1.1
request_uri=http://1.1.1.1:8080/

SERVER VALUES:
server_version=nginx: 1.10.0 - lua: 10001

HEADERS RECEIVED:
accept=*/*
host=1.1.1.1:31530
user-agent=curl/7.47.0
BODY:
-no body in request-%
```

删除掉服务（取消端口映射）：

```
$ kubectl delete service hello-minikube
service "hello-minikube" deleted
```

此时，无法访问暴露的 HTTP 服务，但 Pod 仍在运行：

```
$ kubectl delete deployment hello-minikube
deployment.extensions "hello-minikube" deleted
```

5. 尝试最新版本

minikube 只提供了正式版本 Kubernetes 的使用，如果想要部署最新开发版本的话，则可以 Kubernetes 代码中自带的脚本。

首先，获取代码，并计入代码目录：

```
$ git clone https://github.com/kubernetes/kubernetes.git
$ cd kubernetes
```

执行如下命令来启动集群即可：

```
$ export KUBERNETES_PROVIDER=local
$ hack/install-etcd.sh
$ export PATH=$GOPATH/src/k8s.io/kubernetes/third_party/etcd:$PATH
$ hack/local-up-cluster.sh
```

27.7 重要组件

如果现在从头设计一套容器集群管理平台，可能不同人最终设计出来的方案是不相同的，但相信大部分设计都需要考虑如下几个方面的需求：

- 要采用分布式架构，保证良好的可扩展性；
- 控制平面要实现逻辑上的集中，数据平面要实现物理上的分布；
- 得有一套资源调度系统，负责所有的资源调度工作，要容易插拔；
- 对资源对象要进行抽象，所有资源要能实现高可用性。

从架构上看，Kubernetes 集群（Cluster）也采用了典型的“主 - 从”架构，由使用 Kubernetes 组件管理的一组节点组成，这些节点提供了容器资源池供用户使用。一个集群主要由管理节点（Master）和工作节点（Node）组件构成。Master 节点负责控制，Node 节点负责干活，各自又通过若干组件组合来实现。

Master 节点负责协调集群中的管理活动，例如调度、监控、支持对资源的操作等，通过节点控制器来与工作节点交互。其中组件主要有 Etcd、apiserver、scheduler、controller-manager，以及 ui、DNS 等可选插件：

- Etcd：作为数据库，存放所有集群状态和配置相关的数据；
- kube-apiserver：Kubernetes 系统的对外接口，提供 RESTful API 供客户端和其他组件调用，支持水平扩展。
- kube-scheduler：负责对资源进行调度，具体负责分配某个请求的 Pod 到某个节点上；
- controller-manager：对不同资源的管理器，维护集群的状态，包括故障检测、自动扩展、滚动更新等；
- kube-ui：可选，自带的一套用来查看集群状态的 Web 界面；
- kube-dns：可选，记录启动的容器组和服务地址；
- 其他组件：包括容器资源使用监控，日志记录，setup 脚本等。

这些组件可以任意部署在相同或者不同机器上，只要可以通过标准的HTTP接口可以相互访问到即可，这意味着对Kubernetes的管理组件进行扩展将变得十分简单。

Node节点是实际工作的计算实例（在1.1之前版本中名字叫做Minion）。Node节点可以是虚拟机或者物理机器，在创建Kubernetes集群过程中，都要预装一些必要的软件来响应Master的管理。目前，Node上至少包括容器环境（如Docker）、Kubelet（跟Master节点通信）和Kube-Proxy（负责网络相关功能）。

- 容器引擎：本地的容器依赖，目前支持Docker和rkt；
- kubelet：节点上最主要的工作代理，汇报节点状态并实现容器组的生命周期管理；
- kube-proxy：代理对抽象的应用地址的访问，负责配置正确的服务发现和负载均衡转发规则（通常利用iptables规则）；
- 辅助组件：可选，supervisord用来保持kubelet和docker进程运行，fluentd用来转发日志等。

Node节点有几个重要的属性：地址信息（Address）、状态（Condition）、资源容量（Capacity）、节点信息（Info）。

地址信息包括：

- 主机名（HostName）：节点所在的系统的主机别名，基本不会用到；
- 外部地址（ExternalIP）：集群外部客户端可以通过该地址访问到节点；
- 内部地址（InternalIP）：集群内可访问的地址，外部往往无法通过该地址访问节点。

状态信息包括磁盘不足（OutOfDisk）、就绪（Ready）、空余内存过低（MemoryPressure）、空余磁盘过低（DiskPressure）等。资源容量包括常见操作系统资源，如CPU、内存、最多存放的Pod个数等。节点信息包括操作系统内核信息、Kubernetes版本信息、Docker引擎版本信息等等，会被kubelet定期汇报。

下面分别介绍Kubernetes中核心管理组件的作用和基本用法。

27.7.1 Etcd

Kubernetes依赖Etcd数据库服务来记录所有节点和资源的状态。可以说，Etcd是Kubernetes集群中最重要的组件。apiserver的大量功能都是通过跟Etcd进行交互来实现。

关于Etcd数据库，请参考之前的Etcd章节。

27.7.2 kube-apiserver

作为REST API服务端，kube-apiserver接收来自客户端和其他组件的请求，更新Etcd中的数据，是响应对API资源操作的最前端组件。一般推荐部署多个kube-apiserver来提高可用性。

可以通过`kube-apiserver -h`命令查看服务端支持的参数选项，其中比较重要的配置选项参见表27-1。

表 27-1 kube-apiserver 配置选项

选　项	说　明
-advertise-address=	其他成员可以访问 apiserver 的地址，默认跟 -bind-address 相同
-allow-privileged[=false]	是否允许容器获取特权权限
-bind-address=0.0.0.0	提供服务的端口，包括 -read-only-port 和 -secure-port ports，默认是 0.0.0.0
-cert-dir="/var/run/kubernetes"	启用了 TLS 情况下，证书目录路径
-docker=""	Docker 服务的地址
-etcd-prefix="/registry"	etcd 中存储资源信息的路径前缀
-etcd-servers=[]	etcd 服务地址，跟 -etcd-config 只能同时使用一个
-insecure-bind-address=127.0.0.1	非安全的绑定地址
-max-connection-bytes-per-sec=0	对连接进行限速
-max-requests-inflight=400	最大正在处理的请求数，超过则对新到请求拒绝
-profiling[=true]	是否启用 profiling 功能，在 host:port/debug/pprof/ 显示调试信息
-secure-port=6443	安全端口，启用了 TLS 认证
-service-cluster-ip-range=	服务虚地址（Cluster IP）的网段，不要跟物理地址冲突
-tls-cert-file=""	x509 证书文件
-tls-private-key-file=""	x509 私钥文件，需要跟 -tls-cert-file 匹配
-watch-cache[=true]	是否启用 api-server 的监测缓存

27.7.3 kube-scheduler

kube-scheduler 负责具体的资源调度工作，对节点进行筛选和过滤。当资源请求被收到后，负责按照调度策略选择最合适的节点运行 Pod。

kube-scheduler 是以插件形式存在的，支持各种复杂的调度策略，确保 Kubernetes 集群服务的性能和高可用性。kube-scheduler 在调度上考虑服务质量、软硬件限制、（抗）亲和性（affinity）、locality、工作负载交互等多个方面。

可以通过 `kube-scheduler -h` 命令查看支持的参数选项，其中比较重要的配置选项参见表 27-2。

表 27-2 kube-scheduler 配置选项

选　项	说　明
-address=127.0.0.1	服务监听地址
-algorithm-provider="DefaultProvider"	调度算法，目前支持 ClusterAutoscalerProvider 和 DefaultProvider
-alsologtostderr[=false]	日志打印到文件的同时，打印到标准错误输出

（续）

选　项	说　明
-application-metrics-count-limit[=100]	每个容器所保存的最大的应用统计信息
-config=""	配置文件的路径
-containerd=""	containerd 的监听路径
-docker=""	Docker 的监听路径
-global-housekeeping-interval[=1m]	进行全局清理的间隔，默认为 1m
-housekeeping-interval[=1m]	进行容器清理的间隔，默认为 10s
-kubeconfig=""	kubeconfig 文件路径，包括 Master 位置和认证信息
-policy-config-file=""	调度策略（policy）配置文件
-port=10251	服务监听端口
-profiling[=true]	是否启用 profiling，监听在 host:port/debug/pprof/

27.7.4 kube-controller-manager

提供控制器服务，监视集群的状态，一旦不满足状态则采取操作，让状态恢复正常，常见的控制器包括：

- **复制**（replication）控制器：确保指定 Pod 同时存在指定数目的实例；
- **端点**（endpoint）控制器：负责 Endpoints 对象的创建、更新；
- **节点**（node）控制器：负责节点的发现，管理和监控；
- **命名空间**（namespace）控制器：响应对命名空间的操作，如创建、删除等；
- **服务账户**（ServiceAccounts）控制器：管理命令空间中的 ServiceAccount，确保默认账户存在于每个正常的命名空间中。

可以通过 kube-controller-manager -h 命令查看支持的参数选项，其中比较重要的配置选项参见表 27-3。

表 27-3 kube-controller-manager 配置选项

选　项	说　明
-address=127.0.0.1	服务监听地址
-allocate-node-cidrs[=false]	分配绑定到各个节点上的 IP 地址范围
-cluster-cidr=	Pod IP 地址的 CIDR 范围
-cluster-name="kubernetes"	集群名称
-concurrent-endpoint-syncs=5	端点同步的并行操作数目，越多性能越好，也越占 CPU
-concurrent-namespace-syncs=2	命名空间同步的并行操作数目，越多性能越好，也越占 CPU
-concurrent-resource-quota-syncs=5	资源配额同步的并行操作数目，越多性能越好，也越占 CPU
-concurrent-rc-syncs=5	复制控制器同步的并行操作数目，越多性能越好，也越占 CPU

（续）

选　项	说　明
-containerd=""	containerd 的监听路径
-deployment-controller-sync-period=30s	同步部署的时间间隔
-docker=""	Docker 的监听路径
-kubeconfig=""	kubeconfig 文件路径
-master=""	Kubernete API 服务地址，如果 kubeconfig 中给定，则覆盖掉
-node-monitor-period=5s	NodeController 同步节点状态的时间间隔
-port=10252	服务监听端口
-resource-quota-sync-period=10s	资源配额同步的时间间隔

27.7.5 kubelet

kubelet 是 Node 节点上最重要的工作程序，它是负责具体干活的，将给定的 Pod 运行在自己负责的节点上。如果 kubelet 出现故障，则 Kubernetes 将人为该 Node 变得不可用。因此，在生产环节中推荐对 kubelet 进程进行监控，并通过诸如 supervisord 这样的软件来及时重启故障的进程。另外，一般要通过 -system-reserved 和 -kube-reserved 参数为系统和 Kubernetes 组件预留出运行资源，避免耗尽后让节点挂掉。

可以通过 kubelet -h 命令查看支持的参数选项，其中比较重要的配置选项参见表 27-4。

表 27-4　kubelet 配置选项

选　项	说　明
-bootstrap-kubeconfig=""	启动的配置文件路径，用户获取身份证书
-cert-dir="/var/run/kubernetes"	访问服务端时的 TLS 证书目录
-config=""	配置文件路径
-container-runtime="docker"	容器引擎，可以为‘docker’,‘rkt’
-containerized[=false]	运行 kubelet 自身在一个容器里
-docker-endpoint="unix:///var/run/docker.sock"	Docker 服务访问路径
-docker-root="/var/lib/docker"	Docker 状态根目录
----image-service-endpoint=""	获取镜像的服务地址
-kubeconfig="/var/lib/kubelet/kubeconfig"	kubeconfig 配置文件路径
-network-plugin=""	网络插件
-node-ip=""	节点 IP 地址
-node-labels=""	给节点打上标签
-root-dir="/var/lib/kubelet"	kubelet 管理文件目录

27.7.6 kube-proxy

kube-proxy 会在每一个 Node 节点上监听，负责把对应服务端口来的通信映射给后端对应的 Pod。简单地说，它既是一个 NAT（支持 TCP 和 UDP），同时也有负载均衡（目前仅支持 TCP）的功能。例如，服务 `test-service` 定义服务端口为 80，实际映射到 Pod 的 8080 端口上：

```
{
    "kind": "Service",
    "apiVersion": "v1",
    "metadata": {
        "name": "test-service"
    },
    "spec": {
        "selector": {
            "app": "webapp"
        },
        "ports": [
            {
                "protocol": "TCP",
                "port": 80,
                "targetPort": 8080
            }
        ]
    }
}
```

则 kube-proxy 会自动配置本地的 `iptables` 规则，一旦有网包想访问服务的 80 端口，将到达的网包转发到某个绑定 Pod 的 8080 端口。在 1.2.0 版本开始，kube-proxy 已经默认完全通过 `iptables` 来配置对应的 NAT 转发过程，自身不再参与转发过程，如图 27-2 所示。

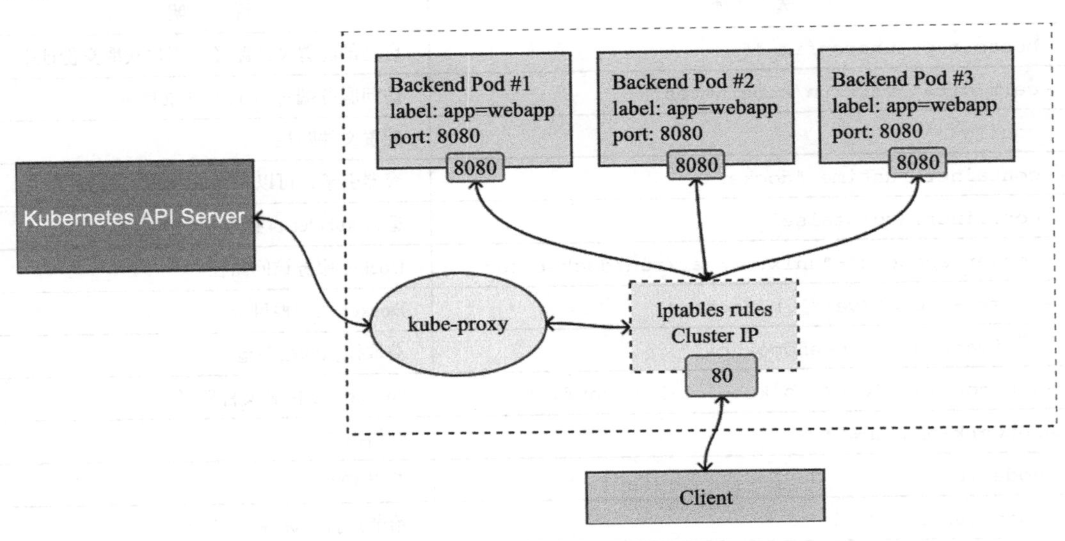

图 27-2 kube-proxy 工作原理

kube-proxy 默认采用轮询的负载均衡算法，并且支持亲和性。例如，如果配置 `service.`

spec.sessionAffinity 为 ClientIP，则同一个客户端发过来的多个请求会转发给同一个后端的 Pod，保证了会话一致性。具体实现上，在早期版本中采用用户态的程序来转发，现在已经逐渐转换到基于 Linux Iptables 的更高效转发机制。

可以通过 kube-proxy -h 命令查看支持的参数选项，其中比较重要的配置选项参见表 27-5。

表 27-5　kube-proxy 配置选项

选　　项	说　明
-alsologtostderr[=false]	日志打印到文件的同时，打印到标准错误输出
-application-metrics-count-limit[=100]	每个容器所保存的最大的应用统计信息
-bind-address=0.0.0.0	服务监听地址
-cleanup[=false]	清除所有的 iptables 和 ipvs 规则，然后退出
-containerd=""	containerd 的监听路径
-docker=""	Docker 的监听路径
-healthz-bind-address=127.0.0.1	健康检查服务监听地址
-healthz-port=10249	健康检查服务监听端口
-iptables-sync-period=30s	刷新 iptables 规则的最长时间
-kubeconfig=""	kubeconfig 文件所在路径
-masquerade-all[=false]	如果用纯 iptables 的转发，对所有流量都做 SNAT
-master=""	Kubernetes API 服务地址
-proxy-mode=""	代理的模式，包括旧版本的 ‘userspace’ 模式，以及 ‘iptables’、ipvs 模式
-proxy-port-range=	Node 节点上代理服务端口的范围，默认为所有
-udp-timeout=250ms	UDP 连接认为打开的超时，仅当使用 proxy-mode=userspace 时生效

27.8　使用 kubectl

kubectl 是 Kubernetes 自带的客户端，封装了对 Kubernetes API 的调用，可以用它直接通过高级命令管理 Kubernetes 集群。掌握了 kubectl 命令，就掌握了对 Kubernetes 集群进行使用和管理的绝大部分操作。

除了 kubectl 外，社区也提供了多种语言的客户端库，包括 Go、Python、Java、JavaScript 等，可以在 github.com/kubernetes 仓库下找到。

27.8.1　获取 kubectl

kubectl 在发行版的二进制包中带有，位于 kubernetes/server/kubernetes/server/bin/ 目录

下。用户也可以自行下载编译好的文件使用。例如，下载 1.10.0 版本的 kubectl，可以用下面的命令。其他版本注意修改 URL 中的版本信息：

```
$ wget http://storage.googleapis.com/kubernetes-release/release/v1.10.0/bin/linux/
    amd64/kubectl
```

27.8.2 命令格式

可以通过 kubectl help [subcommand] 命令查看命令格式和支持的子命令信息。

使用命令的主要格式为：

```
kubectl [global-flags] [subcommand] [RESOURCE_TYPE] [NAME...] [subcommand-
    flags...]
```

其中，subcommand 为要执行的动作，如 get、describe、create、delete 等，NAME 为某个资源类型下面的若干对象名称。RESOURCE_TYPE 为要操作的资源的类型，参数说明见表 27-6。

表 27-6 kubectl 命令资源类型

类型	说明
all	所有的资源
certificatesigningrequests | csr	证书签署请求
clusterrolebindings	集群角色绑定
clusterroles	集群角色
componentstatuses|cs	组件状态
configmaps| cm	配置字典
controllerrevisions	控制器的修订
cronjobs	定时任务
customresourcedefinition|crd	定制化的资源定义
daemonsets|ds	daemon 集，保证一个应用每个节点上运行同样的 Pod，并且只运行一个
deployments|deploy	部署，支持滚动升级
endpoints|ep	端点
events|ev	事件
endpoints|ep	服务端点
horizontalpodautoscalers|hpa	Pod 自动扩展器
ingresses|ing	7 层服务访问入口
jobs	任务，确保成功完成的 Pod 达到某个数目
limitranges|limits	限制的范围
nodes|no	Node 节点
namespaces|ns	命名空间

（续）

类　型	说　明
networkpolicies|netpol	网络策略
nodes|no	节点资源
persistentvolumeclaims|pvc	持久化存储卷声明
persistentvolumes|pv	持久化存储卷
poddisruptionbudgets	Pod 的中断预算
podpreset	Pod 重置
pods|po	Pod 资源
podsecuritypolicies|psp	Pod 的安全策略
podtemplates	Pod 模板
replicasets|rs	副本集，指定集群中存在若干 Pod 副本
replicationcontrollers|rc	实现副本的控制器
resourcequotas|quota	资源的配额
rolebindings	角色绑定
roles	角色
secrets	秘密数据
serviceaccounts|sa	服务的账户
services|svc	服务
statefulsets|sts	状态集
storageclasses|sc	存储类别

通过 kubectl 可以对这些资源进行生命周期管理，包括创建、删除、修改、查看等操作。

27.8.3 全局参数

这些参数主要是配置命令执行的环境信息，可以在执行具体子命令时候使用，参见表 27-7。kubectl 命令汇总参见表 27-8。

表 27-7 kubectl 全局参数

类　型	参　数	说　明
日志相关	-alsologtostderr=false	日志信息同时输出到标准错误输出和文件
	-log-backtrace-at=:0	每输出若干行日志消息就打印一条 backtrace 信息用来追踪调用栈
	-log-dir=	存储日志文件到指定目录
	-loglevel=1	输出日志的级别，0 最低是 DEBUG，5 最高是 FATAL
	-logtostderr=false	日志信息输出到标准错误输出，不输出到文件
	-stderrthreshold=2	超过等级的日志信息输出到标准错误输出

（续）

类　型	参　数	说　明
日志相关	-v=0	日志输出等级
	-vmodule=	对日志进行过滤时的模式设置
认证相关	-allow-verification-with-non-compliant-keys=false	允许使用不符合 RFC6962 规定的数字签名密钥
	-certificate-authority=""	CA 认证的 cert 文件路径
	-client-certificate=""	TLS 认证时候需要的客户端证书文件
	-client-key=""	TLS 认证时候需要的客户端秘钥文件
	-insecure-skip-tls-verify=false	不检查服务端的 TLS 证书信息
	-password=""	API 服务端采用基本认证时的密码
	-token=""	API 服务端的 token 认证信息
	-user=""	kubeconfig 使用的用户名
	-username=""	API 服务端采用基本认证时的用户名
其他配置	-as=""	执行操作使用的用户名
	-as-group=[]	执行操作使用的用户组
	-cluster=""	指定操作的 kubeconfig 集群名称
	-context=""	指定操作的 kubeconfig 上下文
	-kubeconfig=""	kubeconfig 文件路径
	-match-server-version=false	要求服务端版本跟客户端版本一致
	-n, -namespace=""	请求的命名空间
	-request-timeout=”0”	执行请求的最大超时
	-s, -server=""	Kubernetes API 服务端的地址和端口

表 27-8　kubectl 命令汇总

类　型	命　令	说　明
通用子命令	create	使用指定模板创建资源
	delete	删除资源
	edit	调用本地编辑器，直接编辑 API 资源
	explain	显示资源类型
	expose	发布为外部可以访问的新服务
	get	显示给定资源的信息
	run|run-container	运行容器（默认在后台）
	set	设置指定对象的属性
部署命令	rollout	管理滚动历史

（续）

类　型	命　令	说　明
部署命令	rolling-update|rollingupdate	滚动升级
	scale	对部署或任务的份数进行调整
	autoscale	自动根据需求扩展部署中的 Pod 数目
集群命令	cluster-info	显示集群的信息
	top	显示指定节点或 Pod 的资源
	cordon	标记一个节点为不可调度状态
	drain	将节点资源从节点上迁移出去
	uncordon	恢复节点为可调度状态
	taint	表示某个节点已经带有了某个键值对（污点）
诊断命令	describe	显示给定资源（组）的详细信息
	logs	打印一个 Pod 中某个容器的 logs 信息
	attach	贴附到某个容器上
	exec	在给定 Pod 中执行命令
	port-forward	映射本地端口到 Pod
	proxy	在本地创建一个访问 Kubernetes API 服务的代理
	cp	在本地和指定容器之间复制文件
	auth	查看认证信息
高级命令	apply	应用配置到给定资源，资源如果不存在会自动创建，可以用来修改资源的信息
	patch	更新资源的域信息，即给资源打补丁
	replace	替代 / 更新一个资源
	convert	在不同 API 版本之间转换配置文件
配置命令	label	更新资源的标签信息
	annotate	更新资源的注解信息
	completion	输出指定 Shell 端的命令补全信息代码
其他命令	api-versions	显示支持的 API 版本信息
	config	修改 kubeconfig 文件
	plugin	运行命令行插件
	version	打印客户端和服务端的版本信息

27.8.4 通用子命令

通用子命令进行一些常见的资源操作，包括 create、delete、edit、explain、expose、

get、run、run-container、set。下面列举介绍几个命令，其他命令可触类旁通。

1. create

使用指定模板来创建一个资源。命令格式为 kubectl create [OPTIONS]。支持的参数主要有：

- -edit=false：创建之前先编辑 API 资源；
- -f, -filename=[]：创建资源的模板文件所在的路径或 URL；
- -o, -output=""：输出格式，包括 Json、Yaml 等；
- -R, -recursive=false：递归处理指定路径下的目录和文件；
- -save-config=false：保存配置到指定对象的注释；
- -l, -selector=""：利用指定标签来选择对象；
- -show-labels=false：在结果中显示表前列；
- -sort-by=""：按照指定的域来排序；
- -validate=true：发送前对输入进行校验。

例如，创建一个 test_pod.yml 文件，内容为：

```
apiVersion: v1
kind: Pod
metadata:
    name: nginx
    labels:
        name: nginx
spec:
    containers:
    - name: nginx
      image: nginx
      ports:
        - containerPort: 80
```

然后执行如下命令创建 Pod 资源：

```
$ kubectl create -f test_pod.yml
pods/nginx
```

注意 这里直接操作 Pod 仅为了演示命令，一般情况下推荐通过部署类型来操作 Pod。

查看多出来一个新的 Pod：

```
$ kubectl get pods
NAME                    READY     STATUS     RESTARTS    AGE
k8s-master-127.0.0.1    3/3       Running    0           2d
nginx                   1/1       Running    0           7s
```

通过 describe 命令来查看具体信息，检查结果跟模板中定义一致：

```
$ kubectl describe po -l name=nginx
Name:                           nginx
```

```
Namespace:                        default
Image(s):                         nginx
Node:                             127.0.0.1/127.0.0.1
Labels:                           name=nginx
Status:                           Running
Reason:
Message:
IP:                               172.17.0.1
Replication Controllers:          <none>
Containers:
  nginx:
    Image:                        nginx
    State:                        Running
      Started:                      11:04:52 +0800
    Ready:                        True
    Restart Count:                0
Conditions:
  Type           Status
  Ready          True
Events:
  FirstSeen                             LastSeen                         Count
    From                          SubobjectPath                          Reason
    Message
    11:04:51 +0800                  11:04:51 +0800 1           {scheduler }
      Scheduled    Successfully assigned nginx to 127.0.0.1
    11:04:51 +0800                11:04:51 +0800 1          {kubelet 127.0.0.1}
      implicitly required container POD         Pulled       Container image
      "gcr.io/google_containers/pause:0.8.0" already present on machine
    11:04:51 +0800                11:04:51 +0800 1          {kubelet 127.0.0.1}
      implicitly required container POD           Created       Created with
      docker id 38680508227d
    11:04:52 +0800                11:04:52 +0800 1          {kubelet 127.0.0.1}
      implicitly required container POD           Started       Started with
      docker id 38680508227d
    11:04:52 +0800                11:04:52 +0800 1          {kubelet 127.0.0.1}
      spec.containers{nginx}                    Pulled       Container image
      "nginx" already present on machine
    11:04:52 +0800                11:04:52 +0800 1          {kubelet 127.0.0.1}
      spec.containers{nginx}                      Created       Created with
      docker id 6fcb35ff2000
    11:04:52 +0800                11:04:52 +0800 1          {kubelet 127.0.0.1}
      spec.containers{nginx}                      Started       Started with
      docker id 6fcb35ff2000
```

2. delete

删除一个资源。命令格式为 kubectl delete ([-f FILENAME] | (RESOURCE [(NAME | -l label | --all)] [flags]。支持的参数主要有：

- -all=false：删除所有指定命名空间资源；
- -cascade=true：删除资源级联的子资源，默认开启；
- -f, -filename=[]：删除资源的模板文件所在的路径或 URL；
- -force=false：强制删除；
- -grace-period=-1：资源平缓终止的等待时间；

- -now=false：立刻向资源发出删除信号；
- -o, -output=""：指定输出模式。
- -R, -recursive=false：递归处理指定路径下的目录和文件；
- -l, -selector=""：通过 selector 来过滤资源；
- -timeout=0：等待超时，0 表示从删除对象的大小来计算超时。

例如，删除刚创建的 Pod：

```
$ kubectl delete -f test-pod.yml
$ cat pod.json | kubectl delete -f -
$ kubectl delete pods,services -l name=deeplearning # 删除指定标签的 Pod 和服务
$ kubectl delete pods --all # 删除所有 Pod 类型资源
```

27.9 网络设计

网络是集群的十分关键功能。Kubernetes 在设计上考虑了对网络的需求和模型设计，但自身并没有重新实现，而是可以另外嵌入现有的网络管理方案。同时，Kubernetes 试图通过插件化的形式来采用 AppC 提出的 Container Networking Interface (CNI) 规范。这意味着，将来所有支持 Kubernetes 的网络插件都要遵循该规范。

实际上，CNI 的模型十分简洁，Kubernetes 只需要告诉插件，把某个 Pod 挂载到某个网络、或者从某个网络卸载，其他工作都要由插件来完成。Kubernetes 自身不需要了解网络的具体细节。

1. 场景分析

对于 Kubernetes 集群来说，典型的要考虑如下四种通信场景：

- **Pod 内**（容器之间）：因为容器共享了网络命名空间，可以通过 lo 直接通信，无须额外支持；
- **Pod 之间**：又分在同一个节点上和在不同节点上，前者通过本地网桥通信即可，后者需要在各自绑定的网桥之间打通；
- **Pod 和服务之间**：因为服务是虚拟的 ClusterIP，因此，需要节点上配置代理机制（例如基于 iptables）来映射到后端的 Pod；
- **外部访问服务**：要从外面访问服务，必须经过负载均衡器，通过外部可用的地址映射到内部的服务上。

其实 Docker 默认采用 iptables 实现 NAT 的方式（后来也支持 overlay 模式，但所提出的 CNM 规范未被 Kubernetes 接纳）已经通过借用主机地址组成了简单的网络了。但 Kubernetes 认为 NAT 方式实现跨节点通信就需要占用本地端口映射，这会给服务层面的访问带来麻烦。

Kubernetes 在网络方面的设计理念包括如下几点：

- 所有容器之间不使用 NAT 就可以互相通信；
- 所有节点跟容器之间不使用 NAT 就可以互相通信；
- 容器自己看到的地址，跟其他人访问自己使用的地址应该是一样的（其实还是在说不

要有 NAT）。

可以看到，这个设计理念跟云平台里面的虚拟机网络十分类似，这意味着一些基于虚拟机云的项目可以很方便地迁移到 Kubernetes 平台上。

要实现这几点需求，可以有两种设计思路：直接路由和 Overlay 网络。这也是现在云计算领域常见的网络实现方式。

2. 直接路由

这种思路最简单，所有 Pod 直接暴露在物理网络上，大家彼此的地址可见，不能有地址冲突，不同子网之间通过路由机制进行三层转发。此时，各个 Node 上会创建 cbr0 网桥，并且需要在开启本地转发支持：

```
$ sysctl net.ipv4.ip_forward=1
```

另外，配置 Docker 服务的默认网桥，并且取消 Docker 对 iptables 的自动修改：

```
DOCKER_OPTS="--bridge=cbr0 --iptables=false --ip-masq=false"
```

为了让 Pod 可以通过 Node 地址来访问外网（因为 Pod 的私有数据地址是无法路由到外部的），可以配置 SNAT：

```
$ iptables -t nat -A POSTROUTING ! -d 10.0.0.0/8 -o eth0 -j MASQUERADE
```

这种实现的最大优势是简洁，可以直接复用底层的物理设备。目前，包括 Google 的 GCE 和微软的容器云都支持这种模式。

3. Overlay 网络

Overlay 网络相对要复杂一些，支持底层更灵活的转发。目前包括 Flannel、OpenV-Switch、Weave、Calico 等一系列方案都能实现用 Overlay 网络来联通不同节点上的 Pod。

以 Flannel 网络为例，提前为各个 Node 分配互不重合的子网，例如将完整的 172.16.0.0/16 私有网段划分为多个子网 172.16.10.0/24、172.16.11.0/24……，各个 Node 上的 Pod 分配网络地址的时候只能从这个子网范围内分配，避免了地址的冲突，如图 27-3 所示。

所有 Pod 都挂载到 docker0 网桥上，网桥的内部接口（docker0）作为子网网关接口。同时，在各个 Node 上创建网络接口（如图中的 flannel.1），该接口分配子网的 0 号地址，负责处理往其他节点发送的网包。当 docker0 收到目标地址为其他节点上 Pod 的网包时，根据路由表会扔到 flannel.1 接口，由 flanneld 进程进行封装，通过隧道发送到对应节点上进行解封装。

以左边节点为例，本地路由表为：

```
$ route -en
Kernel IP routing table
Destination     Gateway         Genmask         Flags  MSS  Window  irtt Iface
0.0.0.0         192.168.122.1   0.0.0.0         UG       0  0          0 eth0
172.16.0.0      0.0.0.0         255.255.0.0     U        0  0          0 flannel.1
172.16.10.0     0.0.0.0         255.255.255.0   U        0  0          0 docker0
192.168.122.0   0.0.0.0         255.255.255.0   U        0  0          0 eth0
```

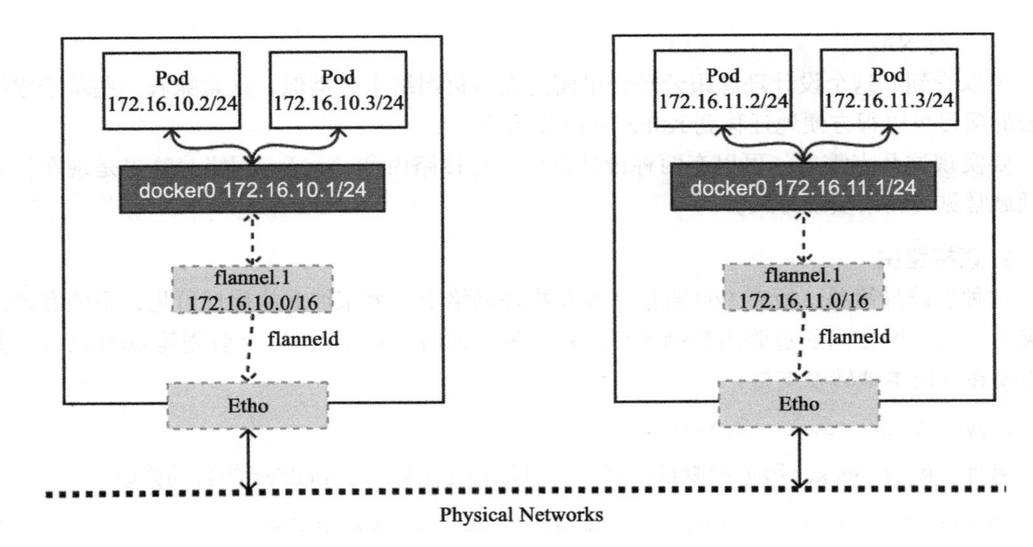

图 27-3 Kubernetes 使用 Flannel 网络

27.10 本章小结

本章介绍了 Kubernetes 系统的设计、核心概念、主要组件，以及常见操作和网络模型等初步知识。通过这些知识，相信读者对于 Kubernetes 的功能有了直观认识，并可以利用它来搭建自己的容器云平台。虽然 Kubernetes 自身并没有提出 PaaS 或者 DevOps 的理念，但它提供的资源抽象接口和生命周期管理概念，让用户可以很方便地进行二次开发，打造生产级别的应用系统。

实际上，Kubernetes 自身很好地展现了一套高效的分布式系统该如何设计，以及为了满足业务需求如何把握架构。推荐感兴趣的读者进一步结合应用管理进行实践，并可查看 Kubernetes 的实现代码，深入学习更多技术细节。

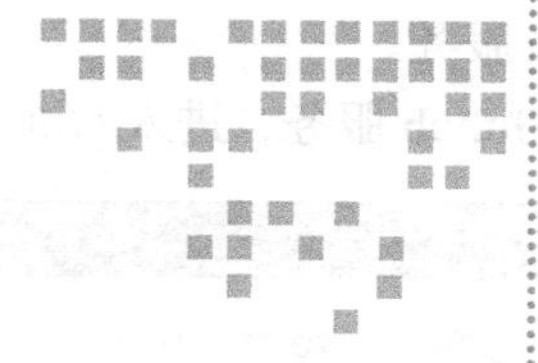

第 28 章 Chapter 28

其他相关项目

Docker 以及它所代表的容器技术已经成为云计算领域的一级公民，业界已经出现了不少围绕着它们的优秀技术项目，包括利用 Docker 来实现高效的持续集成服务、大规模 Docker 容器管理、编程开发，等等。本章将介绍这方面的一些典型项目，包括持续集成、容器管理、编程开发、网络支持、日志处理、服务代理、标准与规范等。

28.1 持续集成

目前，Drone 项目利用 Docker 技术实现持续集成平台服务。

Drone 是开源的持续集成平台项目，基于 Go 语言实现，遵循 Apache 2.0 协议。项目官方网站为 http://drone.io，代码在 https://github.com/drone/drone 维护。该项目最初由 Drone 公司在 2014 年 2 月发起，目前还处于开发阶段。Drone 公司基于它，提供支持 Github、Bitbucket 和 Google Code 等第三方代码托管平台的持续集成服务，如图 28-1 所示。

图 28-1　Drone 公司主页

Drone 基于 Docker 和 AUFS 实现，为用户提供基于网站的操作。用户登录网站后，可以选择源码的存放服务。

此处选择 Github 服务，进入 Github 仓库，如图 28-2 所示。然后从仓库列表中选择项目。

drone.io beta
Dashboard
Docs
Account
New Project
Logout
Repository Setup
bradrydzewski / routes
https://github.com/bradrydzewski/routes
Select
bradrydzewski / blog.drone.io
https://github.com/bradrydzewski/blog.drone.io
Select
bradrydzewski / buddy
https://github.com/bradrydzewski/buddy
Select
bradrydzewski / jkl
https://github.com/bradrydzewski/jkl
Select

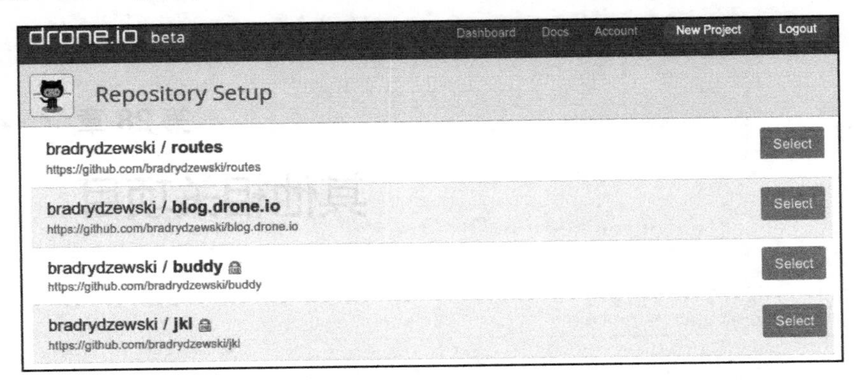

图 28-2 Github 仓库

配置项目的语言种类，如图 28-3 所示。

drone.io beta
Dashboard
Docs
Account
New Project
Logout
hello-world
https://bitbucket.com/brydzewski/hello-world
Project Setup
Dart
Go
Java
Node.js (Beta)
PHP (Beta)
Python (Beta)
Ruby (Beta)
Groovy (Beta)
Scala (Beta)
C / C++

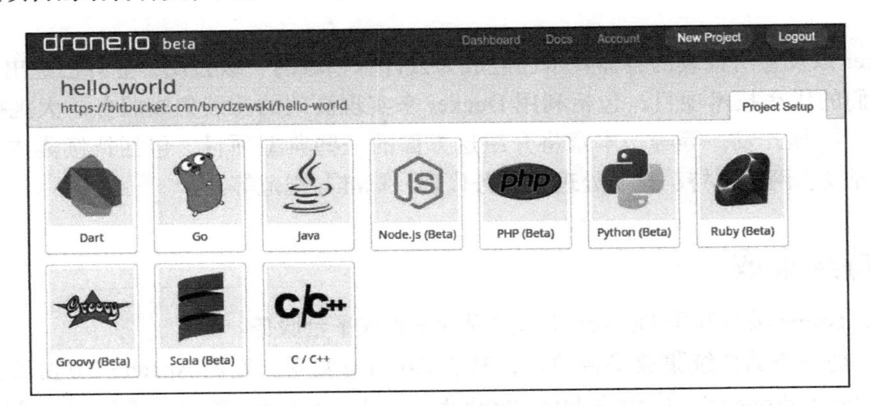

图 28-3 配置项目的语言

接下来需要检查创建命令是否正确，并根据具体情况进行调整，如图 28-4 所示。

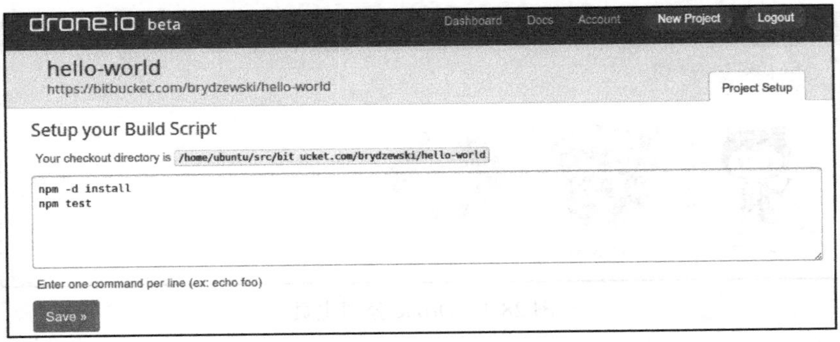

drone.io beta
Dashboard
Docs
Account
New Project
Logout
hello-world
https://bitbucket.com/brydzewski/hello-world
Project Setup
Setup your Build Script
Your checkout directory is /home/ubuntu/src/bit ucket.com/brydzewski/hello-world
npm -d install
npm test
Enter one command per line (ex: echo foo)
Save »

图 28-4 创建命令

最后，项目就可以在 Drone 平台上进行持续集成管理了，如图 28-5 所示。

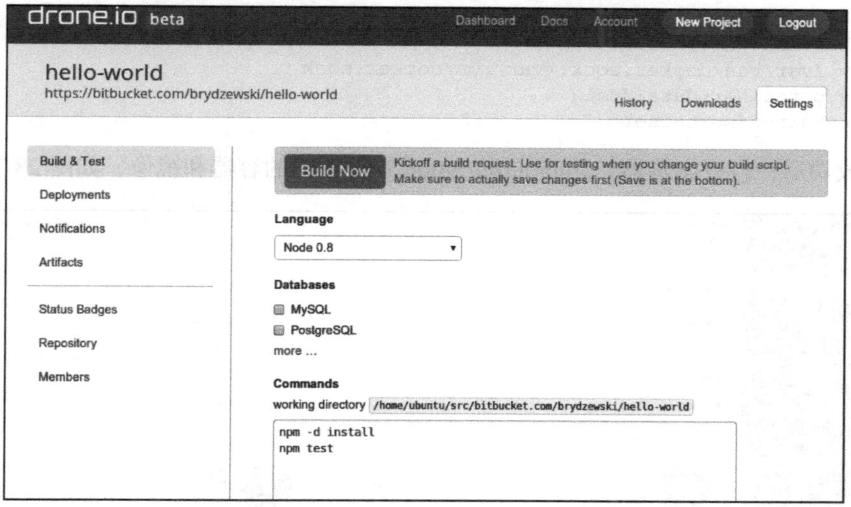

图 28-5　在 Drone 平台进行持续集成管理

28.2　容器管理

Docker 官方工具已经提供了十分强大的管理功能。目前，已经有若干开源项目试图实现更为强大和便捷的 Docker 管理工具，包括 Portainer、Panamax 等。

28.2.1　Portainer

Portainer 项目前身为 DockerUI 项目，定位于管理本地或远端（需要开启网络访问）的容器资源。官方网站为 https://portainer.io/，目前支持对 Docker 和 Swarm 进行管理，如图 28-6 所示。

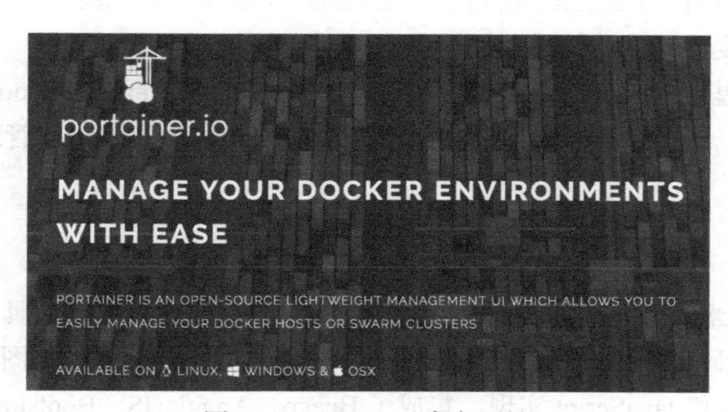

图 28-6　Portainer 官方网站

该项目最早于 2013 年 12 月发起，主要基于 HTML/JS 语言实现，遵循 MIT 许可。用户可以通过下面的命令简单测试该工具：

```
$ docker volume create portainer_data
$ docker run -d -p 9000:9000 \
    -v /var/run/docker.sock:/var/run/docker.sock \
    -v portainer_data:/data \
    portainer/portainer
```

运行成功后，打开浏览器，访问 http://:9000 管理本地的容器和镜像，如图 28-7 所示。

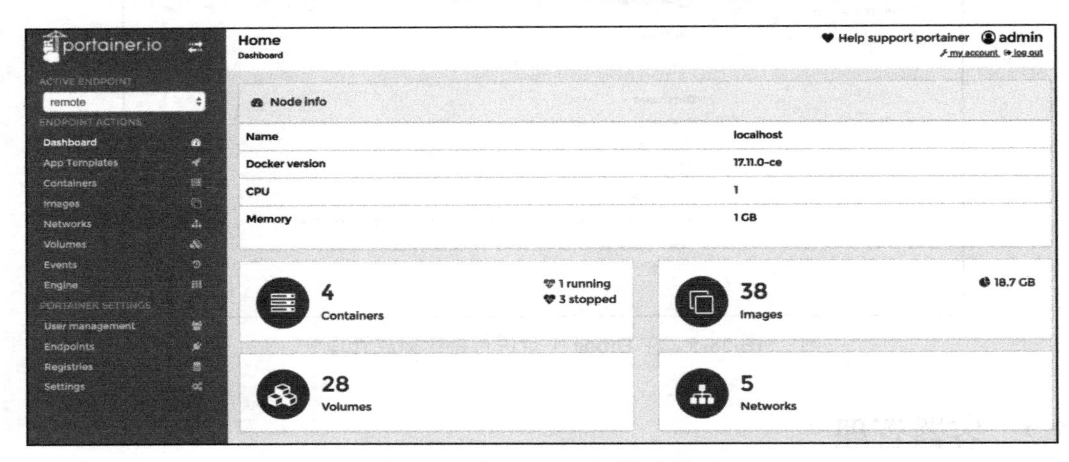

图 28-7 进入 Portainer 管理界面

28.2.2 Panamax

项目官方网站为 http://panamax.io，代码在 https://github.com/CenturyLinkLabs/panamax-ui 维护。

Panamax 项目诞生于 2014 年 3 月，由 CenturyLink 实验室发起（是该实验室孵化出的第一个开源项目），希望通过一套优雅的界面来实现对复杂的 Docker 容器应用的管理，例如利用简单拖曳来完成操作。Panamax 项目基于 Docker、CoreOS 和 Fleet，可以提供对容器的自动化管理和任务调度，其主页如图 28-8 所示。

Panamax 项目基于 Ruby 语言，遵循 Apache 2 许可，可以部署在 Google、Amazon 等云平台甚至本地环境。此外，Panamax 还提供了开源应用的模板库来集中管理不同应用的配置和架构。

28.2.3 Seagull

Seagull 是由小米团队发起的 Docker 容器和镜像的 Web 界面监控工具，支持同时监控多个 Docker 环境，代码已开源在 https://github.com/tobegit3hub/seagull，如图 28-9 所示。

seagull 基于 Go 和 JavaScript 实现，集成了 Beego、AngularJS、Bootstrap、Bower、JQuery 和 Docker 等工具。它在本地运行一个 Web 服务，通过 Beego 实现的 API 服务器不断请求 Docker 本地套接字以管理 Docker。使用方法介绍如下。

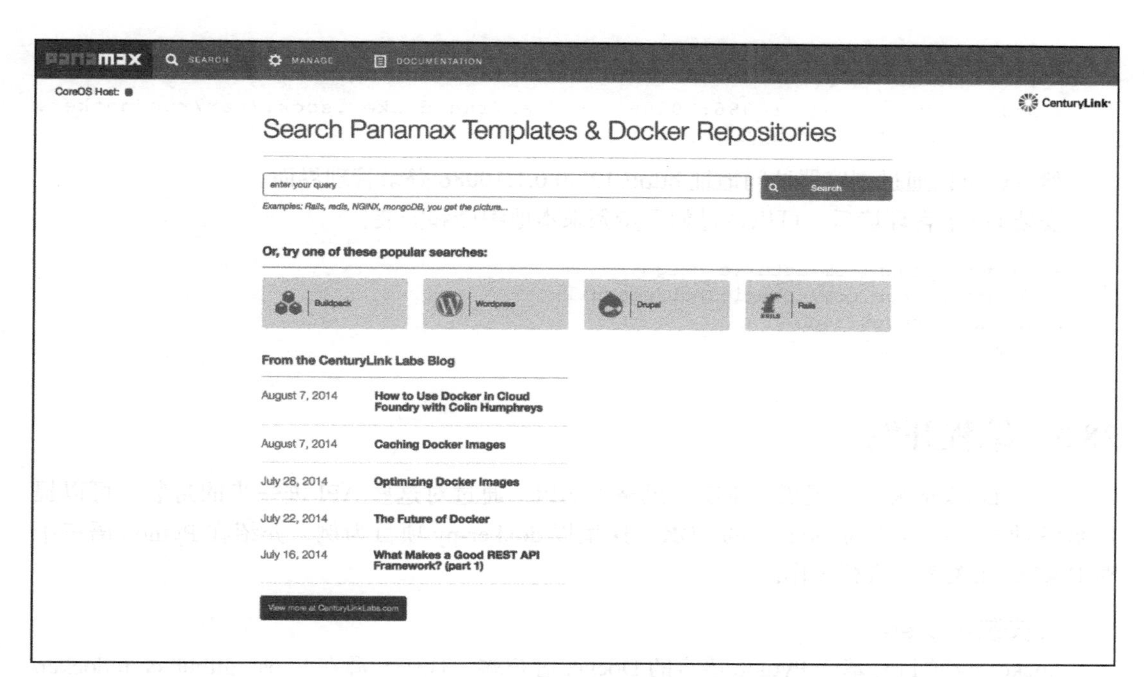

图 28-8　Panamax 官方网站

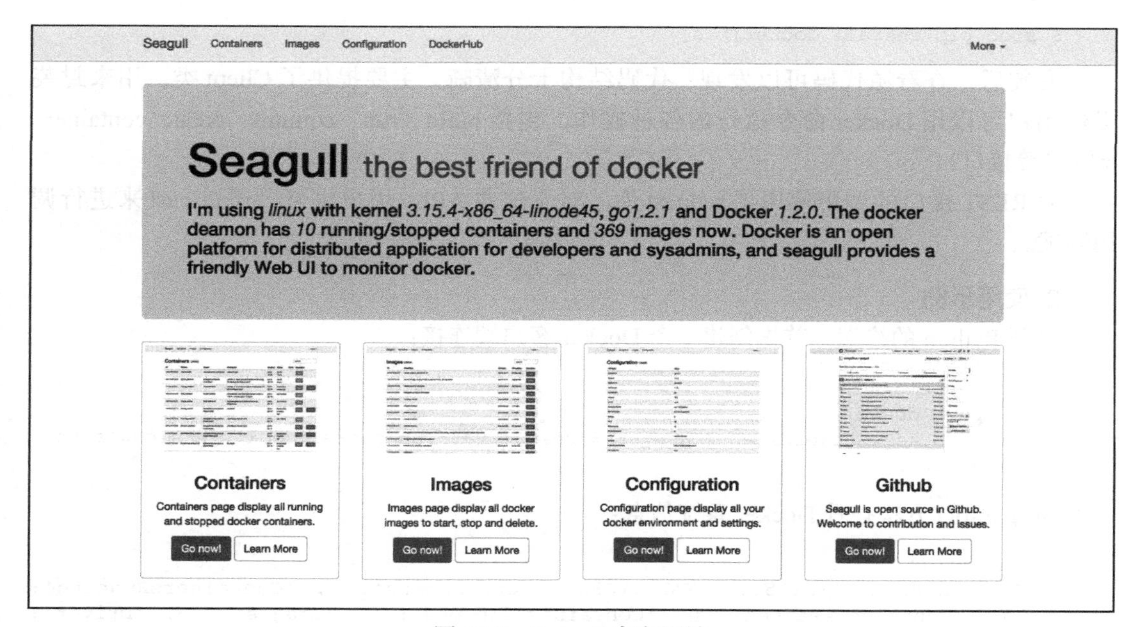

图 28-9　Seagull 官方网站

下载镜像：

```
$ docker pull tobegit3hub/seagull
```

运行镜像：

```
$ docker run -d -p 10086:10086 -v /var/run/docker.sock:/var/run/docker.
    socktobegit3hub/seagull
```

然后就可以通过浏览器访问地址 http://127.0.0.1:10086 登录管理界面。

安装 Go 语言环境后，可以通过如下步骤来本地编译和安装：

```
$ go get github.com/astaxie/beego
$ go get github.com/tobegit3hub/seagull
$ go build seagull.go
$ sudo ./seagull
```

28.3 编程开发

由于 Docker 服务端提供了 REST 风格的 API，通过对这些 API 进一步的封装，可以提供给各种开发语言作为 Docker 的 SDK。这里以 docker-py 项目为例，介绍在 Python 语言中对 Docker 相关资源进行操作。

1. 安装 docker-py

docker-py 项目是基于 Python 语言的 Docker 客户端，代码开源在 https://github.com/docker/docker-py 上。最新的稳定版本也已经推送到 PyPI 上，可以通过 pip 命令快速安装：

```
$ sudo pip install docker[tls]
```

安装后，查看源代码可以发现，代码结构十分清晰，主要提供了 Client 类，用来封装提供用户可以用 Docker 命令执行的各种操作，包括 build、run、commit、create_container、info 等等接口。

对 REST 接口的调用使用了 request 库。对于这些 API，用户也可以通过 curl 来进行调用测试。

2. 使用示例

打开 Python 的终端，首先创建一个 Docker 客户端连接：

```
$ sudo python
>>> import docker
>>> c = docker.DockerClient(base_url='unix://var/run/docker.sock',version='auto',
   timeout=10)
```

通过 info() 方法查看 Docker 系统信息：

```
>>> c.info()
{'ID': 'RXBF:A62S:BTI5:...:YAUG:VQ3N', 'Containers': 0, 'ContainersRunning':
    0, 'ContainersPaused': 0, 'ContainersStopped': 0, 'Images': 95, 'Driver':
    'overlay2', 'DriverStatus': [['Backing Filesystem', 'extfs'],...}
```

通过 images 和 containers 属性可以查看和操作本地的镜像和容器资源：

```
>>> c.images.list()
```

```
[<Image: 'node:slim'>, <Image: 'node:latest'>, <Image: 'docs/docker.github.
    io:latest'>, ...,]
```

通过 create_container() 方法来创建一个容器，之后启动它：

```
>>> container = c.containers.create(image='ubuntu:latest', command='bash')
>>> print(container)
{u'Id': u'a8439e4c8e64a94a287d408fdc3ff9a0b4a8577fe3b5e32975b790afb41414af',
    u'Warnings': None}
>>> container.start()
```

或者更简单地通过如下代码直接运行容器：

```
import docker
client = docker.from_env()
print client.containers.run("ubuntu:16.04", ["echo", "Hello", "World"])
```

可见，所提供的方法与 Docker 提供的命令十分类似。实际上，在使用 SDK 执行 Docker 命令的时候，也是通过 Docker 服务端提供的 API 进行了封装。

28.4　网络支持

围绕 Docker 网络的管理和使用，现在已经诞生了一些方便用户操作的工具和项目，具有代表性的包括 pipework、Flannel、Weave 以及 Calico 项目。

28.4.1　Pipework

Jérôme Petazzoni 编写了一个叫 Pipework 的 shell 脚本，代码托管在 https://github.com/jpetazzo/pipework 上，该工具封装了底层通过 ip、brctl 等网络设备操作的命令，可以简化在比较复杂的场景中对容器连接的操作命令。

使用该工具，可以轻松地配置容器的 IP 地址、为容器划分 VLan 等功能。例如，分别启动两个终端，在其中创建两个测试容器 c1 和 c2，并查看默认网卡配置。利用 Pipework 为容器 c1 和 c2 添加新的网卡 eth1，并将它们连接到新创建的 br1 网桥上：

```
$ sudo pipework br1 c1 192.168.1.1/24
$ sudo pipework br1 c2 192.168.1.2/24
```

此时在主机系统中查看网桥信息，会发现新创建的网桥 br1，并且有两个 veth 端口连接上去：

```
$ sudo brctl show
bridge name     bridge id               STP enabled     interfaces
br1             8000.868b605fc7a4       no              veth1pl17805
                                                        veth1pl17880
docker0         8000.56847afe9799       no              veth89934d8
```

此时，容器 c1 和 c2 可以通过子网 192.168.1.0/16 相互连通。

另外，Pipework 还支持指定容器内的网卡名称、MAC 地址、网络掩码和网关等配置，甚至可以通过 macvlan 连接容器到本地物理网卡，实现跨主机通信。pipework 代码只有 200 多行，建议阅读这些代码以理解如何利用 Linux 系统上的 iproute 等工具实现容器连接的配置。

28.4.2 Flannel 项目

Flannel 由 CoreOS 公司推出，现在主要面向 Kubernetes，为其提供底层的网络虚拟化方案，代码托管在 https://github.com/coreos/flannel 上。

Flannel 采用了典型的覆盖网络的思路，在每个主机上添加一个隧道端点，所有跨主机的流量会经过隧道端点进行隧道封包（典型为 VXLAN 协议，Docker Swarm 也支持），直接发送到对端，如图 28-10 所示。

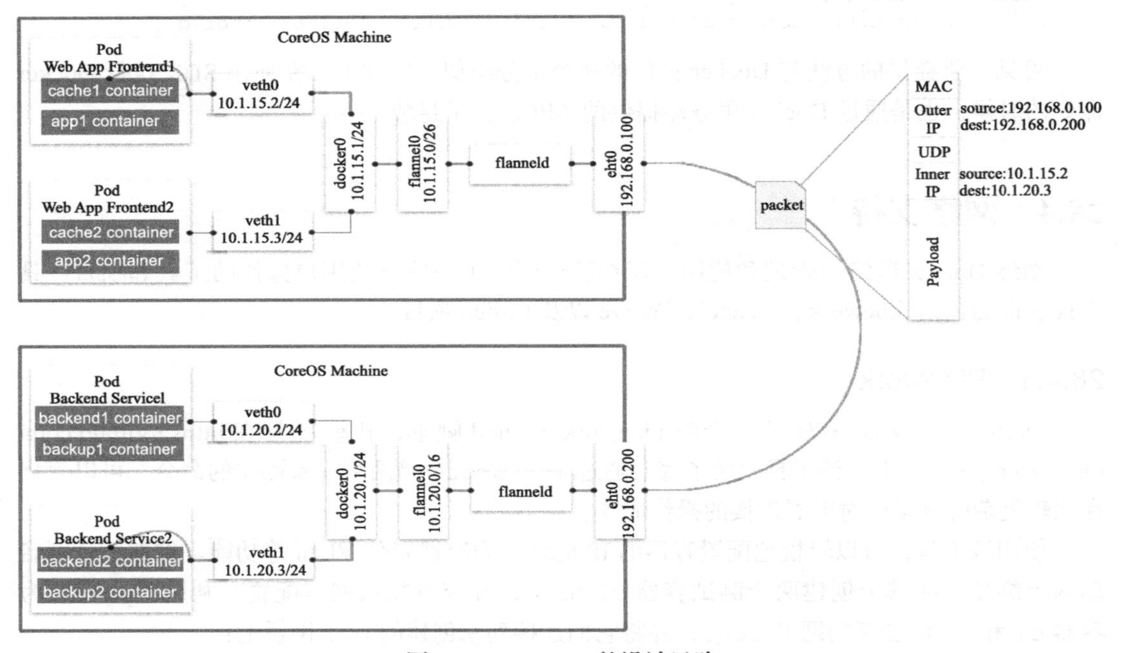

图 28-10 Flannel 的设计思路

与传统的基于覆盖网络的网络虚拟化方案类似，这种设计的优势在于有很好的扩展性，只要 IP 连通的主机即可构成同一个虚拟网络，甚至可以跨数据中心。问题也很明显，一个是隧道协议目前还比较难追踪，另一个是解包和封包处理负载重，如果没有硬件进行处理则往往性能会有损耗。另外，当中间路径存在负载均衡设备时，要避免均衡失效。

28.4.3 Weave Net 项目

Weave Net 是由 Weave 公司开发的面向容器的网络虚拟化方案，项目托管在 https://github.com/weaveworks/weave 上。解决容器网络跨主机问题的思路主要是打通跨主机容器之间的通信，手段无非是用覆盖网络建立隧道，或者通过更改包头进行转发。

Weave Net 的设计比较有意思，在每个主机上添加一个路由器，在混杂模式下使用 pcap 在网桥上截获网络数据包。如果该数据包是要发送到其他主机上的，则通过 UDP 进行转发，到目的主机所在的路由器上。目的路由器执行相反的过程利用 pcap 解析网包再发送给网桥。整个过程模拟了一种隧道方式，如图 28-11 所示。

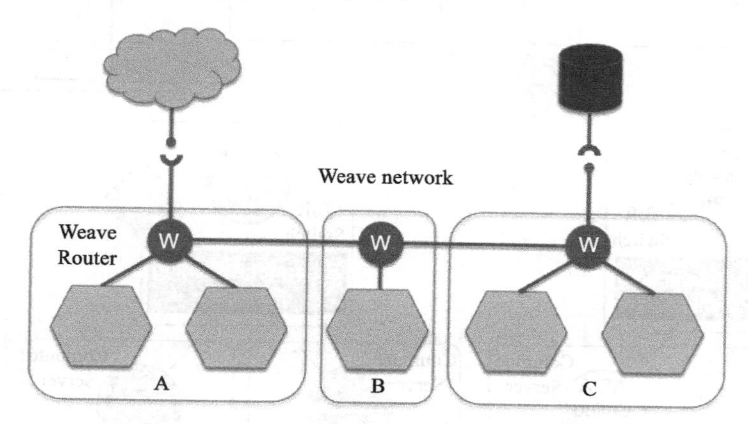

图 28-11　Weave Net 项目的设计思路

这样设计的好处是可以进行细粒度的管理，整个转发过程很容易追踪；潜在的问题是对管理平面（特别是路由器的自动收敛和学习）要求比较复杂，并且执行 pcap 过程会比较消耗计算资源。实际部署中要考虑结合软件定义网络和硬件处理等手段来缓解这两个问题。

28.4.4　Calico 项目

项目官方网站在 https://www.projectcalico.org/。

Calico 的设计则更为直接，干脆不支持网络虚拟化，直接采用传统的路由转发机制，也是在每个节点上配置一个 vRouter，负责处理跨主机的流量。vRouter 之间通过 BGP 自动学习转发策略，如图 28-12 所示。

由于 Calico 不采用隧道格式，而是依赖于传统的 IP 转发，这就限制了它的应用场景，无法跨数据中心，无法保障中间路径安全。但反之带来了容易管理、转发性能会好的一些优势。

Calico 目前支持 VM、Docker、Kubernetes、Openstack 等多个项目的容器网络功能。Calico 项目目前正在与 Flannel 项目共同发起 Canal 项目，整合了两者的优势，项目地址在 https://github.com/projectcalico/canal。

28.5　日志处理

Docker 默认将日志输出到标准输出，也支持包括 syslog 等标准的日志协议，因此很容易跟已有的日志采集工具进行整合。本节介绍三个日志处理项目。

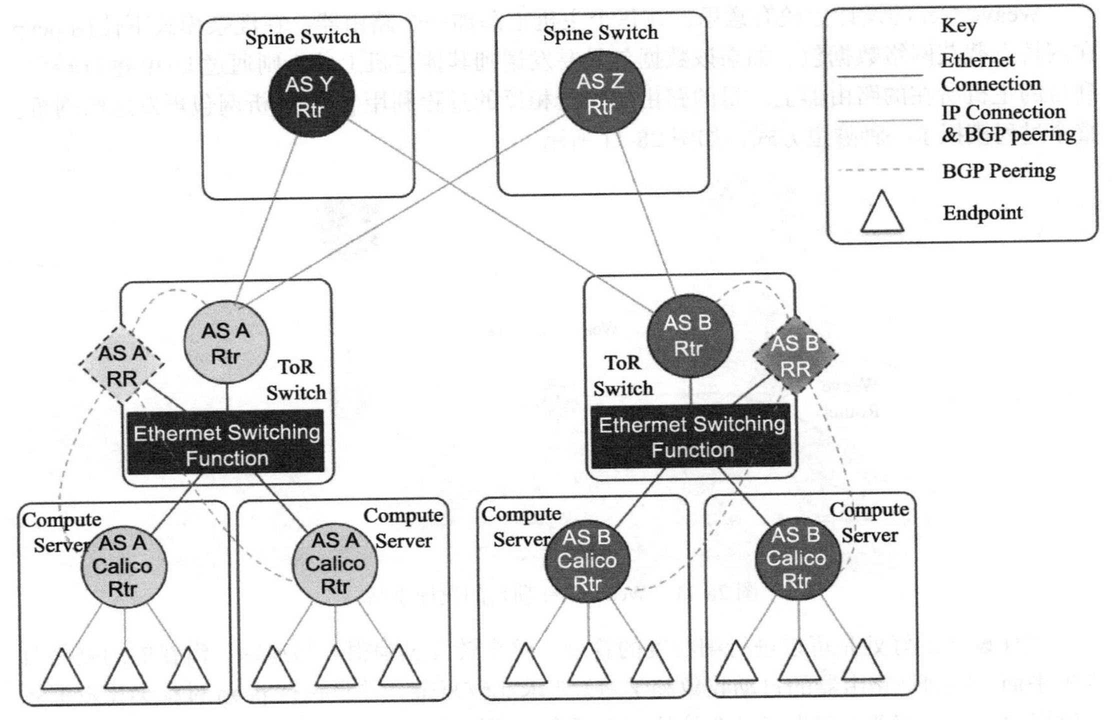

图 28-12 Calico 的设计思路

1. Docker-Fluentd

代码托管在 https://github.com/kiyoto/docker-fluentd。Docker-Fluentd 以容器运行，使用 fluentd 收集其他容器的运行日志，重定向到文件或者第三方的分析引擎中。

使用方法很简单，直接启动一个本地采集容器即可：

```
$ docker run -d -v /var/lib/docker/containers:/var/lib/docker/containers kiyoto/
    docker-fluentd
```

如果要重定向到其他分析引擎，比如 Elasticsearch，可以更改 dockerfile，加入如下内容：

```
RUN ["apt-get", "update"]
RUN ["apt-get", "install", "--yes", "make", "libcurl4-gnutls-dev"]
RUN ["/usr/local/bin/gem", "install", "fluent-plugin-elasticsearch", "--no-rdoc",
   "--no-ri"]
```

同时修改 `fluent.conf` 如下：

```
<source>
    type tail
    path /var/lib/docker/containers/*/*-json.log
    pos_file /var/log/fluentd-docker.pos
    time_format %Y-%m-%dT%H:%M:%S
    tag docker.*
    format json
</source>
```

```
<match docker.var.lib.docker.containers.*.*.log>
    type record_reformer
    container_id ${tag_parts[5]}
    tag docker.all
</match>

<match docker.all>
    type elasticsearch
    log_level info
    host YOUR_ES_HOST
    port YOUR_ES_PORT
    include_tag_key true
    logstash_format true
    flush_intercal 5s
</match>
```

最后重新创建镜像即可。

2. logspout

logspout由gliderlabs推出，基于Golang实现，代码托管在https://github.com/gliderlabs/logspout。与Fluentd类似，logspout也是提供一个本地的agent，采集主机上所有容器的标准输出，然后发送到采集端。

logspout支持对所采集的容器进行筛选，并且支持Syslog、Kafka、Redis、Logstash等多种采集后端。

典型的应用是发送到远端的syslog服务器，执行命令也十分简单。需要注意，如果用容器方式启动，则把本地的`docker.sock`句柄映射到容器内：

```
$ docker run --name="logspout" \
    --volume=/var/run/docker.sock:/var/run/docker.sock \
    gliderlabs/logspout \
    syslog+tls://your_syslog_server:5000
```

3. Sematext-agent-docker

Sematext Docker Agent通过Docker API为SPM Docker Monitor收集状态统计、事件和日志等信息，它支持多种平台，CoreOS、Rancher OS、Docker Swarm、Kubernetes等。代码托管在https://github.com/sematext/sematext-agent-docker。

Sematext提供了丰富的前端显示功能，如图28-13所示。

28.6 服务代理

服务代理（又叫反向代理）是指以代理服务器接受Internet上的连接请求，然后将请求转发给内部网络上的服务器，并将从服务器上得到的结果返回给Internet上请求连接的客户端，此时代理服务器对外就表现为一个服务器。服务代理服务器也可以作为负载均衡器，隐藏后端真正服务器的细节，提高统一访问接口地址，原理如图28-14所示。

下面介绍支持Docker环境的一些服务代理开源项目。

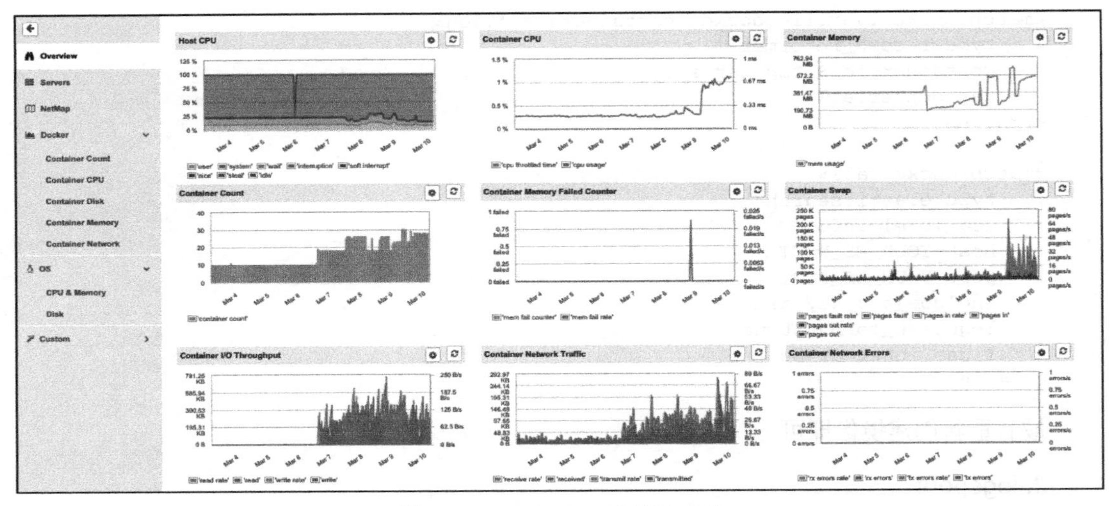

图 28-13 Sematext 的显示功能

1. Traefik

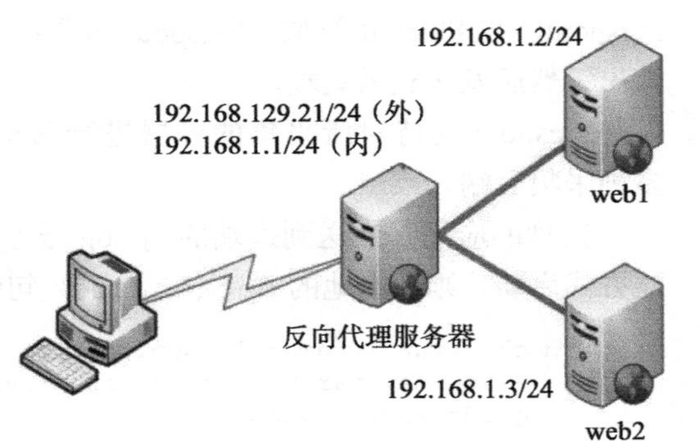

图 28-14 服务代理的原理

项目官方网址：https://traefik.io/。代码网址：https://github.com/containous/traefik。

Traefix 是一个可以用来简化微服务部署的 HTTP 代理服务器和负载均衡服务器，支持多种后端服务（Docker、Swarm、Mesos、Marathon、Kubernetes、Consul、Etcd、ZooKeeper、BoltDB、Rest API、file 等）。

传统的代理服务器不适应于动态环境，配置的动态改变一般难以实现，而微服务架构恰恰是动态的，服务的添加、去除和升级经常发生。Traefix 可以监听服务注册 / 编排的 API，当服务状态发生改变时，动态更新反向代理服务器的配置。功能逻辑如图 28-15 所示。

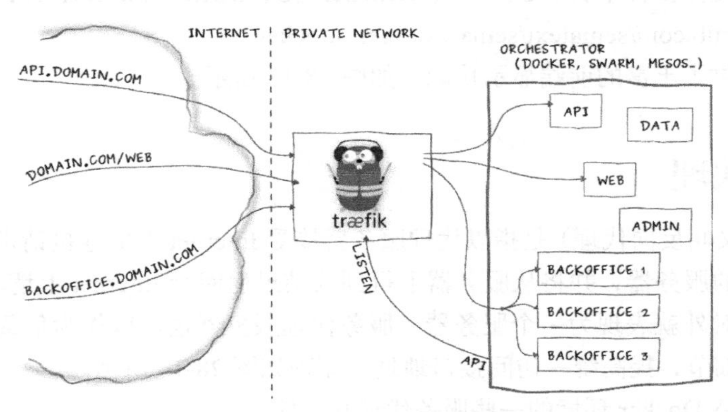

图 28-15 Traefix 的功能逻辑

同时提供可视化的 WebUI 进行配置和状态监测，如图 28-16 和图 28-17 所示。

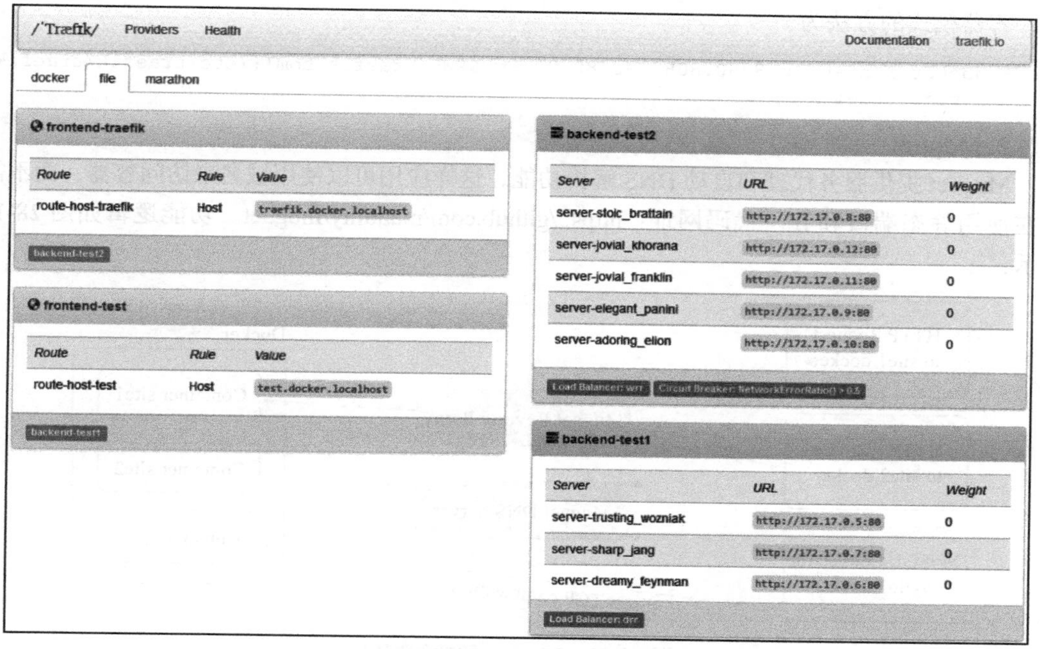

/'Træfɪk/
Providers
Health
Documentation
traefik.io
docker
file
marathon
frontend-traefik
Route
Rule
Value
route-host-traefik
Host
traefik.docker.localhost
backend-test2
frontend-test
Route
Rule
Value
route-host-test
Host
test.docker.localhost
backend-test1
backend-test2
Server
URL
Weight
server-stoic_brattain
http://172.17.0.8:80
0
server-jovial_khorana
http://172.17.0.12:80
0
server-jovial_franklin
http://172.17.0.11:80
0
server-elegant_panini
http://172.17.0.9:80
0
server-adoring_elion
http://172.17.0.10:80
0
Load Balancer: wrr
Circuit Breaker: NetworkErrorRatio() > 0.5
backend-test1
Server
URL
Weight
server-trusting_wozniak
http://172.17.0.5:80
0
server-sharp_jang
http://172.17.0.7:80
0
server-dreamy_feynman
http://172.17.0.6:80
0
Load Balancer: drr

图 28-16　Traefix 的可视化界面（一）

/'Træfɪk/
Providers
Health
Documentation
traefik.io
Health
Average response time
Average response time (ms)
985.8
500.0
0.0
01:21:14
01:21:40
01:22:00
01:22:20
01:22:46
Total Status Code Count
96.0
50.0
0.0
96
21
13
200
404
502
Total response time :
35.456865605s
PID :
2458
Uptime :
39m6.885931127s
Total count :
130
Count :
1

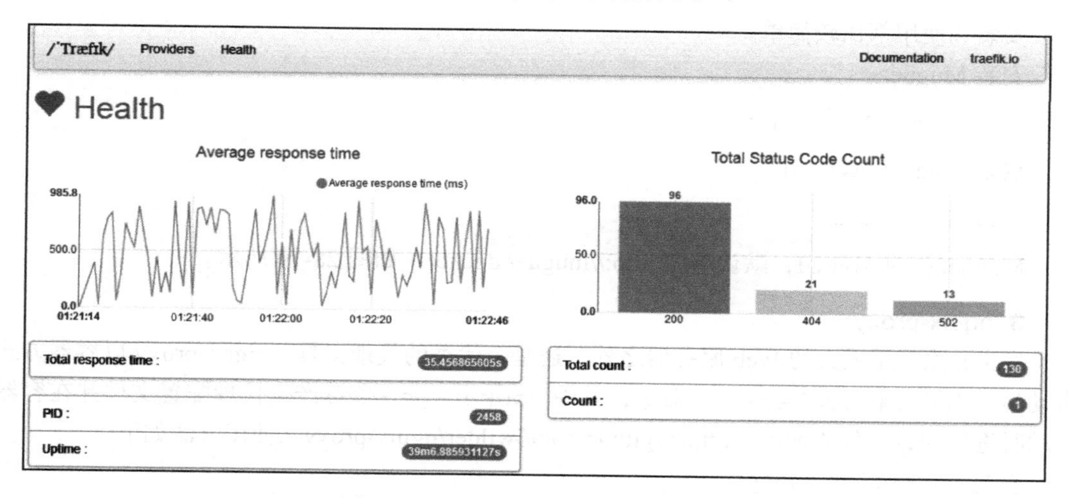

图 28-17　Traefix 的可视化界面（二）

运行方式包括二进制模式和容器模式。

二进制模式的方法为：下载 binary 和配置文件：https://github.com/containous/traefik/releases 和 https://raw.githubusercontent.com/containous/traefik/master/traefik.sample.toml，然后直接运行：

```
$ ./traefik -c traefik.toml
```

容器模式的方法为：

```
$ docker run -d -p 8080:8080 -p 80:80 -v $PWD/traefik.toml:/etc/traefik/traefik.
    toml traefik
```

2. Muguet

Muguet 提供服务代理和自动 DNS 解析功能，这样应用可以使用域名来访问容器，而不需要在使用静态端口和 IP。代码网址：https://github.com/mattallty/muguet。功能逻辑如图 28-18 所示：

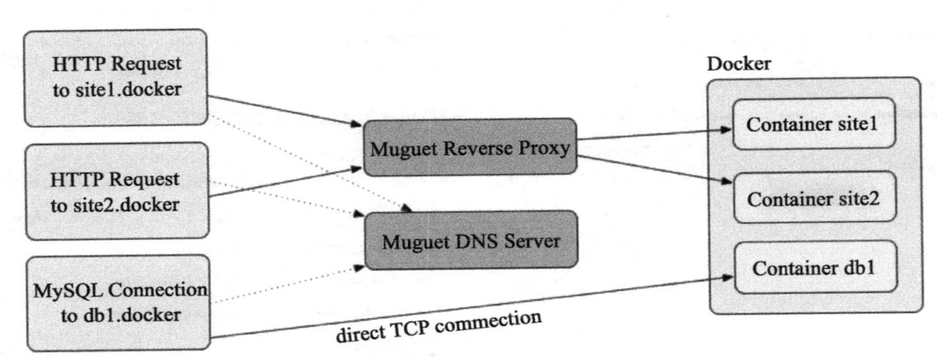

图 28-18 Muguet 的功能逻辑

安装和使用都比较简单。

安装 Muguet：

```
$ npm install -g muguet
```

启动 Muguet (as root)：

```
$ sudo muguet up
```

Muguet 提供 WebUI，默认域名 http://muguet.docker，如图 28-19 所示。

3. nginx-proxy

Nginx 除了是强大的 Web 服务器之外，还是个优秀的代理工具。nignx-proxy 以容器方式自动运行 Nginx 和 `docker-gen` 命令，其中 `docker-gen` 负责产生代理配置文件并在容器启动时进行加载。代码网址：https://github.com/jwilder/nginx-proxy。使用方法如下。

首先，运行 nignx-proxy：

```
$ docker run -d -p 80:80 -v /var/run/docker.sock:/tmp/docker.sock:ro jwilder/
    nginx-proxy
```

之后，启动要被代理的容器即可：

```
$ docker run -d -e VIRTUAL_HOST=mywebsite.local --expose 8080 tomcat
```

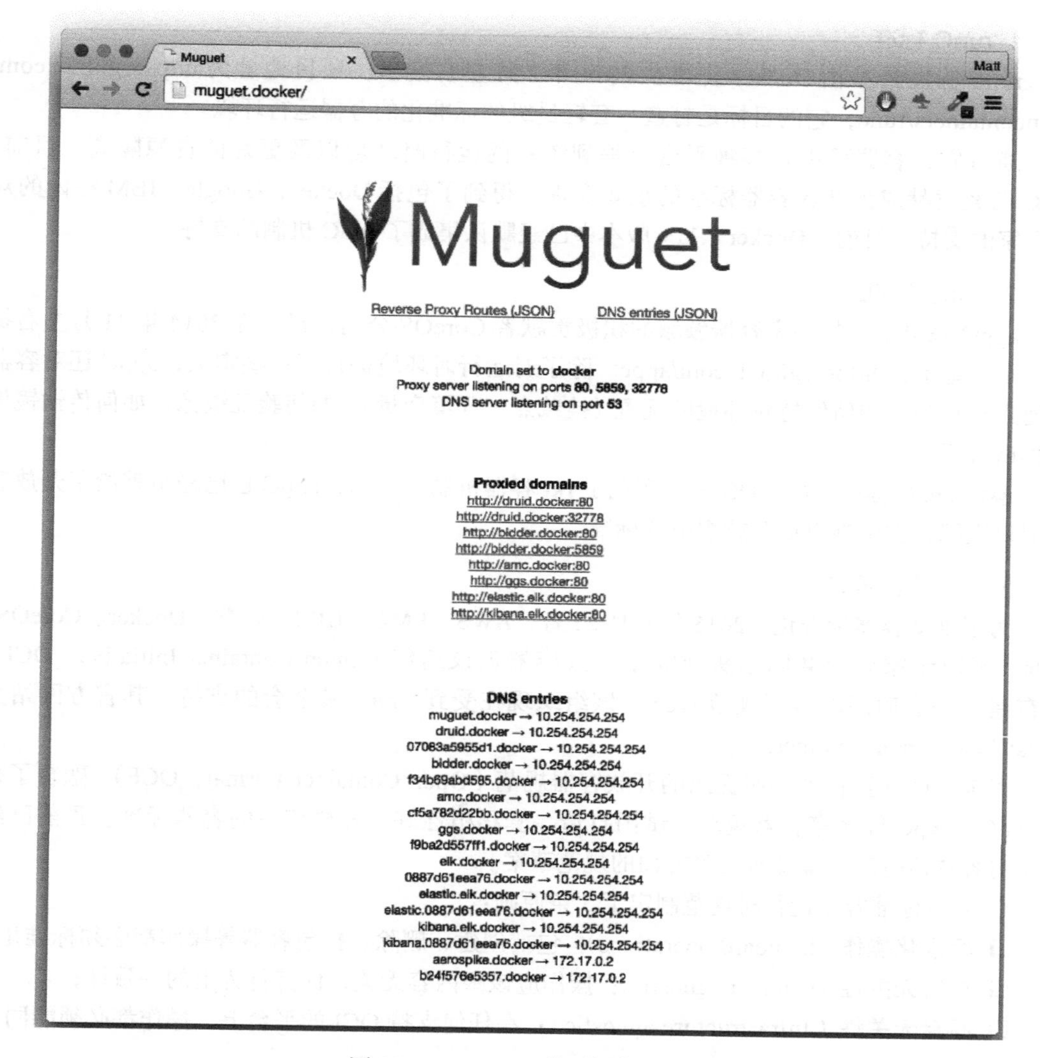

图 28-19　Muguet 的可视化界面

28.7　标准与规范

随着 Docker 带来的容器技术爆发，社区在不断增强容器技术易用性的同时，也在思考如何更长远地发展容器技术，如兼容不同的容器标准，适应更多类型的操作系统平台以及设计应用等。目前沿着这个方向努力，已经有了一些组织（如开放容器倡议 OCI）在倡导成立一些推荐大家都遵守的容器标准和规范，同时也总结了一些面向云应用的设计实践经验。

1. runC 标准

runC 标准最早由 Docker 公司在 2014 年 2 月左右推出，项目地址为 https://github.com/opencontainers/runc，它的目标是打造一套轻量级的标准化的容器运行环境。

通过它，容器可以在多种平台上得到统一的运行时环境以及更好的资源隔离。目前，runC 已经贡献成为开放容器标准的重要实现，得到了包括 Docker、Google、IBM 在内的众多厂家的支持。目前，Docker 1.11+ 版本中已经默认集成了 runC 机制的支持。

2. appC 标准

appC 来自于另外一家容器领域的积极贡献者 CoreOS 公司，最早在 2014 年 11 月左右提出，项目地址为 https://github.com/appc。除了对运行时环境进行了一些定义，appC 还对容器如何进行打包、如何保持对环境的配置（挂载点、环境变量）、如何验证镜像、如何传输镜像等尝试进行规定。

遵循 appC 标准，CoreOS 公司实现了 rkt 容器机制。目前，appC 也已经贡献给了开放容器倡议组织，尝试推出更开放规范的标准。

3. 开放容器规范

为了推动容器标准化，2015 年 6 月 22 日，AWS、EMC、IBM、谷歌、Docker、CoreOS、redhat 等数十家公司共同牵头成立了开放容器倡议组织（Open Container Initiative，OCI），旨在建立一套通用的容器规范 OCF。该组织现在受到 Linux 基金会的支持，其官方网站为 https://www.opencontainers.org。

目前，OCI 正在推动所提出的开放容器规范（Open Container Format，OCF），融合了来自 runC、appC 等多家容器规范，试图打造一套移植性好、开放统一的容器标准。目前已经有了对容器运行时、镜像格式等方面的规范草案。

OCF 对标准容器运行时规范制定了 5 条原则：

- **标准化操作**（Standard operations）：包括创建、删除、打包容器等操作都必须标准化；
- **内容无关性**（Content agnostic）：操作应该跟内容无关，保持行为上的一致性；
- **平台无关性**（Infrastructure agnostic）：在任何支持 OCI 的平台上，操作都必须能同等执行；
- **设计考虑自动化**（Designed for automation）：标准容器是为自动化而生，其规范必须考虑自动化条件；
- **企业级交付**（Industrial grade delivery）：标准容器需要适用于企业级流水线的交付任务。

4. 云应用 12 要素

在云计算时代，应用的整个生命周期将在数据中心里度过，这与传统软件模式极大不同。云应用实际上意味着：代码 + 配置 + 运行时环境。那么就会有如下问题：

- 什么样的软件才是可用性和可维护性好的软件？
- 什么样的代码才能避免后续开发的上手障碍？
- 什么样的实施才能可靠地运行在分布式的环境中？

Heroku（一家 PaaS 服务提供者，2010 年被 Salesforce 收购）平台创始人 Adam Winggins 提出了“云应用 12 要素”，对开发者设计和实现云时代（特别是 PaaS 和 SaaS 上）高效的应用都有很好的参考意义。

（1）Codebase——代码仓库

One codebase tracked in revision control, many deploys.

每个子系统都用独立代码库管理，使用版本管理，实现独立的部署。

即拆分系统为多个分布式应用，每个应用使用自己的代码库进行管理。多个应用之间共享的代码用依赖库的形式提供。

（2）Dependencies——依赖

Explicitly declare and isolate dependencies.

显式声明依赖，通过环境来严格隔离不同依赖。所依赖的跟所声明的要保持一致。并且声明要包括依赖库的版本信息。

（3）Config——配置

Store config in the environment.

在环境变量中保存配置信息，而避免放在源码或配置文件中。

（4）Backing Services——后端服务

Treat backing services as attached resources.

后端服务（数据库、消息队列、缓存等）作为可挂载资源来使用，这样系统跟外部依赖尽量松耦合。

（5）Build, release, run——生命周期管理

Strictly separate build and run stages.

区分不同生命周期的运行环境，包括创建（代码编译为运行包）、发布（多个运行包和配置放一起打包，打包是一次性的，每次修改都是新的 release）、运行，各个步骤的任务都很明确，要相互隔离。例如，绝对不允许在运行时去改代码和配置信息（见过太多工程师直接 SSH 到生产环境修 bug 了）。

（6）Processes——进程

Execute the app as one or more stateless processes.

以一个或多个无状态的进程来运行应用，即尽量实现无状态，不要在进程中保存数据。尽量通过数据库来共享数据。

（7）Port binding——端口

Export services via port binding.

通过端口绑定来对外提供服务。

可以是 HTTP、XMPP、Redis 等协议。多个应用之间通过 URL 来使用彼此的服务。

（8）Concurrency——并发模型

Scale out via the process model.

通过进程控制来扩展，即尽量以多进程模型进行扩展。

（9）Disposability——任意存活

Maximize robustness with fast startup and graceful shutdown.

快速启动（秒级响应），优雅关闭（收到 SIGTERM 信号后结束正在处理请求，然后退出），并尽量鲁棒（随时 kill，随时 crash 都不应该导致问题）。

（10）Dev/prod parity——减少开发与生产环境的差异性

Keep development, staging, and production as similar as possible.

尽量保持从开发、演练到生产部署环境的相似性。

这点很不容易，要求工程师既懂研发，还得懂运维。

（11）Logs——日志

Treat logs as event streams.

将日志当作事件流来进行统一的管理和维护（使用 Logstash 等工具）。

应用只需要将事件写出来，例如到标准输出 stdout，剩下的由采集系统处理。

（12）Admin processes——管理

Run admin/management tasks as one-off processes.

将管理（迁移数据库、查看状态等）作为一次性的系统服务来使用。

管理代码跟业务代码要放在一起进行代码管理。

28.8 其他项目

1. CoreOS

CoreOS 项目基于 Python 语言，遵循 Apache 2.0 许可，由 CoreOS 团队在 2013 年 7 月发起，目前已经正式发布首个稳定版本。项目官方网址为 https://coreos.com/，代码在 https://github.com/coreos 维护。

CoreOS 项目目标是提供一个基于 Rocket 容器的轻量级容器化 Linux 发行版，通过轻量的系统架构和灵活的应用部署能力来简化数据中心的维护成本和复杂度，其基本架构如图 28-20 所示。

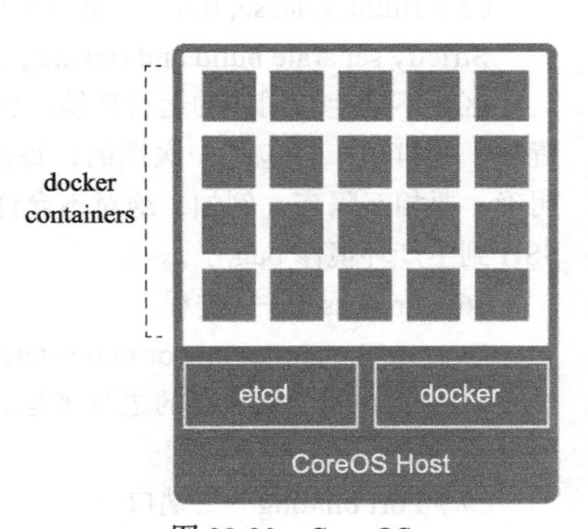

图 28-20 Core OS

CoreOS 基于一套精简的 Linux 环境，不使用包管理工具，而将所有应用都进行容器化，彼此隔离，从而提高了系统的安全性。此外，运行期间，系统分区是只读状态，利用主从分区支持更稳定的无缝升级。配合 Etcd（分布式高可用的键值数据库）、Fleet（分布式 init 任务管理）、Flannel（Overlay 网络管理）等工具，CoreOS 也将适用于大规模集群环境。

该项目目前得到了 KPCB 等多家基金的投资。

2. OpenStack 支持

OpenStack 是近些年 Linux 基金会发起的，最受欢迎的云开源项目。项目的官方网站在 http://www.openstack.org。项目遵循 Apache 许可，受到包括 IBM、Cisco、AT&T、HP、Rackspace 等众多企业的大力支持。

项目的目标是搭建一套开源的架构即服务（Infrastructure as a Service，IaaS）实现方案，主要基于 Python 语言实现。该项目孵化出来的众多子项目已经在业界产生了诸多影响。

OpenStack 目前除了可以管理众多虚机外，其计算服务（Nova）已经支持了对 Docker 的驱动，此外，还支持通过 Stack 管理引擎 Heat 子项目来使用模板，从而管理 Docker 容器，如图 28-21 所示。

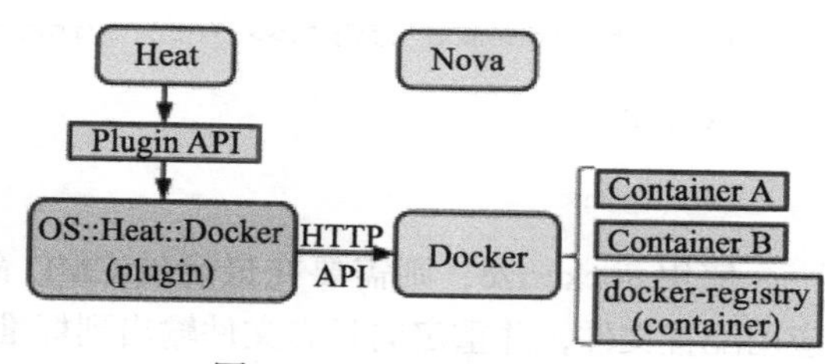

图 28-21　OpenStack 支持

例如，下面的 Heat 模板，定义了使用 Docker 容器运行一个 cirros 镜像：

```
heat_template_version: 2013-05-23

description: Single compute instance running cirros in a Docker container.

resources:
    my_instance:
        type: OS::Nova::Server
        properties:
            key_name: ewindisch_key
            image: ubuntu-precise
            flavor: m1.large
            user_data: #include https://get.docker.io
    my_docker_container:
        type: DockerInc::Docker::Container
        docker_endpoint: { get_attr: [my_instance, first_address] }
        image: cirros
```

此外，OpenStack 自身的部署也可以基于 Docker 技术，从而得到极大的简化，甚至更进一步，可以通过 Kubernetes 等容器云方案快速地启动一套 OpenStack 环境。

3. dockerize

一般来说，要将一个应用放到容器里，需要考虑两方面的因素，一是应用依赖的配置信息；二是应用运行时候的输出日志信息。dockerize 是一个 Go 程序，试图简化这两方面的管理成本，目前代码在 https://github.com/jwilder/dockerize 维护。

dockerize 主要可以提供两个功能，一是对于依赖于配置文件的应用，能自动提取环境变量并生成配置文件；二是将应用输出的日志信息重定向到 STDOUT 和 STDERR。

下面给出一个简单的例子，比如要创建一个 Nginx 镜像，标准的 Dockerfile 内容为：

```
FROM ubuntu:16.04

# Install Nginx.
```

```
RUN echo "deb http://ppa.launchpad.net/nginx/stable/ubuntu trusty main" > /etc/
    apt/sources.list.d/nginx-stable-trusty.list
RUN echo "deb-src http://ppa.launchpad.net/nginx/stable/ubuntu trusty main" >> /
    etc/apt/sources.list.d/nginx-stable-trusty.list
RUN apt-key adv --keyserver keyserver.ubuntu.com --recv-keys C300EE8C
RUN apt-get update
RUN apt-get install -y nginx

RUN echo "daemon off;" >> /etc/nginx/nginx.conf

EXPOSE 80

CMD nginx
```

使用dockerize，则需要在最后的CMD命令中利用dockerize进行封装，利用模板生成应用配置文件，并重定向日志文件输出到标准输出。

首先，创建配置模板文件为default.tmpl，内容是：

```
server {
    listen 80 default_server;
    listen [::]:80 default_server ipv6only=on;

    root /usr/share/nginx/html;
    index index.html index.htm;

    # Make site accessible from http://localhost/
    server_name localhost;

    location / {
        access_log off;
        proxy_pass {{ .Env.PROXY_URL }};
        proxy_set_header X-Real-IP $remote_addr;
        proxy_set_header Host $host;
        proxy_set_header X-Forwarded-For $proxy_add_x_forwarded_for;
    }
}
```

该模板将接收来自环境变量PROXY_URL的值。

编辑新的Dockerfile内容为：

```
FROM ubuntu:16.04

# Install Nginx.
RUN echo "deb http://ppa.launchpad.net/nginx/stable/ubuntu trusty main" > /etc/
    apt/sources.list.d/nginx-stable-trusty.list
RUN echo "deb-src http://ppa.launchpad.net/nginx/stable/ubuntu trusty main" >> /
    etc/apt/sources.list.d/nginx-stable-trusty.list
RUN apt-key adv --keyserver keyserver.ubuntu.com --recv-keys C300EE8C
RUN apt-get update
RUN apt-get install -y wget nginx

RUN echo "daemon off;" >> /etc/nginx/nginx.conf

RUN wget https://github.com/jwilder/dockerize/releases/download/v0.0.1/dockerize-
```

```
    linux-amd64-v0.0.1.tar.gz
RUN tar -C /usr/local/bin -xvzf dockerize-linux-amd64-v0.0.1.tar.gz

ADD default.tmpl /etc/nginx/sites-available/default.tmpl

EXPOSE 80

CMD dockerize -template /etc/nginx/sites-available/default.tmpl:/etc/nginx/
    sites-available/default -stdout /var/log/nginx/access.log -stderr /var/log/
    nginx/error.log nginx
```

最后的CMD命令中利用 `-template` 参数指定了配置模板位置，以及生成的配置文件的位置。

创建镜像后，通过如下的方式启动一个容器，整个过程无须手动添加Nginx的配置文件，并且日志重定向到了标准输出：

```
$ docker run -p 80:80 -e PROXY_URL="http://jasonwilder.com" --name nginx -d nginx
```

4. Unikernel

Unikernel是轻量级的精简内核技术，项目地址为http://www.unikernel.org。不同于传统的支持多用户多应用的操作系统内核，Unikernel技术的目的是为运行的应用编译链接进入所需要的操作系统函数，形成一个单独的编译映像，内核只提供单一地址空间。无须其他无关的软件，这个映像就可以运行在虚拟机中。

Unikernel特点包括：单一镜像、安全、超轻量级和快速启动。不同于容器的共享操作系统内核，Unikernel是精简内核，每个应用实际上仍然运行在各自的超轻量级虚拟机中。比较流行的Unikernel系统包括：

- ClickOS：NEC提出的专门为网络应用优化的系统，支持C、C++和Python；
- Clive：面向云环境的精简操作系统，基于Golang实现；
- HaLVM：早期Unikernels系统之一，基于Haskell语言实现；
- LING：早期Unikernels系统之一，基于Erlang语言实现；
- MirageOS：早期Unikernels系统之一，基于Ocaml语言实现；
- OSv：基于Java，支持绝大多数jar文件部署和运行。
- Rumprun：基于NetBSD项目，专注于符合POSIX标准的、不需要Fork的应用程序，方便将现有Linux程序移植到Unikernel上；
- runtime.js：基于JavaScript v8引擎的操作系统，支持JavaScript应用。

目前，专注于Unikernel技术的Unikernel Systems公司已被Docker公司收购，作为对容器技术未来方向的探索和补充。

5. 容器化的虚拟机

不少企业应用仍运行在传统的虚拟机中，这些应用希望吸收容器高性能、便捷的优势，也不想放弃虚拟机的安全性特点。因此，出现了一些开源项目试图让虚拟机的hypervisor来支持容器格式，代表性的有Hyper项目。Hyper项目的官方网址为https://www.hyper.sh/。

Hyper 项目试图让容器用户仍然像使用容器一样来操作 Hyper 容器。只不过 Hyper 容器不同于传统的容器，它带有精简的操作系统内核。因此，从核心上说它是一个轻量级的虚拟机镜像，可以直接跑在 hypervisor 上，但是借鉴了来自容器的优秀设计，提供十分快速的体验。

28.9 本章小结

本章介绍了围绕 Docker 生态环境的一些热门技术项目，包括持续集成、容器管理和编程开发等方向。一项新兴技术能否成功，技术自身的设计、实现固然重要，但围绕技术的生态环境和经济体系往往更为关键。

笔者很欣喜地看到，Docker 和它代表的容器技术已经得到了广泛的认同和支持。基于 Docker 的云计算和 DevOps 管理，是笔者认为 Docker 技术的所谓"杀手级应用"。这些项目充分结合了 Docker 技术的特点，能够充分地发挥出使用 Docker 的技术优势。

在具体的生产环境中使用 Docker，则无法绕开容器管理和编程开发这两种需求。特别是大规模的容器管理，将是一个颇有挑战的难题。不断出现的各种方案，特别是有众多 IT 巨头支持的 Kubernetes 将在一定程度上缓解这一问题，但仍不能说解决了这个挑战。

最后，包括 Flannel、Weave 等特色项目的出现，以及 OpenStack 这类项目对 Docker 快速支持，都证明了在某种意义上容器在站稳脚跟之后，已经开始主动引导和影响技术体系的变革，这毫无疑问将推动信息技术产品再上新的台阶！

附　　录 Appendix

- 附录 A　常见问题总结
- 附录 B　Docker 命令查询
- 附录 C　参考资源链接

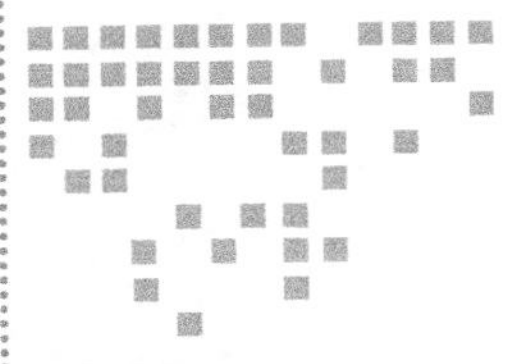

附录 A

常见问题总结

A.1 镜像相关

1. 如何备份系统中所有的镜像?

答：首先，备份镜像列表可以使用 docker images|awk 'NR>1{print $1":"$2}'|sort > images.list。

导出所有镜像为当前目录下文件，可以使用如下命令：

```
while read img; do
    echo $img
    file="${img/\//-}"
    sudo docker save --output $file.tar $img
done < images.list
```

将本地镜像文件导入为 Docker 镜像：

```
while read img; do
    echo $img
    file="${img/\//-}"
    docker load < $file.tar
done < images.list
```

2. 如何批量清理临时镜像文件?

答：可以使用 docker rmi $(docker images -q -f dangling=true) 命令。

3. 如何删除所有本地的镜像?

答：可以使用 docker rmi -f $(docker images -q) 命令。

4. 如何清理 Docker 系统中的无用数据?

答：可以使用 docker system prune --volumes -f 命令，这个命令会自动清理

处于停止状态的容器、无用的网络和挂载卷、临时镜像和创建镜像缓存。

5. 如何查看镜像内的环境变量?

答：可以使用 `docker run IMAGE env` 命令。

6. 本地的镜像文件都存放在哪里?

答：与 Docker 相关的本地资源（包括镜像、容器）默认存放在 `/var/lib/docker/` 目录下。以 aufs 文件系统为例，其中 container 目录存放容器信息，graph 目录存放镜像信息，aufs 目录下存放具体的镜像层文件。

7. 构建 Docker 镜像应该遵循哪些原则?

答：整体原则上，尽量保持镜像功能的明确和内容的精简，避免添加额外文件和操作步骤，要点包括：

- 尽量选取满足需求但较小的基础系统镜像，例如大部分时候可以选择 `debian:wheezy` 或 `debian:jessie` 镜像，仅有不足百兆大小；
- 清理编译生成文件、安装包的缓存等临时文件；
- 安装各个软件时候要指定准确的版本号，并避免引入不需要的依赖；
- 从安全角度考虑，应用要尽量使用系统的库和依赖；
- 如果安装应用时候需要配置一些特殊的环境变量，在安装后要还原不需要保持的变量值；
- 使用 Dockerfile 创建镜像时候要添加 .dockerignore 文件或使用干净的工作目录；
- 区分编译环境容器和运行时环境容器，使用多阶段镜像创建。

8. 碰到网络问题，无法 pull 镜像，命令行指定 http_proxy 无效，怎么办?

答：在 Docker 配置文件中添加 `export http_proxy="http://<PROXY_HOST>:<PROXY_PORT>"`，之后重启 Docker 服务即可。

A.2　容器相关

1. 容器退出后，通过 `docker ps` 命令查看不到，数据会丢失么?

答：容器退出后会处于终止（exited）状态，此时可以通过 `docker ps -a` 查看。其中的数据也不会丢失，还可以通过 `docker [container] start` 命令来启动它。只有删除掉容器才会清除所有数据。

2. 如何停止所有正在运行的容器？

答：可以使用 `docker [container] stop $(docker ps -q)` 命令。

3. 如何批量清理所有的容器，包括处于运行状态和停止状态的?

答：可以使用 `docker [container] rm -f $(docker ps -qa)` 命令。

4. 如何获取某个容器的 PID 信息？

答：可以使用 `docker [container] inspect --format '{{ .State.Pid }}' <CONTAINER ID or NAME>` 命令。

5. 如何获取某个容器的 IP 地址？

答：可以使用 `docker [container] inspect --format '{{ .NetworkSettings.IPAddress }}' <CONTAINER ID or NAME>` 命令。

6. 如何给容器指定一个固定 IP 地址，而不是每次重启容器时 IP 地址都会变？

答：目前 Docker 并没有提供直接的对容器 IP 地址的管理支持，用户可以参考本书第三部的第 20 章“高级网络配置”中介绍的创建点对点连接例子，来手动配置容器的静态 IP。或者在启动容器后，再手动进行修改（参考后面“其他类”的问题“如何进入 Docker 容器的网络命名空间？”）。

7. 如何临时退出一个正在交互的容器的终端，而不终止它？

答：按 `Ctrl-p Ctrl-q`。如果按 `Ctrl-c` 往往会让容器内应用进程终止，进而会终止容器。

8. 可以在一个容器中同时运行多个应用进程么？

答：一般并不推荐在同一个容器内运行多个应用进程。如果有类似需求，可以通过一些额外的进程管理机制，比如 `supervisord`，来管理所运行的进程。可以参考 https://docs.docker.com/articles/using_supervisord/。

9. 如何控制容器占用系统资源（CPU、内存）的份额？

答：在使用 `docker [container] create` 命令创建容器或使用 `docker [container] run` 创建并启动容器的时候，可以使用 `-c|-cpu-shares[=0]` 参数来调整容器使用 CPU 的权重；使用 `-m|-memory[=MEMORY]` 参数来调整容器使用内存的大小。

A.3 仓库相关

1. 仓库（Repository）、注册服务器（Registry）、注册索引（Index）有何关系？

答：仓库是存放一组关联镜像的集合，比如同一个应用的不同版本的镜像。注册服务器是存放实际的镜像文件的地方。注册索引则负责维护用户的账号、权限、搜索、标签等的管理。因此，注册服务器利用注册索引来实现认证等管理。

2. 从非官方仓库（例如 non-official-repo.com）下载镜像时候，有时候会提示“Error: Invalid registry endpoint https://non-official-repo.com/v1/……”，怎么办？

答：Docker 自 1.3.0 版本往后，加强了对镜像安全性的验证，需要添加私有仓库证书，或者手动添加对非官方仓库的信任。编辑 Docker 配置文件，在其中添加：`DOCKER_OPTS="--insecure-registry non-official-repo"` 之后，重启 Docker 服务即可。

A.4　配置相关

1. Docker 的配置文件放在哪里，如何修改配置？

答：使用 upstart 的系统（如 Ubuntu 16.04）的配置文件在 /etc/default/docker，使用 systemd 的系统（如 Ubuntu 16.04、Centos 等）的配置文件在 /etc/systemd/system/docker.service.d/docker.conf。

Ubuntu 下面的配置文件内容如下，读者可以参考配置（如果出现该文件不存在的情况，重启或者自己新建一个文件都可以解决）：

```
# Customize location of Docker binary (especially for development testing).
#DOCKERD="/usr/local/bin/dockerd"

# Use DOCKER_OPTS to modify the daemon startup options.
#DOCKER_OPTS="--dns 8.8.8.8 --dns 8.8.4.4"

# If you need Docker to use an HTTP proxy, it can also be specified here.
#export http_proxy="http://127.0.0.1:3128/"

# This is also a handy place to tweak where Docker's temporary files go.
#export TMPDIR="/mnt/bigdrive/docker-tmp"
```

2. 如何更改 Docker 的默认存储位置？

答：Docker 的默认存储位置是 /var/lib/docker，如果希望将 Docker 的本地文件存储到其他分区，可以使用 Linux 软连接的方式来完成，或者在启动 daemon 时通过 -g 参数指定。

例如，如下操作将默认存储位置迁移到 /storage/docker：

```
[root@s26 ~]# df -h
Filesystem                     Size  Used Avail Use% Mounted on
/dev/mapper/VolGroup-lv_root    50G  5.3G   42G  12% /
tmpfs                           48G  228K   48G   1% /dev/shm
/dev/sda1                      485M   40M  420M   9% /boot
/dev/mapper/VolGroup-lv_home   222G  188M  210G   1% /home
/dev/sdb2                      2.7T  323G  2.3T  13% /storage
[root@s26 ~]# service docker stop
[root@s26 ~]# cd /var/lib/
[root@s26 lib]# mv docker /storage/
[root@s26 lib]# ln -s /storage/docker/ docker
[root@s26 lib]# ls -la docker
lrwxrwxrwx. 1 root root 15 11月 17 13:43 docker -> /storage/docker
[root@s26 lib]# service docker start
```

3. 使用内存和 swap 限制启动容器时候报警告："WARNING: Your kernel does not support cgroup swap limit. WARNING: Your kernel does not support swap limit capabilities. Limitation discarded."，怎么办？

答：这是因为系统默认没有开启对内存和 swap 使用的统计功能，引入该功能会带来性能的下降。要开启该功能，可以采取如下操作：

1）编辑 /etc/default/grub 文件（Ubuntu 系统为例），配置 GRUB_CMDLINE_LINUX="cgroup_enable=memory swapaccount=1"；

2）更新 grub：$ sudo update-grub；

3）重启系统即可。

A.5 Docker 与虚拟化

1. Docker 与 LXC（Linux Container）有何不同？

答：LXC 利用 Linux 上相关技术实现了容器支持；Docker 早期版本中使用了 LXC 技术，后期演化为新的 libcontainer，在如下的几个方面进行了改进：

- 移植性：通过抽象容器配置，容器可以实现从一个平台移植到另一个平台；
- 镜像系统：基于 AUFS 的镜像系统为容器的分发带来了很多的便利，同时共同的镜像层只需要存储一份，实现高效率的存储；
- 版本管理：类似于 Git 的版本管理理念，用户可以更方便地创建、管理镜像文件；
- 仓库系统：仓库系统大大降低了镜像的分发和管理的成本；
- 周边工具：各种现有工具（配置管理、云平台）对 Docker 的支持，以及基于 Docker 的 PaaS、CI 等系统，让 Docker 的应用更加方便和多样化。

2. Docker 与 Vagrant 有何不同？

答：两者的定位完全不同。

Vagrant 是一套虚拟机的管理环境。Vagrant 可以在多种系统上和虚拟机软件中运行，启动一个完整的操作系统环境，可以在 Windows、Mac 等非 Linux 平台上为 Docker 提供支持，自身具有较好的包装性和移植性。Docker 则面向应用层隔离，但启动和运行的性能都比虚拟机要快，往往更适合快速开发和部署应用的场景。

简单说：Vagrant 适合用来管理虚拟机，而 Docker 适合用来管理应用环境。

3. 开发环境中 Docker 和 Vagrant 该如何选择？

答：Docker 不是虚拟机，而是进程隔离，对于资源的消耗很少。Vagrant 是虚拟机上做的封装，虚拟机本身会消耗更多资源。

如果本地使用的 Linux 环境或 macOS，推荐都使用 Docker；如果本地使用的是 Windows 环境，可以考虑用虚拟机获取一致的体验。

A.6 其他

1. Docker 能在非 Linux 平台（比如 macOS 或 Windows）上运行么？

答：可以。macOS 目前需要使用 docker for mac 等软件创建一个轻量级的 Linux 虚拟机层。由于成熟度不高，暂时不推荐在 Windows 环境中使用 Docker。

2. 如何将一台宿主主机的 Docker 环境迁移到另外一台宿主主机？

答：停止 Docker 服务。将整个 Docker 存储文件夹（如默认的 /var/lib/docker）复制到另外一台宿主主机，然后调整另外一台宿主主机的配置即可。

3. 如何进入 Docker 容器的网络命名空间？

答：Docker 在创建容器后，删除了宿主主机上 `/var/run/netns` 目录中的相关的网络命名空间文件。因此，在宿主主机上是无法看到或访问容器的网络命名空间的。用户可以通过如下方法来手动恢复它：

1）使用下面的命令查看容器进程信息，比如这里的 1234：

```
$ docker [container] inspect --format='{{. State.Pid}} ' $container_id
1234
```

2）在 /proc 目录下，把对应的网络命名空间文件链接到 /var/run/netns 目录：

```
$ sudo ln -s /proc/1234/ns/net /var/run/netns/
```

3）在宿主主机上就可以看到容器的网络命名空间信息。例如：

```
$ sudo ip netns show
1234
```

此时，用户可以通过正常的系统命令来查看或操作容器的命名空间了。例如修改容器的 IP 地址信息为 172.17.0.100/16：

```
$ sudo ip netns exec 1234 ifconfig eth0 172.17.0.100/16
```

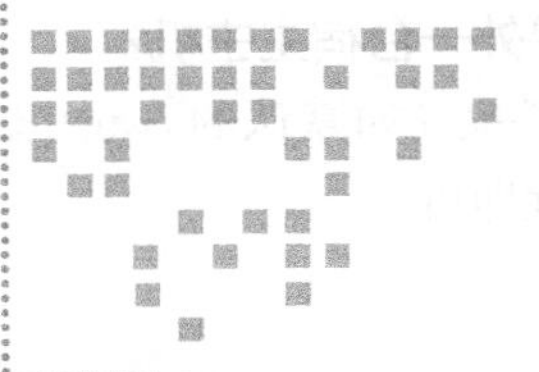

Appendix B 附录 B

Docker 命令查询

B.1 基本语法

Docker 命令有两大类：客户端命令和服务端命令，前者是主要的操作接口，后者用来启动 Docker 服务。

- 客户端命令：基本命令格式为 docker [OPTIONS] COMMAND [arg...]；
- 服务端命令：基本命令格式为 dockerd [OPTIONS]。

可以通过 man docker 或 docker help 来查看这些命令，通过 man docker-COMMAND 或 docker help COMMAND 来查看这些命令的具体用法和支持的参数。

B.2 客户端命令

1. 命令选项

客户端命令负责操作接口，支持如下命令选项：

命令选项	说明
-config=""	指定客户端配置文件，默认为 ~/.docker
-D, -debug	是否使用 debug 模式。默认不开启
-H, -host=[]	指定命令对应 Docker daemon 的监听接口，可以为 unix 套接字（unix:///path/to/socket)、文件句柄（fd://socketfd）或 TCP 套接字（tcp://[host[:port]]），默认为 unix:///var/run/docker.sock
-l, -log-level "debug|info|warn|error|fatal"	指定日志输出级别，默认为 info

（续）

命令选项	说 明
-tls=true|false	是否对Docker服务端启用TLS安全机制，默认为否
-tlscacert= /.docker/ca.pem	指定TLS可信CA的证书文件路径/.docker/ca.pem
-tlscert= /.docker/cert.pem	指定TLS公钥证书文件路径，默认为/.docker/cert.pem
-tlskey= /.docker/key.pem	指定TLS密钥文件路径，默认为/.docker/key.pem
-tlsverify=true|false	启用TLS校验，默认为否

2. 客户端管理命令

Docker客户端单独提供了一组管理命令，对某个资源集中进行管理，包括快照、配置、容器、镜像、网络、节点、插件、秘密、服务、服务栈、集群、系统、密钥和挂载卷等，如下表所示。

命 令	说 明
checkpoint	负责容器快照的管理，包括create（创建）、ls（列出）和rm（删除）
config	负责在Swarm模式中管理配置数据，包括create（创建）、inspect（查看信息）、ls（列出）和rm（删除）
container	负责容器的管理，包括create（创建）、exec（执行命令）、export（导出）、inspect（查看信息）、logs（查看日志）、ls（列出）、rename（重命名）、rm（删除）、run（运行）、start（启动）、stats（统计）、stop（停止）和update（更新）等
image	负责镜像的管理，包括build（创建）、history（查看历史）、import（导入tar包为镜像）、inspect（查看信息）、load（导入镜像）、ls（列出）、prune（清理）、pull（从Dockerhub拉取）、push（推送到Dockerhub）、rm（删除）、save（保存到本地）、tag（添加镜像标签）等
network	负责容器网络的管理，包括connect（连接到网络）、create（创建）、disconnect（从网络上断开）、inspect（查看信息）、ls（列出）、prune（清理）、rm（删除）
node	负责在Swarm模式中对节点的管理，包括demote（从管理节点降级）、inspect（查看信息）、ls（列出所有节点）、promote（升级为管理节点）、ps（列出节点上运行的任务）、rm（删除）、update（更新节点属性）等
plugin	负责对插件的管理，包括create（创建）、disable（禁用）、enable（启用）、inspect（查看信息）、install（安装插件）、ls（列出）、push（推送插件到仓库）、rm（删除）、set（修改配置）、upgrade（升级）
secret	负责容器秘密的管理，包括create（创建）、inspect（查看信息）、ls（列出）和rm（删除）
service	负责容器服务的管理，包括create（创建）、inspect（查看信息）、logs（查看服务的日志）、ls（列出）ps（列出服务包括的任务）、rm（删除）、rollback（回退服务的配置）、scale（扩展服务）、update（更新服务）
stack	负责容器服务栈的管理，包括deploy（部署）、ls（列出栈）、ps（列出服务栈中的任务）、rm（删除）、services（列出栈中的服务）
swarm	负责Swarm模式下集群相关管理，包括ca（切换根CA）、init（初始化一个Swarm集群）、join（加入一个Swarm集群）、join-token（管理加入集群的口令）、leave（离开集群）、unlock（解锁集群）、unlock-key（管理解锁集群的密钥）、update（更新集群）

（续）

命 令	说 明
system	负责 Docker 自身系统管理，包括 df（显示磁盘使用情况）、events（实时查看 Docker 服务端的事件通知）、info（显示系统信息）和 prune（清理）
trust	负责对镜像签名信任管理，包括 key（密钥管理）、singer（签名管理）、inspect（查看详细信息）、revoke（撤销信任）、sign（签名镜像）、view（查看密钥和签名）等
volume	负责容器快照的管理，包括 create（创建）、inspect（查看信息）、ls（列出）、prune（清理）和 rm（删除）

3. 客户端常用命令

除了针对某个资源的管理命令外，Docker 也兼容了之前版本的做法，为一些常见操作提供了快捷命令，如下表所示。

命 令	说 明
attach	依附到一个正在运行的容器中
build	从一个 Dockerfile 创建一个镜像
commit	从一个容器的修改中创建一个新的镜像
cp	在容器和本地宿主系统之间复制文件
create	创建一个新容器，但并不运行它
diff	检查一个容器内文件系统的变更，包括修改和增加
events	从服务端获取实时的事件
exec	在运行的容器内执行命令
export	导出容器内容为一个 tar 包
history	显示一个镜像的历史信息
images	列出存在的镜像
import	导入一个文件（典型为 tar 包）路径或目录来创建一个本地镜像
info	显示一些相关的系统信息
inspect	显示一个容器的具体配置信息
kill	关闭一个运行中的容器（括进程和所有相关资源）
load	从一个 tar 包中加载一个镜像
login	注册或登录到一个 Docker 的仓库服务器
logout	从 Docker 的仓库服务器登出
logs	获取容器的 log 信息
pause	暂停一个容器中的所有进程
port	查找一个 nat 到一个私有网口的公共口
ps	列出主机上的容器
pull	从一个 Docker 的仓库服务器下拉一个镜像或仓库
push	将一个镜像或者仓库推送到一个 Docker 的注册服务器
rename	重命名一个容器

（续）

命　令	说　明
restart	重启一个运行中的容器
rm	删除给定的若干个容器
rmi	删除给定的若干个镜像
run	创建一个新容器，并在其中运行给定命令
save	保存一个镜像为 tar 包文件
search	在 Docker index 中搜索一个镜像
start	启动一个容器
stats	输出（一个或多个）容器的资源使用统计信息
stop	终止一个运行中的容器
tag	为一个镜像打标签
top	查看一个容器中的正在运行的进程信息
unpause	将一个容器内所有的进程从暂停状态中恢复
update	更新指定的若干容器的配置信息
version	输出 Docker 的版本信息
wait	阻塞直到一个容器终止，然后输出它的退出符

B.3　服务端命令选项

dockerd 命令负责启动服务端主进程，支持的命令选项如下表所示。

服务端命令选项	说　明
-add-runtime=[]	注册新的 OCI 兼容的运行时支持，如 dockerd --add -runtime runc=runc --add-runtime custom=/usr/local/bin/my-runc
-allow-nondistributable-artifacts=[]	允许推送非分发内容到指定的仓库
-api-cors-header=""	CORS 头部域，默认不允许 CORS，要允许任意的跨域访问，可以指定为 "*" 表示任意内容
-authorization-plugin=""	载入指定的认证插件
-b, -bridge=""	将容器挂载到一个已存在的网桥上。指定为 'none' 时则禁用容器的网络，与 -bip 选项互斥
-bip=""	让动态创建的 docker0 网桥采用给定的 CIDR 地址；与 -b 选项互斥
-cgroup-parent=""	指定 cgroup 的父组，默认 fs cgroup 驱动为 /docker，systemd cgroup 驱动为 system.slice
-cluster-store=""	构成集群（如 Swarm）时，集群键值数据库服务地址
-cluster-advertise=""	构成集群时，自身的被访问地址，可以为 host: port 或 interface:port

（续）

服务端命令选项	说 明
-cluster-store-opt=""	构成集群时，键值数据库的配置选项
-config-file="/etc/docker/daemon.json"	daemon 配置文件路径
-containerd=""	containerd 文件的路径
-data-root=""	指定存放持久化数据的路径，默认为 /var/lib/docker
-D, -debug=true|false	是否使用 Debug 模式，默认为 false
-default-gateway=""	容器的 IPv4 网关地址，必须在网桥的子网段内
-default-gateway-v6=""	容器的 IPv6 网关地址
-default-runtime="runc"	指定默认的运行时插件，默认为 runc
-default-ipc-mode="private|shareable"	为新创建的容器指定 IPC 模式
-default-shm-size=64MiB	配置服务端的 shm 大小
-default-ulimit=[]	默认的 ulimit 值
-disable-legacy-registry=true|false	是否允许访问旧版本的镜像仓库服务器
-dns=""	指定容器使用的 DNS 服务器地址
-dns-opt=""	DNS 选项
-dns-search=[]	DNS 搜索域
-exec-opt=[]	运行时的执行选项
-exec-root=""	容器执行状态文件的根路径，默认为 /var/run/docker
-experimental=""	启用 Docker 实验新特性
-fixed-cidr=""	限定分配 IPv4 地址范围
-fixed-cidr-v6=""	限定分配 IPv6 地址范围
-G, -group=""	分配给 unix 套接字的组，默认为 docker
-g, -graph=""	Docker 运行时的根路径，默认为 /var/lib/docker
-H, -host=[]	指定命令对应 Docker daemon 的监听接口，可以为 unix 套接字（unix:///path/to/socket）、文件句柄（fd://socketfd）或 TCP 套接字（tcp://[host[:port]]），默认为 unix:///var/run/docker.sock
-icc=true|false	是否启用容器间以及跟 daemon 所在主机的通信，默认为 true
-init	指定容器启动后的初始化进程，负责信号处理和子进程收割
-init-path	指定 docker-init 的路径
-insecure-registry=[]	允许访问给定的非安全仓库服务
-ip=""	绑定容器端口时候的默认 IP 地址，默认为 0.0.0.0
-ip-forward=true|false	是否启动宿主机 IP 转发服务（net.ipv4.ip_forward），默认开启。注意关闭该选项后将不对宿主机转发进行任何检查或修改

（续）

服务端命令选项	说　明
-ip-masq=true|false	是否进行地址伪装，用于容器访问外部网络，默认开启
-iptables=true|false	是否允许 Docker 添加 iptables 规则，默认为 true
-ipv6=true|false	是否启用 IPv6 支持，默认关闭
-isolation="default"	指定容器隔离的机制
-l, -log-level="debug|info|warn|error|fatal"	指定日志输出级别
-label="[]"	添加指定的键值对标注
-live-restore=false	支持运行中容器在服务端重启后的恢复，默认关闭
-log-driver="json-file|syslog|journald|gelf|fluentd|awslogs|splunk|etwlogs|gcplogs|none"	指定日志后端驱动，默认为 json-file
-log-opt=[]	日志后端的选项
-mtu=VALUE	指定容器网络的 mtu
-max-concurrent-downloads=3	最大并发下载数，默认值为 3
-max-concurrent-uploads=5	最大并发上传数，默认值为 3
-p, -pidfile=""	指定 daemon 的 PID 文件路径。默认为 /var/run/docker.pid
-raw-logs	输出原始、未加色彩的日志信息
-registry-mirror=://	指定 docker pull 时使用的注册服务器镜像地址
-s, -storage-driver=""	指定使用给定的存储后端
-selinux-enabled=true|false	是否启用 SELinux 支持。默认值为 false。SELinux 目前尚不支持 overlay 存储驱动
-seccomp-profile=""	seccomp 配置文件路径
-selinux-enabled=true|false	启用 SELinux 支持，默认关闭
-shutdown-timeout=15	服务端关闭的超时，默认为 15s
-storage-opt=[]	驱动后端选项
-swarm-default-advertise-addr=IP|INTERFACE	Swarm 服务广播用的网络地址和接口
-tls=true|false	是否对 Docker daemon 启用 TLS 安全机制，默认为否
-tlscacert= /.docker/ca.pem	TLS CA 签名的可信证书文件路径
-tlscert= /.docker/cert.pem	TLS 可信证书文件路径
-tlscert= /.docker/key.pem	TLS 密钥文件路径
-tlsverify=true|false	启用 TLS 校验，默认为否
-userland-proxy=true|false	是否使用用户态代理来实现容器间和出容器的回环通信，默认为 true
-userland-proxy-path=""	用户态代理文件路径
-userns-remap=default|uid:gid|user:group|user|uid	指定容器的用户命名空间，默认是创建新的 UID 和 GID 映射到容器内进程

B.4 一张图总结 Docker 命令

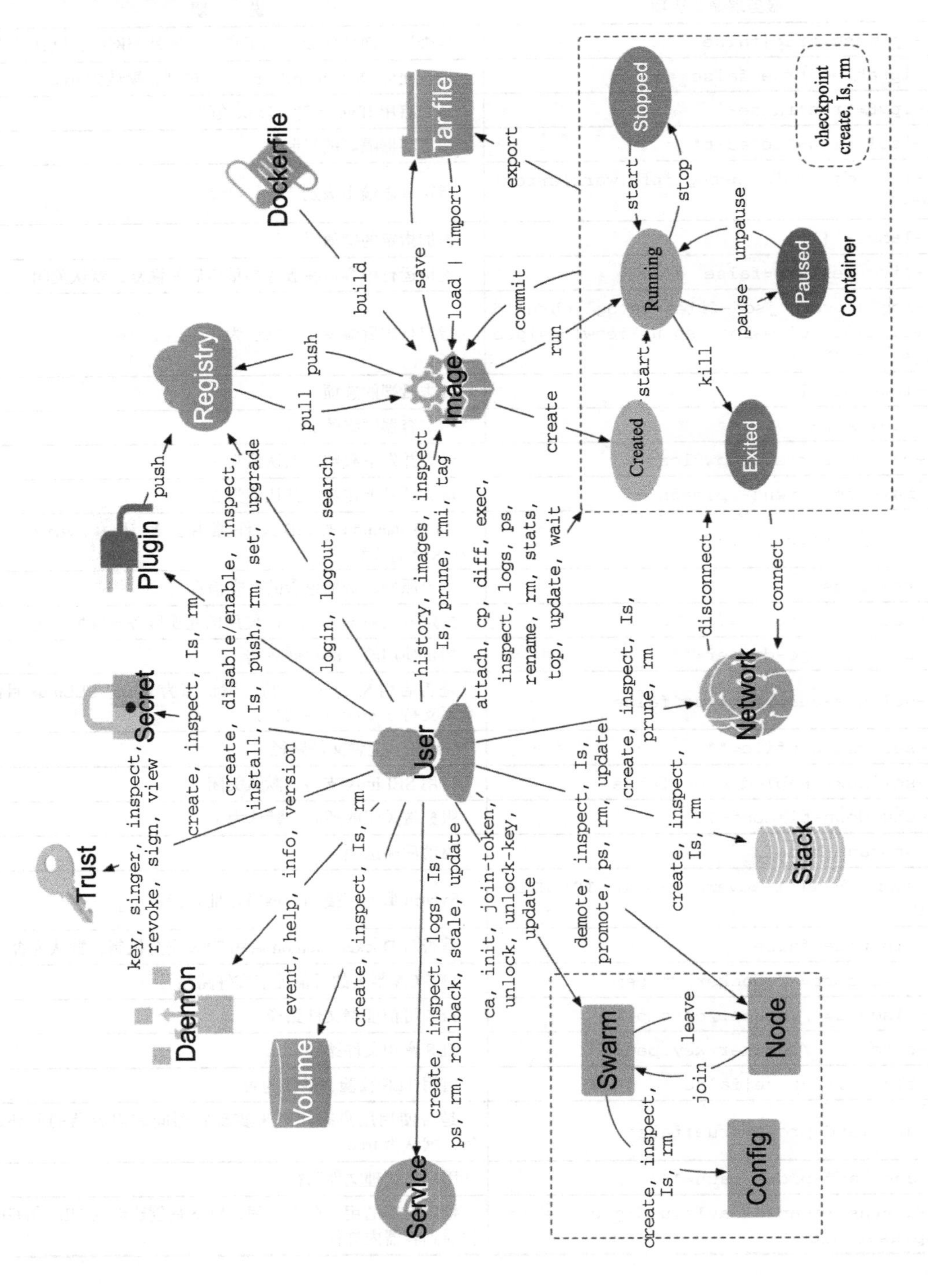

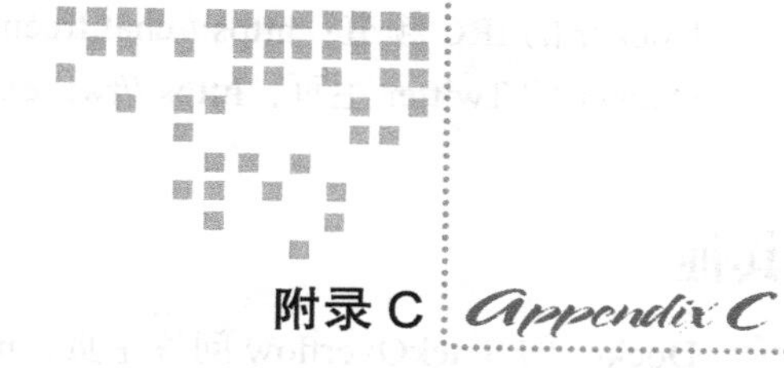

附录 C Appendix C

参考资源链接

官方网站

Docker 官方主页：https://www.docker.com
Docker 官方博客：https://blog.docker.com/
Docker 官方文档：https://docs.docker.com/
Docker Hub：https://hub.docker.com
Docker 公司的开源代码仓库：https://github.com/docker
Docker 的开源项目 Moby 仓库：https://github.com/moby/moby
Docker 发布版本历史：https://docs.docker.com/release-notes/
Docker 常见问题：https://docs.docker.com/engine/faq/
Docker SDK 和 API：https://docs.docker.com/develop/sdk/
开发容器组织 OCI：https://www.opencontainers.org/

实践参考

Dockerfile 参考：https://docs.docker.com/engine/reference/builder/
Dockerfile 最佳实践：https://docs.docker.com/develop/develop-images/dockerfile_best-practices/

技术交流

Docker 邮件列表：https://groups.google.com/forum/#!forum/docker-user

Docker 的 IRC 频道：https://chat.freenode.net#docker

Docker 的 Twitter 主页：https://twitter.com/docker

其他

Docker 的 StackOverflow 问答主页：https://stackoverflow.com/search?q=docker